21世纪高等学校数字媒体专业规划教材

多媒体CAI课件制作技术及应用

郑世珏　杨　青　主编

阮芸星　邓君丽　张　勇
张　伟　苏　莹　欧阳俊梅　编著

清华大学出版社

北　京

内 容 简 介

本书共10章，分别介绍多媒体CAI课件基础知识、多媒体课件设计方法、多媒体CAI课件美学基础、多媒体CAI课件素材基本分类和制作、PowerPoint 2007使用方法、Authorware 7.0制作课件的使用方法、Flash CS3使用方法、Photoshop CS3使用方法、Dreamweaver CS3使用方法、制作多媒体CAI课件一个设计实例。每章都有学习重点、本章小结和思考与习题，以便读者复习和练习。

本书适合作为高等院校各类本科生、师范类大学生教材，也可供中、小学教师和多媒体CAI课件制作人员学习参考。

本书封面贴有清华大学出版社防伪标签，无标签者不得销售。
版权所有，侵权必究。侵权举报电话：010-62782989　13701121933

图书在版编目（CIP）数据

多媒体CAI课件制作技术及应用/郑世珏，杨青主编. —北京：清华大学出版社，2011.2
（21世纪高等学校数字媒体专业规划教材）
ISBN 978-7-302-23411-1

Ⅰ. ①多…　Ⅱ. ①郑…　②杨…　Ⅲ. ①多媒体－计算机辅助教学－软件工具　Ⅳ. ①G434

中国版本图书馆CIP数据核字（2010）第153661号

责任编辑：魏江江　赵晓宁
责任校对：时翠兰
责任印制：李红英
出版发行：清华大学出版社　　**地　址**：北京清华大学学研大厦A座
http://www.tup.com.cn　　**邮　编**：100084
社 总 机：010-62770175　　**邮　购**：010-62786544
投稿与读者服务：010-62795954，jsjjc@tup.tsinghua.edu.cn
质 量 反 馈：010-62772015，zhiliang@tup.tsinghua.edu.cn
印 刷 者：三河市君旺印装厂
装 订 者：三河市新茂装订有限公司
经　销：全国新华书店
开　本：185×260　**印　张**：21.25　**字　数**：513千字
版　次：2011年2月第1版　**印　次**：2011年2月第1次印刷
印　数：1～3000
定　价：35.00元

产品编号：035747-01

出版说明

数字媒体专业作为一个朝阳专业，其当前和未来快速发展的主要原因是数字媒体产业对人才的需求增长。当前数字媒体产业中发展最快的是影视动画、网络动漫、网络游戏、数字视音频、远程教育资源、数字图书馆、数字博物馆等行业，它们的共同点之一是以数字媒体技术为支撑，为社会提供数字内容产品和服务，这些行业发展所遇到的最大瓶颈就是数字媒体专门人才的短缺。随着数字媒体产业的飞速发展，对数字媒体技术人才的需求将成倍增长，而且这一需求是长远的、不断增长的。

正是基于对国家社会、人才的需求分析和对数字媒体人才的能力结构分析，国内高校掀起了建设数字媒体专业的热潮，以承担为数字媒体产业培养合格人才的重任。教育部在2004 年将数字媒体技术专业批准设置在目录外新专业中（专业代码：080628S），其培养目标是“培养德智体美全面发展的、面向当今信息化时代的、从事数字媒体开发与数字传播的专业人才。毕业生将兼具信息传播理论、数字媒体技术和设计管理能力，可在党政机关、新闻媒体、出版、商贸、教育、信息咨询及 IT 相关等领域，从事数字媒体开发、音视频数字化、网页设计与网站维护、多媒体设计制作、信息服务及数字媒体管理等工作”。

数字媒体专业是个跨学科的学术领域，在教学实践方面需要多学科的综合，需要在理论教学和实践教学模式与方法上进行探索。为了使数字媒体专业能够达到专业培养目标，为社会培养所急需的合格人才，我们和全国各高等院校的专家共同研讨数字媒体专业的教学方法和课程体系，并在进行大量研究工作的基础上，精心挖掘和遴选了一批在教学方面具有潜心研究并取得了富有特色、值得推广的教学成果的作者，把他们多年积累的教学经验编写成教材，为数字媒体专业的课程建设及教学起一个抛砖引玉的示范作用。

本系列教材注重学生的艺术素养的培养，以及理论与实践的相结合。为了保证出版质量，本系列教材中的每本书都经过编委会委员的精心筛选和严格评审，坚持宁缺毋滥的原则，力争把每本书都做成精品。同时，为了能够让更多、更好的教学成果应用于社会和各高等院校，我们热切期望在这方面有经验和成果的教师能够加入到本套丛书的编写队伍中，为数字媒体专业的发展和人才培养做出贡献。

21 世纪高等学校数字媒体专业规划教材

联系人：魏江江　weijj@tup.tsinghua.edu.cn

前言

随着计算机的日益普及和多媒体、网络技术的迅速发展，以及素质教育的全面实施，应用计算机技术进行辅助教学已经成为广大教育工作者改革教学方法、改进教学手段、提高教学质量的首选途径。多媒体CAI课件是现代教育技术中最有活力、最具前景的新兴教学工具，代表了教育领域中计算机应用技术的发展方向，是教育信息化的重要手段，是计算机辅助教学在教育领域的重要应用。多媒体CAI课件制作是一门综合性较强的应用技术，不仅涉及教育教学的理论，而且还涉及计算机、数字媒体、网络通信等相关技术。

现在广大教育工作者希望能够了解和掌握多媒体CAI课程的设计制作开发技术，以多媒体CAI 课件为平台，开辟各类课程建设的素材交流渠道，为我国基础教育的改革与发展和基于网络的远程教育事业做出自己的贡献。高等学校的大学生和师范生更是希望能够在学校里掌握良好的多媒体CAI 课程软件开发技术的理论基础和实际操作技能，增强自己在未来社会就业的竞争力，掌握教学工作的主动权。

目前大部分多媒体CAI 课件制作的教材详细讲解了多媒体CAI课件制作的基本理论、基本方法，然而高质量的课件应集教育性、科学性和艺术性于一体，所以，本书除了介绍多媒体 CAI 课件的基本理论和制作方法外，还专门有一章介绍了多媒体 CAI 课件制作的美学原理，希望通过这一章的学习能增强多媒体CAI课件制作的艺术性，这是本书的特色之一。本书的另一个特点是用一个实例说明多媒体CAI课件从设计到制作的整个过程，使读者能将各章节的内容联系起来，并在多媒体CAI课件制作时实际应用。随着网络技术的发展，网络教学课件的应用越来越广泛，本教材根据现代教育技术的需要，专门安排了一章介绍网络课件的制作。

本书根据教育部高等学校计算机基础课程教学指导委员会对本课程知识模块的要求，着重介绍了当前多种多媒体应用软件的使用方法以及在CAI课件的应用，力求让学生掌握尽可能新的制作技术，在控制本书的篇幅和教学时数的同时，也尽可能采用示例驱动的教学方法，便于学生掌握所学内容。本书共分10章。其中第1章主要介绍多媒体CAI课件基础知识；第2章讨论多媒体课件设计方法；第3章介绍多媒体CAI课件美学基础；第4章介绍多媒体CAI课件素材基本分类和制作；第5章介绍PowerPoint 2007使用方法；第6章详细地介绍Authorware 7.0制作课件的使用方法；第7章介绍Flash CS3使用方法；第8章介绍Photoshop CS3使用方法；第9章介绍Dreamweaver CS3使用方法；第10章讲述制作多媒体CAI课件一个设计实例。每章都有学习重点、本章小结和思考与习题，以便读者复习和练习。第1～4章主要讨论多媒体CAI课件制作的基本原理和开发多媒体CAI课件的一般方法，第5～9章介绍CAI课件制作软件工具的使用方法及范例。第10章讲述课件开发实例。

在教学安排上，建议本教材理论讲授36学时，实验课36学时，学生课后练习至少自主实习30学时；建议第1和第2章多媒体课件设计方法讲授4学时；第3章多媒体CAI

课件美学基础讲授 2 学时；第 4 章课件素材的分类及制作讲授 6 学时、实验 6 学时、课外上机 10 学时；第 5 章 PowerPoint 2007 制作课件讲授 4 学时、实验 4 学时、课外上机 10 学时；第 6 章 Authorware 7.0 的使用课件讲授 10 学时、实验 10 学时、课外上机 20 学时；第 7 章 Flash CS3 使用方法的讲授 5 学时、实验 10 学时、课外上机 10 学时；第 8 章 Photoshop CS3 使用方法讲授 5 学时、课外上机 10 学时；第 9 章 Dreamweaver CS3 使用方法自主学习。

本书第 1 和第 2 章由郑世珏（华中师范大学）编写；第 3 章由张勇（华中师范大学）编写；第 4 章由苏莹（华中科技大学武昌分校）编写；第 5 章由张伟（华中师范大学）编写；第 6 章由阮芸星（华中师范大学）编写；第 7 章由邓君丽（华中农业大学）编写；第 8 章由苏莹（华中科技大学武昌分校）编写；第 9 章由欧阳俊梅（武汉市财政学校）编写；第 10 章由杨青（华中师范大学）编写。全书由郑世珏、杨青统稿。

本书在编写过程中，得到了华中师范大学计算机科学系老师的关心和帮助，也得到了兄弟院校同仁的热情帮助和支持，同时本书的示例制作还得到华中师范大学计算机科学系研究生邹明、黄颖、贺同智、覃晓萍、张艳、魏爽等同学的大力支持，在此表示最诚挚的谢意。

由于编者水平有限，书中难免存在错误之处，恳请读者批评指正。

编　者

2010 年 9 月

目录

第1章　多媒体 CAI 课件基础知识

本章主要介绍多媒体技术的基本概念以及在计算机辅助教学这一新兴的教育技术领域的应用，介绍多媒体电子出版物的发展、计算机辅助教学的基本概念，并且描述多媒体 CAI 制作理论设计思想、教学设计原理、CAI 课件分类等基本知识。为了更好地制作和应用多媒体 CAI 课件，本章还较为详细地介绍与此相关的计算机网络技术、多媒体制作技术和相关技术，同时还介绍多媒体 CAI 课件制作条件。

本章学习重点

- 了解多媒体电子出版物的特点和发展趋势；
- 了解计算机辅助教学的各种方法与手段；
- 掌握 CAI 制作的基本知识和分类；
- 了解 CAI 制作的基本原则。

1.1　多媒体电子出版物

多媒体电子出版物（Multi-medium Electronic Publications，MEP）是以电子数据的形式，把文字、图形图像、动画、声音、影像等信息贮存在电、光、磁、胶片等非纸质载体上，并通过计算机或网络通信来播放以供人们阅读的出版物。也有专家认为多媒体电子出版物是把多媒体信息经过精心组织、编辑，以图、文、声、像等多种形式表现并且由计算机及其网络对这些信息以内在的统一方式进行存储、传送、处理及再利用的电子出版物。

多媒体电子出版物一般认为包括电子图书、电子期刊、电子新闻报纸、电子手册与说明书、电子公文或文献、电子图画、电子广告、电子声像制品等。多媒体电子出版物是计算机、视频、通信、多媒体等高技术与现代出版业相结合的产物，它将文字、声音、图形图像、动画、视频等多媒体信息集成在磁、光、电介质上，其内容丰富多彩，情节五光十色。目前，多媒体电子出版物正在教育、百科、旅游、家庭、娱乐等领域崭露头角。多媒体电子出版物的传播媒体形态，包括软盘、只读光盘、交互式光盘、图文光盘、照片光盘和集成电路卡等。其中光盘和网络传输站点是多媒体电子出版物的主要载体。

多媒体电子出版物提倡“无纸”，是一种顺应时代潮流的“绿色出版物”。光盘版、联机版出版物的开发，可节省大量的木材资源，有利于保护地球生态。多媒体电子出版物最具特色的是以下 5 个优点：存储容量大，一张光盘可以存储几百本长篇小说；可以集成文本、图形、图像、动画、视频和音频等多种媒体信息；运输与携带方便，检索迅速；可长期保存，不会出现纸质出版物那样变色、发霉、虫蛀和粉化等；能及时传播，通过因特网可立即发行到国内外各地；价格低廉，单位成本是普通图书的几分之一，甚至几百分之一。

专家预测，今后全球的多媒体电子出版产业将以年平均 24%的增长率发展，多媒体电子出版物在出版物中所占的份额将越来越大。印刷媒介与电子媒介的竞争，将成为数字化时代最引人注目的现象之一。同时，在现代教育技术的普及中，多媒体电子出版物中计算机辅助教学课件占有很大的比例。

1.2 计算机辅助教学

计算机辅助教学（Computer Assisted Instruction，CAI）是利用计算机作为主要的教学媒体来进行教学活动，即利用计算机来辅助教师执行教学。计算机辅助教学一词在国家教育部制定的《计算机辅助教学软件制作规范》定义为：以数字方式将表现学科教学内容和教学过程的图、文、声、像、动画以及活动影像等信息通过计算机系统存储、加工、传输和呈现，用户可通过人机交互方式使用，以便辅助教师教和学生学。

随着科学的进步与时代的发展，计算机辅助教学已被大部分教师认可。计算机辅助教学手段的应用，以其软件多方位、立体化的开发和利用，以及储存信息量大、画面丰富、多种媒体综合运用等特点，在教学过程中为学生建立了一个动态教学环境，开阔学生的视野，丰富学生的想象力，调动学生的学习兴趣，从而大大提高课堂教学效率。（除特别说明外，本书CAI即表示利用多媒体技术的计算机辅助教学）。

1.2.1 基本概念

CAI教学是把计算机作为一种新型教学媒体，将计算机技术运用于课堂教学、实验课教学、学生个别化教学（人机对话式）及教学管理等各教学环节，以提高教学质量和教学效率的教学模式。

由于采用了CAI教学，学生不再仅仅向教师学习，而且可以通过知识库和专家系统学习，可以通过课件光盘学习，可以通过网络在网上学习等。教师则着重于提高学生的分析问题和解决问题的综合能力和加强他们的整体素质。同时由于知识更新速度加快，要求人们不断学习，不断更新知识，以学校为主的教育将转向终身教育，学校的教育体制和功能也将发生显著的变化。所以在这种情况下，传统的教育观念发生了根本的改变。

现在学生由过去的被动学习在很大程度上变成了主动学习。在学习内容选择、学习进度控制上，学生有很大主动性。特别是在有多媒体技术和网络支持下的计算机辅助教学中，学生可共享更多的教学资源，学习方式、学习地点和学习时间安排都有很大的灵活性，更适应于个性不同的每个学生。这样，教育方式也会发生巨大改变。

采用了CAI教学，教师除了具有传统的教师职能以外，更重要的职能是对教学信息进行加工，使之具有可在计算机辅助教学中应用的各种形式，例如多媒体光盘、因特网网页、信息数据库等。同时学校也可以没有明显的校园界限，教育资源向公众开放，学生没有年龄的限制，学习则是由学生根据自己的需要和情况安排与选择。在这种环境下的教师和教育机构的职能都与传统教学模式有极大的不同。

在教育中采用了以多媒体技术、网络等支持的计算机辅助教学，使教育研究中也出现了新教育模式下的认知理论及其应用研究、人-机界面的心理学研究、人的视听分配和信息综合的特征研究等一系列新的研究领域和课题。因此它对教育内容和教育研究也产生了很大的影响。由此可见，正是因为采用了CAI教学，使得赋予教育以新的内容与概念，推动了教育的变革，使其适应社会的发展。它也有利于变被动教育为主动教育、变应试教育为素质教育。这不仅是教育方法和技术的更新，而且将深入地影响到教育结构、教学体制和教学管理的整体改革，从而促进教育的现代化。

1.2.2 学习模式

从20世纪80年代末开始，随着计算机技术、多媒体技术、网络技术的迅速发展，以及信息技术被引入教育科学和教育理论研究，CAI教学发展进入了一个新的阶段。尤其是自20世纪90年代后期起人工智能、虚拟技术、超文本和超媒体技术的实用化，CAI教学内容的组织和呈现方式表现出多样化特点。我国CAI教学起步较晚，但发展较快。从20世纪70年代末期开始，我国开始了CAI教学的研究和应用实践。1978年教育部在华东师范大学和北京师范大学首先成立了现代教育技术研究所，专门从事电视和计算机等高新技术在教育领域中的应用研究。20世纪80年代初期有些高校研制了一些CAI教学系统，如华东师范大学的"微机辅助BASIC语言教学系统"。1987年上海成立了中国CAI教学学会，该学会对推动我国CAI教学的发展起了很大的作用。同年在国家"七五"攻关项目中，列入了两项CAI教学方面的专题项目，一项是面向大专院校，另一项是面向中小学。20世纪90年代，我国许多师范院校成立了电化教育系或电教中心，同时，国家在"九五"科技攻关项目中，各学科出现了一些较为优秀的教学软件。这些都为我国多媒体CAI教学的发展奠定了良好的基础。

我国当前流行的几种CAI教学主要学习模式。

1．以学生-计算机交互为中心的交互形式

这种形式包括个体化学习乃至基于生-机交互的群体学习，甚至还可以包括基于网络的生-机交互学习。这种学习显然是以"课件"概念为代表的学习，这种学习形式的存在以市场上推出的形形色色CAI教学课件为标志，适宜于个别化学习的传统"课件"式CAI教学软件，积极地展示计算机的交互性能，这种辅助教学形式在面向知识选择能力和自我控制能力较强的成人，在继续教育方面起到了明显的作用；在中小学生的学习时也起到了一定的辅助作用。

2．CAI授课的形式

面对面的人际交流永远是充满魅力的交流，其存在是永远不可代替的。计算机走进课堂，可以使这种交流锦上添花，更加充分地提高效率。如何使计算机进入课堂，国内也已经有了许多成功的理论探讨与实践，需要继续认真研究的是：针对不同的学习者，针对不同的教学内容，如何在传授知识中实现具象与抽象的最佳平衡这种教学形式在我国当前教育改革实践中的重要作用，通过人与人之间的直接交流而获得的学习对任何一个学习者来说都是必不可少的。

3．基于Internet的学习形式

Internet学习方式的最大优点在于，它突破了传统课堂对人数及地点的限制，只要传输带宽足够，软件支持交互式操作，人们可以完成非常生动活泼的学习过程。而且，认知学徒理论、十字交叉形理论、教练理论以及支架理论等教学方法都支持这种教学模式。利用Internet，传统的CAI教学功能有了非常大的拓展，真正实现了互动式教学过程。实现这种模式可分为下列方式：

（1）实时式讲授

在这种模式中，教师和学生可以不在同一地点，师生之间可以通过视频进行实时交流，就如同在一个教室中一样。这种实时交互式远程教学系统将网络、多媒体及虚拟现实技术结合起来，达到双方或多方实时交互。

（2）非实时式讲授

这种模式是由教师将教学要求、教学内容以及教学评测等材料编制成HTML文件，存放在Web服务器上，学生通过浏览这些网页来达到学习目的。

（3）个别辅导模式

这种教学方式可通过基于Internet的CAI课件以及教师与单个学生之间的密切通信来实现，个别指导可以在学生和教师之间通过电子邮件非实时地实现，也可以通过Internet上的在线交谈方式实时实现。

（4）群体讨论模式

这种Internet教学模式适用于协同学习理论。实现群体讨论学习的方式有多种，最简单实用的是利用现有的BBS。这种系统具有用户管理、讨论管理、文章讨论、实时交流、用户留言、电子邮件等诸多功能，因而很容易实现集群讨论模式。

（5）探索学习模式

这种Internet教学模式适合于认知学徒理论和教练教学理论。通过Internet发布一些适合由特定的学生对象来解决的问题，要求学生解答。

（6）协作学习模式

在基于Internet的协作学习过程中,通过竞争、协同、伙伴、角色这些模式来实现。

CAI技术的发展，可以看出人类学习理论、计算机技术对其起到了巨大的推动作用，同时也看到社会的发展现状对它的期望和约束。基于这种原因，CAI的未来发展将会呈现出多态性。

（1）应用方式的多样化

除了能提供交互环境的CAI软件之外,用于课堂演示和帮助教师备课的CAI软件也将得到发展。

（2）多种学习资源的集成化

计算机不能说成是唯一的学习资源。重要的是各种学习资源（包括教师）的综合运用，发挥各种媒体的各自的独特作用，从而形成各种学习资源集成的优化的学习环境。

（3）研究、使用和教师培训的互动

CAI软件的研究和应用的根本目的在于改革教学、提高学生的培养质量。把研究、应用和教师培训有机地结合起来，以研究促进应用，反过来又以应用促进研究，使其形成互动机制，是保证CAI正确发展的有效途径。

1.2.3 CAI课件制作规范

教育研究部门、高等院校、中小学内的电教人员是CAI教学软件制作的主要力量。CAI课件制作的标准化问题值得注意。本书仅简略介绍2007年12月由国家教育部制定的《计算机辅助教学软件制作规范》（Production Regulation of Computer Assisted Instruction Software）。其引言指出：“本规范规定了计算机辅助教学(CAI)软件的术语、硬件运行环境、软件运行环境、网络运行环境、表现形式以及文件格式、文档编写要求等。本规范适用于各级各类高等学校、出版单位以及计算机软件公司研制、开发、推广和使用的高等教育用计算机辅助教学软件。”

该规范共分九大部分，规定了CAI教学软件的术语、硬件运行环境、软件运行环境、网络运行环境、表现形式以及文件格式、文档编写要求等。

第一部分为引言；第二部分术语介绍计算机辅助教学的定义和相关的名词术语，包括课件脚本、文字脚本、制作脚本等；第三部分介绍硬件运行环境；第四部分介绍软件运行环境；第五部分介绍网络运行环境；第六部分介绍出版要求；第七部分介绍CAl表现形式要求；第八部分介绍文档编写；第九部分介绍CAI软件开发规程。规范由国家教委“计算机辅助教学软件制作规范研究”项目组负责起草，并委托国家教委高等教育文、理、工、农、医CAI与试题库协作组共同解释。

1.2.4 CAI课件制作条件

根据目前多媒体电子出版物的开发系统组成情况看，CAI课件制作系统存在着单机制作环境和网络制作环境两大类。CAI课件制作系统从其网络组成形式，又可分成对等网络制作系统及客户机/服务器网络制作系统两大类。

1．硬件设备

1）多媒体微型计算机

用于开发CAI课件的微机最低配置要求包括：CPU为PⅡ，主频450MHz；内存512MB；显示卡为1280×1024分辨率，24位真彩色（具备图形功能）；硬盘100GB以上；高保真立体声音箱；优质麦克风等。

2）专用板卡类

音频处理卡、文本/语音转换卡、视频采集/播放卡、VGA/TV转换卡，视频压缩/解码卡（MPEG卡，JPEG卡）等。

3）外部设备类

图像扫描输入设备：分辨率为1440×1440 DPI的平板式彩色扫描仪、摄像头、数字照相机、数字摄像机；图像输出设备：彩色激光打印机或高分辨率彩色喷墨打印机；数据记录设备：光盘刻录机。

4）网络通信类

电话拨号上网设备：56Kb/s调制解调器（Modem）；网络适配器（俗称网卡），一般使用NE2000的10MB网卡或100MB即插即用的其他型号的网卡。

5）其他多媒体处理工具

关于其他各类媒体处理工具，在本书的第4章将有较为详细的介绍。

2．软件条件

1）多媒体操作系统

多媒体操作系统又称多媒体核心系统（MultiMedia Kernel System）。它应具有实时任务调度、多媒体数据转换和同步控制机制，对多媒体设备的驱动和控制，以及具有图形和声像功能的用户接口等。例如，Microsoft公司在PC上推出的Windows with Multimedia Extension 1.0或Multimedia Development kil。

2）多媒体系统开发软件工具

多媒体系统开发软件工具也称为媒体处理系统工具，或称为多媒体系统开发工具软件，是多媒体系统重要组成部分。多媒体创作软件工具。例如Macromedia公司的Extreme 3D，为三维图形视觉空间的设计和创作，提供了包括建模、动画、渲染以及后期制作等功能。

3）数据库对多媒体的支持

多媒体系统开发软件涉及到数据库技术，包括关系数据库和面向对象数据库（OODB）。Foxpro、Access、Paradox、Sybase、Oracle 等一批商品化的扩展关系型多媒体数据库的出现，使扩展关系数据的方法上了一个新台阶。

3．创作开发人员条件

CAI课件制作队伍一般由专业教师编导、文字编辑、美术编辑、视频编辑、音频编辑和软件工程师组成。通常采用工作组制，每个工作组由3～5人组成，其中主要人员有软件工程师（可兼编导、音频编辑或视频编辑）、文字编辑和美术编辑。一般情况下，CAI课件开发小组应包含以下人员：

1）专业教师、专家和脚本设计人员

该人员应对开发CAI课件的学科领域具有充分的了解，能对系统所表达的主题内容的精确性负责。这类人员还应该承担着脚本编写工作，负责完成所表达内容的组织工作。

脚本设计人员的职责是在原始讲稿的基础上，写出能够用多媒体信息表现的创作脚本，这种脚本设计应有一定的格式，对每一帧画面上出现的内容及格式有明确的说明。

2）媒体素材制作人员

媒体素材制作人员的任务是制作CAI课件中需要的各种媒体数据。这类人员应能利用各种设备，如扫描仪、摄像机、录音设备和电视制作设备，制作出CAI课件脚本中所要求的声音、图像、文本、电视片段、动画等。

3）美术音乐设计人员

美术音乐设计人员用来创造在屏幕上显示的电子美术和在计算机上出现的电子音乐。美术音乐设计人员除了决定节目的整体外观、包括背景颜色、字体格式及使用界面的色调等外，还要决定个别区域所使用的音、视频要素，负责CAI课件内容讲解部分的语音对话、背景音乐、特殊音响等。

4）交互媒体创作人员

创作人员应十分熟悉多媒体的表现手法，熟悉创作工具的性能。这些工作包括CAI课件需求分析、网页制作任务确定、超链接的内容组织、创作概念形成和超文本流程绘制等。如果需要编写程序，还应协助CAI课件软件人员完成程序的编制。

5）计算机硬件维护和软件编程人员

硬件维护人员应保证CAI课件正常运行的网络工作环境。计算机硬件维护和软件编程人员有责任建立一个统一的工作平台，以适应CAI课件软件的顺利运行。软件编程人员负责CAI课件软件的编写、多媒体数据库的开发和整个CAI课件的日常维护与管理。

1.2.5 CAI课件播放条件

随着现代化教学系统在各大院校的不断推进，CAI课件播放条件就是建立集多功能教室系统、多媒体教学系统、演播系统于一体的新型现代化教育的教室。这里初步介绍一个多媒体CAI课件教学环境。

CAI课件教学环境整个系统要高效率地完成教学任务，结合各个系统，充分发挥各个系统的功能，实现现代化的教学。

1．多媒体显示系统

多媒体显示系统由高亮度、高解析度的液晶投影机和电动屏幕构成；完成对各种图文资料的大屏幕显示。

2．多媒体电教室A/V系统

多媒体电教室A/V系统由计算机、DVD、VCR（录像机）、实物展台、功放、音箱等A/V设备构成；完成对各种图文信息（包括各种软体的使用、DVD/CD碟片、录像带、各种实物、声音）的播放功能；实现多媒体电教室的现场扩音、播音，配合大屏幕投影系统，提供优良的视听效果。

3．智能型多媒体中央控制系统

多媒体电教室各种电子设备要求能集中控制。包括：要求操作简单、人性化、智能化；要求整个系统可靠性高；尽量多地体现出各种设备的卓越功能，让所有设备工作在最佳状态，发挥设备的最大功效；能够控制投影机，进行开/关机、输入切换等功能；并实现屏幕的上升、停止、下降功能；能够控制DVD、VCR进行播放、停止、暂停等功能；能够控制实物展台进行放大、缩小等功能；能够控制音量，进行音量大小的调节功能；能够实现音视频、VGA信号自动切换控制功能。

4．多媒体电教室功能

1）多媒体显示系统的控制

通过主机后的串口（RS232/IR接口），控制投影机的所有功能，如开/关机、VIDEO/VGA输入切换等；并且能够自动实现关联动作，如关闭系统时，自动将投影机关闭；通过控制投影机的输入切换（VIDEO、VGA1、VGA2、VGA3），实现对视频图像、计算机图像、预留计算机图像的切换；通过内置4路强电继电器，控制屏幕的上升、下降、停止；并且能够自动实现关联动作，如投影机开时，屏幕自动下降，投影机关时屏幕自动上升。

2）实现A/V系统的控制

通过主机后的红外控制口和红外发射棒，控制DVD（录影机、实物展台）的所有动作，如播放、暂停、停止、快进、快退、上一曲、下一曲、菜单、上/下/左/右等；并且可以自动将DVD录像机、实物展台的图像切换到投影机，投影机自动选择视频输入，自动将DVD录像机、实物展台的声音切换到功放；通过主机内置的音频切换模块，自动切换DVD、VCR、计算机的音频输入；通过主机内置的音量控制模块，控制功放输出音量的大小；通过主机内置的视频切换模块，自动切换DVD、VCR、实物展台、预留视频的图像到投影机。

3）网络的接入

通过专用光纤，与控制主机联接进入学校的校园网，连通Cernet、Internet，获取更大的教学资源，并可以进行远程教育，开办视频网络课堂等。

1.3 多媒体技术的基本概念

多媒体集文本、声音、图像、视频和动画等为一体，是计算机处理信息多元化的技术和手段。多媒体技术本质上是一种计算机接口技术，它采用图形交互界面、窗口选择操作等，使人机交互能力增强，有利于人与计算机之间的信息交流。如何熟练地应用多媒体技术是制作相对完美的多媒体CAI课件的基石和基本功。

1.3.1 媒体及媒体的分类

国际电报电话咨询委员会（Consultative Committee for International Telegraph and Telephone，CCITT）是一个负责开发通信标准的国际组织。目前，该组织已经成为国际电讯联盟标准化组（ITU-T）。该组织将媒体信息表示和传播的形式载体分为5类：感觉媒体、表示媒体、表现媒体、存储媒体和传输媒体。

感觉媒体：指直接作用于人的感觉器官，使人产生直接感觉的媒体。如引起听觉反应的声音、引起视觉反应的图像等。感觉媒体又可以分为视觉类媒体、听觉类媒体和触觉类媒体。视觉和听觉类媒体是信息传播的内容，触觉类媒体是实现人机交互的手段。

表示媒体：指传输感觉媒体的中介媒体，即用于数据交换的编码。如图像编码、文本编码和声音编码等。表示媒体是承载信息的载体，如文字、声音、图像、动画、视频等。

表现媒体：指进行信息输入和输出的媒体。如键盘、鼠标、显示器等。

存储媒体：指用于存储表示媒体的物理介质。如磁盘、光盘、磁带等。

传输媒体：指传输表示媒体的物理介质。如电缆、光缆和电磁波等。

1.3.2 多媒体的定义

“多媒体”一词译自英文Multimedia，从字面上看，多媒体就是由单媒体复合而成的。多媒体技术从不同的角度有着不同的定义。在视觉媒体上，包括图形、动画、图像和文字等媒体，在听觉媒体上，则包括语言、立体声响和音乐等媒体。有人定义多媒体是“文字、图形、图像以及逻辑分析方法等与视频、音频以及为了知识创建和表达的交互式应用的结合体”。

现在多媒体这个名词或术语几乎已经成为文字、图形、图像和声音的同义词，也就是说，一般人都认为，多媒体就是声音、图像与图形等的组合，所以在一般的文章中也就一直沿用这种不太准确的词。目前人们对多媒体的理解，主要仍是指文字、图形、图像、声音等人的器官能直接感受和理解的多种信息类型，这已经成为一种较狭义的多媒体的理解。

在计算机和通信领域，信息中包含的正文、图形、声音、图像、动画和视频都可以称为媒体。从计算机和通信设备处理信息的角度来看，可以将自然界和人类社会原始信息存在的形式——数据、文字、有声的语言、音响、绘画、动画、图像（静态的照片和动态的电影、电视和录像）等，归结为三种最基本的媒体：声、图、文。目前人们所说的多媒体，是指能够同时采集、处理、编辑、存储和展示两个或以上不同类型信息媒体的技术，这些信息媒体包括文字、声音、图形、图像、动画和活动影像等。

1.3.3 多媒体的元素

多媒体包括文本、图形、静态图像、声音、动画、视频剪辑等基本要素。不同的文档格式是为不同的情况而设定的，互不兼容。

1．文本

文字是一连串人们能理解的字符，可算是最基本的沟通媒体。它包括普通文本、图形文字和动态文字。具体可分为以下几类，如图 1-1 所示。

（1）记事本文档（TXT）：只有 ASCII 码，没有任何格式化编码。

（2）文本文档（DOC）：包含文字及格式化编码，但需使用特别软件打开及导出。

（3）RTF（Rich Text Format）文档：包含文字及格式化编码，而且是跨平台的，可用一般文件处理软件打开及导出。

（4）PDF（Portable Document Format）文档：能保留原文件的版面设定及排版格式。

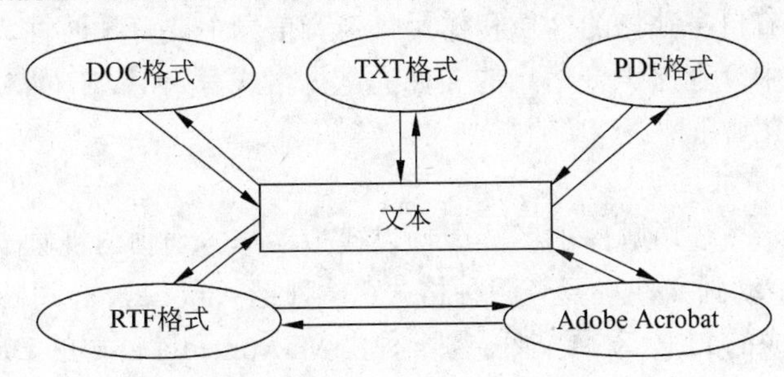

图 1-1　文本类型及格式间的转换

（5）线性文本与非线性文本超文本（Hypertext）。用超文本技术开发的多媒体软件更接近学习者联想的特点，更符合学习者的身心特点，十分方便信息的查寻与检索，在多媒体应用中具有很大的潜力称之为非线性文本超文本。但是，超文本的开发所花的工作量远远超过线性文本的开发。

2．图片

图片包括图形（Graphic）和图像（Still Image）两种。与文本信息相比，图片信息一般比较直观，抽象程度较低，阅读容易，而且图片信息不受宏观和微观、时间和空间的限制，许多内容都可用图片来表现。

图形指的是从点、线、面到三维空间的黑白或彩色几何图，也称矢量图（Vector Graphic）。

图形的颜色是指颜色产生的方式，以及在图形中识别的方法。其基本描述有以下几种：

（1）RGB（Red Green Blue）：常用于计算机显示屏上，可提供 24 位元全彩颜色。

（2）CMYK：常用于彩色打印及出版业，可提供高达 32 位元色彩。

（3）索引颜色（Indexed Colour）：为了节省图片所需存储空间，按个别图片的颜色分布，从原来 RGB 全彩色版选取 256 种颜色建立颜色表，并给每种颜色一个索引。索引颜色多用于多媒体制作中。

（4）灰度（Grayscale）：将灰色由不同比例的黑色和白色调和而成，8 位元灰度图形内的每个像素，其光暗以 0（黑色）～255（白色）来表示。灰度多用于黑白照片中。

图形的存储格式包括 BMP（bitmap）、JPEG（Joint Photographic Experts Group）、GIF（Graphics Interchange Format）、PNG（Portable Network Graphics）及 TIFF/TIF（Tag Image File Format）5 种。

一般所说的图像不是指动态图像，而指的是静态图像，静态图像是一个矩阵，其元素代表空间的一个点，称之为像素点（Pixel），这种图像也称位图。图像中的位（Bit）用来定义图中每个像素点的颜色和密度。对于黑白线条图常用 1 位值表示，如灰度图常用 4 位（16 种灰度等级）或 8 位（256 种灰度等级）表示该点的密度，而彩色图像则有多种描述方法。位图图像适合表现层次和色彩比较丰富，包含大量细节的图像。彩色图像需要由硬件(显示卡)合成显示。

3．声音

声音是人类听觉范围内的声波，这种一连串的模拟信号，可通过音效卡转换为数字信号。除了视觉以外，人类获得的大部分信息来源于所听到的声音，声音不一定是最主要的刺激因素，但它有着自身独特的性质和作用。声音信息主要有瞬时性、顺序性两方面的特性。在多媒体系统中，存储声音信息的文件的常见格式有 WAVE (WAV)、MIDI (MID)、MP3、Real Audio (RA)几种。

4．动画

动画是由靠显示一连串顺序的图片或帧以模拟动作。动画与视频一样，显示帧的速度越高，画面越流畅。动画文件主要有两种格式：一种是 Autodesk 公司的动画软件 3D studio 和 Animator Pro 生成的 FLIC 动画文件；另一种由 Macromedia 公司的 Director 生成的 MMM 格式，也就是标准 Windows 术语所称的多媒体影片文件。

5．视频

视频是由一连串附有音轨的顺序帧(frame)组成。这些帧在显示器上迅速（例如每秒 30 格）顺序出现，在眼睛内造成“视觉残留”，产生活动影像的效果。视频中声音的质量，取决于帧大少、帧速率及位速率。两者的数值愈高，获得的声音的质量愈高。视频文件一般是以 AVI、MOV、MPG、DAT 等格式存储的。

1.3.4　多媒体技术特点

多媒体技术主要有以下几个特点：

（1）集成性：能够对信息进行多通道统一获取、存储、组织与合成。

（2）控制性：多媒体技术是以计算机为中心，综合处理和控制多媒体信息，并按人的要求以多种媒体形式表现出来，同时作用于人的多种感官。

（3）交互性：是多媒体应用有别于传统信息交流媒体的主要特点之一。

（4）非线性：多媒体技术的非线性特点将改变人们传统循序性的读写模式。

（5）实时性：当用户给出操作命令时，相应的多媒体信息都能够得到实时控制。

（6）信息使用的方便性：用户可以按照自己的需要、兴趣、任务要求、偏爱和认知特点来使用信息，任取图、文、声等信息表现形式。

（7）信息结构的动态性：“多媒体是一部永远读不完的书”，用户可以按照自己的需要和认知特征重新组织信息，增加、删除或修改节点，重新建立链接。

多媒体技术的应用领域十分广泛，它不仅覆盖了计算机的所有应用领域，而且开拓了计算机应用新的应用领域。其中表现最为突出的是计算机辅助教学。以多媒体计算机为核心的现代教育技术使教学手段丰富多彩，计算机辅助教学使教学模式发生了深刻变化。多媒体技术在未来的几十年将彻底改变教育模式。老师在教学过程中更像向导或顾问，而不是教学基本信息的提供者。目前教育软件通常只是“丰富”教学过程，而不是潜在地取代传统的以教师为基础的模式。

多年来的实践已证明采用多媒体技术的教学系统有如下效果：①学习效果好。②说服力强。③教学信息的集成使教学内容丰富，信息量大。④感官整体交互，学习效率高。⑤各种媒体与计算机结合可以使人类的感官与想象力相互配合，产生前所未有的思维空间与创造资源。利用多媒体的集成性和交互性的特点编制出的计算机辅助教学软件，能给学生创造图文并茂、有声有色、生动逼真的教学环境，激发学生的学习积极性和主动性，提高学习兴趣和效率。多媒体课件能集各种教学经验于计算机应用软件，提高教学效果。这类软件为学员的学习增加了不依赖教室、训练指导人员及严格的教学计划的自主独立性。

1.3.5　电子出版物

多媒体技术在教育领域的应用的另一大方面是电子出版物的推出。国家新闻出版署对电子出版物定义为：“电子出版物，是指以数字代码方式将图、文、声、像等信息存储在磁、光、电介质上，通过计算机或类似设备阅读使用，并可复制发行的大众传播媒体”。该定义明确了电子出版物的重要特点。电子出版物的内容可分为电子图书、辞书手册、文档资料、报刊杂志、教育培训、娱乐游戏、宣传广告、信息咨询、简报等，许多作品是多种类型的混合。

电子出版物的特点：集成性和交互性，即使用媒体种类多，具有较强的表现力，特别是信息的交互性不仅能向读者提供信息，而且能接受读者的反馈。电子出版物的出版形式有电子网络出版和单行电子书刊两大类。电子网络出版是以数据库和通信网络为基础的新出版形式，在计算机管理和控制下，向读者提供网络联机服务、传真出版、电子报刊、电子邮件、教学及影视等多种服务。而单行电子书刊载体有软磁盘（FD）、只读光盘（CD-ROM）、交互式光盘（CD-I）、图文光盘（CD-G）、照片光盘（Photo-D）、集成电路卡（IC）和新闻出版者认定的其他载体。

随着以多媒体技术为主导的电子出版物不断创新和发展，它在人们自主学习、自我培训方面显得越来越重要，已成为教育领域不可缺少的重要组成部分。

1.4　CAI 课件的学习理论思想

在教育技术领域中，计算机作为辅助教学的一种手段并非自然而然地优越于其他媒体，CAI 课件课程实践离不开合理的理论指导。这些学习理论流派为 CAI 课件领域的研究和发展提供了有利的条件。对 CAI 课件制作和使用两者来说，行为主义、认知主义的学习理论以及正赋予新内容的建构主义理论为 CAI 课件的深入研究和发展奠定了的理论基础。

1.4.1　行为主义理论基础知识

按经典的条件作用学说，让一个中性刺激伴随着另一个产生某一反应的刺激连续重复呈现，直至单凭那个中性刺激就能诱发这种反应。例如，在著名的巴普洛夫实验中，铃声替代了肉丸引起狗流口水。刺激替代现象在人身上也时有发生，例如讲课中当教师转向黑板时，学生就会拿起笔来准备做笔记。

比较有实际意义的是斯金纳创立的操作性条件作用学说和强化理论。他把机体由于刺激而被动引发的反应称为"应激性反应"，机体自己主动发出的反应称为"操作性反应"。操作性反应可以用来解释基于操作性行为的学习，如人们读书或写字的行为。为了促进操作性行为的发生，必须有步骤地给予一定的条件作用，这是一种"强化类的条件作用"。强化包括正强化和负强化两种类型：正强化可以理解为机体希望增加的刺激：负强化则是机体力图避开的刺激。增加正强化物或减少负强化物都能促进机体行为反应的概率增加。这一发现被提炼为"刺激-反应-强化"理论。按照这一理论，在学习过程中，当给予学习者一定的教学信息——"刺激"后，学习者可能会产生许多种反应。在这些反应中，只有与教学信息相关的反应才是操作性反应。在学习者做出了操作性反应后，要及时给予强化，从而促进学习者在教学信息与自身反应之间形成联结，完成对教学信息的学习。当一个刺激被重复呈现，且都能引起适当的反应，则称该反应是受刺激控制的。建立刺激控制取决于两个条件：一是积极练习，多次练习作正确反应：二是跟随强化，练习后紧接着反应以强化。

1.4.2 认知主义学习理论基础知识

认知学习理论认为，有意义的学习过程始终在认知结构基础上进行。先学习的知识对以后的学习总会产生各种影响。认知学习理论强调的不是刺激反应，不是环境和学习者的外部行为变化，而是学习者认知结构的变化。它把学习看做是掌握事物的意义、把握事物内部联系的意义学习。它认为学习的本质是在用语言符号表征的新观念和学生认知结构中原有的适当观念之间建立实质性的、非人为的联系。认知学习理论强调知识的获得不是对外界信息的简单接收，而是对信息的主动选择和理解。人并不是对所有作用于感官的信息兼收并蓄，而是在认知结构的控制、影响下，只对某些信息给予注意，受到注意的信息被选择接收并加工。

根据认知主义学习理论，学习，特别是一些高级的学习，是一种学习者内在的思维活动过程。

1．感觉寄存

面对外界大量的刺激，感觉寄存器应从这众多的刺激信息中选取某种所需的特定信息，称这个过程为注意选择。信息在感觉寄存器中的保持时间较短，约为1/4～8s。在这一时间内，被选定的信息传至短时记忆区，未被传递的信息自动消失。

2．短时记忆

短时记忆不仅要对信息进行保持，还要对信息进行编码等各种处理。为了延长信息在短时记忆过程中的保持时间，短时记忆过程中需要对信息不断地进行编排，用以反复地激活记忆的痕迹。短时记忆区是一个过渡性记忆缓冲器，其容量有限，只能记录7±2个信息组块，只能保持大约15～30s。

3．长期记忆

短时记忆区中的信息经过复述和编码过程转化为长时记忆，传递至长期记忆区后可长期保持。长期记忆区是一个相当持久的、容量极大的信息库。长期记忆区中对信息的记忆主要有插语记忆（Episodic Memory）和语义记忆（Semantic Memory）。

4．控制过程

控制过程对上述各种过程中信息流的控制，它包括感觉通道的选择、模式识别、信息的传递和处理、反应的开始等各种操作的控制。

1.4.3 建构主义理论基础知识

行为主义的程序教学理论和认知主义的教学设计理论之间虽然存在着冲突，但有一个共同点，即以客观主义认识论为基础。进入20世纪80年代以后，客观主义认识论碰到了来自建构主义认识论的挑战。建构主义认为，学习者的知识应该是他们在与环境的交互作用中自行建构的，而不是灌输的。建构主义的学习观点可以简单地概括为以下几个方面：

1．学习是一种建构的过程

知识来之于人们与环境的交互作用。学习者在学习新的知识单元时，不是通过教师的传授而获得知识，而是通过个体对知识单元的经验解释从而将知识转变成了自己的内部表述。知识的获得是学习个体与外部环境交互作用的结果。

2．学习是一种活动的过程

学习过程并非是一种机械的接受过程，在知识的传递过程中，学习者是一个极活跃的因素。知识的传递者不仅肩负着“传”的使命，还肩负着调动学习者积极性的使命。对学习者们的许多开放着的知识结构链，教师要能让其中最适合追加新的知识单元的链活动起来，这样才能确保新的知识单元被建构到原有的知识结构中，形成一个新的、开放的结构。学习的发展是以人的经验为基础的。由于每一个学习者对现实世界都有自己的经验解释，因而不同的学习者对知识的理解可能会不完全一样，从而导致了有的学习者在学习中所获得的信息与真实世界不相吻合。此时，只有经过社会“协商”，经过一定时间的磨合之后才可能达成共识。

3．学习必须处于丰富的情境中

学习发生的最佳境态（Context）不应是简单抽象的，相反，只有在真实世界的情境中才能使学习变得更为有效。学习的目的不仅仅是要学生懂得某些知识，而且要让学生能真正运用所学知识去解决现实世界中的问题。学习者如何运用自身的知识结构进行思维，是衡量学习是否成功的关键。如果学生在学校教学中对知识记得很“熟”，却不能用它来解决现实生活中的某些具体问题，这种学习应该说是失败的。

1.5 学习理论流派在CAI的教学设计中的作用

1.5.1 制作CAI课件的行为主义原则

以行为主义理论为基础的教学理论在大量实践的基础上形成了一系列设计原则，这些原则成为早期CAI课件设计的理论依据，并且在目前的CAI课件设计中仍然起着重要作用。

（1）规定目标：将教学期望明确表示为学生所能显现的行为，保证行为主义心理学基本方面——可观测的反应成为CAI课件的“路标”。

（2）小步子和低错误率：CAI课件学习材料被设计成一系列小单元，使单元间的难度变化比较小，达到较低的错误率。

（3）自定步调：允许学生自己控制学习速度。

（4）显式反应与即时反馈：CAI课件中通常包含频繁的交互活动，尽量多地要求学生做出明显反应，当学生做出反应时计算机应立即给予反馈。

（5）提示与确认：包括形式提示和题意提示。前者诸如用间断下划线指示正确答案的字符数，后者诸如为学生提供语境暗示，鼓励他们利用前面呈现的信息和联系原有的知识等。确认是通过反馈对学生反应提供肯定性信息，也可看做为另一类提示。

（6）计算机控制的学习序列：在教材编列方面，计算机比其他媒体有更大的灵活性。但许多CAI课件设计仍以线性序列加反应条件补习分支为主，学习序列完全由计算机控制。

行为主义学习理论对CAI课件的形成起到了不可言喻的作用。但它的某些思想却与人们的日常经验存在很大的差异，按照这一理论基础设计的CAI课件，往往忽视了人们认识过程的主观能动作用，因此，仅仅依靠行为主义学习理论框架设计的课件可能会带来很大的局限性。

1.5.2 制作CAI课件的认知主义原则

认知主义学习理论在形成之初和行为主义相比就从不同的角度来探讨学习过程。在该理论看来，环境的刺激是否受到注意或被加工，主要取决于学习者的内部的心理结构。学习者在以各种方式进行学习的过程中；总是在不断地修正自己的内部结构。认知主义学习理论促进了CAI课件向智能教学系统的转化。人们通过对人类的思维过程和特征的研究，可以建立起人类认知思维活动的模型，使得计算机在一定程度上完成人类教学专家的工作。以认知主义学习理论为依据，专家们提出了一系列指导教学设计的原则，这些原则同样适用于CAI课件的设计：

（1）用直观的形式、超链接方法向学习者显示学科内容结构，让学生了解教学内容中涉及的各类知识之间的相互关系。

（2）学习材料的呈示应适合学习者认知发展水平，按照由简到繁的原则来组织教学内容。这里所说的由简到繁是指由简化的整体到复杂的整体。

（3）学习求理解才能有助于知识的持久和可迁移。

（4）向学生提供反馈信息，确认他们的正确知识和纠正他们的错误学习。

（5）学习者自定目标是学习的重要促动因素。

（6）学习材料既要以归纳序列提供，又要以演绎序列提供。

（7）学习材料应体现辩证冲突，适当的矛盾有助于引发学习者的高水平思维。

1.5.3 制作CAI课件的建构主义原则

从建构主义认识论和学习观出发，教育专家们得出了一系列教学原则，用来指导教学过程设计和教学环境的设计，这些基本原则同样在制作CAI课件中有重要的指导意义。

（1）所有的学习活动都应该定位在大的任务或问题中。也就是说，任何学习活动的目的对于学习者都应是明确的，以便学以致用，因为学习的目的是为了能够更有效地适应世界。CAI课件应允许学生进行跳跃式学习。

（2）支持学习者发掘问题作为学习活动的刺激物，使学习成为自愿的事，而不是给他们强加学习目标和以通过测试为目的。教师确定的问题应该使学生感到就是他们本人的问题。CAI课件教学环境应开发强有力的搜索引擎。

（3）设计真实的学习环境，让学习者带着真实任务进行学习。真实的活动是建构主义学习环境的重要特征、这些真实的任务整合了多重的内容或技能，它们有助于学习者用真实的方式来应用所学的知识。所谓真实的环境并非一定要真实的物理环境（虚拟环境），但必须使学习者能够经历与实际世界中相类似的认知挑战。

（4）设计的学习情境应具有与实际情境相近的复杂度，使学习者在学习结束后能够适应实际的复杂环境，避免降低学习者的认知要求。

（5）让学习者拥有学习过程的主动权。教师的作用不是独裁学习过程和规约学习者的思维，而应该为他们提供思维挑战，激发他们自己去解决问题。倡导学习者拥有学习过程的主动权，当他们遇到问题时应给予有效的援助。教师的作用不是提供答案，而是提供示范、教练和咨询，成为知识的导航员。

（6）鼓励学习者体验多种情境和检验不同的观点。知识是社会协商的，个人理解的质量和深度决定于一定的社会环境，人们可以互相交换想法，通过协商趋同。因此，应该鼓励各种合作学习方法。

以上这些原则被许多 CAI 课件工作者付诸实践，创造了情境化教学、锚定式教学、随机访问教学等 CAI 课件课程制作的基本原理与制作技术。 CAI 课件理论的多样性表明这门学科日趋成熟。我们应该全面地了解上述各种理论的应用价值，在设计和制作 CAI 课件时对它们加以合理地综合利用。

1.5.4 CAI 课件制作的基本原则

CAI 课件制作的基本原则是一般教学原则在 CAI 课件教学中的运用，也是 CAI 课件教学规律的特殊反映。CAI 课件制作的过程涉及种种复杂关系，主要表现在：CAI 课件教学与其他教学方式之间的关系；它所具有的自定步调，适应个别差异与教学大纲要求统一之间的关系；个别化的独立作业与集体化的合作学习之间的关系；人和计算机之间交流与人和人之间交流的关系；学生自主学习与教师主导作用之间的关系；分段前进与系统整体化之间的关系；教学性、科学性、技术性和艺术性之间的关系；反馈过迟与过早之间的关系；直观性与抽象性之间的关系；经济性与实用性之间的关系；等等。这种种关系，反映了 CAI 课件设计与制作中存在的诸多矛盾。为更好地开发 CAI 课件，这里提出 CAI 课件制作过程中一般应遵守的基本原则。

1. 教学目的性原则

CAI 课件教学的目的是实现教学过程最优化且取得最优化的教学效果。CAI 课件制作时应列出目录、介绍学习目标、按逻辑顺序排列各单元、每完成一单元的学习都要使学生明确这一单元与相邻单元之间的关系及在整个课程中的地位。教学性是检验教学效果的主要标准，科学性是教学性的基础，技术性是确保 CAI 课件教学有效开展的重要条件，艺术性服务于教学性和科学性。

由于 CAI 课件的学习特点，教学内容往往被分成了许多相互独立又相互联系的段落。因此，CAI 课件的每一章节都应设立学习目标，从而把整个教学过程分成许多个“步子”，上一步学习完成了才进行下一步的学习。这样可使学生循序渐进、由易到难地学习。使学生获得 CAI 课件系统的知识和完整的认知结构。

2. 学习过程的交互性原则

CAI 课件制作交互性原则是指在开发 CAI 课件时，CAI 课件—教师—学生能实现远程交互式通信，并能具备人-机或人-人对话的双向交互功能。这种交互性表现在：在 CAI 课件的组织与管理过程中，教师与管理人员能随时进行双向联系，为教学课件的开发、上网和交流提供服务，管理人员能进行系统远程维护；在远程教学过程中，采用交互式课型，即人-机交互环节作为主要知识交流的课型。交互式课型要求管理系统能通过因特网，自动在教师、学生和教育资源信息之间流畅地传输信息，向学生实时地提供学习方法并进行必要的示范；在学生学籍管理、辅导过程、考核过程和其他方面，管理系统能实现网上人-机实时性和双向性的对话。

3．学习方式的开放性原则

CAI 课件制作的开放性原则是指所设计的 CAI 课件应该对教育对象、教育形式、教育资源、教育内容和管理手段等方面实行开放化。允许教师、学生、管理者以及信息资源之间相互沟通。除了安全因素外，再没有其他壁垒。对教育对象的开放，表现为 CAI 课件能为各种求学者提供继续教育和终生教育的机会和条件，为他们提供 24 小时的教学服务。对教育形式方面的开放，表现为 CAI 课件能为学生提供各种网上学习的方法及学习软件。对教育资源的开放，表现为 CAI 课件能提供丰富多彩的教育信息资源和相关信息资源，使学生充分利用网上信息，提高学习效率。对教育内容的开放，表现为学生通过正当渠道注册成为远程教育学生以后，CAI 课件可以根据学生的需要自由选择学习内容。

4．直观性与抽象性相结合的原则

CAI 课件制作直观性与抽象性相结合的原则是指在 CAI 课件制作过程中采用超文本结构，这比传统线性结构的 CAI 课件使学生更容易得到他所想要学习的信息。教师通过编制课件、挑选课件、确定在什么情况下使用课件以及向学生提供指导等等来发挥他的主导作用。在 CAI 课件中，学生通过屏幕可以看到形象直观的图形画面，使学生获得充分的感知。在 CAI 课件中，应当尽量多地发挥多媒体的优势，大量采用声音、视频、动画和图像等直观媒体信息，并采用有效的集成技术，使软件成为集成的多媒体系统软件而不要成为分立的散件。在软件的设计中应当使多种媒体信息实现空间上的并置和时间上的重合，在同一屏幕上同时显示相关的文本、图像或动画，与此同时，用声音来解说或描述，从而使形式丰富多彩、引人入胜。

5．课程内容可扩充性原则

CAI 课件制作的可扩充性是指开发过程应该考虑到：方便修改和扩充 CAI 课件内容；能兼容市场上不断推出的 CAI 课件软件；预留新的 CAI 课件程序接口。CAI 课件的这种可扩充性设想是，将一个制作好的 CAI 课件通过在校园网上发布，供广大远程学生频繁的使用。同时，要跟踪市场上不断推出的 CAI 课件，在不侵权的前提下将其融入到已有的 CAI 课件中来。通过这种集思广益，滚雪球式的发展方式使 CAI 课件能不断地扩充功能，达到滚动式发展的目的，以此推动我国 CAI 课件理论和实践活动不断向前进。于启发学生应用知识去分析问题、创造性地解决问题，其目的是要培养提高学生的能力。

6．经济性与实用性相结合的原则

进行 CAI 课件的开发与制作要花费很大的人力财力，因此在开发某门 CAI 课件时应从国情和各地、各单位的现有条件和实际需要出发，本着讲求节约和实效的原则，根据其使用价值与投资费用的比值来决定其取舍和规格要求。一般从三个方面掌握经济性与实用性相结合的原则：第一，开发 CAI 课件之前认真进行查新工作，特别注意避免低水平 CAI

课件的重复开发与建设。第二，制作和选择一个合适的多媒体制作工具为创作出一个成功的多媒体 CAI 课件软件。工具选择得好，可以大大地节省研制开发人员的人力物力，从而把主要力量投入到软件脚本的创作中去。在选择多媒体制作工具时，要综合考虑：编程环境、超级链接能力、媒体输入能力、动画创作能力、易学习性、易使用性、性能价格比、服务支持、文档是否齐全等方面。

1.6 CAI 课件分类

课件一词译自英文 Courseware，其本意是课程软件。有些 CAI 课件专家建议用“电子学习材料”代替“课件”，但从教学的角度来讲，两者在内容、结构和使用上有很大的区别。多媒体 CAI 课件（Multimedia Computer Assisted Instruction，MMCAI）是指能够独立地、完整地表述教学内容的一类计算机教学软件。根据题材的不同可分为小型多媒体课件和大型多媒体课件，小型多媒体课件完整地描述一个或几个事实，大型多媒体课件可以是一件事物发展的完整过程。多媒体课件应该尽可能采用图形和图像，动态模拟图像等视觉媒体，揭示描述的客观事实发生机理、发展过程、预期可能或必然出现的结果等，并附有知识回顾、知识扩展、探索、辅导和习题等内容。

计算机教学软件以数字方式将学科教学内容和教学过程的图、文、声、像、动画及活动影像等信息通过计算机系统存储、加工、传输和呈现，用户可以通过人机交互方式使用，以实现和支持特定课程的计算机应用软件及配套的教学资料，辅助教师教学和学生自学。

1.6.1 课件及分类

根据多媒体 CAI 课件的某种属性特征，目前，人们从不同的角度对多媒体 CAI 课件进行了分类。这里简单论及几种分类方式，以便更好地发挥其在教学、科研和大众教育中的作用。其类别主要有：

（1）按操作中的流程分为顺序型、分支型、交互型和网络型。

（2）按教学中的作用分为贯穿全课程型、突破重难点型、教学自学兼用型。

（3）按教学中的目的分：

① 测验型：课件重在针对某个知识点提供反复练习的机会或在教学活动进行到一个阶段后用于评价。

② 教学型：重在知识传授，可供学生自我学习。

③ 模拟型：重在现实不允许或不能实现的，用计算机模拟实现。

④ 开放型：重在利用超媒体技术，供学生自主使用和控制跳转方向。

⑤ 按适用年龄分：幼教课件、小学课件、中学课件、成教课件等。

⑥ 按学科分：语文课件、数学课件、信息技术等。

（4）按出版形式分：

① 网络版以数据库和通信网络为基础，以计算机的硬盘或光盘为存储介质，可以提供联机数据库检索、传输出版，电子报纸、电子邮件、电子杂志等多种服务。

② 单机版的多媒体 CAI 课件则以光盘、磁盘和集成电路卡等为载体。

（5）按出版内容分：

① 教育类，主要是多媒体 CAI 课件软件，这类课件注重教学目标、教学策略，还包括测评和反馈信息功能，让读者动手参与，而不是被动接受。

② 娱乐类，这类课件纯粹是训练手眼协调的游戏，开发少儿智力和娱乐，让用户在解决问题的过程中，学会某些知识技能。

③ 工具类（含数据库），包括各种百科全书、字典、手册、地图集、电话号码本、年鉴、产品说明书、技术资料、零件图纸、培训维护手册等，强调运用超文本/超媒体来展现重要的内容，能进行检索，可提供尽可能多样的查找信息方式，能随时提示用户所在的位置，以免在信息海洋中迷航。

（6）按教学方式分：

① 堂件类，采用 PowerPoint 等工具制作，教师将在课堂上难以演示或板书的图片、图表、公式推导过程等与该课程相关的内容制作成节目片段，上课时，通过大屏幕投影演示。

② 教件类，主要是教师自己备课时，采用 PowerPoint、Authorware 等工具制作的一种电子教案，内容包括所授某门课程较为完整的重点、难点内容，作业题及答案等。上课时，可通过大屏幕投影演示，一般只供任课教师本人使用，同样不具备交互式功能。

③ 课件类，课件是人们对多媒体 CAI 课件的简称。

1.6.2 教学积件

随着计算机软件技术的高速发展，使全世界几乎所有的主流软件都向资源库、平台化、人性化方向发展，显然教育软件也应该走世界软件发展的共同方向。因此，运用积件思想，走素材资源库和制作平台相结合的新思路，是使音乐软件开发和应用走出目前困境的有效途径。积件是一种思想，它是一种关于 CAI 发展的系统思路，是针对课件的局限性而发展起来的一种新的教学软件开发和应用模式。积件提出者认为，积件由积件库和积件平台组成。积件库是教学资料和表达方式的集合，包括 5 个部分的建设：多媒体教学资料库、教学单元库、虚拟积件资源库、资料呈现方式库、教学策略库。

教学积件也是目前在 CAI 课件开发和研究过程中产生的。顾名思义就是积累的可被方便地直接调用或使用的教学软件。共享 CAI 资源中目前最有应用价值的是积件。资源丰富的积件库可使得课件的制作在资源、形式上有充分的选择余地，更能符合教师个性化的要求。

（1）CAI 教学积件可独立运行于诸多操作平台的可执行软件或动态链接库，或者至少可运行于当前流行的操作平台中的一种，如 Windows 系列。

（2）不可有低级操作，以防止在与原开发环境不同的环境中运行时出现错误、死机甚至导致系统崩溃。

（3）裸包装，任何与教学内容不紧密相关的包装都会使得积件无法被调用或使用，如在积件开始时插一段校园风景。

（4）积件不同于课件，不必对某一课作整课的安排，而最好不随大流地对某一问题从独特角度作专门的分析或介绍，这样更具有被调用的价值，如不同阻尼对简谐振动影响的相图比较。

（5）由于教师广泛使用 PowerPoint、VB、Authorware 等 CAI 软件制作工具，源文件也可起到积件的作用，但长远看这些积件会随CAI软件制作工具的更新而失去意义，当前也无法被未安装相同制作工具的教师使用，最好打包成可独立运行的文件。积件的广泛开发与使用将促进新教学手段融入日常教学，有效防止简单的重复开发。

（6）积件库的资源的格式要求

积件：EXE、COM、A5P、PPT、PPS等常用格式。

文本：TXT、RTF、DOC、HTML等常用格式。

图片：GIF、JPEG、BMP等常用格式。

声音：MP2、MP3、WAV、MIDI等常用格式。

视频：MPE、MPEG、AVI、PT、MOV、RM等常用格式。

1.6.3 网络多媒体CAI课件

网络多媒体CAI课件是利用因特网通信技术使多媒体CAI课件在网上传播的某种计算机教学软件。网络多媒体CAI课件为学生创造图文音像并茂的全息教学信息，网络通信技术的实现将把课堂教学与广播电视教学融为一体。

1．网络多媒体CAI课件的优势

教育资源极为丰富。在因特网上几乎没有找不到的信息，网络资源大大丰富，任何用户不管在地球的任何地方，只要通过因特网进行登录，就可以得到一定的服务，小范围的教学与它是无法相提并论的。

（1）便于设计和开发。由于在因特网上运行的大多是HTML文件，在编写难度上可谓降得很低了。HTML文件可以插入音频、视频、文字、图像文件。在因特网上可实施课件的协同开发，各司其职，专业教师可以只负责开发教学内容，而让商家去开发教学模板，这样的开发方式大大节约了人力，也大大提高了知识的更新程度，使教师专心于教学的改善而无“旁骛”了。

（2）节省资金。网上的软件很多是免费的，教育也是如此，譬如Cernet就是免费的网络，不收任何费用，同时可以得到大量的教学资源。

（3）网络多媒体 CAI 课件教学可以方便地实现教育的远程性、个别性、交互性、实时性。

2．网络课程简介

《现代远程教育资源建设规范》指出：“网络课程是通过网络进行的某门课程的教学活动，它包括按一定的教学目标、教学策略组织起来的教学内容和网络教学支撑环境。它是远程教学资源的重组成部分，是开展远程教学的基本单元。网络课程供学生远程学习使用，也可供学生课后复习，还可供教师在课堂教学中调用。”网络课程主要包括教学内容和网络教学环境两部分。

网络课程教学环境主要包括以下部分：

（1）工作平台：采用因特网上常用的B/S结构，即浏览器/服务器结构。服务器提供学生学习所需的内容，相互交流等功能。用户端需要接通因特网，装有通用浏览器即可。

（2）教学系统模块：教学系统精细地分成各个单独的功能模块开发和应用。

（3）素材库：将教学内容由文字、声音、图像、动画等形式组成，并采用网状结构，符合人的知识记忆结构。

（4）意见反馈系统：把教学相关的内容呈现给学生，并根据学生的回答给予学生最佳的学习提示，需设置系统管理员以接受各方的咨询提问，并根据意见修缮教学系统，通过E-mail、博客、BBS聊天室等来实现。

（5）答疑系统：设置教师，学生通过E-mail、博客、BBS聊天室等向教师提问，教师以同样的方式做出回答。

（6）讨论系统：在教师与同学中间或学生与学生之间发生双向实时进行，可通过白板对写或BBS讨论区加以实现。

（7）注册系统：让普通学生经过注册而成为正式学生，继而能够拥有一定的权限，如对一些教师和资料的查询等。

（8）学生信息库：保存学生的各方面资料，包括注册情况、学习进度、学习成绩等。

（9）教学资料库：涵盖了所有教学习题、考试题。

1.6.4 CAI课件的基本结构

一个优秀的CAI课件应充分地发挥计算机多媒体的特点，在制作过程中应注重视听教学的特征，突出启发教学，还应注重教学过程的科学性和合理性，应做到构图合理、美观，画面清晰、稳定，色彩分明、色调悦目，动画流畅，真实感强，解说、音乐清晰动听，功能丰富，演播运行安全可靠。

CAI课件一般应包括：片首、导航目录、知识主体、片尾。若把一个课件比作一本书，也有封面、目录、章节、页面等。其中页面是构成知识主体的基本单元，每个页面可以包括背景、文字、图形、图像、动画、视频、图标、按钮等可见信息，同时还有声音、背景音乐等不可见信息，这些媒体组合起来共同表现某个具体的教学内容。目录和页面之间、页面与页面之间通过“链接”连接起来形成整体并实现跳转。

1.7 相关技术

开发CAI课件，多媒体技术和计算机网络技术是两个关键技术。

1.7.1 与计算机网络技术相关的基本概念

1．超文本标注语言（HTML）

HTML 提供了一种格式用以说明逻辑结构和超文本。并非所有的计算机文档都能被WWW客户机系统检索和操作。浏览器需要遵循HTML格式，而所有浏览器必须理解这种格式。这一双重特点允许使用专用的一种公共格式，它可以被所有客户机系统所理解。特殊的SGML文件类型，能很好地适应于超媒体。特殊的标注语言，用SGML无语言定义（但这只是其内部特征）来表示文档类型的情况。在计算机网络环境下使用的CAI课件可以通过HTML来组织。

2．超媒体链接方式

人们探索用一种类似人类联想记忆结构的非线性网状结构的方式组织信息，它没有固定的顺序，也不要求读者按照一定的顺序来提取信息。这种非线性的信息组织方式就是超媒体（Hypermedia）结构。

3．超文本

超文本（Hypertext）是收集、存储和浏览离散信息，以及建立和表示信息之间关系的技术。它以节点作为基本单位，这种节点要比字符高出一个层次。超文本可以看做4个要素的组合，它们是锚、节点、链和网络。锚（Anchor）是一个所给文档部分中的一个信息段，它可以附加有链。由于超文本中只含有文本信息，因此，锚可以是字、字的组合、句子或段落。节点（Nodes）是超文本中存储数据或信息的单元，又称为“信息块”。它是围绕一个特定的主题组织起来的数据集合，是一种可激活的材料，能呈现在用户面前，并且还可在其中嵌入链，建立与其他节点的链接。节点的大小根据实际需要而定，没有严格的限制。链（Links）表示不同节点中存放信息间的联系。它是每个节点指向其他节点，或从其他节点指向该书点的指针。因为信息间的联系是丰富多彩的，因此链也是复杂多样的。链的一般结构可以分成三个部分：链源、链宿及链的属性。

4．超媒体

超媒体系统是一种多媒体信息综合管理系统，是将数据库系统的结构特征、再现知识的心理方法和支持人机交互作用过程的技术方法综合起来的软件系统。超媒体是“超文本”概念的推广。超媒体实际上是超文本加多媒体，即多媒体超文本。对超媒体而言，节点中包含的数据，不但可以是传统式的数据（字符、数字、文本等），还可以是图形、图像、声音、视频，或者是一段计算机程序，甚至是味觉、气味、触觉等。

5．超链接

所有的WWW文档是超文本文档。超文本文档显著的特点之一就是链接，也称为超链接（Hyperlink）。链接是对其他文档的简单索引。一个人在书写超文本文档时，可以插入到其他具有与文档中文本相关信息文档的链接。除了文档描述命令以外，HTML还包含允许进行文档内部链接的命令。

6．共享白板工具

共享白板工具是远程教学中最简单明了的共享工作空间工具，在计算机屏幕上，它们可简单仿真实际的白板或黑板（Chalkboard）。共享白板工具允许多个因特网用户在他们各自的计算机显示器上来观看同一内容的窗口，每个参与者都可以使用简单的绘图工具来标注白板或输入文本。一般地，绘图功能既包括自动绘制规则几何物体（如圆、线、箭头等），也包括徒手作图功能。

7．音、视频会议

音、视频会议系统中的多个对话方可以有用两种方法实现：第一种方法是在一个视频会议系统（作为中心集线器）与其他系统之间可以建立多个点对点连接，学生与教师实时共享教学环境。第二种方法可以在所有的局域网上和大多数分组广域网上使用多点播送技术，采用实时点播和广播的方式进行网络交互式教学。

1.7.2 与多媒体技术相关的基本概念

多媒体技术向着以下6个方向发展：高分辨化，提高显示质量；高速度化，缩短处理时间；简单化，便于操作；高维化，三维、四维或更高；智能化，提高信息识别能力；标准化，便于信息交换和资源共享。

1．音频处理技术

量化的位数决定了声音的音质，采样位数越高，音质越好，但需要存储的数据量也越大。例如，CD激光唱盘采用了双声道的16位采样，采样频率为 441 kHz，可以达到专业级的水平。多媒体应用中的一种重要媒体是音频，多媒体系统使用的音频技术主要包括音频的数字化和 MIDI 技术。音频的数字化就是将模拟的（连续的）声音波形数字化（离散化），以便于用数字计算机进行处理的过程。它主要包括采样和量化两个方面。音频数字化的质量相应地由采样频率和量化数据位数来决定。采样频率是指对声音进行采样单位时间的次数。它反映采样点之间间隔的大小。间隔越小，采样频率越高，声音的真实感越好，但需要存储的音频数据量也越大。目前经常使用的采样频率有 11025kHz、2205kHz 和441kHz 三种，采用的有8位和16位两种。如果使用8位的量化级，则只能表示256个不同的量化值，而16位的量化级则可表示65 535个不同的量比值。

2．视频处理技术

在多媒体系统中，视频图像处理技术包括视频图像信号的获取和视频图像信号的压缩与存储等主要技术。在多媒体系统中，视频图像信号主要是将来自外界视频设备（如录像机等）的电视信号，使用专门的视频卡采集视频信号并把模拟视频信号进行数字化处理后进入计算机内。视频数字化的目的是将模拟视频信号经模数转换和彩色空间变换转换成数字计算机可显示和处理的数字信号。视频模拟信号的数字化过程与音频数字化过程相似，也需要以下几个步骤：取样，将连续的视频波形信号变为离散量；量化，将图像幅度信号变为离散值；编码，视频编码就是将数字化的视频信号经过编码成为电视信号，从而可以录制到录像带或在电视上播放。对于不同的应用环境有不同的技术可以采用。

3．数据压缩技术

数据压缩技术是多媒体技术发展的关键之一，是计算机处理语音、静止图像和视频图像数据，进行数据网络传输的重要基础。未经压缩的图像及视频信号数据量非常之大。例如，一幅分辨率640×480的256色图像的数据量为30KB左右，数字化标准的电视信号的速率超过10Mb/s。这样大的数据量不仅超出了多媒体计算机的存储和处理能力，更是当前通信信道速率所不能及的。因此，为了使这些数据能够进行存储、处理和传输，必须进行数据压缩。由于语音的数据量较小，且基本压缩技术已成熟，目前的数据压缩研究主要集中于图像和视频信号的压缩方面。目前国际标准化组织和国际电报电话咨询委员会已经联合制订了两个压缩标准，即JPEG和MPEG标准。

4．存储技术

1）光学存储技术

多媒体应用系统存储的信息包括文本、图形、图像、动画、声音和视频等多种媒体信息。这些媒体信息的信息量特别大，经数字化处理后，要占用巨大的储存空间。传统的磁存储方式和设备无法满足这一要求，光存储技术的发展则为多媒体信息的储存提供了保证。

光存储技术是一种通过光学的方法读出（有时也包括写入）数据的一种存储技术。由于作用的光源基本上是激光，所以又称为激光存储。光存储介质可以根据存储体的外表和大小进行分类，如盘、带、卡。

2）磁盘阵列

目前，计算机系统的I/O瓶颈问题日益严重，CPU的性能每2.25年增加一倍，而磁盘的速度每十年才增加一倍。解决此问题的根本问题是采用磁盘冗余阵列（Redundant Array of Independent Disks，RAID）代替现有昂贵的单台大容量磁盘。RAID 的性能价格比很高、体积小、容错能力强，是开展远程教育存储海量网络课程多媒体数据的一种新型的理想数据外存储设备。

5．多媒体数据库技术

数据库的性能与数据模型直接相关。数据模型先是网状模糊和层次模型，后来发展为关系模型和面向对象模型。因此也就出现了关系数据库和面向对象数据库。由于多媒体对数据库的影响，因此必须找出其相应方法来设计多媒体数据库。日前实现多媒体数据库系统的途径有两种，即扩充关系数据库方法和面向对象的方法。目前，新版本的 ORACLE、SYBASE 等大型数据库系统都能很好地处理多媒体数据记录。

1.7.3 其他相关技术

1．多媒体的虚拟现实技术

虚拟现实（Virtual Reality，VR）这一名词是由美国 VPL 公司创建人拉尼尔（Jaron Lanier）在 20 世纪 80 年代初提出的，我国著名科学家钱学森将它翻译为灵境技术。作为一项尖端科技，虚拟现实集成了计算机图形技术、计算机仿真技术、人工智能、传感技术、显示技术、网络并行处理等技术的最新发展成果，是一种由计算机生成的高技术模拟系统。它最早源于美国军方的作战模拟系统，90 年代初逐渐为各界所关注并且在商业领域得到了进一步的发展。它与传统的模拟技术完全不同，是将模拟环境、视景系统和仿真系统合三为一，并利用头盔显示器、图形眼镜、数据服、立体声耳机、数据手套及脚踏板等传感装置把操作者与计算机生成的三维虚拟环境连接在一起。操作者通过传感器装置与虚拟环境交互作用，可获得视觉、听觉、触觉等多种感知，并按照自己的意愿去改变“不随心”的虚拟环境。

虚拟现实是由多媒体技术与仿真技术相结合而生成的一种交互式人工世界，在这个人工世界中可以创造一种身临其境的完全真实的感觉。要进入虚拟现实的环境通常需要戴上一个特殊的头盔（head mounted display），它可以使你看到并感觉到计算机所生成的整个人工世界。为了和虚拟环境进行交互，还需要戴上一副数据手套——它使穿戴者不仅能感知而且能操作虚拟世界中的各种对象。图 1-2 是一个完整的多媒体的虚拟现实系统示意图。

虚拟现实系统具有三个重要特征：临境性、交互性、想象性。虚拟现实技术的基本设备（如图 1-3 所示）包括以下几种：

立体眼镜（Shutter glasses）是用于观看立体游戏场景、立体电影、仿真效果的计算机装置，是基于页交换模式（Page filp）的立体眼镜，分有线和无线两种，是目前最为流行和经济适用的 VR 观察设备。基于页交换模式(Page filp)的立体眼镜，分有线和无线两种，均为图形工作站用。

头盔显示器用于沉浸式 VR 系统，或者娱乐办公。头盔显示器又称数据头盔或数字头盔，可单独与主机相连以接受来自主机的立体或非立体图形信号，通常的头盔显示器的视野范围为 70″，角度 30°左右，一般和头部跟踪器配合使用，使用者可以不受外界环境的干扰，在视觉上可以达到沉浸式效果，实际效果较立体眼镜好很多。

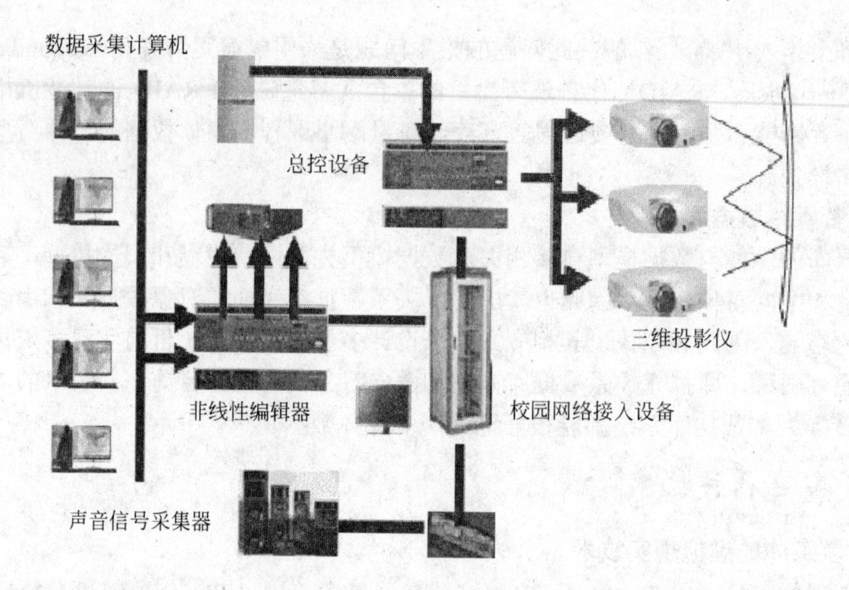

图 1-2　虚拟现实系统示意图

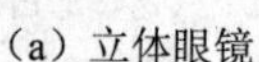

（a）立体眼镜　（b）头盔显示器　（c）六自由度三维鼠标　（d）数据手套　（e）弧形幕/环幕播放系统

图 1-3　虚拟现实技术的基本设备

六自由度外部输入设备，可以控制虚拟场景做自由漫游，或控制场景中某个物体的空间位置及其方向，一般与数据手套、立体眼镜配合使用，也可以用于 CAD/CAM 软件中与普通鼠标配合使用，可大幅度提高制作效率。

数据手套是一种多模式的虚拟设备，通过软件编程，可进行虚拟场景中物体的抓取、移动、旋转等动作，也可以利用它的多模式性，用作一种控制场景漫游的工具。在虚拟装配和医疗手术模拟中，数据手套是不可缺少的一个组成部分。

弧形幕/环幕播放系统是采用金属软幕或硬幕这种结构的仿真投影幕，在投影机前端需要使用融合和梯形失真校正，即无缝拼接。配备高性能的工作站和专业 3D 加速卡，使播放画面更流畅、画质更清晰。大功率的红外发射器可满足 20 人左右同时观看立体电影、立体动画、立体情景再现，红外眼镜的低成本和可扩展性使整个立体影院系统配置比较低廉。

2．人工智能

人工智能（Artificial Intelligence，AI）一词最初是在 1956 年 Dartmouth 学会上提出的。从那以后，研究者们发展了众多理论和原理，人工智能的概念也随之扩展。人工智能是一门极富挑战性的科学，从事这项工作的人必须懂得计算机知识、心理学和哲学。人工智能是包括十分广泛的科学，它由不同的领域组成，如机器学习、计算机视觉等。总的说来，人工智能研究的一个主要目标是使机器能够胜任一些通常需要人类智能才能完成的复杂工作。但不同的时代、不同的人对这种“复杂工作”的理解是不同的。例如繁重的科学和工程计算本来是要人脑来承担的，现在计算机不但能完成这种计算，而且能够比人脑做得更快、更准确，因之当代人已不再把这种计算看做是“需要人类智能才能完成的复杂任务”，可见复杂工作的定义是随着时代的发展和技术的进步而变化的，人工智能这门科学的具体目标也自然随着时代的变化而发展。它一方面不断获得新的进展，一方面又转向更有意义、更加困难的目标。

人工智能是研究、开发用于模拟、延伸和扩展人的智能的理论、方法、技术及应用系统的一门新的技术科学。人工智能是计算机科学的一个分支，它企图了解智能的实质，并生产出一种新的能以人类智能相似的方式做出反应的智能机器，该领域的研究包括机器人、语言识别、图像识别、自然语言处理和专家系统等。

目前能够用来研究人工智能的主要物质手段以及能够实现人工智能技术的机器就是计算机，人工智能的发展历史是和计算机科学与技术的发展史联系在一起的。除了计算机科学以外，人工智能还涉及信息论、控制论、自动化、仿生学、生物学、心理学、数理逻辑、语言学、医学和哲学等多门学科。人工智能学科研究的主要内容包括知识表示、自动推理和搜索方法、机器学习和知识获取、知识处理系统、自然语言理解、计算机视觉、智能机器人、自动程序设计等方面。

人工智能辅助教学系统由于具有“自然语言接口”、“教学决策”模块（相当于推理机）和“学生模型”模块（用于记录学生的认知结构和认知能力），在不久的将来会出现基于人工智能的仿真机器老师，且具有可与人类优秀教师相媲美的功能：

（1）了解每个学生的心理活动、学习能力、认知特点和当前知识水平；

（2）能根据学生的不同特点选择最适当的教学内容和教学方法，并可对学生进行有针对性的个别指导；

（3）允许学生用自然语言与“计算机导师”进行人机对话；

（4）能回答学生提出的任何问题。

本章小结

通过本章的学习，可以详细了解 CAI 课件教学的发展过程和各种类型的分类方法。并可以了解什么是 CAI 课件以及它的结构、发展趋势，包括了解 CAI 课件制作的基本原则，在制作网络课件时应该遵守那些原则以及掌握 CAI 课件制作的基本知识和基本过程，以及如何制作网络课件。

思考与习题

（1）什么是多媒体 CAI 课件，它与 CAI 课件有哪些异同点？

（2）简述建构主义理论在开发 CAI 课件中的作用。

（3）超文本的 4 个要素是什么？

（4）开发 CAI 课件的计算机外部设备包括哪些，各有什么作用？

第2章　多媒体CAI课件设计方法

多媒体课件是采用了多媒体技术，综合处理文、图、声、像等信息媒体以表现教学内容的一种多媒体软件；从课件内容上讲，它是以教学理论和学习理论为指导，运用系统论的方法，针对教学目标和教学对象的特点，合理地选取与设计教学信息媒体并进行有机组合，从而形成优化的教学结构的一种教学系统。通过本章的学习，应掌握多媒体课件的概念、多媒体课件制作的基本原则及制作流程。

本章学习重点

- 多媒体课件设计的基本概念；
- 多媒体课件制作的基本原则；
- 多媒体课件的制作流程。

2.1　CAI课件的开发模式

CAI课件设计主要涉及教学内容设计和软件设计两方面。教学设计包括学习资源、学习活动、媒体传递等的设计；软件设计包括媒体设计、界面设计、交互设计以及程序设计等方面。而CAI课件的开发模式旨在能够阐明课件设计的实质及基本任务、课件设计的基本概念和基本的指导思想、课件设计的关键和重点、课件设计的基本手段和途径、课件设计的基本方法和技巧。

2.1.1　课件开发模式

所谓开发模式，就是将开发过程直至整个开发工程模型化，并提供最优的解决方案。CAI 课件开发模式着重解决课件开发的组织方式和所采取的开发模型两个问题。目前从CAI课件开发的模式来看，主要有3种架构形式，即以软件工程人员为中心的螺旋模型开发模式、以教学设计人员为中心的瀑布模型开发模式以及以学科教师为中心的各种开发流程。

1．螺旋模型

螺旋模型（Spiral Model）综合了生命周期法和原型法逐步求精和细化的优点，并增加风险分析以更真实地反映现实世界。1988年，巴利·玻姆 Barry Boehm 正式发表软件系统开发的“螺旋模型”，它将瀑布模型和快速原型模型结合起来，强调其他模型所忽视的风险分析，特别适合于大型复杂的系统。

螺旋模型采用一种周期性的方法进行系统开发。这会导致开发很多的中间版本。使用它，项目经理在早期就能够为客户实证某些概念。该模型是快速原型法，以进化的开发方式为中心，在每个项目阶段使用瀑布模型法。这种模型的每个周期都包括需求定义、风险分析、工程实现和评审4个阶段，并由这4个阶段进行迭代。软件开发过程每迭代一次，软件开发又前进一个层次。采用螺旋模型的软件过程如图2-1所示。

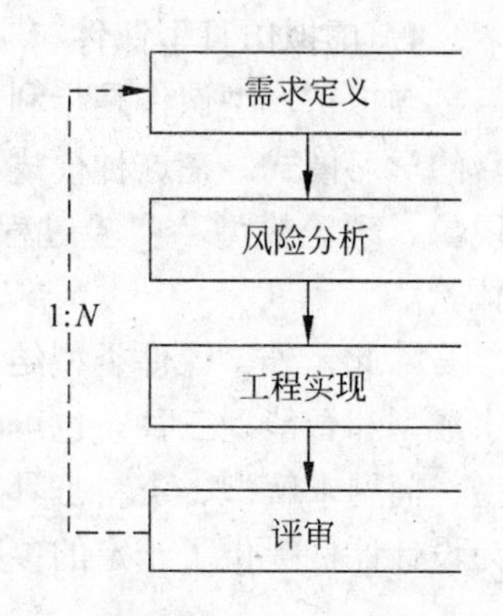

图2-1 螺旋模型的软件设计过程

2．瀑布模型

瀑布模型（Waterfall Model）则采取大的框架遵循软件工程原则，具体设计模块则以教学设计为根本。1970年WinSTon Royce提出了著名的“瀑布模型”，直到20世纪80年代早期，瀑布模型一直是唯一被广泛采用的软件开发模型。瀑布模型将软件生命周期划分为制定计划、需求分析、软件设计、程序编写、软件测试和运行维护等6个基本活动，并且规定了它们自上而下、相互衔接的固定次序，如同瀑布流水，逐级下落。

在瀑布模型中，软件开发的各项活动严格按照线性方式进行，当前活动接受上一项活动的工作结果，实施完成所需的工作内容。当前活动的工作结果需要进行验证，如果验证通过，则该结果作为下一项活动的输入，继续进行下一项活动，否则返回修改。瀑布模型强调文档的作用，并要求每个阶段都要仔细验证。

3．学科教师为中心模型

实践研究表明，某些计算机技术人员，按照通常的软件工程原则指导开发过程，但缺少或者是难以充分体现现代教育思想和理论的指导作用，而一线学科教师能够较好地把握学科教学内容和教学策略，但在软件开发技术和能力上常常会存在各种困难。针对学科教师开发课件而进行的课件制作流程研究着重考虑到设计开发者在多媒体教学设计和软件设计理论和技术方面存在的困难，提出了简单明了的制作环节。所有开发模式无疑都强调在开发的各环节之间循环往复，强调快速原型化和持续性评价方法的运用。

2.1.2 课件的类型结构

根据教学目标、教学内容、教学环境以及教学模式等的不同，可以设计具有不同特征的课件，将这些课件划分为不同的类型，每种类型课件又体现出各自独有的结构功能。最常见的课件类型结构主要有以下几种。

1．课堂演示型课件

这种类型的课件一般来说是为了解决某一学科的教学重点与教学难点而开发的，注重对学生的启发、提示，反映问题解决的全过程，一般与学生间无直接交互作用，主要用于课堂演示教学。

2．开放学习型课件

开放学习型课件是指基于局域网、广域网甚至因特网的开放型学习环境的学习模式。学生可以通过网络查询相关信息，获取更广泛的知识。教师则可以在网络上发布讲稿，并传播给学生，真正体现出一切信息向一切学生开放和教育面向每个人的理想境界。

3．个别指导型课件

这种类型的课件具有完整的知识结构，能反映一定的教学过程和教学策略，提供相应的形成性练习供学生进行学习评价，并设计许多友好的界面让学习者进行人机交互活动。这类课件有利于学生自主学习。

4. 虚拟仿真型课件

虚拟仿真型课件是指利用计算机的虚拟仿真技术，对教学环境、教学内容进行教学仿真的学习模式。在这种模式下，学生可以解决许多真实实验中实现不了的困难，进入仿真现象、理论模型、实验过程、野外考察、星空探索等虚拟环境，进行具体操作、感受和体验。

除此之外，课件类型结构还可以按照其中的教学信息组织和结构方式划分为固定型、生成型和智能型三种。也可以根据课件能够体现的教学模式划分为交互学习型、操练复习型、问题求解型、资料工具型以及教学游戏型等。课件类型结构的明确划分及其深入研究为设计课件提供了一定的参照框架，因而成为课件设计理论的一个重要方面。

2.1.3 课件设计方法

课件设计方法主要集中在两个层次，一是提出所有学科课件解决设计问题的一般思路；另一层次是某学科课件采用的具体设计方法。各学科课件设计方法可以存在很大的差异。各个学科都有自己的学科特点，各科课件的设计方法又要从该学科特点来考虑，如文科类的课件重在资料信息的运用展示。而理工科类的课件重在规律、原理和过程的揭示理解。作为课件设计理论体系重要构成要素之一的课件设计方法应当关注涉及所有学科课件的更模糊、更抽象的设计方法的基本概念。课件设计的一般方法为：

① 多元化目标分析；

② 多样化信息资源设计；

③ 多种教学、学习策略设计；

④ 智能化诊断评价设计；

⑤ 软件系统结构设计；

⑥ 友好界面及其交互设计。

这个设计方法框架既涵盖了课件的教学设计，也概述了CAI 课件的软件设计，体现了CAI课件设计最基本的操作程序和步骤。

2.2 CAI课件制作的基本特性与基本要求

CAI课件是采用了多媒体技术，综合处理文、图、声、像等信息媒体以表现教学内容的一种多媒体教学软件。从课件内容上讲，它是以教学理论和学习理论为指导，运用系统论的方法，针对教学目标和教学对象的特点，合理地选取与设计教学信息媒体并进行有机组合，从而形成优化的教学结构的一种教学系统。

2.2.1 CAI课件制作的基本特性

CAI课件制作一般遵循5个基本特性，即教育性、科学性、技术性、艺术性和使用性。

1. 科学性

CAI课件制作的科学性主要表现在内容正确，逻辑严谨，层次清楚，要求设计制作者对所作课件的内容有一定整体把握。科学性是课件评价的重要指标之一，科学性的基本要求是不出现知识性的错误，场景设置、素材选取、名词术语、操作示范符合有关规定，这些都是科学性基本原则的体现，制作过程中应均逐步加以体会研究。

2．教育性

CAI 课件制作的教学目的是优化课堂教学结构，提高课堂教学效率，既要有利于教师的教，又要有利于学生的学。因此第一关心的是为利用某个课件进行教学是否有必要，即课件的教学价值。教学目标指教学大纲中规定学生要掌握的知识内容和知识深度。教学目标的确定要符合教育方针、政策，紧扣教学大纲，明确课件要解决什么问题，达到什么目的。

在目标确定之后，应适应教学对象的需要，分章分节的选择恰当主题，主题的选择既要突出重点，又要分散难点，深入浅出，使学生易于接受，易于掌握，注意启发，促进思维，培养能力。这就要求设计课件的教师要对所制作课件的教学目标有深入的理解，细心挑选主题，合理安排课件的整体结构，才能达到应有的效果。

3．技术性

CAI 课件制作的技术性反映课件制作的技术水平。合理的设计图像、动画、声音、文字，画面确保清晰，动画连续流畅，视觉效果色彩逼真，文字醒目，配音要求标准，音量要适当，整个课件的进程快慢适度都是技术性的表现，这要求制作人员要对制作软件有全面地掌握。

技术性的另一个重要的表现是课件的交互性。交互设计代表了传统媒体和先进媒体之间的主要区别，它使学习者能够融入所提供的学习环境而成为环境中的一分子。

4．使用性

CAI 课件制作的使用性主要面对学习使用者，制作的课件最终是要拿到实践当中具体应用，便于教师和学生的控制，使师生经过简单的训练就可以灵活应用。

课件安装要方便，可以自由安装甚至自由播放，不要有过于复杂的使用说明，使人望而生畏。在课件的操作界面上设置寓意明确的按钮和图表，要支持鼠标，尽量避免复杂的键盘操作，避免层次太多的交互菜单。为便于教学，要设置好各部分内容之间的转移控制，可以方便的前翻、后翻、跳跃；容错性强，如果使用者执行了错误的操作，可方便的退出，或重新切入，给予一定的提示，避免死机现象，提高可靠性。

5．艺术性

CAI 课件制作的艺术性是一个课件能否取得良好的教学效果的重要体现，艺术性使人赏心悦目，获得美的享受，优秀的课件是高质量的内容和美的形式的统一，美的形式能更好地表现内容，激发学生的兴趣。媒体的选择要多样，选材应适度，设置基本恰当，并做到创意新颖，构思巧妙和节奏合理。画面展示的对象要结构对称，色彩柔和，搭配合理，有审美性。三维效果可以使对象更加逼真，可以使许多难以表达的抽象概念具体化。对象的运动要流畅，不宜出现拖沓、跳跃的现象；声音方面要悦耳、动听，尽量选用柔和的语音和音乐，使学习者感到在一种温馨和谐的气氛中学习。

多媒体课件制作的 5 个基本特性可以归纳如表 2-1 所示。

表 2-1　多媒体课件制作的基本原则

科学性	内容正确，逻辑严谨，层次清楚 模拟仿真形象，举例合情合理、准确真实 场景设置、素材选取、名词术语、操作示范符合有关规定
教育性	符合教育方针、政策，紧扣教学大纲 选题恰当，适应教学对象需要 突出重点，分散难点，深入浅出，易于接受 注意启发，促进思维，培养能力 作业典型，例题、练习量适当，善于引导
技术性	图像、动画、声音、文字设计合理 画面清晰，动画连续，色彩逼真，文字醒目 配音标准，音量适当，快慢适度 交互设计合理，智能性好
使用性	界面友好，操作简单、灵活 容错能力强 文档齐备
艺术性	媒体多样，选材适当，设置恰当，创意新颖，构思巧妙，节奏合理 画面简洁，声音悦耳

2.2.2　CAI 课件制作的基本要求

在了解了多媒体课件的基本特性以后，还应该主要对 CAI 课件制作过程中的基本要求有所了解，其主要表现为：

（1）在多媒体课件中正确表达教学内容。教学内容是用多媒体信息来表达的，各种媒体信息都必须是为了表现某一个知识点的内容，为达到某一层次的教学目标而设计和选择的。各个知识点之间应建立一定的关系和联系，以形成具有学科特色的知识结构体系。

（2）反映教学过程和教学策略。在多媒体课件中，通过多媒体信息的选择与组织、系统结构、教学程序、学习导航、问题设置、诊断评价等方式来反映教学过程和教学策略。

一般在多媒体课件中，大都包含有知识简介、举例说明、媒体演示、提问诊断、反馈评价等基本部分。

（3）具有友好的人机交互界面。交互界面是学习者与计算机进行信息交换的通道，学习者是通过交互界面进行人机交互的。在多媒体课件中交互界面多种多样，最主要的有菜单、图标、按钮、窗口、热键等。

（4）具有诊断评价、反馈强化功能。由于计算机具有判断、识别和思辨的能力，利用计算机这些特点，在多媒体课件中通常要设置一些问题作为练习，供学习者思考和练习。这样可以及时了解学习者的学习情况，并做出相应的评价，使学习者加深对所学知识的理解。

2.3　CAI 课件制作步骤

CAI 课件制作过程是一项系统的工程。制作一个功能全面的多媒体课件，要经过层层严密的计划和设计详细的方案方能达到预期目的。优秀的多媒体课件要顾及到各方面用户的需要，兼顾来自不同视角的评判。下面详细阐述多媒体课件的制作步骤。

2.3.1 课件需求分析

1．制作目的

需求分析目的是明确课件的功能，需求分析的读者是系统分析员和程序员，它使系统分析员和程序员明确用户的需求。对课件当前的背景情况进行阐述，了解此类课件在当前国内国际的研究状况，最新的研究技术和研究成果等。并对该类课件当前的理论和应用价值等进行分析。

2．课件选题

选题必须分析和确定课题实施所能达到的目标，应符合教学目标的要求。特别注意要发挥多媒体的特长，根据教学内容的特点，精心设计、制作多媒体素材，集图、文、声、像的综合表现功能于一体，有效调动和发挥学生学习的积极性和创造性，提高学习效率。

3．项目定义

多媒体课件的项目定义，通常包括以下内容：

（1）制作目的：说明所制作的课件是属于哪种类型的多媒体课件及其用途。

（2）使用对象：说明所制作的多媒体课件适合于哪类学习者的使用。

（3）主要内容：说明所制作的多媒体课件覆盖的主要知识点的内容。

（4）组成部分：说明该课件的大体结构及其各主要模块。

2.3.2 课件的教学设计

教学设计的目的是确定教学活动的进行方式、划分教学单元、选择控制教学单元前进的策略等。教学单元的划分要遵循学习和教育规律，不仅从教材的知识结构划分知识单元和知识点，而且还应针对学生的预备知识和起点合理规划每个教学单元的教学目标，确定教学练习。在整个教学课件的设计过程中，教学设计是最能体现教师的教学经验和个性的部分，是教学思想直接具体的表现，有着举足轻重的地位。

1．教学方案制定

为了实现有效的课件开发，首先应制定好课件设计方案。课件设计的第一阶段是课程目标分析，这个阶段要对课件的教学目的、教学用途和教学环境提出具体明确的要求，并确定课件的使用对象，具有什么特点、什么样的知识和技能，以及课件开发所需的时间、人力和经费等。其工作主要由系统策划负责人、市场调研人员、教师和可能的用户单位等人员完成。

2．教学内容分析

教学内容分析是对教学目标规定的期望水平以及如何将学习者的实际水平转化为这一期望水平所需要的各项知识内容的详细剖析过程。教学内容分析含两个方面的含义：“教什么”和“怎么教”。“教什么”确定学习内容的范围与深度。“怎么教”确定如何把教学中的知识内容传递给学生，教学中应该采用何种策略，它揭示学习内容中各项知识与技能的相互关系。教学内容是大纲中规定的具体教学目标的体现，分析教学内容的目的就是要看教学内容适合于使用何种教学方法来表现。

3．教学对象分析

教学对象分析又称学习者分析，是教学设计中的一项分析工作。运用适当的方法确定学习者关于当前概念的原有认知结构和原有认知能力，并将它们描述出来，为教学内容的选择和组织、学习目标的编写、教学活动的设计、教学方法和模式的选择与运用等提供依据。根据传播学原理，为了取得有效的信息传递效果，传播者必须了解接受者的文化和社会背景、对信息的态度，以及有关的知识基础和传播技能。在课件的设计中分析教学对象就是为了达到这一目的。

1）起点能力分析

包括对预备技能的分析，对目标技能的分析，学习者对所学内容的态度的分析。

2）一般特点分析

一般特点分析根据学习者年龄特征，选择合适的媒体材料，并注意学习者的民族特征，尊重其文化、习俗。了解学习者一般特点的主要方法有观察、采访、填写学习情况调查表、态度调查等。

3）学习风格分析

学习风格分析又称认知风格，心理学家对此提出了多种观点，格雷戈克将学习者的学习风格分为具体-序列，具体-随机，抽象-随机，抽象-序列4种。这种学习风格划分相对比较全面，但就其侧重点来说，更适用于指导媒体的选择。另一种观点是将学习风格分为场依存型和场独立型。

4）教学对象分析的方法

在实际教育工作中，教学对象的学习特点是多种多样的，在进行课件创作时，往往很难对所有学习者的学习特点面面俱到的分析。可以综合起来从学习的能力、态度、语言、工具技能几个方面分析学习对象。最后，通过分析和综合统计，形成对教学对象分析的报告。

4．教学模式的选择

在教学模式选择中，应根据不同的学习目标分类方法，确定出学习目标，然后根据一定的教学目标要求选择相应的模式。教学方法、媒体、教学内容、学习目标、学生、教师以及环境之间是相互关联的，它们之间的相互关系影响着对多媒体教学模式、媒体的选择。在教学设计过程中，影响教学模式选择的直接因素有学习目标、学习者的特点、目标受众、实际设计约束等。

学习是一个学习者主动参与的过程，是行为与能力的变化，是获取信息、技能与态度，甚至是对原有知识的纠正或调整。目标受众可以从学习者的年龄、学习者的人数、所处的位置等方面来考虑。不同的学习内容总是针对一定的学习者。从学习者的人数和所处的位置两个方面考虑，可将目标受众分为个体、小组、班级、大众。对于不同的目标受众应选择不同的教学模式。

5．教学媒体的选择

课件中媒体的选择与设计是指针对不同的学习对象、学习内容、教学目标确定应采取哪一种或几种媒体来表示教学信息。每种媒体都有其各自擅长的特定范围，往往一种媒体的局限性又可由其他媒体的适应性来弥补。因此必须研究媒体的基本性质和教学特性，并根据教学内容、教学目标和教学对象的要求，对媒体进行合理的选择和组合，以达到优化教学效果的目的。

为了做到合理选择教学媒体，除了依据媒体本身的教学特性以外，还要认真考虑教学目标、教学方法和教学对象等外部因素。因此，媒体与学习目标的统一性、媒体与教学方法的协调性、媒体与认知水平的相容性是选择教学媒体时要考虑的至关重要的三个方面。

6．教学策略设计

教学策略是为了实现教学目标，完成教学任务所采用的教学方法、教学步骤、教学媒体以及教学组织形式等措施构成的综合性方案。教学策略的实质是解决如何进行教、如何引导学的问题。教学策略设计主要包括学生学习活动、教学信息呈现、问题提供、应答判断、反馈与评价等的设计，以及教学内容知识结构等方面的设计。

学习者是学习的主体，多媒体教学应能够使学习者利用课件进行自主学习，从而获得知识，培养能力。一般而言，学习者会积极观察课件的教学情境，对提出的问题进行思考；查询检索教学资源，对资料信息进行加工处理；围绕待探索的问题，与教师、学生进行协商讨论，并通过计算机网络表述自己的观点。因此，在制定教学策略时，应有意识地依据学习者的内在学习过程来对教学信息呈现、提问、处理应答、处理和判断学习者的反应、提供反馈、给出评价等教学过程进行设计。

7．教学单元设计

教学单元是课件的基本成分。教学单元设计是课件设计中由面向教学策略的设计到面向计算机软件实现的关键性过渡阶段，也是同时需要教师、美工人员和软件开发人员共同参与的阶段。通常讲的脚本就是指教学单元设计完成后产生的详细设计报告。教学单元设计是明确每个教学单元的教学内容，规定教学内容的呈现形式（例如通过文字、图形、图像、动画或声音等），对学生提出的问题以及回答的反馈和帮助信息等，以便形成一个合理的教学系统结构，使它发挥最佳的功能，实现预期的教学目标。

8．制定课程计划

课程计划是对课件教学内容进行大体分配，根据教学目的选择合适的教学策略，确定各项教学内容之间的关系等。主要包括安排教学顺序、确定辅导原则、分析教学内容的知识结构等内容。教学顺序常见的类型有时间顺序、逻辑顺序、以论题为中心展开的顺序、螺旋顺序、平行顺序、反序链顺序和知识分层等 7 种。教学顺序的安排和给予学习者多大的自主权密切相关。辅导原则的确立是教育学和心理学相结合的成果，可依据知识分层图、学习类型、学习难点和常出现的错误来确立。

9．进行学习评价

评价是对学习者反应结果的确认，通过评价可加深学习者对新知识的理解、掌握和记忆。在教学过程中，应及时对学习者的情况进行评价，掌握学习者的学习情况，及时对学习者进行精心指导。例如，可根据教学目标的要求和教学内容设计一定的习题，定期对学生进行考核或抽查，及时了解学习者对所学习的内容的掌握程度，起到强化和矫正作用。

2.3.3　课件教学目标分析

教学目标是指希望通过教学过程，使学习者在认知、情感和行为上发生变化的描述。教学目标对学习者应当取得的学习成果和达到最终行为目标进行了明确阐述。它为每一门课程、每一个教学单元或每一节课教学活动的进行规定了明确的方向。明确教学目标可以告诉学习者需要学习的内容和要求，使之成为学习者自己的学习目标，从而激发他们的学习热情，也能帮助教师较好地组织、安排教学内容，确定正确的教学策略，选择合适的教学媒体，为学习者的学习评价提供有效的依据。

课件是与课程学习紧密联系的教学程序，它的内容必须与相关课程的教学目标一致。因此，在课件的教学设计中必须重视对教学目标的选定和准确阐述。

1．教学目标的分类

教育学家和心理学家将教学目标分为三个主要部分。第一部分是认知领域，包括有关知识的回忆或再认识，以及理智能力和技能的形成等方面的目标。第二部分是情感领域，包括兴趣、态度和价值等方面的变化，以及鉴赏和令人满意的顺序的形成。第三部分是动作技能领域，包括肌肉或运动技能、对材料和客体的某种操作、需要神经肌肉协调的活动等。

2．教学目标的内容

教学目标应包括4个方面的内容：明确教学对象；说明通过学习，学习者能够做什么，即行为；说明上述行为在什么条件下产生，即条件；规定评定上述行为的标准。

1）教学对象

任何教学目标都是与特定的教学对象相对应的，因此，在教学目标的表达中，首先应指明对象。不同年龄阶段的学生其认知结构有很大差别，教学媒体的设计必须与教学对象的年龄特征相适应。学生特征是指学生的原有认识结构和原有认识能力。原有认识结构是学生在认识客观事物的过程中在头脑里已经形成的知识经验系统；原有认识能力是学生对某一知识内容的认记、理解、应用、分析、综合和评价的能力。分析学生特征就是要运用适当的方法来确定学生关于当前概念的原有认识结构和原有认识能力，并将它们描述出来，作为确定教学目标和教学策略的主要依据，以便使制作出来的多媒体教学软件对学生更有针对性。

2）行为目标

说明这些学生通过一定的学习后，应当获得怎样的能力。行为的表达应具有可观察的特点，要选择最合适的行为动词来描述，由学生完成的动作或活动。在行为目标阐述时应注意以下问题：

① 把每项行为目标描述成学生行为，而不是教师行为。

② 把每项行为目标描述成学生的最终行为，而不要写成教材内容、教学过程或教学程序。

③ 每项行为目标尽可能地包括复杂的高级认知目标和情感目标。

④ 目标要考虑学生的个别差异。

3）行为条件

条件是指学习者表现行为时所处的环境等因素，它说明了在以后评定学习结果时，该在哪种情况下评定。条件包括环境因素、人的因素、设备因素、信息因素、时间因素以及问题明确性的因素。学习目标中所谓的条件是用以评定学习结果的约束因素，说明在何种环境条件下来评定学习成绩。

4）行为标准

标准是指作为学习结果的行为的可能接受的最低衡量依据。对行为标准做出具体描述，使得学习目标有可测性的特点。标准的表述形式如"按正确次序"、"至少80%正确"、"精确度为±5mm/Hg"、"在5分钟以内"、"达到标准规定的要求"等。

3．教学目标的编写

教学目标是指希望通过教学过程，使学生在认知、情感和行为上发生变化的描述。教学目标是教学活动的导向，是学习评价的依据。要确定教学目标，必须考虑三个因素，即教学内容、学生特征和社会需要。教学课件应当由从事教学实践工作的教师根据教学的实际需要决定选择需要制作成多媒体教学软件的教学内容，并将整个课件的教学目标按认知领域、情感领域和动作技能领域三类的各层次进行目标分类和分层表述。在教学内容确定后，进一步根据学科的特点，将教学内容分解成许多知识点，并考虑到学生特征和社会需要，具体描述各知识点的教学目标，把各知识点的教学目标确定为知识、理解、应用、分析、综合和评价等不同层次。

2.3.4　编写课件脚本

编写脚本是多媒体教学软件开发中的一项重要内容。规范的CAI教学软件脚本对保证软件质量，提高软件开发效率将起到积极的作用。

1．脚本是设计思想的具体体现

课件设计主要是对各种信息的设计，包括教学信息、学习流程控制的信息等，还应考虑各种信息的排列、显示和控制，以及信息处理中的各种编程方法和技巧。这些如果在课件制作前不预先做出统一的计划和设计，而是在课件制作过程中边安排，边制作，将大大影响课件的开发效率和开发质量。通常情况下，特别是一些较大的课件，必须将这些考虑作为一个专门的阶段——脚本编写，予以充分的进行。

脚本是基于课件设计的结果编写的，它不仅要反映课件设计的各项要求，还必须对课件设计、课件制作以及课件使用进行全盘的计划和设计，所以规范而有效的脚本，既能充分体现软件的设计思想和要求，又能对软件的制作给予有力的支持。

2．脚本为课件制作提供直接的依据

脚本不仅反映了教学设计的各项要求，还给出要显示的各种内容及其位置的排列。基于学生学习情况的各种处理和评价，以及学生学习所显示的特点和方法等，为CAI课件的制作提供了直接的依据，课件制作只能在脚本的基础上完成。

3．脚本是教师与设计师之间的信息桥梁

在CAI课件的开发中，除了具有丰富教学经验的学科教师和软件开发人员之外，还需要有教学设计人员参与。教学设计人员的主要工作是将由学科教师编写的文字稿本，按照教学设计的思想和方法编写成软件制作脚本，并作为软件制作的蓝本。

4．脚本的生成

生成脚本是一项艰巨的任务，它是产品设计的第一步，它的好坏直接影响到产品的品质。撰写脚本前，首先要进行对象分析，根据需求和发展方向制定产品的发展计划，决定产品的内容。根据内容决定它的表现形式，组织人力进行脚本的撰写，进入脚本生成阶段。脚本撰写完后，由负责人对脚本进行审核，提交的资料有内容分析、流程大纲、脚本简介文章、评估表及脚本说明文件。

脚本分析是沟通脚本撰写、审核和产品设计之间的桥梁。分析员要研读脚本、了解脚本作者的意图，如有疑问或咨询之处，可通过特定表格反馈到作者手中，进行征询解答，直到双方达成共识，方可进行产品工程可行性分析。工程可行性分析是逐页地审查脚本，再依据多媒体开发工具的现有功能，判断该脚本中所表现的图文内容、效果、呈现方式、转向以及按键互动的所有设计是否切实可行。在工程可行性分析完成后，分析人员再依据以前的分析结果及脚本进行产品需求分析，分别统计出图、图像、效果、文字、动画和音乐等各类媒体的数目。估算出上述类型的媒体所占内、外存空间的多少。最后，还要对产品运行的软、硬件需求作分析，并且还要进行成本及进度预估。

脚本的编写还必须对屏幕进行设计，确定各种媒体的排放位置、相互关系，各种按钮的名称、排放方法，以及各类能引起系统动作的元素的位置、激活方式等。在时间安排上也要充分安排好，何时出音乐，何时出伴音，应恰如其分。还要注意设计好交互过程，充分发挥计算机交互的特点。这实际上就是一个创意过程。创意的好坏取决于对内容的深刻理解以及创意人员的水平，也取决于软件系统的性能，它决定了最终应用的质量高低。各种媒体信息的结构需要仔细安排，是组织成网状形式，还是组织成金字塔式的层次结构，取决于应用。很多情况下这一类应用都采用按钮结构，由按钮确定下一级信息的内容，或者决定系统的控制及走向。另外一种方式是试题驱动方式，常用在教育、训练等系统中，通过使用者对试题的回答，了解他对信息主题的理解程度，从而决定控制走向。复杂一些的是超媒体信息组织，应尽可能地建立起联想超链关系，使得系统的信息丰富多彩。新奇的创意和良好的交互性是建立在多媒体产品内容的丰富性和价值性上的，否则就成为空中楼阁，无源之水，所以内容是多媒体作品的关键所在。

撰写脚本要以教学经验和理论为依据，要考虑许多心理因素和美学效果，因此，需要有丰富教学经验的教师和教学法专家的合作并需编程人员的配合，最好还要有美术工作者提供咨询意见。

5．文字脚本的编写

文字脚本是按照教学过程的先后顺序，用于描述每一环节的教学内容及其呈现方式的一种形式。一般来讲，文字脚本的编写由学科专业教师完成。完整的文字脚本应包含有学生的特征分析、教学目标的描述、知识结构流程图、问题的编写和一系列文字脚本卡片等。

1）学生特征分析

对学生特征进行分析就是要运用适当的方法来确定学生关于当前所学概念的原有认识结构和原有认知能力，并将它们描述出来，以便对学生进行有针对性的教学。

2）教学目标的描述

多媒体教学软件的作用是用来进行教学的，因此教学目标的确定是十分重要的问题。一个完整的CAI课件是由若干单元组成的，每个单元达到一个或几个独立的教学目标，整套教学软件的总体教学目标正是由这些独立的教学目标组合而成的。课件中单元的划分一般要考虑教学目标的先后顺序和连续性，还要在时间上加以限制。

3）知识结构分析

知识结构是指各知识内容之间的相互关系及其联系形式。由于CAI课件是由若干个相对独立的单元构成的，因此知识结构的分析重点是分析各单元内容知识点与知识点的相互关系及其联系。

4）问题的编写

在教学过程中，除呈现知识内容、演示过程现象、进行举例说明之外，还应提出一些问题，供学生思考和回答。利用问题进行教学活动的过程是先向学习者提出问题，等待学习者回答，再向学习者提供反馈信息。提问和等待学习者回答一方面能检查学生对讲授内容掌握情况，另一方面通过各个方面的提问，能促进学生进行深入的思考，使学生对问题的理解逐步深化。对问题的编写，包括提问、回答和反馈三部分。

5）文字脚本卡片

文字脚本可以用卡片的形式来进行描述，并按照教学过程的先后顺序综合起来进行排序，形成一定的系统，这种卡片称为文字脚本卡片。文字脚本一般包含有序号、内容、媒体类型和呈现方式等。其基本格式如表 2-2 所示。

表 2-2　CAI 课件文字脚本表

课程名称：______________　　页　　数：______________

脚本设计：______________　　完成日期：______________

序　　号	内　　容	媒 体 类 型	呈 现 方 式
说明： 序号：　　按教学过程的先后顺序编号； 内容：　　呈现具体知识内容、练习题或答案； 媒体类型：按文本、图形、图像、动画、视频和声音分类； 呈现方式：指各种媒体信息出现的前后次序。			

6．制作脚本的编写

制作脚本能体现软件的系统结构和教学功能，并作为软件制作的直接依据的一种形式。通常 CAI 课件的制作脚本应包含软件系统结构说明、知识单元的分析、屏幕的设计、链接关系的描述和制作脚本卡片等。

1）软件系统结构说明

根据教学内容的知识结构流程图，并考虑教学软件在实际应用中的具体情况，可以建立软件的系统结构。它反映了整个教学软件的主要框架及其教学功能。

2）知识单元的分析

知识单元是构成多媒体教学软件的主要部分。不同的知识单元，在屏幕设计和链接关系上有很大的区别。知识单元的划分有两条准则：一是考虑知识内容的属性，即按照学习内容分类，可分为事实、技能、原理、概念、问题解决等 5 类，不同类型的知识内容应划分为不同的知识单元；二是考虑知识内容之间的逻辑关系。

知识单元的呈现是由若干屏幕来完成的，屏数的确定可以参考文字脚本中与该知识单元中相对应的卡片数，并确定各屏之间的关系。

3）屏幕的设计

屏幕设计一般包括屏幕版面设计、显示方式设计、颜色搭配设计、字体形象设计和修饰美化设计等。CAI 课件的屏幕设计要求比一般的多媒体应用系统要求更高，除要求屏幕美观、形象和生动之外，还要求屏幕所呈现的内容具有较强的教学性。因此 CAI 课件的屏幕设计应该做到布局合理、简洁美观、形象生动、符合教学要求。

4）链接关系的描述

CAI 课件的超媒体结构是通过链接关系来实现的。在制作脚本中，可以由“本页流程图”和“流程图说明”两方面来描述节点与节点之间的联系。

5）制作脚本卡片

CAI 课件是以一屏一屏的内容呈现给学生并让学生进行学习的。每一屏幕如何设计与制作，应该有相应的说明。综合上述各个方面的内容，设计制作脚本卡片，它可以用来描述每一屏幕的内容和要求，作为软件制作的直接依据。脚本制作卡片应包括课程名称、页数、脚本设计、完成日期、本页画面、画面文字、符号及图形出现方式及出现顺序说明、本页流程图、流程图说明等项内容，如图 2-2 所示。

课程名称 ______________　　页　　数 ______________
脚本设计 ______________　　完成日期 ______________
本页画面

*****

画面文字符号与图形出现方式及出现顺序说明	本页流程图 由______页进入 由______文件，通过______按钮 流程图说明 在______时至______页画面 通过______按钮，可进入______文件 通过______按钮，可进入______文件

图 2-2　CAI 课件制作脚本

2.3.5　课件素材准备及制作

一般而言，多媒体课件中所涉及的素材主要有文字素材、声音素材、视频素材、动画素材、图形图像素材等。所以在编辑之前应将素材准备好，方便编辑使用。素材的准备工作一般主要包括文本的键入，图形和图像的扫描预处理，动画的制作和音频、视频的采集等，素材要根据教学内容和选择设计的内容来准备，不能选择那些不符合教学规律和教学内容的素材。关于课件的素材特征以及制作方法将在后面的章节中详细介绍。

一个高质量的多媒体课件，课件素材等数据准备得好坏直接影响课件的使用质量。在制作课件前，对脚本中所要求的各种媒体素材应事先做准备，并使用合适的工具软件对媒体素材做好预处理工作。

在课件制作过程中，文字的准备工作比较简单。文字在多媒体计算机中所占的存量很小，即使有100万的汉字也不过2MB，所以基本上可以不考虑文字所占用的存储空间。对于另外几种媒体信息，例如，声音、动画和图像等，其准备工作就复杂得多，这是因为这些媒体信息在多媒体计算机中所占的存储容量比较大，所以必须考虑其所占用的存储空间。在准备声音素材时，要事先做好声音的选择、配音的录制等工作，必要时还可以通过合适的声音媒体编辑器进行特技处理，如回声、放大、混声等。对图像素材来说，扫描仪和数码相机的使用十分关键，不仅要根据脚本的要求进行图像的剪裁、处理，而且还可以在整个过程中对图像进行修饰、拼接、合并等，以得到更好的效果。其他媒体的准备工作也十分类似，如制作动画、录入动态视频等。

由于课件制作中的多媒体创作具有媒体形式多、数据量大的特点，素材制作往往需要分工协作共同完成。无论是文字的录入、图像的扫描和加工，还是声音和视频信号的采集处理，都要根据统一制定的课件多媒体素材标准，都要前前后后经过几道工序，才可能做成所需的格式和尺寸，然后才能在课件制作时使用。

2.3.6 课件编程和调试

编程调试指的是将教学设计所决定的课件结构和教学单元设计的具体内容用某种计算语言或某种其他环境（如通过写作系统）加以实现并调试通过，直至达到每个教学单元所确定的设计要求。这一过程主要是进行软件编程、调试、测试，必要时返回修改系统工作计划，直到完成一个完整的产品。

调试工作与编辑工作是一个往返循环的过程。调试工作应细致进行，及时发现问题，随时修改，直到课件能顺利运行为止。目前，课件的制作趋向于采用开发工具。因为有了良好的开发工具，课件的设计者就无须考虑多媒体数据的处理细节和节点的组织细节，而将主要精力集中在教学内容的组织上，然后只需根据工具软件的提示，输入有关课件结构、教学单元内容、教学管理和教学单元之间的连接等方面的数据，即可生成课件。依靠开发工具的支持，可以大幅度地提高课件的制作效率和质量，实现课件制作的工程化和产业化。

2.3.7 课件测试

测试是教学课件推广发行的前一阶段，在这一过程中，一般是将被测试软件交由部分使用者，由他们使用一阶段后提出修改意见。教学课件的最终目的是供学生使用，因此除进行常规测试外，还应组织课件使用者（有时是课件的委托开发部门）、教学人员、教育心理学工作者、美术工作者和软件出版单位等有关人员就软件目标的实现状况、按照课件脚本的要求，测试软件是否达到预期目标，测试软件的可靠性、稳定性等技术指标。程序开发人员根据测试报告修订程序。

测试工作一般应包括内容正确性测试、系统功能测试、安装测试、执行效率测试、兼容性测试（跨平台 Windows、DOS、MAC）、内部人员测试、外部人员测试等。通过测试可以验证是否达到预期目标，发现隐藏的缺陷，进行必要的调整，直至做部分的修正。

测试后对教学课件的修改一般有两方面：一是课件所表现的内容，一是软件本身。由脚本设计人员修改脚本描述，素材制作人员修改多媒体数据，最后由创作人员进行编辑、调试，再经过测试。这一过程有时要反复多次才能完成。

2.3.8 课件评价

在多媒体课件的开发过程中，课件教学效果的评价分析应分为两部分进行：一部分是分析软件本身对教学效果的影响；另一部分是学习内容与学习水平的确定、媒体内容的选择与设计以及教学过程结构的设计对教学效果的影响。

1. 课件评价概念

所谓课件的评价是指根据教学的目标和要求对课件的内容结构、教学策略以及界面设计等方面给予全面地衡量和判断的过程和方法。课件评价虽不是直接涉及教师的课堂教学情况，也不直接针对学生的学习情况，但对整个教学活动来说有不可忽视的作用。一方面，课件是计算机辅助教学的重要条件，它的质量好坏直接影响这类教学活动的质量和效果。对课件的评价是获得高质量课件的一项措施。另一方面，它衡量教师和教学设计人员在教学前期的准备工作、教学意图和策略。

2. 课件评价的标准体系

对多媒体课件的评价必须依照一定的标准进行。由于课件的种类众多，且教学任务和目的不同，加之不同的教学思想和观点的影响，不可能产生一个完美的统一的评价标准。因此，对课件的评价，大都根据特定的需要指定相应的标准。当然，课件评价标准的研究还有待于进一步加强和完善。

2.4 课件的反馈和修改

反馈是指在学习者做出反应、表现出行为之后，应及时让学习者知道学习结果。通过反馈信息，学习者能知道自己的理解与行为是否正确，以便及时改正。提供反馈的目的是促进“强化”的内部学习过程。通过反馈，学习者的成功学习得到肯定，受到一定的鼓励，有助于建立学习的信心。

课件是面向用户的最终产品。无论是投入运行之前，还是投入运行之后，用户对它的要求会随着时间的推移和环境的变化而不断改变。在编辑过程中，开发人员和最终用户之间对产品的理解上存在一定的偏差。这就要求开发人员能根据反馈回来的意见经常进行修改调试，以适应各方面的需要。修改工作可能涉及教学设计、软件系统设计、节目脚本编写、素材制作及课件合成步骤中的一步、多步或全部。

课件的反馈和修改可以采用不同的反馈呈现形式。反馈可分为即时反馈和延时反馈，一般根据教学内容进行选择。对联想记忆的内容可使用即时反馈，如定义、公理、公式等的识记；对概念、原理等需要理解或思考的内容可使用延时反馈，如理解某个概念，常常要通过几个不同角度的题目来考查，每个题目只涉及概念的局部，在题目全做完后，再从总体上纠错指导。课件的反馈要满足以下三个要求：

（1）反馈及时。对学生的答题情况能及时给出反馈和分析，使学生能够立刻知道正确或错误的原因。

（2）反馈准确。根据学生学习阶段的不同，进行有针对性的反馈，模棱两可的反馈使学生不知道回答是正确的还是错误的。

（3）反馈可测。多媒体课件要能对学生的反馈进行正确分类和判断，并计量出与标准答案之间的差距，分析问题原因，给出解决的方法和对策。

本 章 小 结

多媒体技术的迅速发展，使多媒体课件的应用越来越广泛。但多媒体教学并未取得人们预想的效果，其原因并不在于技术，而在于如何设计和合理地使用课件。计算机辅助教学作为一种现代教学方式，是现代教育技术推广应用的趋势。而多媒体课件的设计、制作越来越成为广大教师所应掌握的一种技术。本章主要对多媒体课件的概念、制作过程等进行了详细的阐述，对多媒体课件开发人员起到很好的指导作用。

思考与习题

1．单选题

（1）多媒体课件是依靠（　　）产生和发展的。

A．计算机技术　　B．多媒体技术　　C．网络技术　　D．物理技术

（2）以下不属于多媒体课件制作的基本原则的是（　　）。

A．教育性　　B．科学性　　C．美观性　　D．使用性

（3）多媒体课件的（　　），就是要应用系统观点和方法，按照教学目标和教学对象的特点，合理地选择和设计教学媒体信息，并在系统中有机地组合，形成优化的教学系统结构。

A．美学设计　　B．教学设计　　C．功能设计　　D．详细设计

（4）所谓（　　）是指根据教学的目标和要求对课件的内容结构、教学策略以及界面设计等方面给予全面地衡量和判断的过程和方法。

A．课件的测试　　B．课件的评价　　C．课件的设计　　D．课件的调试

（5）所谓（　　），是指课件所涉及的内容必须是正确的。

A．教育性原则　　B．教学性原则　　C．科学性原则　　D．艺术性原则

2．多选题

（1）多媒体技术的特点有（　　）。

A．多样性　　B．集成性　　C．实时性　　D．交互性

（2）以下哪些属于制定课件教学设计方案的设计内容？（　　）

A．教学内容分析　　B．教学对象分析

C．学习风格分析　　D．教学模式的选择

E．教学媒体的选择

（3）以下哪些属于脚本的作用的内容？（　　）。

A．脚本为课件制作提供直接的依据

B．脚本是CAI课件设计思想的具体体现

C．脚本是处理多媒体素材的工具

D．脚本是沟通学科教师与软件开发人员的有效工具

（4）课件测试工作一般应包括（　　）。

A．内容正确性测试　　B．系统功能测试　　C．安装测试　　D．执行效率测试

（5）课件的反馈要满足以下哪几个要求？（ ）

A．反馈及时　　B．反馈准确　　C．反馈可测　　D．反馈灵活

3．判断题

（1）媒体就是指信息表示和传输的载体。（ ）

（2）多媒体课件是一种根据教学目标的要求和教学的需要，经过严格的教学设计的，表现特定的教学内容，并以多种媒体的表现方式和超文本结构制作而成的课程软件。（ ）

（3）脚本就是教学单元的设计方案的具体体现，包含了对单元教学内容、交互控制方式、声音以及屏幕美术设计等方面的详细描述，脚本相当于影视拍摄中的剧本。（ ）

（4）课件的测试是将编制出来的多媒体课件应用到实际的教学环境中进行计算机辅助教学活动来检验总体界面，检查资料的准确性、科学性和完整性等。（ ）

（5）所谓教育性原则是指课件要有明确的教育目的和任务。（ ）

4．问答题

（1）什么是多媒体课件？

（2）多媒体课件制作的基本原则有哪些？

（3）多媒体课件制作流程分为哪几个阶段？并分别对每个阶段进行简单阐述。

（4）多媒体课件的教学设计包括哪几方面的内容？

5．设计题

（1）请列出一个物理凸透镜实验的多媒体课件的制作步骤。

（2）针对编好的物理凸透镜实验的多媒体课件，编写详细的测试和评价报告。

第3章 多媒体课件美学基础

本章从美学的角度介绍多媒体课件制作过程中的美学基础知识和多媒体课件的美学设计原则。多媒体课件的一个设计原则就是它的艺术性，也就是要求多媒体课件要讲求美观，符合人们的审美观念和阅读习惯，这就是多媒体课件开发过程中所要解决的美学问题。

本章学习重点

- 掌握美学的基本概念；
- 掌握平面构图的相关知识和内容；
- 掌握色彩的相关知识和内容；
- 了解美的几种数字信息的美学基础。

3.1 美学基本概念

美学是哲学的一个分支。研究的主要对象是艺术，但不研究艺术中的具体表现问题，而是研究艺术中的哲学问题，因此被称为“美的艺术的哲学”。

美学是以对美的本质及其意义的研究为主题的学科。美学不是抽象的概念，它是由多种因素共同构成的一项工程。通过绘画、对两个以上色彩的运用与搭配、设计多个对象在空间的拜访关系等具体的艺术手段，增加多媒体课件的人性化和美感。这就是美学中常说的三种艺术表现手段：绘画、色彩构成和平面构图。美学是从人对现实的审美关系出发，以艺术作为主要对象，研究美、丑、崇高等审美范畴和人的审美意识、美感经验、以及美的创造、发展及其规律的科学。美学的基本问题有美的本质、审美意识同审美对象的关系等。美学的研究任务除了它作为一门学科，应揭示和阐明审美现象，帮助人们了解美、美的欣赏和美的创造的一般特征和规律，进一步完善和发展美学学科本身，并从而提高人的审美欣赏能力。

3.1.1 美学概念

爱美是人的天性，这种心态刺激了美学的发展，也构成了美学发展最基本的条件。美是什么？这是来自柏拉图的发问。正是这一关于美的好奇与思考就导致了美学的产生，开启了全部美学的历史，它作为美学的基本理论问题，激励着历代美学家、哲学家们进行不懈的努力。

美学作为一门社会科学，是在社会的物质生活与精神生活的基础上产生和发展起来的，是研究美、美感、美的创造及美育规律的一门科学。简单地说，美学是研究人与现实审美关系的学问。它既不同于一般的艺术，也不单纯是日常的美化活动。

美学作为一门独立的科学，则是近代的产物。在 18 世纪资产阶级哲学和科学蓬勃发展的时期，美学在德国古典哲学中作为一个特殊部门开始确立起来。鲍姆加登在 1750 年第一次用“美学”（Asthetik）这个术语（其含义是研究感觉和感情的理论），并把美学看做哲学体系的一个组成部分。随后，康德、黑格尔等赋予美学以更进一步的系统的理论形态，使之在他们的哲学体系中占有重要地位。

3.1.2 美学的表现手段

自然界中各种事物的形态特征被人的感官所感知，使人产生美感，并引起人们的想象和一定的感情活动时，就成了人的审美对象，称为美的形式，即美的表现手段。如各种曲线，各种对称图形，各种富有变化而和谐的形体、面孔、声音和色彩。美学的艺术表现手段主要有三种，即绘画、色彩构成和平面构成。

绘画是美学的基础，通过绘画，使线条、色块具有了美学的意义，从而构成了图画、图案、文字以及形象化的图案。色彩构成是美学的精华，色彩历来是美学研究中的敏感部分，研究两个以上的色彩关系、精确的色彩组合、良好的色彩搭配是色彩构成的主要内容。平面构成是美学的逻辑规则，主要研究若干对象之间的位置关系。随着人们对平面构成的深入研究，已经把平面构成归纳为对版面上的“点”、“线”、“面”现象的研究。在制作多媒体课件时使用美学的知识和方法，能达到以下作用。

1．视觉效果丰富、更具吸引力

通过运用绘画、版面的布局和色彩渲染，使课件的界面更加美观，人性化，课件的主题内容更鲜明，从而给使用者留下更深的记忆。这就是刺激人们视觉神经的效应又称为“眼球效应”。眼球效应可以加深人们对课件的注意力，能达到更好的教学效果和学习效果。

2．内容表达形象化

美学不仅是解决外在美观的问题，还需要解决人们的生理、心理习惯问题。所谓生理习惯就是人们日常的本能的学习习惯，如阅读、听写习惯等。心理习惯是指人们的在学习过程中的心理状态。如阅读的心态、操作的感觉、对课件知识的接受程度等。而事实上，最容易被人们所接受和认识的事物就是形象化事物。

在课件的设计中，要依据美学观念中知识，尽量采用人们容易接受的方式来展示所要表达的内容，形象化的表达方式是一种最简单有效的信息表达方式。

3.1.3 美的规律

美的规律是指人类在欣赏美和创造美的过程中，以及在一切实践活动中，所表现出来的有关美的尺度、标准等诸多规定的总和。

美的规律成为美学专门术语，是在马克思《1844年经济学——哲学手稿》问世以后。该书写道：“动物只是按照它所属的那个物种的尺度和需要来进行塑造，而人则懂得按照任何物种的尺度来进行生产，并且随时随地都能用内在应有的尺度来衡量对象；所以，人也按照美的规律来塑造。”一般认为，美的规律有以下5个规定性：①它只是属于人的规律，只能对自由自觉地活动的人类适用。②只对能确证人自己本质力量的对象化劳动的产品有意义。③美的规律不但同客体的尺度有关，而且更同主体的尺度有关，是两种尺度的辩证统一。④尺度主要是外在感性形式的尺度，所以美的规律主要也是指形式美的规律。⑤美的规律本身也有一个历史的生成、发展和丰富的过程，而不是一个固定不变的封闭系统。

美的规律的基本内容是：任何人的对象化劳动的产品（包括艺术品），只要其外在具体的感性形状、形象、形式既符合这产品的所属的物种的尺度，又符合人对该产品的衡量尺度，这就具有审美意义；这两种尺度的统一的客体表现就是美，主体表现就是美感。

美的规律在自然、生活、生产、工艺及各类艺术各种体裁形式中，有着丰富的内容，并随时代、社会、场合的不同而变化，而不是单一的、绝对的、永恒不变的。美的规律主要有以下几点：

1. 整齐一律

各构成要素保持高度的一致性，色彩单一，给人以秩序感。例如阅兵仪仗队的画面等。

2. 对称与均衡

对称就是指以一条线为中轴，左右（或上下）两侧均等。例如北京故宫全景、巴黎的艾菲尔铁塔、凯旋门等。这类画面的结构一般较为均衡，即组成整体的两个部分在形体、色彩、质地诸方面大致相等。其审美特征是庄重、稳定、可靠；但又显得静止、生硬、单调、呆板。

3. 比例与尺度

比例是指对象各部分之间，各部分与整体之间的大小关系，以及个部分与细部之间的比较关系。以黄金分割比例为标准设计的希腊雅典女神庙、巴黎圣母院、艾菲尔铁塔等分析比例美及其在不同时代的变化。

尺度是指对象的整体或局部与人的生理或人所习见的某种特定标准之间的大小关系。物体与人相适应的程度，是在长期的实践经验积累的基础上形成的。有尺度感的事物，具有使用合理，与人的生理感觉和谐，与使用环境协调的特点。

4. 节奏与韵律

节奏是指一种条理性、重复性、连续性的律动形式，反映了条理美、秩序美。节奏的特征是形式诸成分和这些成分之间的间隔的重复。但重复的类型又包括静态重复和动态重复。

韵律是以在节奏为前提，有规律的重复，有组织的变化，倾注情调于节奏之中，使节奏强弱起伏、悠扬、缓急。

韵律的形式有以下 4 种：

（1）连续韵律：一种或几种组成部分连续重复的排列而产生的一种韵律。

（2）渐变韵律：连续重复部分在某一方面作有规则的逐渐增减所产生的韵律。

（3）交错韵律：组成部分作有规律纵横穿插或交错而产生的韵律。

（4）起伏韵律：组成部分作有规律的增减而产生的韵律，动感强烈。

5. 对比和调和

对比和调和是在画面的各要素间强调异性和共性，以达到变化和统一的形式法则。对比是取得变化的手段，通过强调差异性，突出个性，以达到生动的艺术效果。调和是取得统一的手段，通过强调共性，加强要素间的联系，使对象获得和谐统一的艺术效果。

对比与调和是线、形、体、色、质、方向、虚实、繁简对比与调和。其种类主要有以下 4 类：

（1）各种线、面、体的对比与调和。

（2）色彩的色相、明度、纯度、冷暖、面积及其综合对比与调和。

（3）不同质地对比与调和。

（4）不同方向的对比与调和。即不同方向、不同角度的线、形、体、色、质等的对比与调和。

6. 多样统一

美的规律也可以是以上各种规律的统一。例如苏州园林、达芬奇《最后的晚餐》就是多样与统一的代表。

3.2 平面构图

平面构图是平面构成的具体形式，是安排场景结构、色彩、光影等内容的方法策略。构图时增加多媒体作品美感的快速有效的方式，其主要针对平面上两个或两个以上的对象进行设计和研究，使画面的内容、大小和位置合理美观。

3.2.1 平面构图的分类

平面构图的基本形式可以分为三大类，即对称构图、不对称构图、不对称的对称构图。

1. 对称构

在对称构图中，视觉形象的各组成部分是对称安排的：所有各部分可以沿中轴线划分为完全相等的两部分，如图3-1所示。

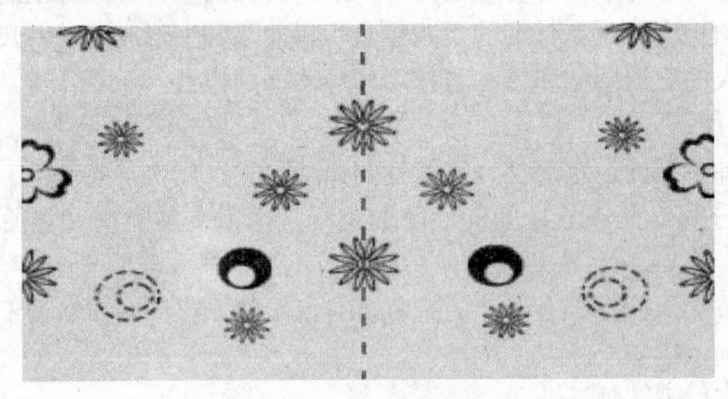

图3-1 对称图

可以认为对称构图是一种匀称状态，这种构图使得由于不同视觉形象的对比而产生相互对抗的力处于视觉上的平衡状态。可以把握并运用这种平衡特性，来获得一种预期的知觉效果，并传达给受众。对称构图总是表现出静止、稳定、典雅、严峻、冷漠，有时也会显得刻板或是千篇一律。

2. 不对称构图

在不对称构图中，版面的所有组成部分或者是其中的大多数的排列，不能由一条中轴线划分成相等的两部分，如图3-2所示。

不对称构图所具有的视觉特性以及可能产生的视觉效应，几乎与对称构图完全相反。不对称构图显得活泼和具有动感，视觉感受强烈而骚动，能使人感到兴奋、激动或是狂热。这种动态表现的特征，能使人感到变化、发展或活力。正因为如此，不对称也是一种适应很强、极富变化的构图方式。大多数的对比构图是不对称构图。

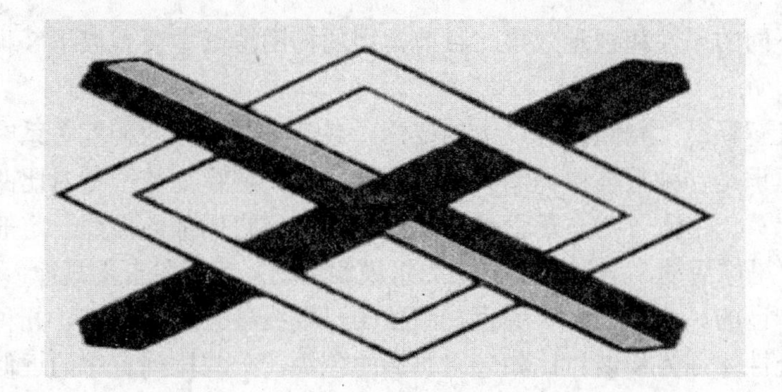

图 3-2　不对称图

3．不对称的对称构图

不对称的对称构图既不是严格的对称，也不是绝对的不对称。不对称的对称是在同一构图中结合了对称与不对称两者的特性。当一个构图的一部分符合对称特性，而其余部分却符合不对称特性时，就产生了不对称的对称构图，如图 3-3 所示。因此，不对称的对称可以看成是一种构图排列，这种排列中的一部分（不是所有的组成部分），是能够由一条中轴线来进行等同划分或定位的。在实际的构图设计中用得最多且最富变化的，算是不对称的对称这种构图形式。

图 3-3　不对称的对称构图

3.2.2　平面构图的法则

在现实生活中，由于人们所处经济地位、文化素质、思想习俗、生活理想、价值观念等不同而具有不同的审美观念。然而单从形式条件来评价某一事物或某一视觉形象时，对于美或丑的感觉在大多数人中间存在着一种基本相通的共识。这种共识是从人们长期生产、生活实践中积累的，它的依据就是客观存在的美的形式法则，称之为平面构图的法则。

在人们的视觉经验中，高大的杉树、耸立的高楼大厦、巍峨的山峦尖峰等，它们的结构轮廓都是高耸的垂直线，因而垂直线在视觉形式上给人以上升、高大、威严等感受；而水平线则使人联系到地平线、一望无际的平原、风平浪静的大海等，因而产生开阔、徐缓、平静等感受。这些源于生活积累的共识，使人们逐渐发现了平面构图的基本法则。以美学为基础的平面构图必须遵循一定的构图法则，以便准确地表达设计意图和思想，达到最佳的设计效果。在二维平面中，图像、文字、线条占有各自的位置，或层叠，或排列，或交叉，用于表现不同的属性和视觉效果。目前常用的构图法则主要有以下8种：

1. 和谐

和谐的广义解释是：判断两种以上的要素，或部分与部分的相互关系时，各部分所给人们的感受和意识是一种整体协调的关系。和谐的狭义解释是统一与对比两者之间不是乏味单调或杂乱无章。宇宙万物，尽管形态千变万化，但它们都各按照一定的规律而存在，大到日月运行、星球活动，小到原子结构的组成和运动，都有各自的规律。爱因斯坦指出：宇宙本身就是和谐的。单独的一种颜色、单独的一根线条无所谓和谐，几种要素具有基本的共通性和融合性才称为和谐。比如一组协调的色块，一些排列有序的近似图形等。和谐的组合也保持部分的差异性，但当差异性表现为强烈和显著时，和谐的格局就向对比的格局转化。

2. 对比与统一

对比又称对照，把反差很大的两个视觉要素成功地配列在一起，虽然使人感受到鲜明强烈的感触而仍具有统一感的现象称为对比，它能使主题更加鲜明，视觉效果更加活跃。对比关系主要通过视觉形象色调的明暗、冷暖，色彩的饱和与不饱和，色相的迥异，形状的大小、粗细、长短、曲直、高矮、凹凸、宽窄、厚薄，方向的垂直、水平、倾斜，数量的多少，排列的疏密，位置的上下、左右、高低、远近，形态的虚实、黑白、轻重、动静、隐现、软硬、干湿等多方面的对立因素来达到的。它体现了哲学上矛盾统一的世界观。对比法则广泛应用在现代设计当中，具有很大的实用效果。

3. 对称

自然界中到处可见对称的形式，如鸟类的羽翼、花木的叶子等。所以，对称的形态在视觉上有自然、安定、均匀、协调、整齐、典雅、庄重、完美的朴素美感，符合人们的视觉习惯。平面构图中的对称可分为点对称和轴对称。假定在某一图形的中央设一条直线，将图形划分为相等的两部分，如果两部分的形状完全相等，这个图形就是轴对称的图形，这条直线称为对称轴。假定针对某一图形，存在一个中心点，以此点为中心通过旋转得到相同的图形，即称为点对称。点对称又有向心的“求心对称”，离心的“发射对称”，旋转式的“旋转对称”，逆向组合的“逆对称”，以及自圆心逐层扩大的“同心圆对称”等。

4. 比例

比例是部分与部分或部分与全体之间的数量关系。它是精确详密的比率概念。人们在长期的生产实践和生活活动中一直运用着比例关系，并以人体自身的尺度为中心，根据自身活动的方便总结出各种尺度标准，体现于衣食住行的器用和工具的制造中。比如早在古希腊就已被发现的至今为止全世界公认的黄金分割比 1:1.618 正是人眼的高宽视域之比。恰当的比例则有一种谐调的美感，成为形式美法则的重要内容。美的比例是平面构图中一切视觉单位的大小，以及各单位间编排组合的重要因素。

5. 均衡

在衡器上两端承受的重量由一个支点支持，当双方获得力学上的平衡状态时，称为平衡。在平面构成设计上的平衡并非实际重量×力矩的均等关系，而是根据形象的大小、轻重、色彩及其他视觉要素的分布作用于视觉判断的平衡。平面构图上通常以视觉中心（视觉冲击最强的地方的中点）为支点，各构成要素以此支点保持视觉意义上的力度平衡（在实际生活中，平衡是动态的特征，如人体运动、鸟的飞翔、野兽的奔驰、风吹草动、流水激浪等都是平衡的形式，因而平衡的构成具有动态。

6．视觉重心

重心在物理学上是指物体内部各部分所受重力的合力的作用点，对一般物体求重心的常用方法是：用线悬挂物体，平衡时，重心一定在悬挂线或悬挂线的延长线上；然后握悬挂线的另一点，平衡后，重心也必定在新悬挂线或新悬挂线的延长线上，前后两线的交点即物体的重心位置。在平面构图中，任何形体的重心位置都和视觉的安定有紧密的关系。因此，画面重心的处理是平面构图探讨的一个重要的方面。在平面广告设计中，一幅广告所要表达的主题或重要的内容信息往往不应偏离视觉重心太远。

7．节奏与韵律

节奏本是指音乐中音响节拍轻重缓急的变化和重复。节奏这个具有时间感的用语在构成设计上是指以同一视觉要素连续重复时所产生的运动感。

韵律原指音乐（诗歌）的声韵和节奏。诗歌中音的高低、轻重、长短的组合，匀称的间歇或停顿，一定地位上相同音色的反复及句末、行末利用同韵同调的音相加以加强诗歌的音乐性和节奏感，就是韵律的运用。平面构成中单纯的单元组合重复易于单调，由有规则变化的形象或色群间以数比、等比处理排列，使之产生音乐、诗歌的旋律感，称为韵律。有韵律的构成具有积极的生气，有加强魅力的能量。

8．联想与意境

平面构图的画面通过视觉传达而产生联想，达到某种意境。联想是思维的延伸，它由一种事物延伸到另外一种事物上。例如图形的色彩：红色使人感到温暖、热情、喜庆等；绿色则使人联想到大自然、生命、春天，从而使人产生平静感、生机感、春意等。各种视觉形象及其要素都会产生不同的联想与意境，由此而产生的图形的象征意义作为一种表达方法被广泛地运用在平面设计构图中。

3.2.3　平面构图的应用

平面构图在多媒体作品中的应用是指运用构图规则设计制作多媒体作品。多媒体作品与使用者之间的交流必须通过多媒体作品的界面进行，界面提供显示信息、控制功能。

在多媒体作品的设计开发过程中，界面的设计应充分运用构图规则。在各种构图法则中常用的是点、线、面的构图规则。多媒体作品一般分为自学型多媒体作品、示教型多媒体作品和混合型多媒体作品。

（1）自学型多媒体作品的特点如下：

① 说明性文字相对较多，字号较小。

② 为了容纳更多的信息，图片和视频尺寸相对较小。

③ 菜单和按钮设置齐全，便于自学和选择。

④ 具备完善的交互功能，便于互动练习。

（2）示教型多媒体作品的特点如下：

① 文字精练。

② 文字、图片和视频尺寸相对较大，便于远距离观看。

③ 具有一定的控制功能和交互功能。

混合型多媒体作品兼具自学型多媒体作品和示教型多媒体作品的特点，使用起来比较灵活。设计此类多媒体作品的界面时，应尽可能兼顾功能和构图规则。

3.3 色彩构成

图形图像是人类最容易接受的信息，也是多媒体课件中最常用的素材，它具有文字不可比拟的优点。对于图像的设计与处理，认识色彩是创建完美图像的基础。色彩是美学的重要组成部分，不仅是一门学科，而且还是人们生活中必不可少的元素。从许多方面说，在计算机上使用颜色并没有什么不同，只不过它有一套特定的记录和处理色彩的技术。因此，要理解图像处理软件中所出现的各种有关色彩的术语，首先要具备基本的色彩理论知识。

3.3.1 色彩的基本概念

1．色彩的来源

物体由于内部物质的不同，受光线照射后，产生光的分解现象。一部分光线被吸收，其余的被反射或投射出来，成为人们所见的物体的色彩。所以，色彩和光有密切关系，同时还与被光照射的物体有关，并与观察者有关。色彩是通过光被人们所感知的，而光实际上是一种按波长辐射的电磁能。从电磁波谱及可见光谱示意图可清楚地说明。

2．色彩的功能

色彩的功能是指色彩对眼睛及心理的作用，具体一点说，包括眼睛对它们的明度、色相、纯度。对比刺激作用，和心理留下的影响、象征意义及感情影响。

色彩依明度、色相、彩度、冷暖而千变万化，而色彩间的对比调和效果更加千变万化。同一色彩及同一对比的调和效果，均可能有多种功能；多种色彩及多种对比的调和效果，亦可能有极为相近的功能。为了更恰如其分地应用色彩及其对比的调和效果，使之与形象的塑造，表现与美化统一，使形象的外表与内在统一，使作品的色彩与内容、气氛、感情等表现要求统一，使配色与改善视觉效能的实际需求统一；使色彩的表现力：视觉作用及心理影响最充分地发挥出来，给人的眼睛与心灵以充分的愉快、刺激和美的享受，必须对色彩的功能作深入地研究。

3．色调、亮度和饱和度

从人的视觉系统看，色彩可用色调、饱和度和亮度来描述。人眼看到的任一彩色光都是这三个特性的综合效果，这三个特性可以说是色彩的三要素，其中色调与光波的波长有直接关系，亮度和饱和度与光波的幅度有关。

1）色调与色相

绘画中要求有固定的色彩感觉，有统一的色调，否则难以表现画面的情调和主题。例如人们说一幅画具红色调，是指它在色彩上总体偏红。计算机在图像处理上采用数字化，可以非常精确地表现色彩的变化，色调是相对连续变化的。用一个圆环来表现色谱的变化，就构成了一个色彩连续变化的色环。

2）亮度与明度

同一物体因受光不同会产生明度上的变化。不同颜色的光，强度相同时照射同一物体也会产生不同的亮度感觉。

明度也可以说是指各种纯正的色彩相互比较所产生的明暗差别。在纯正光谱中，黄色的明度最高，显得最亮；其次是橙、绿；再其次是红、蓝；紫色明度最低，显得最暗。光谱明度示意图如图 3-4 所示。颜色的波长范围如表 3-1 所示。

图 3-4　光谱明度示意图

表 3-1　颜色的波长范围

颜色	波长范围（nm）	颜色	波长范围（nm）
红	760～622	绿	577～492
橙	622～597	蓝	492～455
黄	597～577	紫	455～380

3）饱和度与纯度

淡色的饱和度比浓色要低一些。饱和度还和亮度有关，同一色调越亮或越暗越不纯。饱和度越高，色彩越艳丽、越鲜明突出，越能发挥其色彩的固有特性。但饱和度高的色彩容易让人感到单调刺眼。饱和度低，色感比较柔和协调。可混色太杂则容易让人感觉浑浊，色调显得灰暗。

4．色彩的混合与互补

1）光的三基色

色彩的混合与颜料的混合不同。色光的基色或原色为红（R）、绿（G）、蓝（B）三色。如图 3-5 所示。

2）色光混合

三原色以不同的比例相混合，可成为各种色光，但原色却不能由其他色光混合而成。色光的混合是光量的增加，所以三原色相混合而成白光。

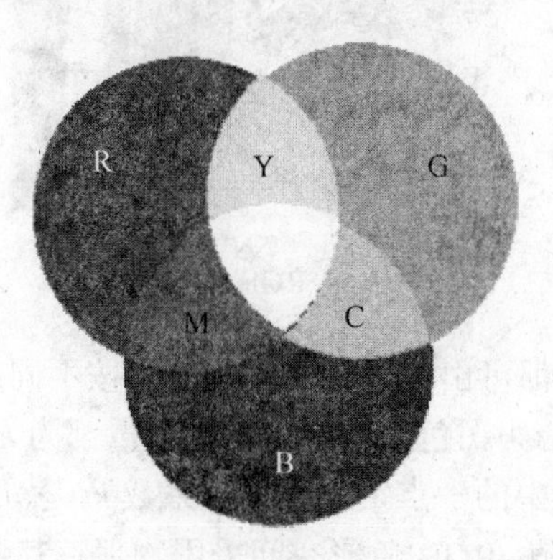

图 3-5　色彩的混合与互补

三原色配色的基本规律是：

红+绿=黄

绿+蓝=湖蓝

蓝+红=紫

红+绿+蓝=白

在光色搭配中，参与搭配的颜色越多，其明度越高。

3）互补色

凡是两种色光相混合而成白光，这两种色光互为补色（Complementary Colors）。如图3-5所示，R、C；G、M；B、Y互为补色。互补色是彼此之间最不一样的颜色，这就是人眼能看到除了基色之外其他色的原因。

3.3.2 RGB色彩空间

在一个典型的多媒体计算机系统中，常常涉及用几种不同的色彩空间表示图形和图像的颜色，以对应于不同的场合和应用。因此，数字图像的生成、存储、处理及显示时对应不同的色彩空间需要作不同的处理和转换。

计算机色彩显示器显示色彩的原理与彩色电视机一样，都是采用R、G、B相加混色的原理，通过发射出三种不同强度的电子束，使屏幕内侧覆盖的红、绿、蓝荧光材料发光而产生色彩的。这种色彩的表示方法称为RGB色彩空间表示。在多媒体计算机技术中，用得最多的是RGB色彩空间表示。

根据三基色原理，用基色光单位来表示光的量，则在RGB色彩空间，任意色光F都可以用R、G、B三色不同分量的相加混合而成：

$$F=r[\mathrm{R}]+g[\mathrm{G}]+b[\mathrm{B}]$$

RGB色彩空间还可以用一个三维的立方体来描述，如图3-6所示。

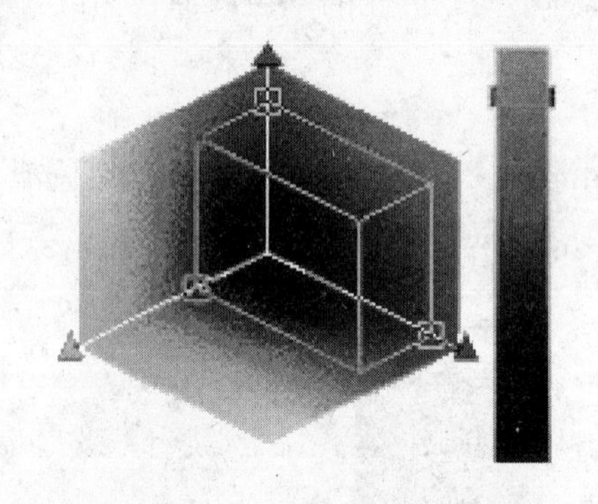

图3-6 RGB色彩空间

自然界中任何一种色光都可由R、G、B三基色按不同的比例相加混合而成，当三基色分量都为0（最弱）时混合为黑色光；当三基色分量都为k（最强）时混合为白色光。任一色彩F是这个立方体坐标中的一点，调整三色系数r、g、b中的任一系数都会改变F的坐标值，也即改变了F的色值。RGB色彩空间采用物理三基色表示，因而物理意义很清楚，适合彩色显像管工作。然而这一体制并不适应人的视觉特点。因而，产生了其他不同的色彩空间表示法。

3.3.3 色彩的搭配方法

色彩的搭配是对多媒体作品设计开发中一个非常重要的工作。色彩搭配得好，多媒体作品才能达到最佳的视觉效果。色彩搭配要根据表达的意思和目的，用尽可能少的颜色搭配起来，才会符合人们的审美习惯。

例如红色光由于波长最长，在视网膜上成像的位置最深，给视觉以逼近的扩张感，被称为前进色。在生活中，人们习惯以红色为兴奋与欢乐的象征，使之在标志、旗帜、宣传等用色中占了首位，成为最有力的宣传色。火与血人类视之以宝，均红色。但纵火成灾、血流成河，这样的红色又被看成危险、灾难、爆炸、恐怖的象征色。因此人们也习惯地用作预警或报警的信号色。所以红色是一个有强烈而复杂的心理作用的色彩，一定要慎重使用。

黄色光的光感最强，给人以光明、辉煌、轻快、纯净的印象。

黄绿、嫩绿、淡绿就象征着春天和作物稚嫩、生长、青春与旺盛的生命力；艳绿、盛绿、浓绿，象征着夏天和作物茂盛、健壮与成熟；灰绿、土绿、褐绿便意味着秋冬和农作物的成熟、衰老。

蓝色给人以冷静、沉思、智慧和征服自然的力量。白色明亮、平净、畅快、朴素、雅致与贞洁。黑色显得严肃、庄重、坚毅。在白纸上印黑字，对比极分明，黑线条极细，结构很均匀，对比效果不仅不刺激，而且很和谐，能提高阅读效率。

此外色彩搭配要根据表达的意思和目的，将尽可能少的颜色搭配起来，才会符合人们的审美习惯。

1．色彩搭配类型

色彩搭配按照主题分为以下若干类型：

（1）以明度、色相、纯度为主的用色。

（2）以冷暖对比为主的用色。

（3）以面积对比为主的用色。

（4）以互补对比为主的用色。

根据不同的需要、不同的场合、不同的表达内容，选择不同类型的角色，这就是色彩搭配。

2．突出标题的配色

标题的突出常常和文字的突出相冲突，例如，标题突出了，怕文字不显眼，又将文字突出一些，结果都未能达到突出的效果。

突出标题的方法有：

（1）加大字号，使标题字号与文字字号有足够大的差异。

（2）为标题增加边框，边框颜色不应使文字颜色的相邻色。

（3）计算机演示的前景和背景色的选择在多媒体课件的界面中，前景通常指标题和文字，背景通常是指由单色、过渡色或图片构成的大面积背景。前景色和背景色的搭配应结合应用的场合和内容主题来选择。

3．CAI 课件前景和背景色的搭配

（1）正式、严肃的场合，例如教学课件、政治演讲等，前景色应采用明度高的颜色，如白色、黄色等。背景色应采用明度低的颜色，并以冷色为主，如紫色、蓝色等。

（2）气氛活跃的场合，如广告等，前景色要有变化，主要是指文字的字体、字号、颜色和排列方式等方面。背景一般采用图片形式，不过要将图片的明度和纯度降低。

（3）喜庆的场合，如婚礼、庆典等，颜色的使用以鲜艳、热烈、富于情感为主。例如中国人婚礼庆典一般使用红色来烘托热烈的气氛。

3.4 多种数字信息的美感

一个好的多媒体课件，不能只是陈述事实，举出事例，罗列各种多媒体素材，而应该引入美学的概念，通过优美的文字，动听的声音和生动的图像来传达知识，表述信息。所以在多媒体课件中，除了界面需要美学设计以外，作为对象的图像、动画、声音等也需要一定的美学美感。设计图像、动画、声音等多种数字信息的美感，是美学运用的一个重要方面。多媒体素材的美感直接影响课件的整体美感。

3.4.1 图像美感

要使图像表现力更加丰富形象且具有美感，在图像的运用中应根据不同的表述需要和使用场合，合理选取图像素材。图像首先要能够形象、准确地表达自然现象和思想。此外在要求精确的场合，保证图像的真实性、准确性也是非常必要的。其次选取的图像也要能够表达一定的内涵。通过对图像进行加工和再创造，能够渲染情感，使人们产生遐想，创造某种意境，或是具有某种象征性的意义。

13世纪，意大利数学家Fibonacci发明了第一个递归数列——费氏数列，他发现在1，2，3，5，8，13，21，34，55，89…所组成的无穷数列中第三个数字必然等于前两个数字总和的样式逻辑；费氏数列的出现，不仅解释了像是松树球果的鳞片、向日葵的花瓣数列、鹦鹉螺的同心螺纹等的自然演化动力逻辑，同时也再次印证了欧几里得的“黄金分割”理论。

M.C.Escher便是透过数学的几何形变进行艺术创作的。在他的Symmetry系列作品里，Escher大量地运用了动物、昆虫、飞鸟及游鱼等生物形体，通过对称镜射的画面配置，创造出无限复制的规律壁纸图像样式，此外，Escher也运用了数学形态分析创作了许多经典的错视作品，最有名的像是Waterfall黑白木刻，如图3-7所示。Escher透过平面画面的逻辑配置，将流水与瀑布同时安排于认知中的同一平面中，创造了现实空间所无法建构的超现实情境。

图3-7 M. C. Escher的Waterfall黑白木刻

根据色彩的象征意义，把图像调整到需要的色调，就能使人们产生相应的联想。例如对图像进行取色处理，形成灰度图像，使图像具有黑白艺术感，象征刚毅、果敢。需要表现怀旧题材时，对图像进行色调调整，使其色调偏黄，并适当降低对比度。怀旧情调是图像最能打动人的一种氛围，如果处理得当，能够震撼心灵。当把图像用作背景时，需要降低图像的对比度和亮度，并适当地调整色调。低调的处理，使图像降为次要位置，一次烘托主题。由于拍摄条件和图像来源的限制，有些图像主题不突出，使辨别发生困难，这时需要去除与主题无关的部分。对图像中的主题和意外部分进行不同的处理，能够突出主题，强调主题的主观意识。

3.4.2 动画美感

动画美学研究的意义在于增强作者自己的原创能力，激发艺术家自由创作的空间，拓宽观赏者的想象空间。动画美学，既非指动画本身，也不是指动画风格，而是一种审美态度。动画美学的艺术不仅仅是动画或漫画本身，动画美学的艺术是一种面对新世纪审美态度的全面化概念。它是超越的艺术，超越了时间性的时间，是空间外的空间，超越了人生的生命。动画美学艺术是一种记录人类在虚拟实境中所创造第三人生的艺术，同时也是存在于所有电子媒体和数码世界的第四度空间。

动画制作应符合实际，应尊重视觉规律。例如表现钟摆摆动的动画，钟摆的摆动应符合自然规律。在重力的作用下，钟摆由慢到快，然后再到慢，其速度是变化的，匀速摆动是错误的，这是练习音乐节奏的节拍器的摆动模式。根据人的视觉规律，低速运动的物体给人以平稳的感觉，高速运动能够引起特别注意，起到着力渲染的作用。

动画是否自然，是否具有可观赏性，画面调度起到很大作用。画面调度的作用是：通过镜头的移动，使动画产生平面运动、转动、纵深运动等视觉效果。为了实现画面的理想调度，应建立起空间上的动感、时间上的连续感等。在动画设计中，把握好时间，就把握住了运动节奏。就帧动画而言，动画的运动速度与帧间的位置差成正比，匀速播放时，两帧之间的位置差越大，视觉上物体移动的速度就越快。动画的时间掌握以符合自然规律作为衡量的尺度。但在动画片中，出于趣味性的需要，允许做出适度的夸张。

动画的画面是不断更替的，以便产生动感。尽管如此，画面的结构布局还是要符合美学的构图规则。在画面的布局设计上，除了合理的摆放景物、人物的位置外，还应为动画主题留出活动的空间。

动画的造型和动作设计师动画美学中最重要的基本条件，它们决定了动画能否具有非常好的观赏性。好的动画造型给人以风趣、可爱、个性化的印象。动画造型的设计需要很强的绘画功底，包括对色彩的运用、透视关系的理解，还需要非常好的灵感。

综上所述，欲制作出好的动画，除了色彩、构图等基本美学知识以外，还要有动画设计所特有的美学知识，如动作设计、时间掌握、画面调度等。

3.4.3 音乐美感

除了视觉以外，听觉是人类感知自然界的又一重要感觉通道。听觉是人类社会生活的必要的交流渠道，优美动听的声音给人带来愉悦和享受。要提高声音美感则需要着重解决的问题是如何提高声音的质量，使声音更加纯净、更加逼真；如何润色声音，使其更加悦耳动听；如何加工声音，为某种需要制造特殊效果等。

人们对声音美感的感觉是直接的，不好听、怪异的、刺耳、有杂音等都是直接的感受。影响声音美感的主要因素有：

1．音色

音色是声音的特质，指声音的感觉特性。可以通过音色分辨不同发生体，结构不同发出声音的音色也就不同。音色在音乐中是指乐器或噪音的音质。音色虽然不直接影响听觉效果，但音色之于声音，就像色彩之于图像，有着特别的表现力。

2．清晰度

录音水平的高低、载体材质的差异、数字采样频率的高低、采样位数多少等，都会影响声音的清晰度。

3．旋律

旋律指经过艺术构思而形成的若干乐音的有组织、有节奏的和谐运动。它建立在一定的调式和节拍的基础上，按一定的音高、时值和音量构成的、具有逻辑因素的单声部进行，亦称曲调。它可以是单声部音乐的整体，也可以是多声部音乐的主要声部。在音乐作品中，旋律是表情达意的主要手段，也是一种反映人们内心感受的艺术语言。

4．噪声

噪声是给听到它的人和自然界带来烦恼的、不受欢迎的声音。影响人们工作、学习、休息的声音都称为噪声。对噪声的感受因各人的感觉、习惯等而不同，因此噪声有时是一个主观的感受。一般来说人们将影响人的交谈或思考的环境声音称为噪声。

使声音清晰、悦耳、动听，是美化声音的目的。但使声音具有美感尤其是做出动听的音乐不是一般人能够做到的，那是作曲家的任务。所以我们只能做一些基础的处理。

在制作音响资料时，采用先进的录音设备、技术和降噪系统可大幅度降低噪声，但普通人不具备这样的条件。好在某些音频处理软件具有降低噪声的功能，使用这些功能可以有效地降低噪声，但对音质有一定的副作用。要在噪声和音质之间寻找平衡点。当然，如果使用信号/噪声比高的声源作为声音素材是最好不过的了，这样可以减少很多麻烦。

在条件允许的情况下，尽可能采用较高的声音采样频率、较大的数字表示位数。但是，如此一来数据量非常大。在多媒体作品中，往往受媒介存储空间的限制，不能用高采样频率的声音，最低采样音频一般取22050Hz/8bit，过低的采样指标会严重影响声音的清晰度。另外，使用某些工具软件转换声音的采样频率时，也会使声音质量下降，应使用较好的工具软件，并尽可能减少采样频率的转换操作。目前很多人使用mp3压缩音乐文件作为多媒体产品的声音素材，该文件音质好、数据量小，不占用过多的空间。

在多媒体作品中，应尽量选择曲调优美、旋律流畅的音乐或是与主题契合度较高的音乐作为背景音乐，营造一个宁静、和谐的气氛，使聆听者处于一种良好平和的心态。

本 章 小 结

美学在多媒体课件中占有非常重要的位置。美是每一个人追求的精神享受，在多媒体课件中，也必须遵循美学原理，使设计出的多媒体课件适合人们的审美习惯。本章主要对多媒体课件设计中的美学基本知识进行了详细的阐述，其中包括平面构图的分类与应用，色彩的基本概念和搭配方法，以及图像、动画、音乐的美感，对多媒体课件开发人员起到很好的指导作用。

思考与习题

1．单选题

（1）美学是通过绘画、色彩构成和平面构图展现（　　）的学科。

A．形式美感　　B．自然美感　　C．情感美感　　D．心理美感

（2）自然界中各种事物的形态特征被人的感官所感知，使人产生美感，并引起人们的想象和一定的感情活动时，就成了人的审美对象，称为（　　）。

A．美的形式　　B．美的形态　　C．美的对象　　D．美的构成

（3）（　　）是美学的基础，使线条、色块具有了美学的意义，从而构成了图画、图案、文字以及形象化的图案。

A．平面构图　　B．绘画　　C．色彩　　D．平面构图

（4）以美学为基础的平面构图必须遵循一定的（　　），以便准确地表达设计意图和思想，达到最佳的设计效果。

A．色彩构成　　B．构图法则　　C．绘画法则　　D．课件法则

（5）（　　）的功能是指色彩对眼睛及心理的作用，具体一点说，包括明度、色相、纯度。

A．色彩　　B．绘画　　C．光线　　D．颜色

2．多选题

（1）美学中常说的三种艺术表现手段是（　　）。

A．绘画　　B．色彩构成　　C．素描　　D．平面构图

（2）在制作多媒体课件时使用美学的知识和方法，能达到以下哪些作用？（　　）

A．内容表达形象化　　B．使用更方便

C．视觉效果丰富、更具吸引力　　D．教学效果非常好

（3）以下哪些是美的表现手段？（　　）

A．各种曲线　　B．各种对称图形

C．各种富有变化而和谐的形体　　D．声音和色彩

（4）平面构图的基本形式可以分为三大类，分别是（　　）。

A．对称构图　　B．不对称构图　　C．交叉构图　　D．不对称的对称构图

（5）以下哪些是目前常用的构图法则？（　　）

A．和谐　　B．对比与统一　　C．对称　　D．均衡

（6）自学型课件的特点有哪些？（　　）

A．说明性文字相对较多，字号较小

B．为了容纳更多的信息，图片和视频尺寸相对较小

C．菜单和按钮设置齐全，便于自学和选择

D．具备完善的交互功能，便于互动练习

3．判断题

（1）美学不仅是解决外在美观的问题，还需要解决人们的生理、心理习惯问题。（　　）

（2）平面构成是美学的逻辑规则，主要研究若干对象之间的位置关系。（　　）

（3）美的规律是指人类在欣赏美和创造美的过程中，以及在一切实践活动中，所表现出来的有关美的尺度、标准等诸多规定的总和。（　　）

（4）平面构图是平面构成的具体形式，主要针对平面上两个或两个以上的对象进行设计和研究。（　　）

（5）平面构图中的对称可分为点对称和轴对称。（　　）

（6）界面是衡量一个多媒体课件质量的一个主要指标之一。（　　）

（7）在纯正光谱中，黄色的明度最高，显得最亮；其次是橙、绿；再其次是红、蓝；紫色明度最低，显得最暗。（　　）

（8）色光的基色或原色为红、黄、蓝三色。（　　）

（9）三原色配色的基本规律中：红＋绿＝黄。（　　）

4．问答题

（1）什么是美？

（2）简述美学在多媒体课件设计和制作中的作用。

（3）美学的表现手段有哪些？并分别简述。

（4）什么是平面构图？平面构图的基本形式可以分为哪些？

（5）平面构图的法则有哪些？

（6）什么是色彩？简述RGB色彩空间。

（7）什么是色彩搭配？色彩搭配按照主题分为哪些类型？

5．实验题

（1）制作两张图片，分别是点对称和轴对称图形。

（2）利用平面构图法则和色彩构成制作一张电影海报。

第4章　课件素材的分类与制作

本章主要讲解了课件素材的基本概念，这些素材包括文本素材、图形图像素材、动画素材、音频素材及视频素材。同时分别对这些课件素材的基本知识、素材获取、制作工具、制作方法作了详细介绍，特别介绍了图形图像制作工具 Photoshop、二维动画制作工具 Flash、三维动画制作工具 3D Studio Max、音频编辑工具 Adobe Audition 和视频编辑工具 Premiere 的基本使用方法和有关技巧。

本章学习重点

- 课件素材的概念和分类；
- 文本素材制作的基本工具和使用方法；
- 图形图像素材制作的基本工具和使用方法；
- 动画素材制作的基本工具和使用方法；
- 音频素材制作的基本工具和使用方法；
- 视频素材制作的基本工具和使用方法。

4.1　多媒体课件素材的概念

4.1.1　课件素材的概念

课件素材指那些课件中用到的所有材料，也就是组成课件的各种资料元素，用以表达一定教学思想的各种元素，如用于板书的文字和文本，用于说明景物的图形和图像，用于渲染气氛的音响和效果，用于阐述物质运动变化的动画和影像等。课件素材一般包括文本、图片、声音、视频、动画等，是多媒体课件不可缺少的组成部分。课件所有用到的素材必须是计算机可以识别的，它们以文件形式存放在计算机外存储器上，区别于日常生活中用到的照片、录音、录像等素材。

4.1.2　课件素材的分类

多媒体课件素材可以概括为视觉、听觉和视听觉三类，根据素材的存放方式和在课件中的不同作用，又可细分为数字、文字、文本、图形、图像、动画、解说、音响、配乐、影像等。素材从内容上分，主要类别有名词概念类素材，符号类素材，原理、定理和定律类素材，表达式类素材，实验类素材，人名类素材，知识点素材，背景资料类素材，说明类素材，历史资料类素材，研究成果类素材，题库类素材，答疑资料类素材。

课件素材从形式上可分为五大类：文本类素材、图形（图像）类素材、音频类素材、动画类素材和视频类素材。素材的获取途径可以是从网上下载、从课件中截取、从资源光盘或资源库中获取、从电视节目中录制等，还可以自己使用相关软件工具制作。为了管理这些素材，通常使用素材库。

早期的数据存储采用文件直接存储方式，随着信息数据量增大，内容复杂性增加以及数据共享和安全保密等需要，文件直接存储和用户通过应用程序直接操作方式已不能满足要求，因此提出了保持数据独立性的数据库技术。素材库就是利用数据库技术对课件素材进行存储和管理的数据库。

4.2 文本素材

4.2.1 文本素材的格式

随着计算机在办公自动化中的应用，尤其是对文本编辑要求的飞速发展，市场上不断地涌现出了许许多多的字处理软件以及出版、印刷程序和电子排版系统。用户可以方便地使用软件进行文字编辑。多媒体课件中的文本是学生获取大量信息的来源。文本素材要有选择地应用于多媒体课件，而不是大段大段地照搬照抄。对于突出重点，演示难点的文字，应以大字号、鲜艳的颜色标出。文本素材中汉字采用 GB 码统一编码和存储，英文字母和符号使用 ASCII 码编码和存储。文件的格式由所使用的文字处理软件不同而决定，如有 TXT 和 DOC 等。按所使用的文字处理软件的不同分，文本素材主要有以下几种：

1．Word 文档

Word 文档是国际上通用的办公文本格式，适用于各种办公应用，如文字档案、信函、书籍、简历等。Word 文档可以包括所有的文字字体、大小、段落、表格、特效等格式。Word 处理软件属于微软 Office 办公组件之一，目前通用的版本为 Word 2003。

2．Web 页

Web 页是目前国际互联网上最通用的文档格式。Web 页也支持丰富的文字格式，如文字字体、文字颜色、文字大小、段落排列、表格等等。Web 页的编辑工具主要有 Dreamweaver、FrontPage（微软 Office 办公组件之一）等，同时，Word 2003 可以将 Word 文档保存为网页形式（name.htm），直接用浏览器浏览。

3．纯文本

纯文本（.TXT）是指在文档中不带任何的文字修饰（包括字型、字号等）、段落、表格、图片图像、声音等。也就是说纯文本中只有文字信息，最多还有换行符。

除此以外，还有很多格式如 RTF 格式、Word Perfect 格式、WPS 格式和 PDF 格式等。

4.2.2 文本素材的获取和制作

文本素材一般都是根据教学需要编写，但如果作为教学资料的文本，文字数量多，也可从一些电子书籍或网页中获取。一般采用复制粘贴的方法，也可以直接用保存网页的方法把所需要有内容保存下来。特殊字体或艺术字可以用抓图工具抓取再进行图片化处理后使用。计算机获取文本的途径通常有键盘输入、扫描识别输入、手写识别输入、语音识别输入。

1．键盘输入

键盘输入是最早使用的输入方法，也是最常用的输入方法之一。如果文本的内容很多，并且是首次创作的，一般会选用键盘输入。键盘输入的优点是，对于首次创作的文本可以方便快捷的输入，且不需任何其他外设。将文字输入到计算机后，用户可按要求将文件存为文本文件格式，最后载入到课件作品中去。

2．扫描识别输入

如果用户所输入的原始文本资料是印刷品，可以利用扫描仪对文本进行扫描，以获得文本数据。目前普遍采用的利用扫描仪来识别字符的技术被称为光学字符识别技术（OCR）。OCR 系统是由一台扫描仪和一台与其相连的计算机，以及与其配套的一些驱动和识别软件所构成的。现在采用的扫描仪大多为手持式扫描仪和平板式扫描仪两种，这两种扫描仪都能完成对文本进行扫描的工作。但平板式扫描仪的扫描效果以及识别准确率均高于手持式扫描仪。

目前国内有多家公司研制 OCR 多体中英文混排印刷文本识别系统，可识别多种字体、多种字号的中英文混排资料，识别正确率达 98%以上，如尚书 SH-OCR 系统、清华文通 TH-OCR 系统等。扫描识别输入的优点是对于文字量大并且是印刷品或者是比较工整的手写稿有较高的输入速度。

3．手写识别输入

手写识别是近些年开发的输入方法，由一块和计算机相连的手写板以及一支手写笔组成。它适合于对计算机操作不太熟悉和不会输入法的用户。手写识别输入的优点是容易掌握，缺点是输入速度较其他输入法慢。

4．语音识别输入

语音识别输入是一支后起之秀，比手写输入更容易掌握。如果用户讲一口比较标准的普通话，再经过计算机语音识别训练之后，即可进行语音输入了。语音识别的优点是方便快速，使用简单，但使用者要使用普通话，其次是语气要求平稳，音量保持基本一致等。

以上 4 种方法是文本输入最基本的方法。通过上述 4 种方法所得到的文本资料能够在现有的多媒体系统中广泛地被加以使用。

常用的文本编辑软件有 Edit、WPS、Word 等。在用这些工具软件编辑文本时，一般都存成非格式化的纯文本文件，以便在大多数课件制作软件中能够调用。录入的文本要尽量选择丰满的字体，同时还要选择比较常用的字体，以防止课件在其他计算机上运行使用时，因缺少该字体而使文本变成乱字符。为区分层次和不同内容可用不同字体、字号、加粗、斜体等法方法，同时要设置适当的行间距和字间距，加大文本周围的空隙，文字不能太小或过多，否则容易造成学生对知识感知困难，从而影响教学效果，同时字体的颜色要与背景的颜色形成鲜明的对比。

4.3 图形图像素材

在处理图像的时候，图形图像是按照数字的方式进行处理、保存以及输入输出等操作的。图形图像按照存储方式的不同，可以分为位图和矢量图两大类。为了使用这两种方式存储的素材，并在作品中更好地使用这两种图像格式，达到更好的效果，必须了解有关位图和矢量图的一些背景知识，掌握位图和矢量图的一些基本操作。

1．矢量图

矢量图又被称为向量图。它是一种描述性的图形，一般是以数字方式来定义直线或曲线的，如一个圆。只要记下它的圆心和半径，这个圆就确定了。矢量图与图像的分辨率无关，可以随意扩大或缩小图像，而图像的质量不会变差。矢量图的文件较小，但描述精细影像时很困难，因此矢量图适用于以线条定位物体为主的对象，通常用于计算机辅助设计与工艺美术设计等。

2．位图

位图是由许多的像素点组成的，位图也被称为点阵图，每个点的单位称为“像素”。它的特点是有固定的分辨率，图像细腻平滑，清晰度高。但是当扩大或缩小位图时，由于像素点的扩大或位图中像素点数目的减少，会使位图的图像质量变差，图像参差不齐、模糊不清。

3．分辨率

分辨率是常用的图形、图像描述参数。分辨率是和图像相关的一个重要概念，它是衡量图像细节表现力的技术参数。图像分辨率（Image Resolution）是指图像中存储的信息量。这种分辨率有多种衡量方法，典型的是以每英寸的像素数（PPI）来衡量的。图像分辨率和图像尺寸的值一起决定文件的大小及输出质量，该值越大图形文件所占用的磁盘空间也就越多。图像分辨率以比例关系影响着文件的大小，即文件大小与其图像分辨率的平方成正比。如果保持图像尺寸不变，将图像分辨率提高一倍，则其文件大小增大为原来的4倍。而图像的位分辨率（Bit Resolution）又称位深，是用来衡量每个像素储存信息的位数。这种分辨率决定可以标记为多少种色彩等级的可能性。一般常见的有8位、16位、24位或32位色彩。有时我们也将位分辨率称为颜色深度。所谓“位”，实际上是指“2”的平方次数，8位即是2的八次方，也就是8个2相乘，等于256。所以，一副8位色彩深度的图像，所能表现的色彩等级是256级。

4.3.1 图形图像素材的格式

图形和图像都是通过一定的画面来表达教学思想的。图形在计算机中用参数法或矢量来表示，也称为矢量图形。图形文件一般是由绘图软件绘制的诸如直线、弧线、圆、矩形、任意曲线等线条表现的小图形组成。矢量图形具有易于平移、旋转、缩放等变换的优点，另外图形文件数据量小，占用的存储空间不大。图形文件的缺点是其使用范围有限，受制作软件的限制，其通用性相对较差。

凡是用绘画或摄影等方法获得的静态的视觉形象画面，一般称之为图像。图像和图形的差别主要是记录画面的方式不同，图形可以是文本、位图，而图像肯定是位图文件，它直接记录画面上每个像素的信息。由于组成画面的像素往往很多，再加上颜色的变化，位图文件通常都比较大。例如，一幅640×480像素、色彩深度为24位的位图，所占磁盘空间为900KB。为了节省磁盘空间，大多数图像文件都利用一些特殊的算法对位图信息进行压缩，压缩的比例取决于画面的复杂程度和压缩算法。由于压缩算法的不同，就产生了各种格式的图像文件，目前常用的有BMP、GIF、PCX、JPG、TIF、TGA等。

1．BMP

BMP 是最普遍的点阵图格式之一，也是 Windows 系统下的标准格式，利用 Windows 的“画笔”绘图，保存的就是 BMP 文档。BMP 格式属于非失真的图像格式，即保存为 BMP 格式的图像文件不会丢失任何图像信息。

2．GIF

GIF（Graphics Interchange Format）是 Compuserve 公司所制订的格式，因为 Compuserve 公司开放使用权限，所以应用广泛，且适用于各式主机平台，各软件皆能支持，现今的 GIF 格式仍只能达到 256 色。GIF 属于非失真压缩格式，但 GIF 只允许 256 色，文件比较小，因而被广泛应用于 Web 网络，特别适合制作简单的动画。

3．PCX

PCX 是 MS-DOS 下常用的格式，在 Windows 应用软件尚未普及时，MS-DOS 下的绘图，排版软件多用 PCX 格式，从最早的 16 色，发展至今已可达 1677 万色。

4．JPEG

JPEG 是一种高效率的压缩文档，能够将对人眼不太敏感的图像信息删除，以节省储存空间，这些被删除的资料无法在解压时还原，输出成印刷品时品质会受到影响，这种类型的压缩文档，属于“失真压缩”或“破坏性压缩”，因此 JPEG 格式不适合用于保存高品质的图像文件，但由于其具有不错的图像质量和较高的压缩率而广泛应用于 Web 网络。

5．TIFF 与 EPS

TIFF 和 EPS 格式都包含两个部分，第一部分是屏幕显示的低解析度影像，方便影像处理时的预览和定位，而另一部分包含各分色的单独资料，TIFF 常被用于彩色图案的扫描，是以 RGB 的全彩模式储存，而 EPS 是以 DCS/CMYK 的形式储存，文档中包含 CMYK 四种颜色的单独资料，可以直接输出四色图片。

6．PSD

PSD 是 Adobe Photoshop 的专用格式，可以储存成 RGB 或 CMYK 模式，PSD 格式可以将不同的物件以层（Layer）分离储存，便于修改和制作各种特效。

不同的领域和具体的应用对图像质量的要求会有很大的不同，用户可以根据需要选择合适的格式进行保存，比如若制作的是网络课件素材，那么在软件中制作好素材后，必须将其转换成网上能直接浏览的格式，即 JPEG 或 GIF 格式。一般的图像制作软件都能实现多种图像格式的转换。

4.3.2　图像素材的获取和制作

矢量图形精度高，可以任意放大、缩小，但编辑处理矢量图形素材需要专门的软件，典型软件有 CorelDRAW、Illustrator、Freehand 等。它由各种直线、曲线、面以及填充在这些线、面之间的色彩构成。编辑处理矢量图形需要绘制简单途径，编辑修改路径，填充路径或路径封闭的区域，形成图形中可见的线和面，组合多个图形，最后输出图形。位图储存的不是图像中的线和面，而是以记录图像平面的每一个像素来反映图像，每个像素有特定的位置和颜色。虽然矢量图编辑软件也可以对位图进行处理，但处理功能都比较简单，典型图形编辑软件有 Photoshop、PhotoImpact、PaintShop 等。

用简单线条组成的图形（几何图形），一般都是用原创的方法进行绘制的，各种课件工具中都有相应的绘制工具，可直接用绘图工具进行绘制。图像获取的途径，可以通过扫描仪直接扫描现已的印刷图片、幻灯片及照片等，也可以用抓图软件直接从屏幕上抓取。采集到的图像可以用Photoshop来进行处理，以达到满意的效果。

1．获取图像素材

获取图形、图像素材的方法有很多，一般来说有以下5种：

（1）从Internet下载。

（2）通过扫描现成的印刷品或照片获取。

（3）使用数码照相机、视频头、视频捕获卡等进行视频图像捕获拍摄。

（4）通过绘图软件制作获得。

（5）购买素材光盘。

2．制作与编辑图像素材

图形图像的制作可以利用相关的工具软件如Photoshop、CorelDRAW、Fireworks等进行。不同领域的用户对图形图像的要求会不一样，使用的制作工具会有很大的差别。

Fireworks 是一种专门针对 Web 图像设计而开发的软件，可以制作高品质的 GIF 和 JEPG 图像，且操作容易，可将编辑、制作与优化网页图形融为一体，同时将矢量图形处理和位图图像处理合二为一。用Fireworks所生成的图像，其色彩也完全符合Web标准。Fireworks不仅可以生成静态的图像，还可以直接生成包含HTML和JavaScript代码的动态图像，甚至可以编辑整幅的网页，从而实现丰富多彩的网页动态效果，避免了用户学习HTML和JavaScript等语言的麻烦。

CorelDRAW是Corel公司出品的矢量图形制作工具软件，它既是一个大型的矢量图形制作工具软件，也是一个大型的工具软件包。该图形工具给设计师提供了矢量动画、页面设计、网站制作、位图编辑和网页动画制作等多种功能，目前最新版本为CorelDRAW X3。CorelDRAW的特点在于其对矢量图形的处理能力，最新的CorelDRAW套件还新增了Corel PowerTRACE应用程序，可精确地将位图转换为矢量图。

Photoshop 是目前一市面上最流行的图像软件，也是 Adobe 公司最著名的平面图像设计、处理软件，它的强大功能和易用性得到了广大用户的喜爱，被广大的设计师称为图像处理的“魔法师”。Photoshop发展到现在已经有好几个不同的版本，比较早的有Photoshop 4.0、Photoshop 5.0、Photoshop 5.5、Photoshop 6.0、Photoshop 7.0、Photoshop CS3等。Photoshop CS3具体使用方法将在第8章介绍。

4.4 动画素材

4.4.1 动画素材的格式

计算机动画是计算机图形学和艺术相结合的产物，它为人们提供了一个展示个人想象力和艺术才华的新天地。目前，计算机动画在影视特技、广告、游戏、计算机辅助教学、网站等领域得到了广泛的应用。

计算机动画主要涉及几何造型技术和图像处理技术。几何造型技术，通常用于三维动画的制作，技术复杂、开发周期长、成本高；而基于图像处理的制作方法，是在已有的图像数据的基础上进行处理而生成动画。

目前的计算机动画主要研究运动控制和渲染技术。早期的动画属于逐帧动画，即动画的每一帧都是制作者画出的，工作量非常大。利用运动控制技术，制作者只需要制作其中的关键帧、对象造型等，然后计算机将根据一定的运动规则在这些关键帧和对象的基础上生成一系列的图像序列，如球的弹跳、火焰飘动等。渲染技术则主要包括光照和纹理，光照技术是利用计算机模拟自然界中光对物体的照射来体现动画对象的立体效果，而纹理技术是通过给动画对象的表面添加一些细节来增加真实感，如添加大理石表面、木质、水纹等纹理。

计算机动画制作环境分为工作站和 PC 两种，本书重点介绍 PC 上的动画制作。PC 上的动画软件主要有二维平面（2D）动画制作和三维立体（3D）动画制作。

二维动画比较流行的制作工具是 Flash，它是由 Adobe 公司的 Macromedia 出品的一款交互式矢量多媒体动画制作软件，其前身是 Future Splash，是早期网上流行的矢量动画插件。后来由于 Macromedia 公司收购了 Future Splash 以后便将其改名为 Flash 2，而目前 Macromedia 归属于 Adobe 公司旗下，现在最新版本是 Flash 8。

三维动画比较流行的开发工具是 3DS Max，它是由美国 Auto Desk 公司出品的在 PC 上制作三维多媒体动画的工具软件。利用 3DS Max 提供的各种工具可以很快地建立球体、圆锥体、圆柱体等基本造型，并进一步产生更复杂的对象，通过给物体不同的材质贴图，对创建的场景设置环境灯光、放置摄影机，定义物体对象的运动路径、方向等属性，最后经过渲染后可以创作出高品质的三维动画。

4.4.2 二维动画制作

Flash 是美国著名的多媒体软件公司 Macromedia 公司出品的矢量图形编辑和动画制作专业软件，由于 Flash 的文件小巧、画面精美、制作简单而在 Web 中得到广泛应用。通常，使用 Flash 创作的各个内容单元称为应用程序，即使它们可能只是很简单的动画。用户可以通过添加图片、声音、视频和特殊效果，构建包含丰富媒体的 Flash 应用程序。因为广泛使用矢量图形，所以 Flash 文件非常小，特别适用于在 Internet 上发布。

Flash 是目前为止最出色的网络动画编辑软件之一，它能很方便地实现很多复杂的动画效果，其相关操作使用方法将在本书第 7 章内容中详细介绍。

4.4.3 三维动画制作

1．制作基础知识介绍

三维动画在课件素材中所占比重很大，它能形象真实地表现课件主题并且能够虚拟现实三维景象。三维动画的制作需计算机硬件和软件的支持。硬件中对主机的要求较高，主机有工作站和个人机之分。三维动画的工作量很大，对分辨率、色彩要求都很高，因此最初在工作站上运行。后来，软件公司开发了用于个人机上的动画软件，PC 上也诞生了三维动画。除主机和一般图形输入设备之外，硬件中还需要配备图形扫描仪等输入设备和记录胶片等输出设备。三维动画的生成包括以下 6 个过程：

1）建立物体模型

建立物体模型也称为造型，包括多边形造型和曲面造型两种，多边形造型是指由平面基本图形经各种变换形成物体的几何模型，曲面造型是以非均匀样条曲面形成物体的几何模型。

2）物体表面真实感

实际物体在不同环境下呈现不同的光色效果，在计算机动画中，需要合理设计光源、纹理以及光照模型，为真实表现物体提供工具。

3）动画设置

动画设置也称为物体运动模型，是指确定每个物体的位置、相互关系、建立它们运动轨迹和形体变异的规律，动画设置方法有关键帧法、运动路径法和物体形变法等。

4）骨骸选型

骨骸选型可被方便地用来模拟人体、机器人等的运行和变形。只需将骨骸和物体联结在一起，然后设置动画，则系统能自动计算各关节的运动轨迹和状态，并自动计算物体表面的各种形变。

5）图像生成

在造型、真实感和动画设计后，需计算物体表面的光效果，生成图像，图像生成方法常用的有光线投射法和光线追踪法。

6）输入输出

通过摄像输入口可把摄像机拍摄到的连续画面输入计算机作为背景，也可通过扫描仪或绘图软件输入静态图像作为背景和贴图，在输出上，可生成静态图像和动画，在有关硬件的配合下，可输出。

上面的6个过程只是一个系统的概括，在实际工作中，每一步都有大量的工具、技巧可以使用。

2．相关术语

这里介绍一下在3DS MAX中常用的术语，为读者在阅读过程中扫清概念障碍。

（1）对象：在3DS MAX中，创建的每一个事物都是对象，如场景中的几何体、摄像机、灯光等。

（2）调整器：对物体进行变形的主要工具。

（3）调整器堆栈：用于管理调整器。

（4）放样：将一个二维模型放到一个放样路径的不同位置的横断面上，然后通过对放样路径与型的编辑来生成三维网格物体。

（5）布尔运算：一种数学运算方法，包括求并、求差和求交，用于物体的造型。

（6）材质：物体表面在渲染时所表现出来的性质，如颜色、亮度等。

（7）贴图：赋予材质的图像，使物体产生纹理效果。

（8）渲染：以一定的方式显示场景中的材质和贴图等效果。

（9）层次树：将场景中的对象按层次逐级排列，组合成一个系统。对象可以是造型、材质、贴图。

要生成三维动画，可以直接创造三维实体，也可以利用二维图形放样而得。一个简单的三维实体，经扭曲、拉伸、锥化、偏斜等形变可以产生意想不到的效果。为实体赋予材质、贴图时，除了系统提供的素材，用户还可以发挥丰富的想象力自己修改、合并和创造新材料。至于环境中的灯光、大气以及摄像机的观角，它们所能提供的渲染、烘托效果更是变幻无穷的。而动画形成的过程中，物体运动中的层级设置、运动方向、运动连动性更是动画优秀与否的重要指标，甚至在动画的输出过程中，不同的输出方式也会带来不同的效果。所以说，要想不迷失于 3DS MAX 这样功能强大的工具里，必须先对它有个全面的了解，熟悉基本操作之后，再研究它的技巧。

3．3D Studio MAX 运行的硬件环境

上面对 3D Studio MAX 的作了简要的介绍，这一节将就 3D Studio MAX 运行的硬件和软件环境作一些说明。众所周知，任何一个软件的运行都有其硬件和软件方面的要求，3D Studio MAX 也不例外，作为一个制作动画的软件，3D Studio MAX 在硬件和软件方面的要求或许比其他软件更高，那么首先就让看看它在硬件方面的要求。

绘图软件对硬件一般都有着比较高的要求，像 3D Studio MAX 这样具有强劲功能的动画制作软件更是如此。下面将分四部分向大家介绍 3D Studio MAX 运行所必需的硬件环境。

1）3D Studio MAX 对 CPU 的要求

要正常运行 3D Studio MAX 对 CPU 的最低要求是主频在 90MHZ 以上的 CPU 芯片，在现在的市面上绝大多数芯片都符合这一要求，比如 PentiumⅡ、Pentium Ⅲ、Pentium 4，以及赛扬系列等。

2）3D Studio MAX 对内存和磁盘空间的要求

制作图形时通常需要大量的内存，而 3D Studio MAX 又是一个三维制作软件，因而需要的内存就更多。要正常运行 3D Studio MAX，内存的最低要求是 32MB，建议计算机的内存配置应为 64～256MB。3D Studio MAX 对硬盘的虚拟空间也有很高的要求，它要求的最低硬盘空间是 l00MB，有更大的交换空间当然更好，建议硬盘虚拟空间应为 200～400MB。

4．3D Studio MAX 启动界面

（1）正常安装 3D Studio MAX 后，选择【开始】→【程序】→3ds→3D Studio MAX R3，出现启动画面，如图 4-1 所示。

图 4-1　启动画面

（2）接着进入启动对话框，如图 4-2 所示。

（3）当出现了图 4-2 所示的对话框时，选择第一项 Authorize 3D Studio MAX R3 beta，然后再单击 Next 按钮，可以按照出现的对话框的显示内容登记相关信息。由于每一步都有对话框提醒，所以比较简单，这里就不详细介绍了，但记住在标有“*”的栏内必须填入相关内容，否则注册就无法完成。

正确注册后就可以开始使用了，如图 4-3 所示。

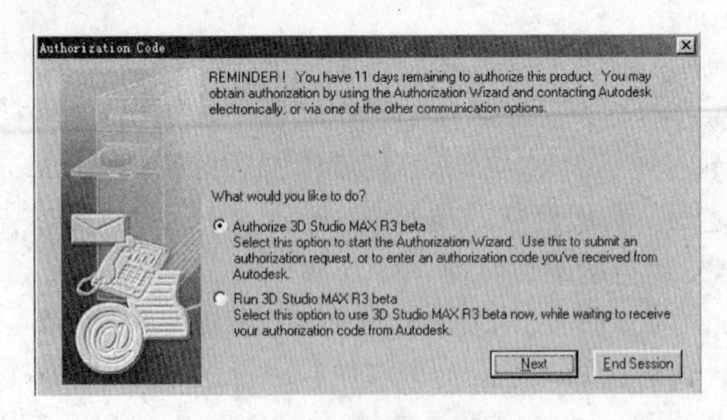

图 4-2 启动对话框

5．素材制作实例

下面以制作一个物理上的弹性碰撞动画效果为例介绍 3D MAX 使用方法。

（1）新建文件，进入 Create Geometry（创建几何体）面板，如图 4-4 所示。

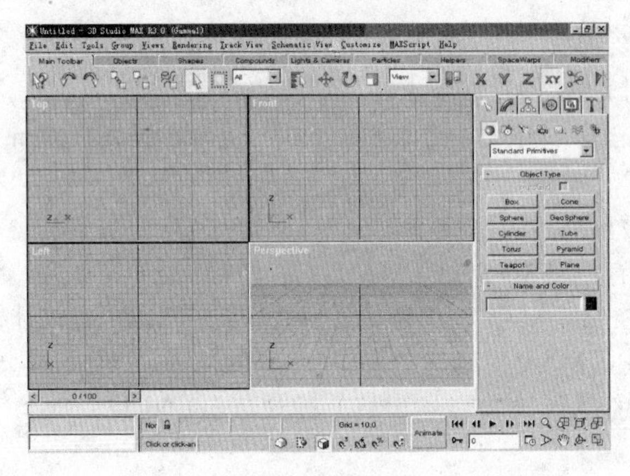

图 4-3 编辑界面

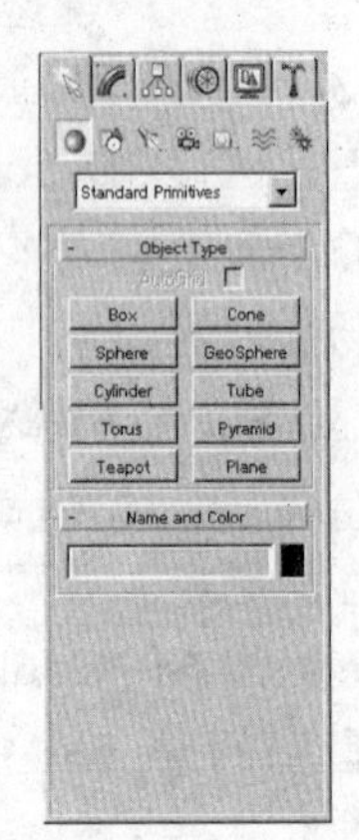

图 4-4 Create Geometry 面板

（2）单击 Sphere（球体）按钮，在视图中建两半径都为 20 的小球，分别为 Sphere01 和 Sphere02。

（3）再单击 Cylinder（圆柱体）按钮，在视图中建两个半径高为 150 的圆柱体 Cylinder01 和 Cylinder2。

（4）进入 Create/shapes（定型）面板，单击 Arc（弧型）按钮，在 Form 视图中画两个半径为 150°的圆弧 Arco1 和 Arc02，建立的场景如图 4-5 所示。

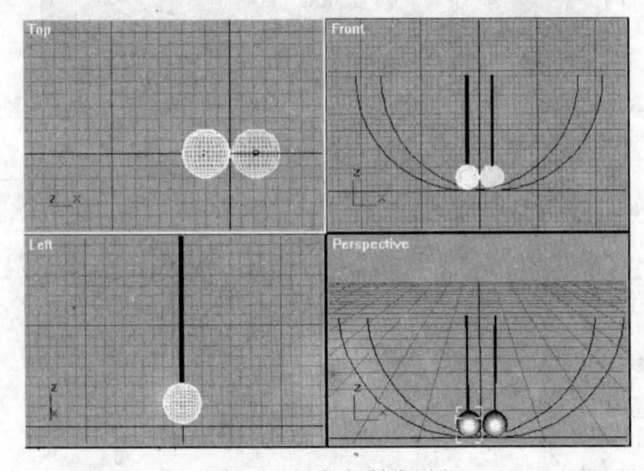

图 4-5 建立的场景

（5）进行运动的编辑。在视图中选取 Sphere01，进入 Motion（动作）面板，单击 PRS Parameters（参数）栏下的 Position（定位）按钮，如图 4-6 所示。

（6）在 Assign controller（赋值参数）栏下的列表框中选择 Position→Bezier Position 项，再单击左上角的 Assign Controller 按钮，则弹出 Assign Position Controller 选项框，从中选取 Path 项，在 Path Parameters（路径）栏下单击 None 按钮，在视图中选择 Arco1，这样就为第一个小球选择了运动路径。

（7）用同样的方法为 Cylindero1 的运动选择运动路径 Arco1，但要将 Path Parameters 栏下的参数设置成如图 4-7 所示的值，这样一只单摆就制作成了。

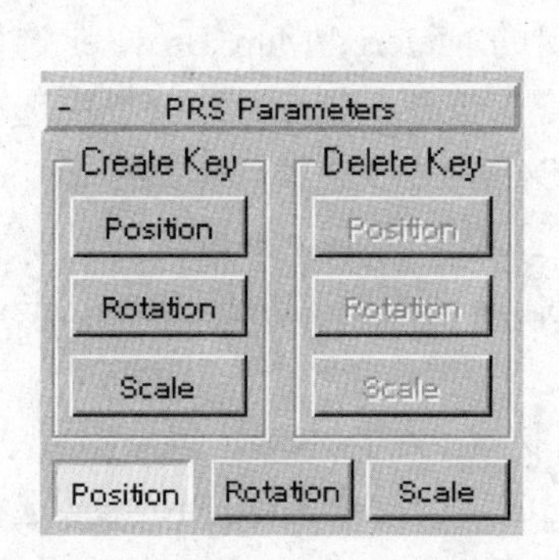

图 4-6　设置 Position 参数

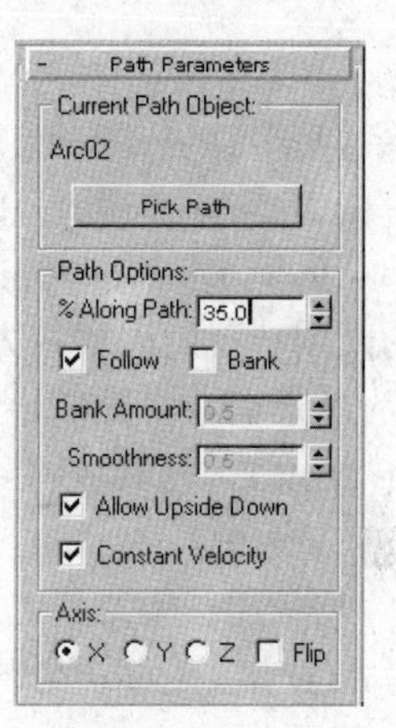

图 4-7　参数设置

用同样的方法将 Sphere02 和 Cylinder02 做成第二只单摆，其运动路径选择 Arc02。

（8）进一步编辑它们相撞的场景。调整各形体的位置，如图 4-8 所示。

（9）因为本例中两摆是同时摆动的，所以必须对时间加以控制，单击工具栏中的运动轨迹控制器按钮 Open Track View，则弹出轨迹显示框，如图 4-9 所示。

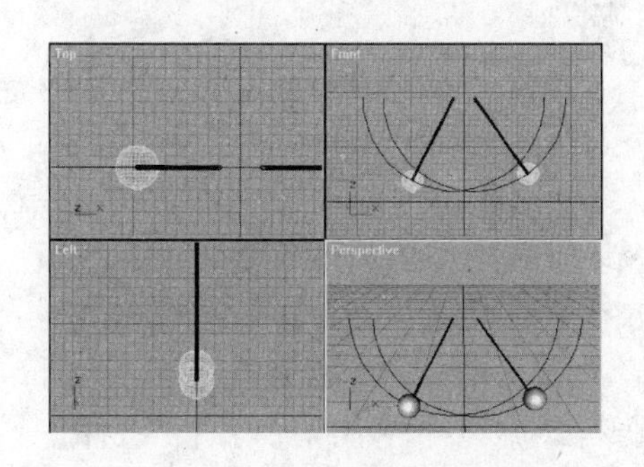

图 4-8　设置形体位置

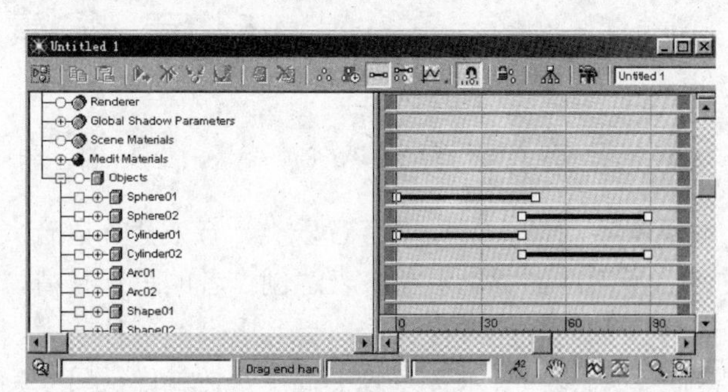

图 4-9　轨迹设置

（10）打开左侧列表框中的各层组，进入最底层，单击工具栏中的 Edit Ranges 按钮，则各物体运动的轨迹线在右侧显示框内显示出来，这时把鼠标放到轨迹线上可移动轨迹线的一端，试着移动一下，再单击动画播放按钮 Animate，观看运动变化情况，为了达到两摆碰撞后一个静止一个运动的效果，拖动轨迹线到如图 4-10 所示位置，读者可自行调节寻找一个最佳位置。

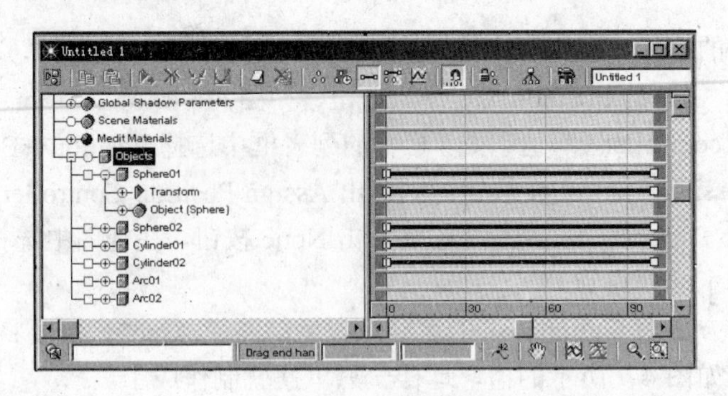

图 4-10　调整轨迹

（11）给物体编辑材质。进入材质编辑器，选取第一个样本球，将面板中的 Maps 卷展栏打开，单击 Diffuse Color 旁的 None 按钮，在弹出的 Material/Map Browser 选框中选择 Bitmap 项，再回到 Bitmap Parameters 栏下单击【空白】按钮，在图片选择框中选择一幅大理石表面的贴图，再用同样的方法为 Cylindero1 和 Cylindero2 选择一幅贴图。

（12）为场景加入灯光效果。单击 Create Lights 面板中的 Target Spot 按钮，在视图中建一聚光灯 Spoto1，将其放置到适当位置，进入 Modify 面板将 General Parameters 栏下的 Cast Shadows 项选中。

（13）为场景加一幅背景。进入材质编辑器，选取第一个样本球，单击面板中的 Maps 卷展栏，单击 DiffuseColor 旁的 None 按钮，在弹出的 Material/Map Browser 选框中选择 Bitmap 项，然后单击 Bitmap Parameters 栏下的【空白】按钮，在弹出的图片选择框中选择一幅合适的背景图片。在主菜单栏中选择 Rendering/Environment 项。在弹出的 Environment 设置窗口中单击 Background 下的 None 按钮，在弹出的 Material/Map Browser 选框中首先选中 Browse From 下的 MtlEditor 复选框，然后在右侧的列表框中选择刚刚编辑过的材质图。这样一个 3D 动画就制作完成了。

4.5　音 频 素 材

4.5.1　音频素材的格式

音频素材的主要类型有音乐类、音效声、语音（Speech）等。音乐应该是通过有组织的声音所塑造的听觉形象来表达创作者的思想感情，反映社会现实生活，使欣赏者在得到美的享受的同时也潜移默化地受到熏陶的一种艺术。音效就是指由声音所制造的效果。所谓的声音则包括了乐音及效果音。音效就像是另一种语言，诉说种种不同的情绪。课件使用的语音（Speech）采用标准的普通话（英语及民族语言版本除外）的男声或女声配音，英语使用标准的美式英语男声或女声配音。语音的语调不能过于平淡，应使用适合教学的语调。

多媒体中的音频格式常用的有 WAVE（Wave form Audio）、MIDI 音频（MI-DI Audio）、数字音频（CD Audio）、MP3 和 WMA，还有很多不常用到的 SAM、IFF、SVX、AIF、SND、VOX、DWD、AU、SND、VCE、SMP、VOC、VBA 等格式。

1．WAVE

WAVE是微软公司开发的一种声音文件格式，用于保存Windows平台的音频信息资源，被Windows平台及其应用程序所支持。WAV格式支持MSADPCM、CCITT A LAW等多种压缩算法，支持多种音频位数、采样频率和声道，标准格式的WAV文件和CD格式一样，也是44.1KHz的采样频率，速率为88K/秒，16位量化位数，WAV格式的声音文件质量和CD相差无几，也是目前PC上广为流行的声音文件格式，几乎所有的音频编辑软件都“认识”WAV格式。

所谓WAVE文件，就是波形数字化文件。它是通过音频捕捉卡（及声卡）对一定范围内的声波进行捕捉，所得到的是数字化信息值。采样数据以文件形式保存在外存中，以WAV作为扩展名影响数字音响品质的因素主要有下面三个：采样频率、解析度、声道数。

1）采样频率

采样频率是指一秒钟内采样的次数。采样频率越高，失真度就越小。

2）样本的解析度

所谓样本的解析度是指通过每个波形采样垂直等分而形成的。一般的样本解析度为8位、16位。如果仍采用8位采样，则可将每个采样波形垂直划分为256个等份，若采用16位采样，则可以将每个采样波形分为65 536个等份。当使用的采样位数越高，采样的量化等份也就越多，这样的采样就越接近原始声音，但所需的磁盘空间也相应地增大。

3）声道数

以前所使用的留声机或早期的收录机，是以单声道对声音进行录放的，所谓单声道，即一次产生一个声波数据。如果一次生成两个波形，即称其为双声道（立体声）。立体声不仅音质、音色好，而且更能反映人们的听觉特点。但立体声波形数字化后要比单声道声音多用一倍空间。表4-1为常用的几种采样频率在不同环境中，每秒钟所占用的磁盘空间大小。

表4-1 采样频率、解析度与信息量的关系

采样频率/kHz	8位Mono/B/s	8位Stereo/B/s	16位Mono/B/s	16位Stereo/B/s
44.1	44 100	88 200	88 200	176 400
22.05	22 050	44 100	44 100	88 200
11.025	11 025	22 050	22 050	44 100

以上三方面因素是制约声音数字化质量的决定性因素。除此之外，声音质量还与扬声器的质量或声卡的质量等外部条件密切相关。

2．MIDI

乐器数字化接口（Musical Instrumental Digital Interface，MIDI）是电子乐器间进行连接和通信的规范，符合这一规范的乐器接口称为MIDI接口，具有MIDI接口和遵守MIDI规范的电子乐器演奏的音乐称为MIDI音乐。MIDI音乐不同于一般的音乐，它是直接来源于MIDI乐器的数字式音乐。MIDI允许数字合成器和其他设备交换数据。MID文件格式由MIDI继承而来。MID文件并不是一段录制好的声音，而是记录声音的信息，然后在告诉声卡如何再现音乐的一组指令。这样一个MID文件每存1分钟的音乐只用大约5～10KB。如今，MID文件主要用于原始乐器作品，流行歌曲的业余表演，游戏音轨以及电子贺卡等。

MID 文件重放的效果完全依赖声卡的档次。MID 格式主要用于计算机作曲领域。MID 文件可以用作曲软件制作出来，也可以通过声卡的 MIDI 口把外接音序器演奏的乐曲输入计算机里，制成 MID 文件。目前，MIDI 音源的产生方式有两种：FM 合成及 Wavetable（波表）技术。

3．CD-audio

CD-audio 为数字音频，它将声音信息存放在 CD 音轨上，可达到标准 CD 音质，可以不通过音效卡播放，不会因为播出器材的不同而改变其效果，因此数字音乐较为稳定，容易保持一致性。音乐的品质也较易得到保证。但是它的缺点是记录非常的详尽，数据量极大，较 MIDI 音频大出 200 倍以上。所以要在庞大数据当中修改音频的细节非常困难。虽然如此，它却可以适合任何一种音响，包括人的口语在内，大多数多媒体节目仍采用这种音频格式。

4．MP3

MP3 的全称为 MPEG-1 Layer-3 音频文件，是采用国际标准 MPEG-1 中的第三层音频压缩模式对声音信号进行压缩的一种格式，是 MPEG 标准中的声音部分，也叫 MPEG 音频层。MPEG-1 音频标准提供三个独立的压缩层次，即 Layer-1、Layer-2、Layer-3，即分别对应 MP1、MP2、MP3 这三种声音文件，并根据不同的用途，使用不同层次的编码。MPEG 音频编码的层次越高，编码器越复杂，压缩率也越高，MP1 和 MP2 的压缩率分别为 4:1 和 6:1～8:1，而 MP3 的压缩率则高达 10:1～12:1。虽然 MPEG-1 中的第三层音频压缩模式（MP3）比第一层和第二层编码要复杂得多，但音质最高，可与 CD 音质相比，也是目前最流行的音乐压缩格式。

MPEG-1 音频压缩标准是第一个高保真音频数据压缩标准，它是 MPEG-1 标准的一部分，但它完全可以独立应用，被广泛的应用在：

（1）数字无线电广播的发射和接收。

（2）数字电视伴音，包括音乐、Internet 电话。

（3）数字声音信号的制作与处理。

（4）数字声音信号的存储。

MP3 具有不错的压缩比，使用 LAME 编码的中高码率的 MP3，听感上已经非常接近源 WAV 文件。使用合适的参数，LAME 编码的 MP3 很适合于音乐欣赏。由于 MP3 推出年代已久，加上它还算不错的音质及压缩比，不少游戏也使用 MP3 做事件音效和背景音乐。几乎所有著名的音频编辑软件也提供了对 MP3 的支持，可以将 MP3 像 WAV 一样使用，但由于 MP3 编码是有损的，因此多次编辑后，音质会急剧下降，所以 MP3 并不适合保存素材，但是作为作品的 demo 确实是相当优秀的。MP3 长远的历史和不错的音质，使之成为应用最广的有损编码之一，网络上可以找到大量的 MP3 资源，MP3Player 日渐成为一种时尚。不少 VCDPlayer、DVDPlayer 甚至手机都可以播放 MP3，MP3 是被支持的最好的编码之一。MP3 也并非完美，其在较低码率下表现不好。MP3 具有流媒体的基本特征，可以做到在线播放。

由于 MP3 的音质好，压缩比比较高，被大量软件和硬件支持，应用广泛，使得它特别适合于网络应用，目前网络音乐大多采用 MP3 格式压制而成，所以 MP3 的中文名字也叫“计算机网络音乐”。

5. WMA

WMA（Windows Media Audio）格式是来自于微软的重量级选手，后台强硬，音质要强于 MP3 格式，更远胜于 RA 格式，它和日本 YAMAHA 公司开发的 VQF 格式一样，是以减少数据流量但保持音质的方法来达到比 MP3 压缩率更高的目的，WMA 的压缩率一般都可以达到 1:18 左右，WMA 的另一个优点是内容提供商可以通过 DRM（Digital Rights Management）方案如 Windows Media Rights Manager 7 加入防拷贝保护。另外 WMA 还支持音频流（Stream）技术，适合在网络上在线播放，作为微软抢占网络音乐的开路先锋可以说是技术领先、风头强劲。

4.5.2 音频素材的获取和制作

在多媒体当中加入完整的音频，必须依赖于编辑声音的软件及 PC 上加装声卡如声霸卡和语音卡等。音频素材主要应用于音响效果声和背景音乐中，而用数字化手段从自然界音响中采集而得 WAV 文件，可直接由 Windows 中自带的录音机（Sound recorder）自行录制，一般频率为 11.025kHz、8 位量化位数的音质就很清晰了，由于 WAV 文件很大，占用空间的同时也不利于网络传输，一般可用 WaveStudio、Adobe Audition 等声音编辑软件进行编辑或转换为 MP3 文件。CAI 课件中的解说、音响效果、背景音乐的三种声音使用得当会对教学内容起哄托和渲染的作用，也有利于教学效果的提高。多媒体音频素材可以在纯粹为音响处理的软件中制作，也可以在某些多媒体编辑软件上制作。制作和编辑音频的常见软件有 Adobe Audition、Sound Edit、Sound Design Master Tracks、Audio Trax、Alchenvy、AmazingMIDI 及 MIDI Soft Studio 等。

要录制一个 WAV 文件可以使用 Windows 自带的录音机程序。Wave 设备配置比较简单，用户只需购置一块声音卡插入微机的扩展槽中，用相应的程序软件加以驱动，便可以在 Windows 环境下或用户自己的多媒体程序中录制和播放波形文件。并且用户可以使用 Windows 的声音录放程序或其他的波形文件录放程序以及编辑程序来对 Wave 文件进行各种不同的操作，如图 4-11 所示。

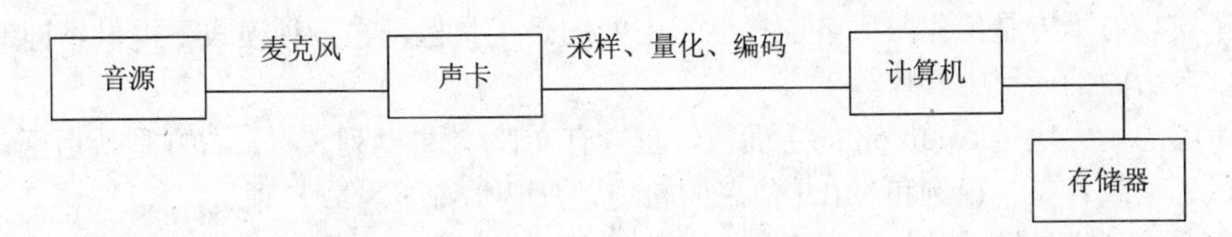

图 4-11　音频获取

大多数声音卡有三种声音来源，分别是 LineIn、MicrophoneIn 和 CD-ROM。首先用户可以从 LineIn（线性输入）端口来录制波形文件。可以把如盒式磁带机或 CD 唱盘机以及其他一些音源设备用一根导线相互连接，这样，便可使用相应的软件对输入 LineIn 端口的声音加以捕获并将其存储起来。同样，也可通过 Microphone In（麦克风输入）端口对现场的声音进行采样录制。另外，还可直接从 CD-ROM 中所放置的激光唱盘中录制一段声音，音频的 CD 所使用的数字化声音格式可用于 MPG 标准的应用程序。

Adobe Audition（简称 Audition）是 Adobe 公司开发的一款专门的音频编辑软件，是为音频和视频专业人员而设计的，提供了先进的音频混音、编辑和效果处理功能，其前身就是大名鼎鼎的CoolEdit音频编辑软件。用户可以到Adobe公司的官方网站下载试用版本或购买正版，该软件几乎支持所有的数字音频格式，功能非常强大。Adobe Audition 是定位于专业数字音频的工具，提供了录制、混合、编辑和控制音频的功能。目前最新版本是Adobe Audition 3.0，该软件几乎支持所有的数字音频格式，功能非常强大。

目前最新版本是Adobe Audition 3.0，可以购买软件或是从网上下载。双击安装程序，按照提示安装好该软件后，即可运行 Audition.exe 启动软件。下面先来认识一下 Adobe Audition 3.0 的界面，如图4-12所示。

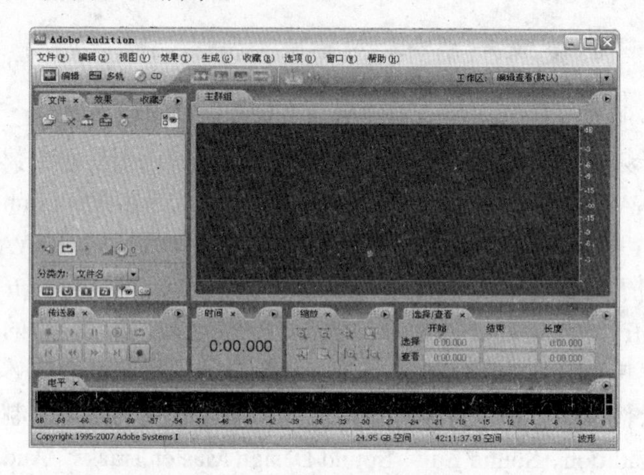

图4-12. Adobe Audition 3.0的启动界面

最上方是标题栏，显示当前面板中处理的工程名称或是文件名称，如是新建工程或文件尚未命名保存，则显示为未命名。

标题栏下方则是Audition的菜单栏，其中下拉菜单里显示了可进行的操作名称。黑色字体表示当前状态下可用，灰色则表示当前状态下不可用。

菜单栏左下方是工程模式按钮栏，三个按钮分别是单轨编辑模式、多轨混录模式和CD编辑模式。右下方是工作区风格选择栏。中间的是工具栏，在各种模式下提供不同的对应工具。在后面的应用中具体提到。

中间的一大块是Audition的主面板，左方有文件/效果器列表栏，右方是轨道区。轨道区提供了承载音频、视频和MIDI信息的轨道，默认情况下承载音频。

主面板下方是多种其他功能面板，其中包括传送器面板、时间显示面板、缩放控制面板、选区和显示范围功能属性面板（选择/查看面板）。

功能面板下面长条区域是电平表面板。如果将这些面板关闭后想再次开启只要从菜单栏的“窗口”菜单中选中对应的面板名称即可。

最下方的是状态栏，显示各种即时信息，例如工程状态、工程采样率、内部混音精度、磁盘剩余空间等，可以方便查看工程当前状态。

Audition 还有一个快捷工具栏，在默认状态下是隐藏的，需要使用时可以从菜单栏依次选择【视图】→【快捷栏】→【显示】，这样快捷工具栏将出现在主面板上方，如图4-13所示。鼠标移到每一个快捷按钮上时，会出现相应的简要功能介绍。

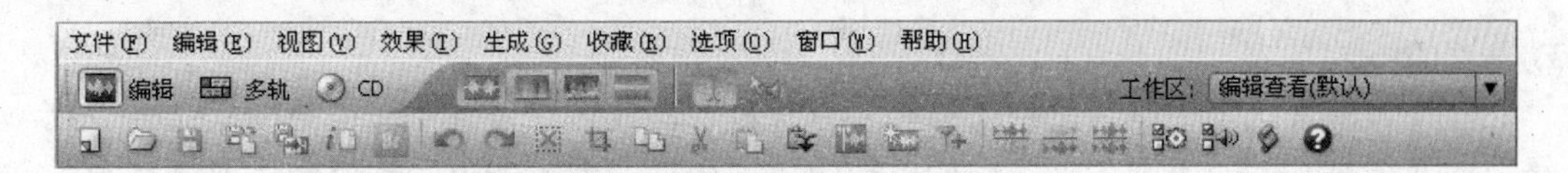

图 4-13　Audition 快捷工具栏

此外 Audition 在多轨混录模式下，主面板的右上方还有 4 个功能键，其中：

- 时间选择工具：以时间为单位进行音频范围的选择。按住鼠标左键并左右拖曳，即可选中音频中相应范围。
- 移动/复制剪辑工具：移动工具通常使用于多轨状态下。利用它可以对多轨文件中的音频剪辑位置进行移动。使用时，按住鼠标左键并拖曳，即可实现对音频剪辑位置的移动。
- 混合工具：混合工具通常使用于多轨状态下，它兼备了时间选择工具、移动工具等的特点。单击鼠标左键可以实现选中剪辑、选择音频范围等功能；单击鼠标右键，可以实现移动音频剪辑等功能。

下面简单介绍一下该软件的基本操作。

1．参数设置

按提示安装好该软件后，运行 Audition.exe 启动软件，如图 4-12 所示。从菜单栏依次选择【编辑】→【音频硬件设置】，进行适当的硬件设置，如图 4-14 所示。一般只对音频声卡驱动和输入输出作适当设置。在音频硬件设置视窗中可以看到有三种设置模式，分别是编辑查看、多轨查看和环绕编码。软件默认使用系统当前使用的音频设备，如果只有一块声卡或是集成声卡，则不需要进行任何的修改。

音频硬件设备设置完成后，还可以对 Audition 本身进行设置。选择【编辑】→【首选参数】，在弹出的【首选参数】对话框中，可以对常规、系统、颜色、显示、数据、多轨等进行相关的参数设置，如图 4-15 所示。参数选项很多，当然并不是每个都需要更改，这里仅介绍一些比较常用的参数设置。

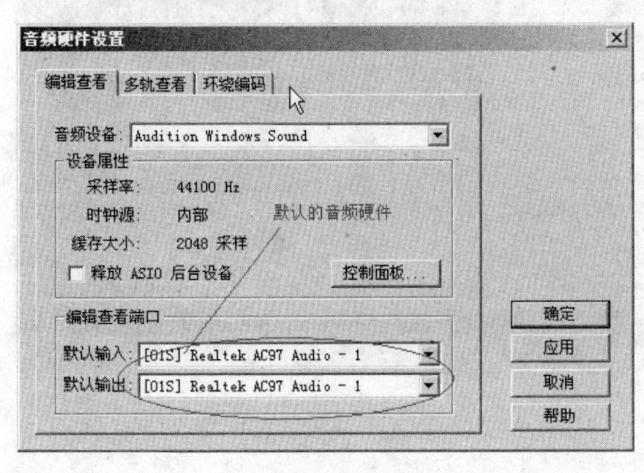

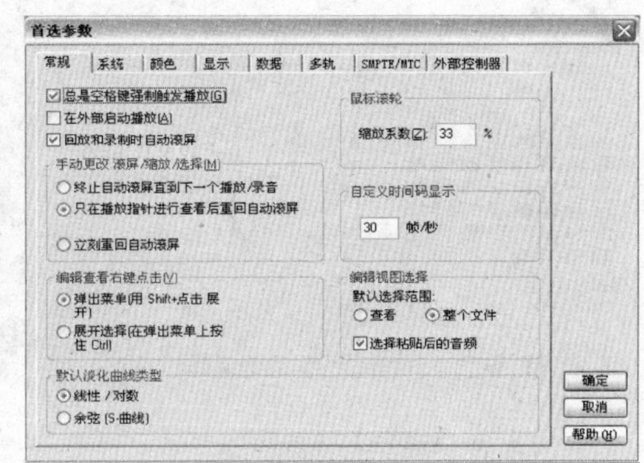

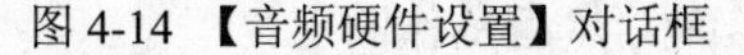

图 4-14 【音频硬件设置】对话框　　　　图 4-15 【首选参数】对话框

在【常规】选项卡中，有一个【回放和录音时自动滚屏】复选框，选中它后，当录音或是播放音频文件时，播放标尺走到轨道末端轨道画面会自动向后滚动，而不是保留在原始位置。后面还有三种滚屏方式以供选择。在鼠标滚动栏中还可以根据需要自定义鼠标滚动一次的缩放系数。

在【系统】选项卡中，选中【撤销】复选框后，还可以设置可撤销的操作最小步数。建议该选项为必选，否则一旦在操作过程中出现失误，就不能退回到位操作前的状态了。在临时文件夹选项中，可设置暂存盘。当第一次启动 Audition 时，系统会自动提示是否将当时计算机剩余空间最大的两个磁盘设置为主次暂存盘。使用 Audition 一段时间后，也许之前设置的磁盘剩余空间已经变小了，此时可以重新设置剩余空间较大的磁盘为主次暂存盘。

在【颜色】选项卡中可以对 Audition 的配色进行设置。首先选取配色区域，例如波形前景、波形背景、分界线、开始结束标记、高亮选区等，然后单击改变颜色按钮，开启【颜色】对话框，则可以自行选择满意的色彩。此外还可以使用色调推杆、饱和度推杆和亮度推杆来进行详细的颜色设置，如图 4-16 所示。设置的被选择区域的配色结果会在右侧的视窗中出现，满意后单击【确定】按钮即可。在预置色选项中，也可以选择 Audition 预设的 7 种配色风格，也可以在此风格上再做适当的修改，获得自己满意的整体配色风格。

2．打开与保存文件

1）打开文件

在 Audition 中打开音频文件获取音频波形有三种方法。

从菜单栏中依次选择【文件】→【打开】，然后从计算机中找到当前所要载入的音频文件，单击【打开】按钮，打开后音频文件被调入编辑器，编辑区将直接显示该文件的波形图。

在左侧文件面板中，单击【导入文件】按钮，然后按同样的操作找到并打开要载入的音频文件。导入后，在文件面板出现该音频文件名，双击文件，在编辑区出现该文件波形，如图 4-17 所示。

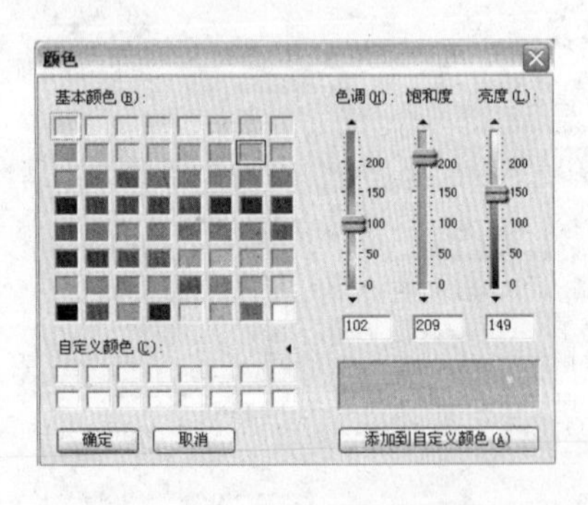

图 4-16 【颜色】对话框

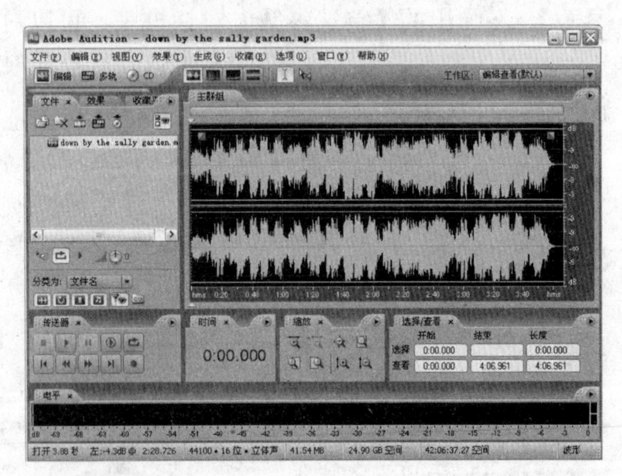

图 4-17 双击文件编辑区出现该文件波形

直接在文件面板的空白处双击，同样出现导入界面，然后操作同上。

如此操作可以同时打开多个音频文件，文件名将在文件面板依次显示。当前需要对某个音频文件进行编辑时双击其文件名即可。如果该文件是双声道（立体声）的，则波形图有两个，上面是左声道，下面是右声道；若音频文件是单声道的，则波形图只有一个。这时波形下方的时间面板显示音频文件总时间长度，最下方状态栏显示该音频文件的采样格式、文件大小、磁盘剩余空间和剩余时间。

音频文件被调入编辑器后，可以使用缩放控制面板中的缩放按钮对音频的波形进行水平或垂直方向上的放大或缩小。若该文件的波形较长，当前音轨无法全部显示时，可以用鼠标操纵音轨上方的左右拖曳杆调整显示位置。这样便于在整段波形中确定某个区域，从而对该区域的波形进行编辑。

垂直于音轨的虚线是播放指针，显示当前的播放位置，在播放音频文件时它随着时间的变化而移动。静止时也可以通过鼠标的单击改变指针的所在位置。然后单击传送器面板的播放按钮，这时候将从指针处播至文件结束。当鼠标单击左音轨上方时，右音轨波形变成灰色，这时播放文件将只有左声道的声音。同样单击右音轨下方，左音轨波形变灰色，播放文件时只有右声道的声音。单击两音轨中间位置时，音轨上波形颜色恢复，被取消的声道声音得以恢复。

关闭不再需要编辑的文件，可以右键单击文件名，在出现的快捷菜单中选择【关闭文件】，或是选中文件名，然后使用文件面板中的【关闭】按钮。

2）保存文件

希望将当前编辑的音频文件保存为一个新文件时，选择【文件】→【另存为】，然后指定文件夹和文件名，选择保存类型，例如 MP3 格式，单击【保存】按钮后，编辑完毕的音频文件保存在存储介质中。

如果希望修改后的音频仍保存在原来的音频文件中时，则将该文件调入后，进行编辑修改，然后随时选择【文件】→【保存】，保存该文件的最新修改结果，此时无须指定文件夹和文件名。未保存的文件可以在文件面板中看到文件名后有一个星号标记，保存文件后星号标记自动消失。

3．录音

使用 Audition 进行录音采样，既可在单轨编辑模式下也可在多轨混录模式下进行。下面先介绍一下载单轨编辑模式下制作录音文件的步骤。

（1）首先需要建立一个新的音频文件，然后再进行录音。选择【文件】→【新建】，显示新建波形窗口，其中默认设置参数为 44100Hz、16 位音频取样深度，双声道立体声，如图 4-18 所示，即标准的 CD 格式，然后单击【确定】按钮即可。此时观察编辑器，各声道中的波形应为一条直线。

（2）准备好录音内容后即可单击传送器面板中的【录音】按钮（按钮上为一个小红点），即可开始录制。在录制过程中，一条垂直线从左至右移动，指示录音的进程，如图 4-19 所示。如果在录音过程中希望中断或停止录音，单击播放器中的【停止】按钮即可。也可在选择/查看面板的选择输入框中，输入新文件的时间长度，其格式是：分:秒:毫秒（MM:SS:TTT）。当垂直线到达时间轴的终点时，录音自动结束。

（3）录音结束后，单击播放器面板中的【播放】按钮，检查录音文件，效果满意后，选择【文件】→【另存为】，为文件命名并选择保存类型和保存路径，保存文件。

（4）如果播放器中的录音功能不能正常显示或者录制的声音不能重放，表明录音不成功。应检查硬件连接是否正确，并按照前面讲述过的录音过程，检查参数设置及其他操作是否正确。

图4-18 【新建波形】对话框

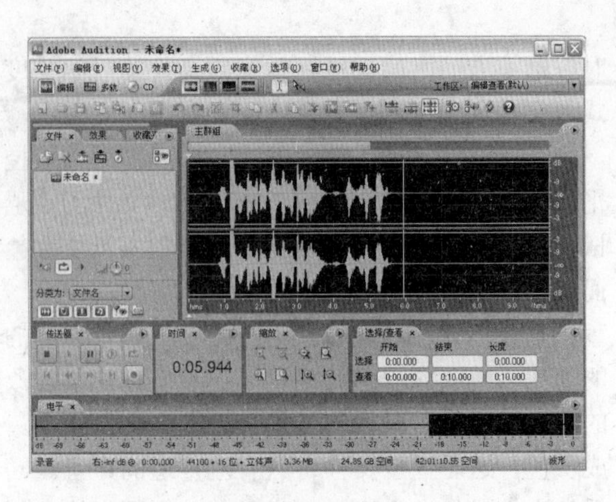

图4-19 录音

录制好的音频文件可以为多媒体课件作旁白，也可以配上伴奏音乐、声效等在多轨混录模式下进行编辑做成新的音频文件。需要导入多轨模式时，直接在文件名上单击鼠标右键，选择【插入到多轨】，如图4-20所示。

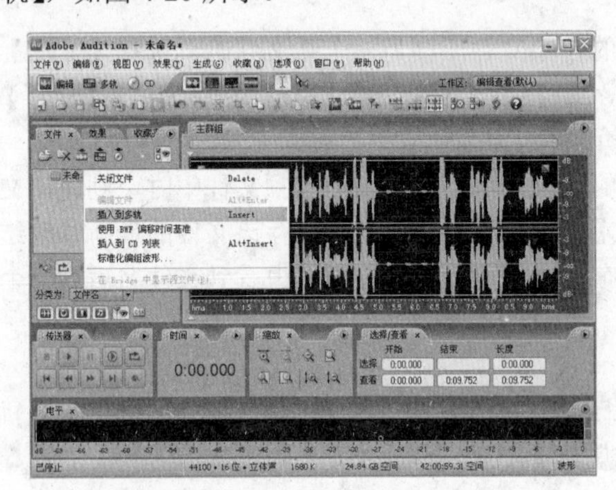

图4-20 将录音文件插入到多轨模式

选择直接在多轨模式下进行录音，步骤如下：

① 选择多轨混录模式，打开多轨界面，选择【文件】→【新建会话】，在弹出的对话框中设置采样频率，直接单击【确定】按钮选择默认的采样频率，此时，所有的音轨都是空白的，如图4-21所示。

② 单击任何一个音轨的R按钮（如图4-22所示，设置了第一条音轨为录音音轨），设置该音轨为录音备用音轨，此时系统会弹出对话框，要求用户保存会话，选择合适路径和文件名，然后保存该会话，得到一个后缀名为ses的文件。如果用户希望录音过程中有伴奏音频，可以再选择其他一条音轨，单击鼠标右键，在弹出的快捷菜单中选择【插入音频】，选择合适的音频文件作为伴奏音频即可（如KTV伴奏、节拍伴奏等）。

③ 单击传送器面板中的【录音】按钮，就可开始对着话筒录音，再次单击【录音】按钮将停止录音。录音过程中，工作区将显示录到的音频信息的波形图，如图4-22所示。

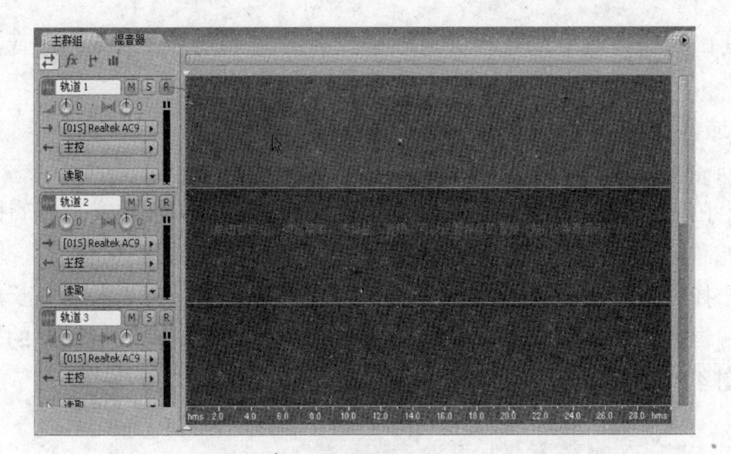

图 4-21　保存新建会话

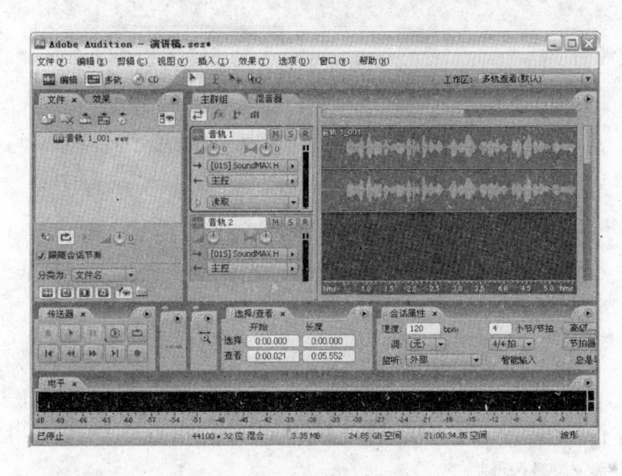

图 4-22　多轨模式下录音

④ 单击播放控制板中的【播放】按钮播放录取的音频信号，检查是否有差错，是否需要重新录制。

⑤ 双击录音音轨，可进入该音轨的波形编辑界面，对录制的音频信号进行适当的编辑，如降噪、减速、静音等。

⑥ 选择【文件】→【导出】→【混缩音频】来保存压制的音频文件，用户可以选择需要的音频格式，如具有较高压缩比的 MP3 格式，来极大地减少文件的大小。

4．录音技巧

（1）一块适用的声卡是工作顺利进行的保证，它使人们在录制和编辑音频信息的过程中获得更大的便利和更佳的效果，使多媒体作品的声音信息更富有感染力。

（2）录音之前要设置好声音的属性，即采样频率、量化位数等基本参数。建议在硬盘容量允许的情况下将参数配置得稍高些，得到的音质较好，待编辑完成后可以再酌情压缩。

（3）声音录制之前要注意调整音源音量。音量过小，会使录制所得的音频信息显得干瘪，不够饱满澎湃，而且会使信噪比降低，音质变差；音量太大，如果声卡的功率有限，就会在录制所得的声音中音强较大的部分出现截波,听到“呲-呲”的杂声，影响效果。

（4）在录制过程的具体操作上，建议先单击录音软件的录音键，而后再开始播放音源。

结束录音时也要确认想要截取的音频信息以全部播放完毕，这样录得的声音文件完整，利于编辑加工。

5. 编辑区域

1）编辑区域的确定

在编辑器中，用鼠标单击波形图内的某一位置，该位置即被定义为编辑区域的起始位置，然后从起始位置按住鼠标左键拖动鼠标，直到编辑区域的结束位置。也可使用选择/查看面板中的选择输入框，输入编辑区域的开始时间、结束时间以及时间长度等信息来确定编辑区域。编辑区域被确定后，以白色作为背景颜色，而编辑区域以外的区域为黑色，以示区别，如图 4-23 所示。

图 4-23　选定编辑区域

单击鼠标右键并在出现的菜单中选择【选择查看】或者选择【编辑】→【选择整个波形】，将整个文件纳入编辑区域。

2）展开编辑区域

确定了编辑区域后，编辑区域内的波形密度一般很大，无法辨别波形细节，也就无法进行细腻的编辑。在音轨上方的左右拖曳杆上单击鼠标右键选择【放大】，展开编辑区域内的波形，使其充斥显示画面。值得指出的是，在编辑器中，编辑区域只能定义一个，当定义新的编辑区域时，原有的区域会自动消失。

4.6　视 频 素 材

视频技术与图像有着十分密切的关系，视频就其本质而言，是一系列连续播放的图像。平时所看到的视频信息实际上就是由许许多多幅图像画面所构成的。每一幅面称其为一帧。因此所看到的电影、电视则是由许多帧组成的，通过快速地播放每一帧，利用人眼的视觉滞留现象，产生连续运动的效果。所以帧是构成视频信息的最小和最基本单位。一般，电影和电视在一秒之内有 20～30 帧。有时，作为一个完整的视频信息还需要同时播放音频数据。实际应用中的许多图像就来自于视频采集，对于多媒体应用中的视频，大部分也需要经过一定的图像采集、编辑和处理，比如静态图像压缩和动态图像实时压缩。视频处理一般是指借助于一系列相关的硬件和软件，在计算机上对视频素材进行接收、采集、传输、压缩、存储、编辑、显示、回放等多种处理过程。

4.6.1 视频素材的格式

计算机中常用的视频文件格式有 WMV、RM、RMVB、AVI、MPEG、XVID 等，近年来，由于 RM 格式的高压缩率和不错的保真度使其成为了网络上使用最多的网络视频格式。

随着网络技术的不断提高，网络带宽的不断拓宽以及设计软件的不断更新，视频技术已广泛应用到多媒体课件中来，使网络多媒体课件更加绚丽多彩。

视频文件的内容一般包括视频数据和音频数据，视频文件的标准和类型很多，在此介绍几种应用较广的几种格式。

1．AVI 格式

在 Windows 中常用的视频文件为 AVI（Audio/Video Interleave，音频视频交织）文件。

Windows 用 AVI 格式存储视音频文件，文种格式支持视频图像和音频数据的交织组织方式。也就是说，视频和音频在文件中的排列是交织的。这样的组织方式和传统的电影胶版类似，在播放图像时，伴音声道也一起播放。

2．DV-AVI 格式

由索尼、松下、JVC 等多家厂商联合提出的一种家用数字视频格式。目前非常流行的数码摄像机就是使用这种格式记录视频数据的。它可以通过计算机的 IEEE 1394 端口传输视频数据到计算机。因为这种视频格式的文件扩展名一般是 AVI，所以也叫 DV-AVI 格式。

3．MPEG 格式

MPEG 文件格式是运动图像压缩算法的国际标准。它采用了有损压缩方法减少运动图像中的冗余信息。目前 MPEG 格式有三个压缩标准，分别是 MPEG-1、MPEG-2 和 MPEG-4，另外，MPEG-7 与 MPEG-21 仍处在研发阶段。

4.6.2 视频素材的获取和制作

在多媒体应用系统中，视频扮演着极其重要的角色。它以具体、生动、直观等特点，在多媒体系统中得以广泛的应用。要进行视频处理，也就是用计算机处理视频素材，首先要解决的问题是把视频素材数字化后送到计算机中。对视频素材的数字化也同音频信号数字化一样，是对视频素材进行采样捕获，将其经过采样后所得到的数值加以保存，以便以后可对其进行处理和播放。计算机对视频素材以一定的比率（每秒所捕获的帧数）进行单帧数字化采样。一般用户可用 8 位、16 位或 24 位的采样深度对视频素材进行采样。所谓采样深度，就是经采样后每一帧所包含的颜色位（色彩值），8 位采样每帧可达到 256 级单色灰度（需用调色板）。16 位或 24 位则可以达到更高，并且无须调色板，但所占用的空间要比 8 位大 2 到 3 倍。

视频素材的采集就是将视频素材经过数字化后，再将数字化信息加以存储，在使用时，将数字化信息从介质中读出，再还原为图像信号加以输出。视频素材的采集可分为单幅画面采集和多幅动态连续采集。对于单幅画面采集，用户可将输入的视频信息定格，并可将定格后的单幅画面以多种图形文件格式加以存储。对于多幅连续采集，用户可以对视频素材源输入的视频素材进行实时、动态地捕获，并以文件形式加以存储。在捕获一段连续画面时，可以以每秒 25～30 帧（PAL、NTSC 制式所采用）的采样速度对该视频素材加以采样。

在对视频素材进行数字化采样后，可以对其进行编辑、加工。例如，用户可以对视频素材进行删除、复制、改变采样比率、视频、音频格式等操作。视频处理的质量主要取决于视频处理硬件的好坏。

4.6.3 视频文件的播放

AVI 格式文件的播放只需打开 Windows 自带的媒体播放器 Windows Media Player 即可播放。另外，MPEG 和 DAT 格式的视频也可以通过 Windows Media Player 打开播放。

RM 格式的视频则通常使用 Real Player 播放。

其他还有许多视频解码软件，比如“暴风影音”的免费软件附带了大部分的视频解码器，可以播放大部分的视频文件。

4.6.4 Premiere 视频制作

1．Premiere 简介

Premiere 是 Adobe（http://www.adobe.com）公司出品的一款非线性视频编辑软件，它提供了很多专业级的功能和特效，可以进行音频和视频混合，也可以和 Audition、Photoshop 等软件配合工作。用户可以到 Adobe 公司的官方网站下载或购买该软件，目前最新版本是 Premiere CS4。

2．Premiere 视频制作

1）软件界面介绍

下载 Premiere 并按提示安装完毕后，启动 Premiere 程序，由于软件比较大，所以启动过程序要一段时间，请耐心等待十几秒钟。启动后界面如图 4-24 所示。

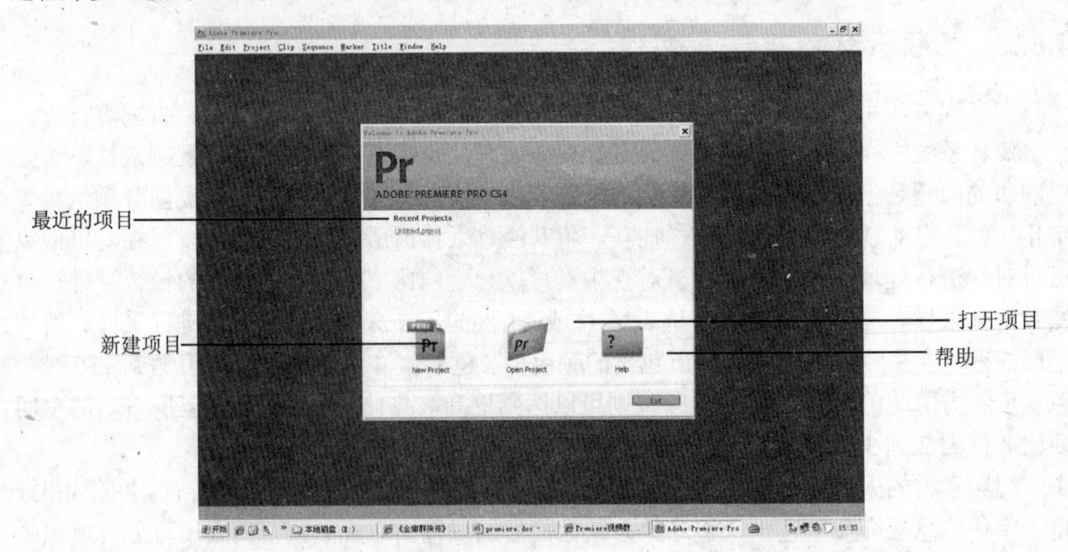

图 4-24　Premiere 启动界面

选择 New Project 开启一个新的项目后，程序会弹出一个项目配置对话框，如图 4-25 所示，分别填写 Location、Name 等项后，单击 OK 按钮。

图 4-25　项目配置选项卡

确认后，软件弹出 New Sequence 窗口，要求为项目创建一个视频序列，并配置该序列的格式，如图 4-26 所示。

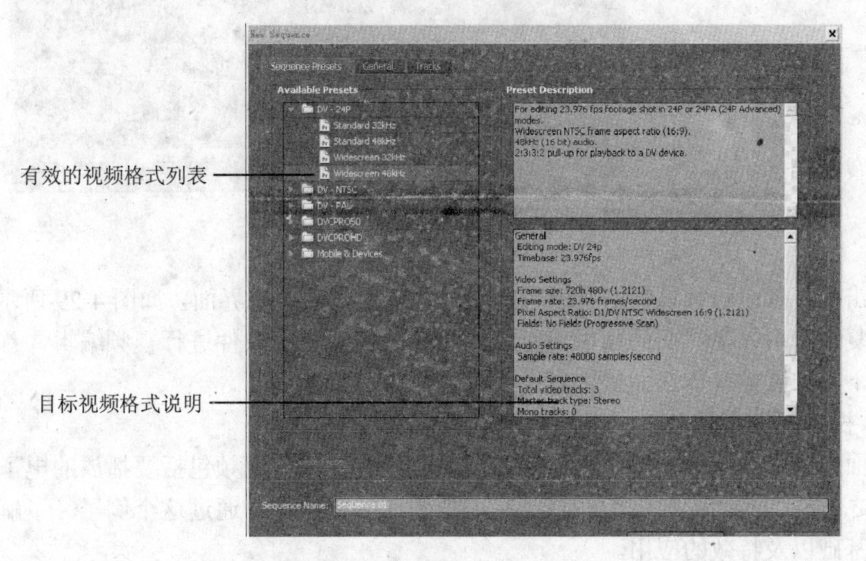

图 4-26　视频序列配置选项卡

用户也可以选择 General 选项卡进行自定义设置，如图 4-27 所示。

用户还可以选择 Tracks 选项卡定义视频轨道数目和音频类型，如图 4-28 所示。

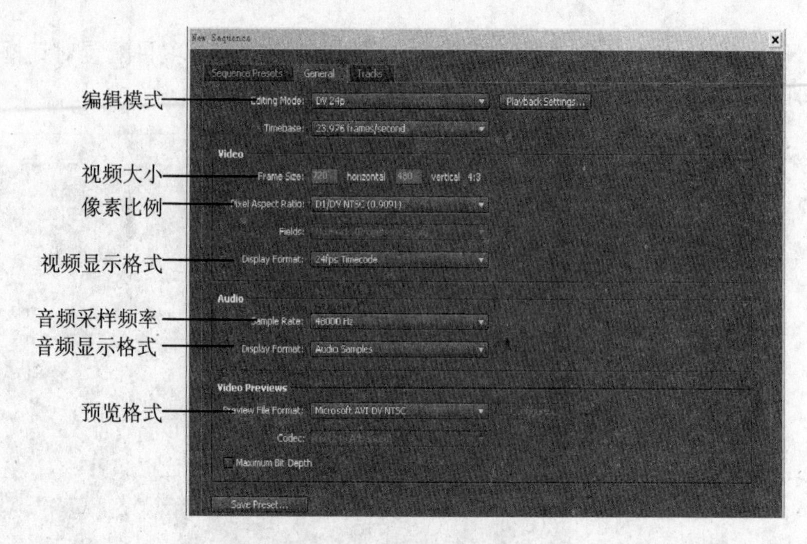

图 4-27　General 选项卡

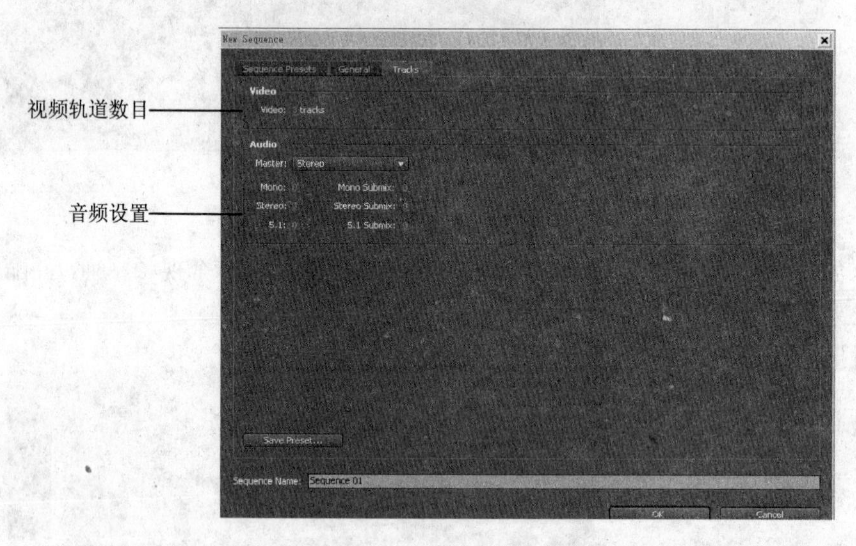

图 4-28　Tracks 选项卡

单击 OK 按钮确认设置后，程序显示出完整的视频编辑界面，如图 4-29 所示。由于功能比较复杂，所以主界面的面板特别多，要想很好地应用软件进行视频编辑，首先必须要熟悉一下各个区域有什么面板，以及面板的作用。

2）视频制作介绍

下面介绍一个简单的电子相册的视频的制作过程，该视频包括要播放的电子照片、电子照片之间的切换动画和停留在视频左上角的 Logo 标志。通过这个例子，了解一下视频编辑的基础以及特效的应用。

（1）准备素材。首先要准备好制作用的素材，这些素材包括一系列的电子照片和一首伴奏的音频素材。对于伴奏的音频素材，使用一个普通的 MP3 文件即可，大家也可以通过学习 4.5 节的有关知识，自己制作一个音频素材。对于电子照片，可以直接使用数码相机拍摄的相片或 Photoshop 制作的图片。

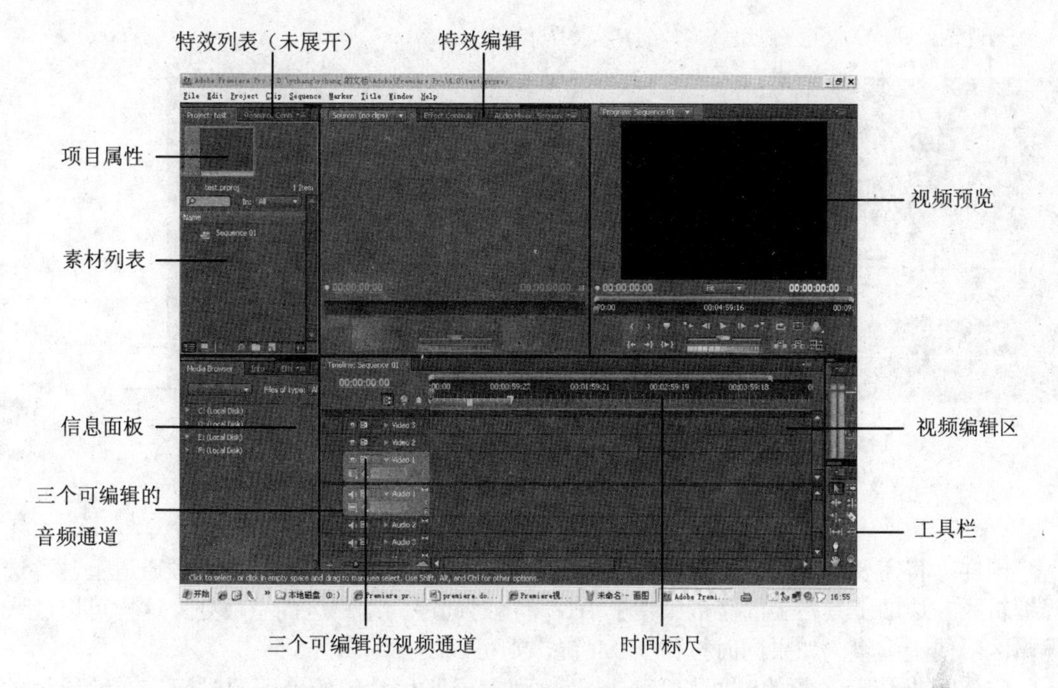

图 4-29　主界面窗口

（2）将素材加入到创建的项目中去。如图 4-30 所示，在项目资源列表的面板上单击右键，在弹出的快捷菜单中选择 Import，然后在弹出的对话框中选择需要的资源素材，这里直接使用 Windows XP 自带的 4 张电子图片，如图 4-31 所示。

（3）采用同样的方法，通过 Import 命令导入需要伴奏的音频文件。项目的素材列表如图 4-32 所示。

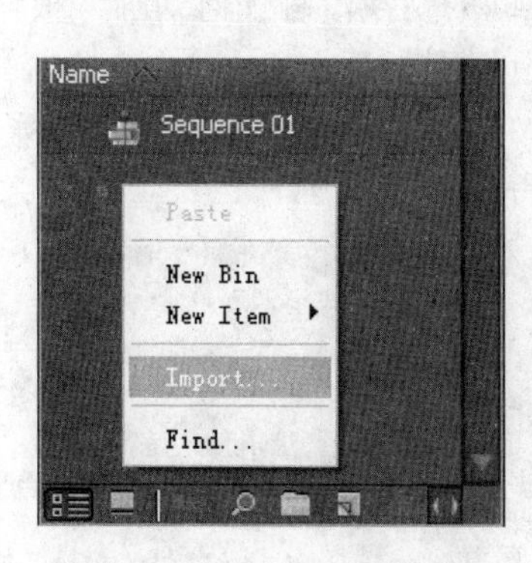

图 4-30　导入素材

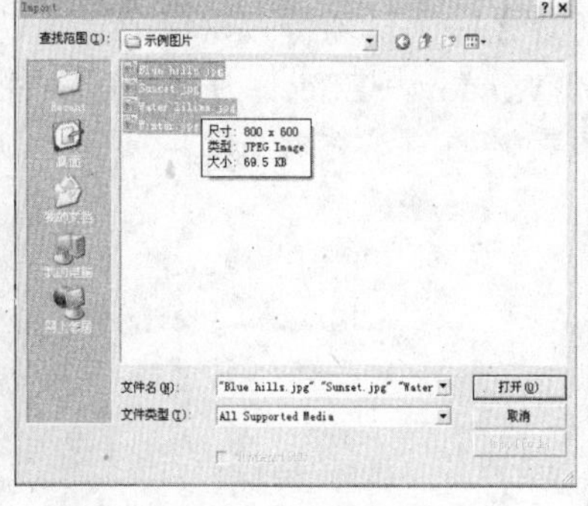

图 4-31　选择资源素材

图 4-32　素材列表

（4）选择素材列表中的伴奏音频"在那桃花盛开的地方.mp3"，并将其拖动到时间序列编辑区（标题为 Timeline 的窗口）中的 Audio 1 一栏中，即将加入到第一条音频通道。在第一条音频通道上，伴奏音乐显示的是一个长方形，长方形的长度表示音乐播放的时间，从时间序列编辑区上部的时间刻度上可以看到具体的播放时间。

如图 4-33 所示，可以将伴奏音乐拖两次到第一条音轨上，让伴奏音乐重复播放两次，直到视频画面放映完毕。

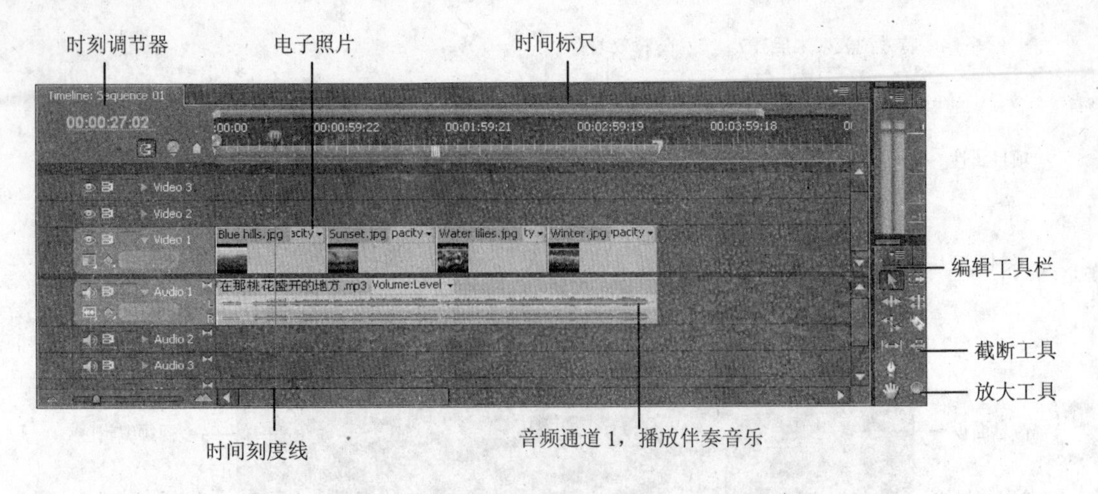

图4-33 添加资源

同样，将需要播放的电子照片依次拖放到时间序列编辑区的第一条视频通道上，并选择编辑区左边的工具栏上的【放大镜】后，单击时间序列编辑区的空白处，这样可以放大编辑区，便于编辑。如果同时按住了Alt键，则可以缩小编辑区。

（5）根据伴奏音频的时间长度，以及每张电子照片希望的停留的时间，在编辑区的Video1上选中最后一张照片，将鼠标移动到内容的右边缘处，此时鼠标形状将变成一个扩展边缘的形状，按下鼠标左键并拖动该照片的右边缘，直到某一个时间刻度为止；或者在最后一张照片上单击右键，在弹出的快捷菜单中选择Speed/Duration，并在弹出的对话框中设置照片的Duration为50秒。然后，选择编辑工具栏中的鼠标工具，在Video1时间轴上拖动最后一张照片，使其与伴奏音频的右边界的时刻一致。

采用同样的办法，设置其他照片的播放时间和播放位置，如图4-34所示。

（6）转场效果设置。通过视频预览会发现，照片和照片之间的切换没有任何动画，很单调。下面将设置任意两张照片之间的转场特效，以改善单调的切换。

在主窗口的菜单栏中选择Window→Effect，打开特效面板，并展开Video Transitions特效列表，即视频转场特效列表，如图4-35所示。

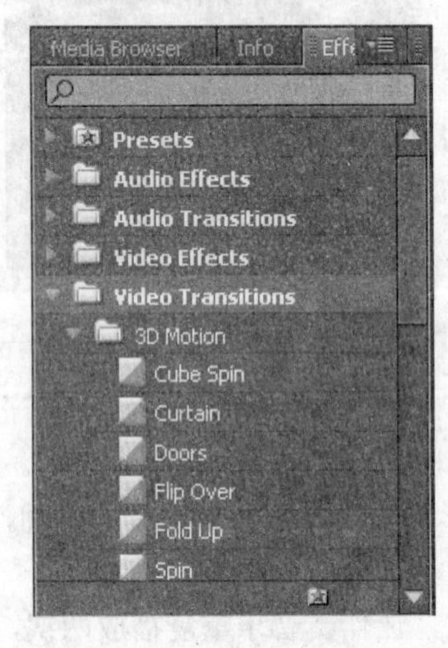

图4-34 特效列表

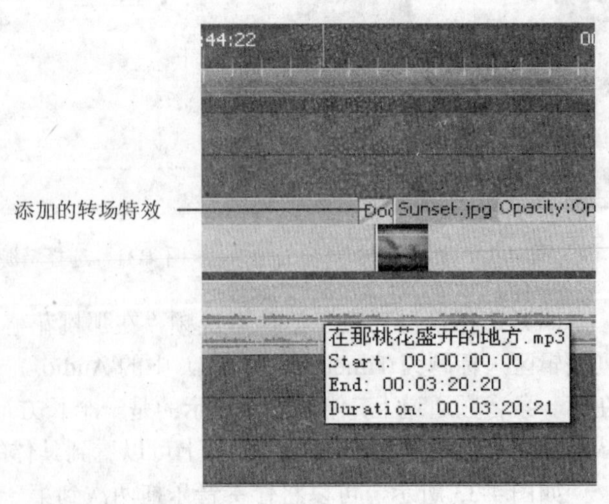

图4-35 添加转场特效后

在转场特效列表里选择合适的特效，如选择 Doors，并拖动到视频通道 Video1 上的两张照片之间，通过使用工具栏的【放大镜】，放大时间序列编辑区，可以看到视频通道上的转场特效。

（7）设置特效参数。使用工具栏的鼠标工具，选择添加到视频通道上的转场特效，在 Effect Controls 面板上可以设置转场特效的相关参数，如图 4-36 所示。

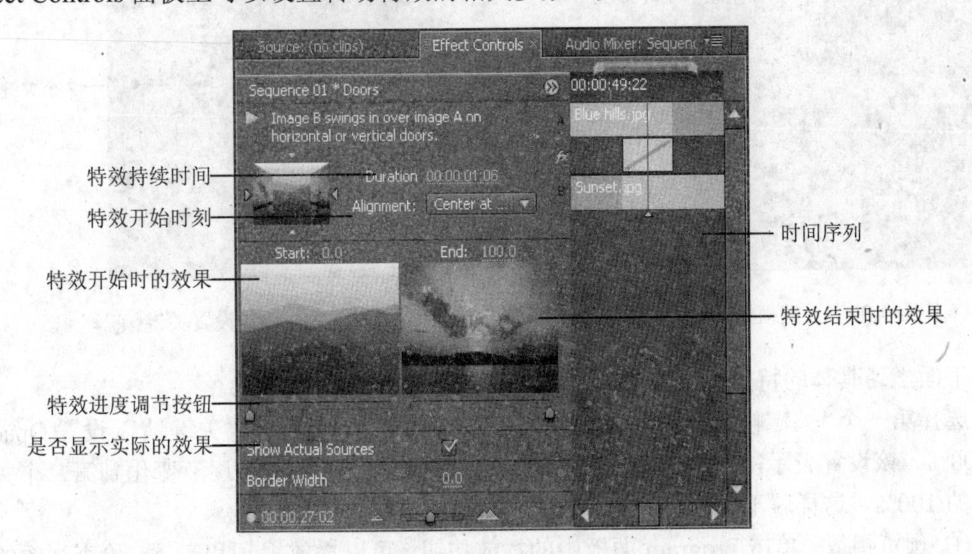

图 4-36　特效控制面板

一般需要设置特效的持续时间，保证动画能够完整的展示。也可以拖动【特效进度调节】按钮查看整个特效动画的效果。

采用同样的方法，在其他照片之间、第一张照片开始的位置、最后一张照片结束的位置添加适当的转场特效，并设置转场特效的参数。

（8）自定义特效。除了已经有的特效外，还可以在 Effect Controls 面板里设置自定义的特效，这样可以设计更加丰富的特效效果。以第一张照片为例，下面自定义设置第一张照片由黑色背景逐渐显示出来的效果。

在视频通道 Video1 上选择第一张照片，在 Effect Controls 面板中展开透明效果 Opacity 的参数设置。

特效 Opacity 的右边有三个控制按钮，两个相反方向的三角形按钮和一个位于中间的菱形按钮。其中，两个方向的三角形按钮用来在不同的“关键帧”之间切换选择，菱形按钮用来添加或删除“关键帧”。

下面学习如何添加“关键帧”。

调节【时间标尺】到第一张照片的最开始处，然后单击菱形按钮来添加一个“关键帧”，如果原地再次单击菱形按钮就会删除刚才添加的“关键帧”。调节【时间标尺】到 3 秒钟左右的位置后，再次单击菱形按钮添加新的“关键帧”，如图 4-37 所示。这样两个“关键帧”就设置好了，特效就在两个关键帧之间产生。

三角形按钮可以在不同的“关键帧”之间移动（见红色的时间刻度线的指示），如图

4-38 所示，一共添加了 2 个“关键帧”。用户也可以直接拖动“关键帧”的菱形，将“关键帧”放置在不同的时刻。

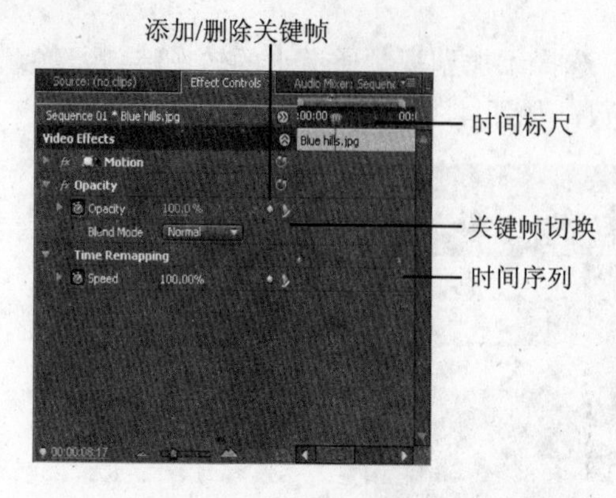

图 4-37　关键帧控制

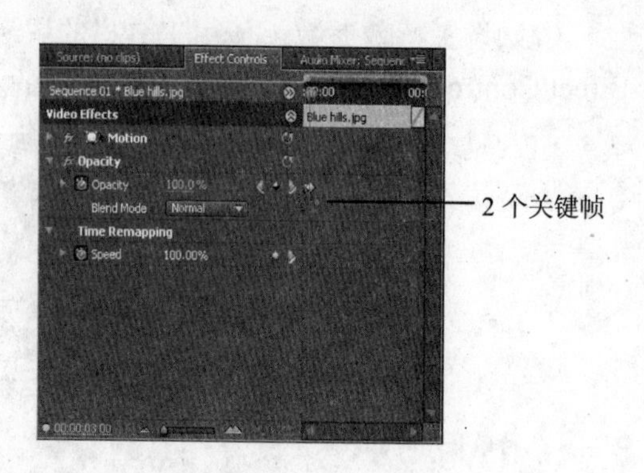

图 4-38　设置关键帧

下面学习具体的特效参数设置。

选择第一个“关键帧”，设置 Opacity 的值为 0%；再选择第二个“关键帧”，设置 Opacity 为 100%。该设置表示，照片的 Opacity 将从第一个关键帧处的 0%逐渐变化到第二个关键帧处的 100%，这样就形成了由背景逐渐显出照片的效果。

① 预览播放。单击 Program 面板中的播放按钮，可以播放视频和音频，检查视频的播放效果。

② 压制和保存。先按 Ctrl+S 键保存项目。然后从菜单栏选择 File→Export→Media 来对编辑的视频进行编码，程序将弹出 Export Setting 对话框，如图 4-39 所示。

图 4-39　输出参数设置

根据图中标示，设置适当的参数后，单击 OK 按钮，程序将启动 Adobe Media Encoder 程序对项目进行编码，用户单击 Start Queue 开始进行视频编码即可。注意，编码可能耗费比较长的时间。

本 章 小 结

本章介绍了各种课件素材包括文本、图形图像、动画、音频、视频等的基本概念、特点及制作，其中着重讲解了 Photoshop（图像处理）、Flash（二维动画）、3D MAX（三维动画）、Adobe Audition（音频编辑）、Premiere（视频制作）软件的基本用法。这几种软件都是目前比较流行的应用软件，本书篇幅有限，详细操作还需参考其他的书籍资料。

思考与习题

1．单选题

（1）Word 2003 是下列哪家公司出品的工具软件？（　　）

A．Microsoft　　B．Adobe　　C．Macromedia　　D．RealNetwork

（2）下列哪款软件不是图像图形处理工具？（　　）

A．Photoshop　　B．CorelDRAW　　C．Premiere　　D．Fireworks

（3）下列不属于 RGB 彩色模式的三原色的是（　　）。

A．红色　　B．黄色　　C．绿色　　D．蓝色

（4）决定图像分辨率的主要因素是（　　）。

A．图像的深度　　B．显示的深度

C．图像分辨率　　D．图像数据的容量

（5）为了控制形状补间动画的变化过程，可以使用下列哪种对象？（　　）

A．关键帧　　B．蒙版图层　　C．形状提示　　D．引导图层

2．多选题

（1）可以使用下列哪些方式进行文本输入？（　　）

A．键盘输入　　B．扫描识别输入　　C．手写识别输入　　D．语音识别输入

（2）Photoshop 里图层蒙版的颜色模式可以是下列哪几种？（　　）

A．位图模式　　B．灰度图模式　　C．Lab 颜色模式　　D．索引颜色模式

（3）Flash 可以制作哪几种动画？（　　）

A．逐帧动画　　B．补间动画　　C．遮罩动画　　D．引导动画

（4）下列哪些后缀的文件可能是音频文件？（　　）

A．wav　　B．rtf　　C．rm　　D．mid

（5）下列哪些后缀的文件可能是视频文件？（　　）

A．rm　　B．wmv　　C．mov　　D．fla

3．判断题

（1）矢量图形被放缩时会失真。（　　）

（2）GIF 格式的图像最多只能有 256 种颜色。（　　）

（3）Photoshop 里的 Sunset Sky 特效只能作用于文字。（　　）

（4）使用 MP3 格式压缩音频数据不可能造成声音失真。（　　）

（5）视频每秒钟一般有 20～30 帧的图像画面。（　　）

4．问答题

（1）课件制作需要准备哪些类型的素材，各种素材常见的文件格式有哪些？

（2）Photoshop 支持哪些颜色模式？

（3）Photoshop 的调整图层具有哪些优点？

（4）Flash 中帧分为哪几种类型，分别有什么作用？

（5）简述 Flash 的优势和特点。

（6）用 Audition 制作混合音频时，所有参与混合的音频素材都要事先经过哪些处理？

5．设计题

（1）用 Photoshop 制作一种具有特效（金属、火焰等）的文字。

（2）制作一个小球在桌面上滚动的 Flash 动画。

（3）用 Audition 制作一首配乐诗。

（4）用 Premiere 制作一段包含有声音的自我介绍的视频，要求有片头和片尾。

第5章 PowerPoint 2007使用方法

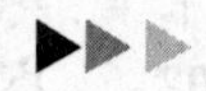

Microsoft Office 2007 是微软公司推出的最新版本。PowerPoint 2007 是 Microsoft Office 2007 的重要组件之一。由于 PowerPoint 软件使用方便、简单易学，能加载各种媒体信息，制作出的课件精彩纷呈，将这些课件用于课堂教学，能提高学生的兴趣，达到较好的教学效果。本章主要介绍以下内容：PowerPoint 2007 的开发环境和基本操作；应用 PowerPoint 2007 制作课件的基本方法和具体课件制作过程；课件的播放和打包。

本章学习重点

- 掌握 PowerPoint 2007 的新界面及基本操作；
- 掌握演示文稿的版式和背景设置；
- 幻灯片母版的操作；
- 演示文稿的动画设置；
- PowerPoint 2007 制作课件的方法；
- 演示文稿的打包和发布。

5.1 PowerPoint 2007 简介

PowerPoint 2007 是基于 Microsoft Windows 操作系统的演示文稿制作软件，使用它可以快速创建各种样式精美、感染力强的动态演示文稿。PowerPoint 2007 有以下新增功能。

1．快速创建演示文稿

与以前版本相比，PowerPoint 2007 变化最大的是在其窗口顶部具有一个称为“功能区”的全新直观型用户界面，它是一个贯穿屏幕的长条形区域，取代了以前版本中的菜单和工具栏。在功能区的每一个选项卡中包含很多直观的命令，这些命令根据不同的功能分组排列，可以帮用户更快更好地创建演示文稿，使得创建、演示和共享演示文稿更简单、直观、有效。

2．创建动态演示文稿

在 PowerPoint 2007 中，可以创建强大的动态 SmartArt 图示；通过使用 PowerPoint 幻灯片库，可以轻松地重用存储在网络中的现有演示文稿幻灯片，从而缩短创建演示文稿所用的时间，帮助确保内容是最新的内容；通过重新使用自定义版式、利用文档主题可以快速、轻松地创建演示文稿，以确保整个演示文稿具有专业而一致的外观；使用新工具和效果可以动态修改形状、文本和图形，使得作品更具感染力。

3．轻松共享演示文稿

可以通过将文件转换为 XML 纸张规格（XPS）和 PDF 文件，以便与任何软件平台上的用户共享；通过压缩的新 Microsoft Office PowerPoint XML Format 显著减小文件大小，同时还可提高受损文件的数据恢复能力；将存储在 Microsoft Windows SharePoint Services 中的演示文稿与 Microsoft Office Outlook 集成使用；通过 PowerPoint 幻灯片库，可以将演示文稿在 Office SharePoint Server 所支持的网站上存储为单个幻灯片，以后便可从 PowerPoint 中轻松重用该内容。PowerPoint 2007 还可以轻松实现演示文稿的共享。

4．有效管理演示文稿

直接从 Office PowerPoint 中启动审阅或审批工作流可以实现对演示文稿的审阅和审批；通过使用文档检查器检测并删除不需要的批注、隐藏文本或个人身份信息，从而帮助保护文档中的个人信息，更好地与其他人共享演示文稿；通过添加数字签名，或者将演示文稿标记为"最终"，可以更安全的共享 PowerPoint 演示文稿。

5.1.1 PowerPoint 2007 的新界面

PowerPoint 2007 启动后，其应用程序界面如图 5-1 所示，包括 Office 按钮、标题栏、选项卡、功能区（包含了以前版本中的菜单和工具栏）、状态栏、工作区、快速访问工具栏、大纲与幻灯片切换、备注窗格、帮助等。

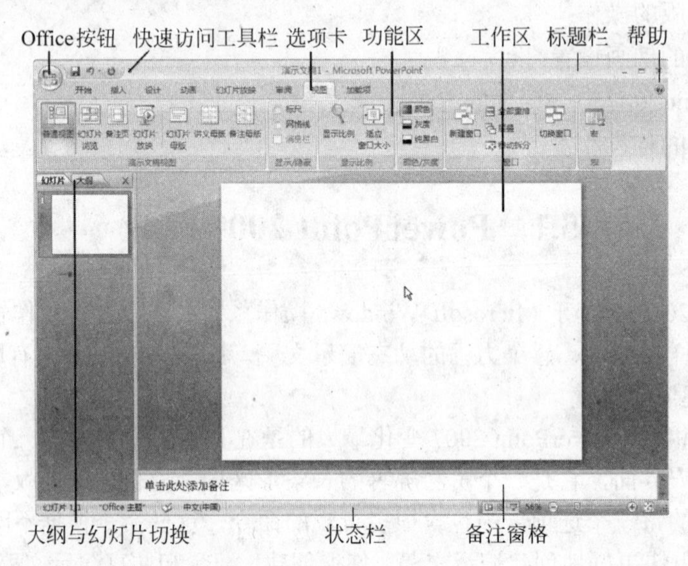

图 5-1　PowerPoint 2007 界面

5.1.2 PowerPoint 2007 的标题栏

标题栏位于 PowerPoint 2007 窗口的顶部，用于显示当前编辑的演示文稿名和应用程序名。标题栏的最左端是"Office 按钮"。最右端的 3 个小图标分别代表窗口的最小化、最大化（或还原）和关闭应用程序。

5.1.3 Office 按钮

"Office 按钮"是 PowerPoint 2007 新界面中的独特标志，它位于标题栏的左侧。替代了以前版本的【文件】菜单。单击"Office 按钮"，列出了包括【新建】、【打开】、【保存】、【另存为】、【打印】、【关闭】等多个命令，如图 5-2 所示。与以前版本相比，增加了【准备】

和【发布】命令。同时，右下角平行列出了【PowerPoint 选项】和【退出 PowerPoint】按钮。

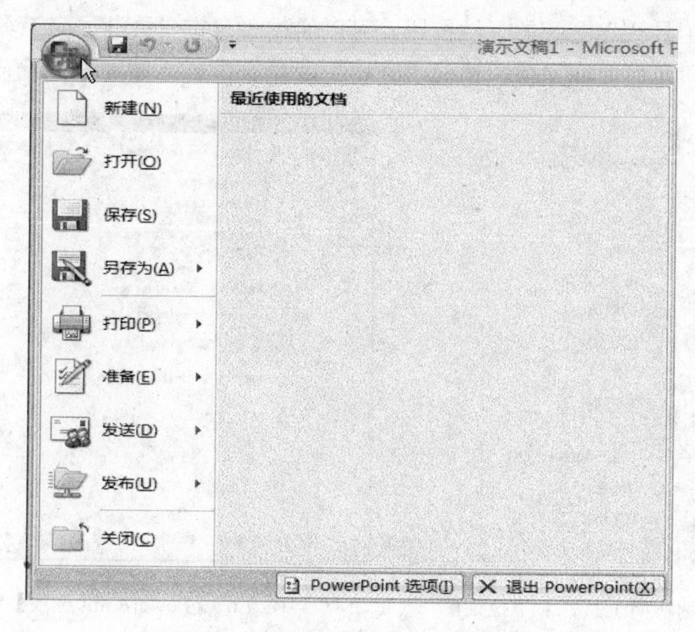

图 5-2 “Office 按钮”及下拉菜单

5.1.4 PowerPoint 2007 的功能区

在 PowerPoint 2007 中，以前版本中的【编辑】、【视图】、【插入】、【格式】、【工具】、【幻灯片放映】、【窗口】、【帮助】等菜单和相应的工具栏都被功能区替代，如图 5-3 所示。

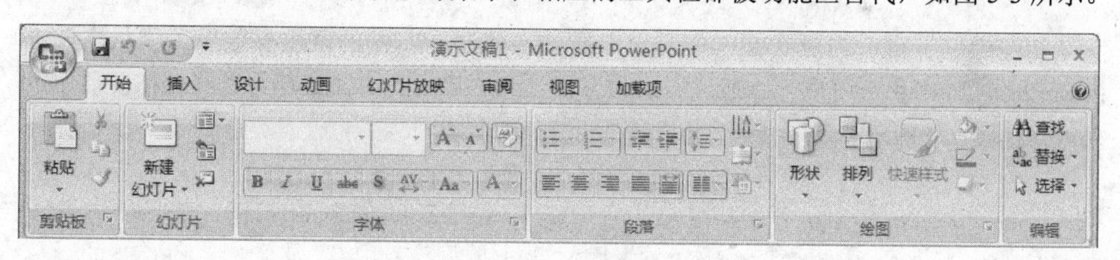

图 5-3 功能区

功能区位于标题栏的下面，旨在帮助用户快速找到完成某一特定任务所需的命令。命令根据功能进行分类并集中在各个选项卡下面。每个选项卡都与一种类型的操作相关，并进一步组织成多个任务组。每当启动 PowerPoint 2007 时，在功能区上可以看到如下选项卡：【开始】、【插入】、【设计】、【动画】、【幻灯片放映】、【审阅】、【视图】、【加载项】，如图 5-4 所示。

图 5-4 选项卡

PowerPoint 2007 在功能区里还提供了其他工具，如“快速访问工具栏”，它是一个可自定义的工具栏，在默认情况下位于 PowerPoint 窗口的顶部，提供对常用工具的快速访问。单击“快速访问工具栏”右侧的下拉按钮，可以通过“自定义快速访问工具栏”设置需要快速显示的功能；可以改变“快速访问工具栏”的显示位置，如图 5-5 所示。

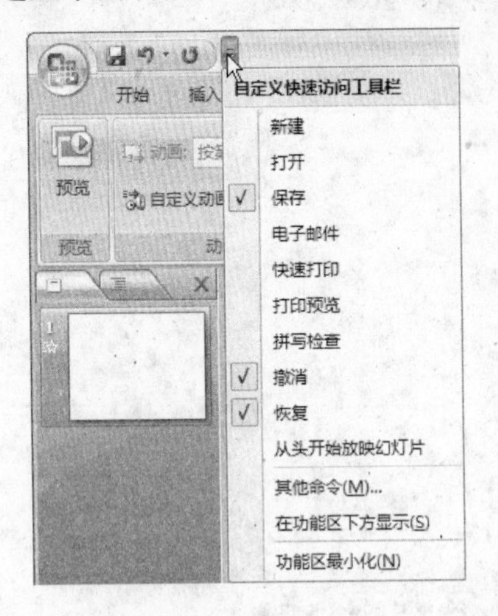

图 5-5 【自定义快速访问工具栏】下拉菜单

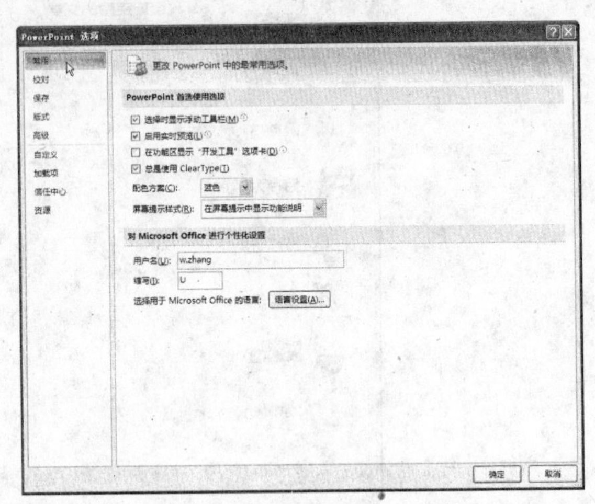

图 5-6 【PowerPoint 选项】对话框

另外，用户可以单击“Office 按钮”，然后单击下方的【PowerPoint 选项】或者单击【快速访问工具栏】右侧的箭头，在下拉菜单里选择【其他命令】，弹出【PowerPoint 选项】对话框（如图 5-6 所示），来获得某些所需要的 PowerPoint 2003 里已经熟悉了的命令。

5.1.5 PowerPoint 2007 的状态栏

状态栏位于窗口的最底部，主要用来显示当前演示文稿的常用参数及工作状态。在 PowerPoint 2007 里，用户可以通过右击状态栏，并从弹出的快捷菜单中选择所需要显示的功能，如图 5-7 所示。

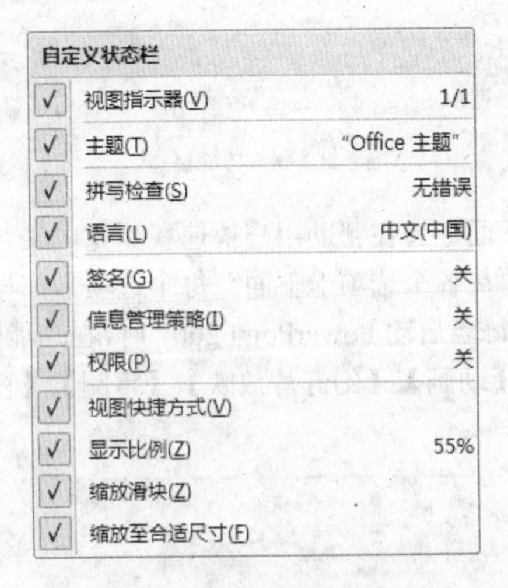

图 5-7 【自定义状态栏】快捷菜单

5.2　PowerPoint 2007 课件制作

利用 PowerPoint 软件制作的课件是一系列幻灯片组成的有序集合，多张内容相关的幻灯片就组成一个完整的演示文稿。创建简洁、生动、直观的幻灯片是课件制作的目的。在本节中，将讲述使用 PowerPoint 软件的基本操作方法，也是 PowerPoint 课件制作的基础。

5.2.1　PowerPoint 2007 基本操作

PowerPoint 2007 的基本操作包括新建、打开和关闭演示文稿，在演示文稿可以插入新的幻灯片，并可对其中的幻灯片进行移动、删除和复制等编辑操作。

1．新建演示文稿

要制作演示文稿，首先要进行创建操作。在 PowerPoint 2007 中，执行下列操作可新建演示文稿：单击“Office 按钮”，在弹出的菜单左侧单击【新建】命令（如图 5-8 所示），然后在系统弹出的【新建演示文稿】对话框中选择一个选项（如图 5-9 所示），最后单击此对话框右下角的【创建】按钮，即可新建演示文稿。

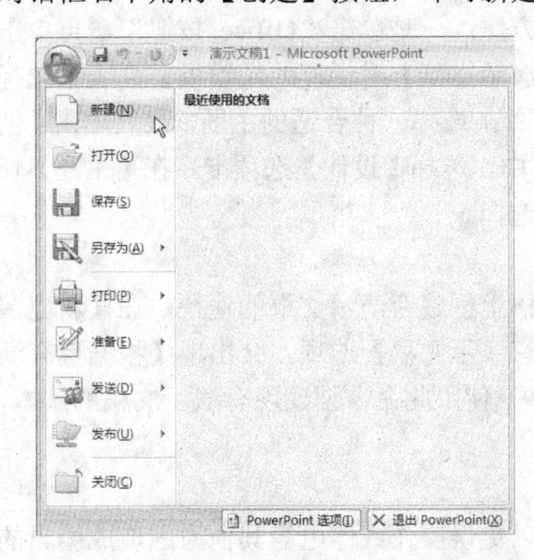

图 5-8 【新建】命令

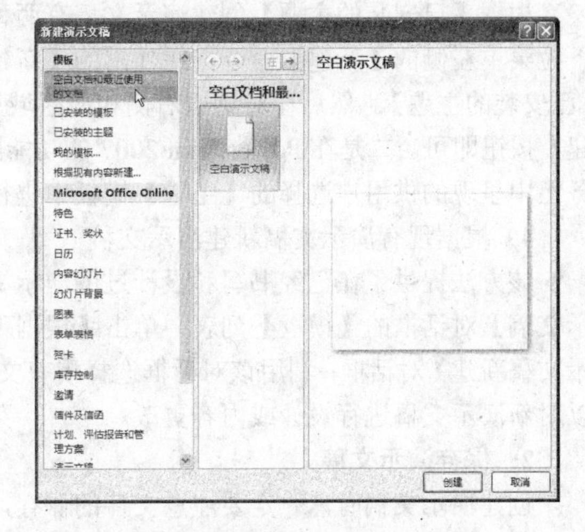

图 5-9 【新建演示文稿】对话框

【新建演示文稿】对话框提供了多种创建演示文稿的方法，既可以选择从空白幻灯片开始创建演示文稿，也可以基于模板，或从现有的演示文稿创建新的演示文稿。下面逐一介绍这些方法。

1）空白演示文稿

创建空白演示文稿的步骤如下：在“Office 按钮”的下拉菜单左侧单击【新建】命令，然后在【新建演示文稿】对话框的【模板】列表中选择【空白文档和最近使用的文档】，并在对话框右侧的相应区域里选择【空白演示文稿】，即可创建一个空白演示文稿，接下来就可以创建其中的幻灯片了。另外，启动 PowerPoint 2007 以后，还可以使用快捷键 Ctrl+N 来创建空白演示文稿。

2）根据【已安装的模板】创建演示文稿

【已安装的模板】是一种已经编排好的母版式幻灯片，它包括幻灯片的背景、文字的字体、颜色、大小、装饰图案和布局等。即使用户不了解有关设计的步骤，也有可能根据模板来创建演示文稿。

单击“Office 按钮”再单击下拉菜单左侧的【新建】命令，在弹出的【新建演示文稿】对话框的【模板】列表中选择【已安装的模板】，然后在对话框右侧相应区域里单击选择一种合适的模板，最后单击【创建】按钮即可。

PowerPoint 提供了多种模板供选择。在【新建演示文稿】对话框里还可以看到 Microsoft Office Online 列表，单击【演示文稿】，Office 将快速从 Microsoft 网站上搜索补充的模板。此时要求计算机连接互联网。

另外，用户也可以根据自己的需要自行设计模板，或者将当前的演示文稿作为设计模板保存，其方法是：单击“Office 按钮”的下拉菜单左侧的【另存为】命令，再在弹出的【另存为】对话框里的【保存类型】下拉列表框里，选择【PowerPoint 模板】，然后在【文件名】列表框里输入新模板的名称，单击【保存】按钮即可。

3）根据【已安装的主题】创建演示文稿

PowerPoint 2007 根据对演示文稿的设计构思及内容要求，提供了各种常用主题的演示文稿范本，以协助用户迅速创建所需的演示幻灯片。

根据【已安装的主题】创建演示文稿有两种方法：一是单击“Office 按钮”，再单击下拉菜单左侧的【新建】命令，在弹出的【新建演示文稿】对话框的【模板】列表中选择【已安装的主题】，然后在对话框右侧相应区域里单击选择一种合适的主题，最后单击【创建】按钮即可。二是在 PowerPoint 2007 的功能区中，选择【设计】选项卡，在【主题】任务组中呈现的供用户选择的【主题】模板中进行选择。

4）根据现有演示文稿新建演示文稿

该方法提供了在已经书写和设计过的演示文稿上创建新演示文稿的途径。在【新建演示文稿】对话框的【模板】列表中单击【根据现有演示文稿】选项，会出现【根据现有演示文稿新建】对话框，利用该对话框选择现有文稿。使用此命令创建现有演示文稿的副本，以对新演示文稿进行设计或内容更改。

2．保存演示文稿

创建演示文稿时，一定要注意文件的保存，以免误操作或停电等其他原因造成编辑的信息文件丢失。保存演示文稿的方法有两种：（1）单击“Office 按钮”，在下拉菜单左侧单击【保存】或【另存为】命令。（2）单击【快速访问工具栏】中的【保存】按钮。在弹出的【另存为】对话框中（如图 5-10 所示），选择文件的存储路径并输入文件名。系统默认保存文件的格式为演示文稿格式（*.pptx），用户也可在【保存类型】下拉列表中选择其他文件类型。

3．打开与关闭演示文稿

在 PowerPoint 中提供了多种打开演示文稿文件的方法。方法一：在 PowerPoint 2007 程序窗口中，单击“Office 按钮”，在其下拉菜单左侧单击【打开】命令；方法二：在 PowerPoint 2007 程序窗口中，单击【快速访问工具栏】中的【打开】按钮或使用 Ctrl+O 键；方法三：在资源管理器或“我的电脑”窗口中，找到所需打开的演示文稿文件，双击该文件的图标。

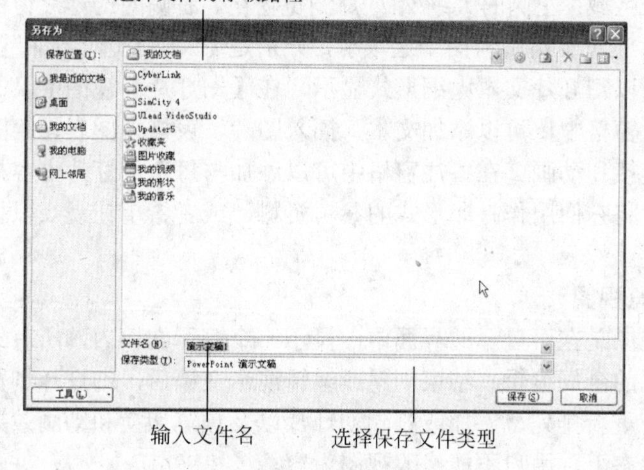

图 5-10 【另存为】对话框

要关闭演示文稿，可采用下列两种常用方法之一：一是单击"Office 按钮"，在下拉菜单左侧单击【关闭】命令；二是直接单击窗口标题栏右侧的【关闭】按钮。

4．操作幻灯片

在编辑演示文稿的过程中，用户常常需要插入、移动、复制、删除幻灯片。

1）选中幻灯片

在 PowerPoint 应用程序的左部大纲/幻灯片浏览窗格中，单击所需选中的幻灯片。该幻灯片图标边框变为深色表示该幻灯片被选中。

2）插入幻灯片

一个演示文稿文件通常包括多张幻灯片，这需要在编辑的过程中进行插入幻灯片操作。在演示文稿中插入一张新幻灯片的方法如下：在【开始】选项卡下选择【幻灯片】任务组，单击【新建幻灯片】按钮，或使用 Ctrl+M 键。值得注意的是插入的新幻灯片的顺序是在当前选中幻灯片之后。

3）移动幻灯片

移动幻灯片的目的是改变当前幻灯片在现有文稿中的次序。在 PowerPoint 应用程序的左部大纲/幻灯片浏览窗格中，选中要移动的幻灯片，用鼠标拖动到目标位置，拖动时会有一条横线跟随鼠标，指示移动的目标位置。

4）复制和删除幻灯片

复制幻灯片的操作如下：选中所需复制的幻灯片，使用【复制】命令，然后使用【粘贴】命令，将复制的幻灯片粘贴到当前幻灯片之后。删除幻灯片的基本操作是选中需删除的幻灯片，然后选择【删除】命令。

5.2.2 PowerPoint 的视图方式

PowerPoint 2007 具有三种视图方式：普通视图、幻灯片浏览视图以及幻灯片放映视图。下面对这 3 种视图方式进行介绍。

1．普通视图

普通视图是系统默认的视图方式，它的功能是编辑视图，用于撰写和设计演示文稿。

普通视图分有三个区域：左侧的大纲/幻灯片浏览窗格、右侧的幻灯片窗格和底部的备注窗格。在大纲/幻灯片浏览窗格中有两个选项卡，分别是【大纲】选项卡和【幻灯片】选项卡，在【大纲】视图中以幻灯片文本大纲形式显示，在【幻灯片】视图中以幻灯片缩略图的形式显示。在幻灯片窗格中，可以添加文本，插入图片、表格、图表、绘图对象、文本框、电影、声音、超链接和动画。在备注窗格中可以添加与每个幻灯片内容相关的备注，并且在放映演示文稿时将它们用作打印形式的参考资料，或者希望让观众以打印形式或在网页上看到的备注。

2．幻灯片浏览视图

幻灯片浏览视图是在可显示的界面中，显示一个演示文稿内的所有幻灯片的缩略图，以方便对演示文稿的全局编辑。结束创建或编辑演示文稿后，幻灯片浏览视图显示演示文稿的整个图片，使重新排列、添加或删除幻灯片以及预览切换和动画效果都变得很容易。但是，在该视图状态下，用户不能修改视图内容。

3．幻灯片放映视图

幻灯片放映视图可以将幻灯片窗格中的内容全屏显示在计算机显示器上，就像对演示文稿在进行真正的幻灯片放映。在这种全屏幕视图中，所看到的演示文稿就是将来观众所看到的。用户可以观察和检验图形、时间、影片、动画元素以及将在实际放映中看到的幻灯片切换效果，从而决定再修改或者直接进行投影，形成一种播放形式。在幻灯片进行放映时，幻灯片的内容不能编辑。

这几种视图方式可以进行互相切换。切换的方法有两种：方法一：在功能区中的【视图】选项卡下的【演示文稿视图】任务组中选择相应的视图方式；方法二：在状态栏下直接进行选择，如图 5-11 所示。

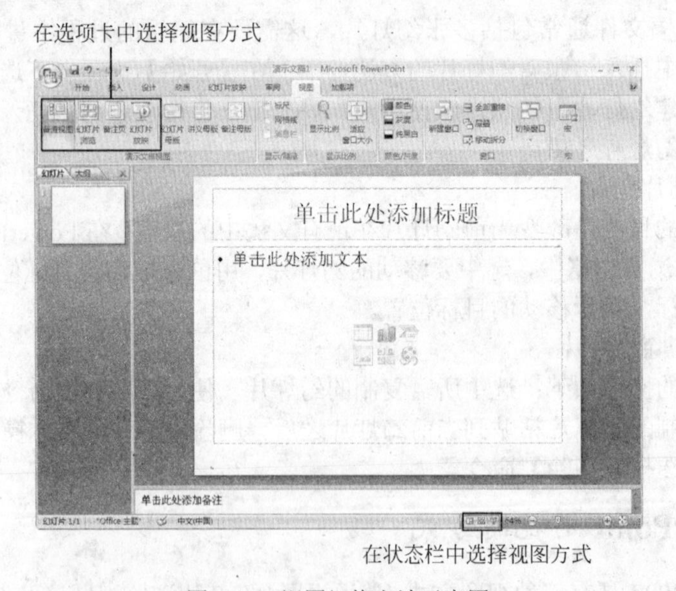

图 5-11　视图切换方法示意图

5.2.3　文本幻灯片制作

演示文稿的内容极其丰富，可包括图片、图标、声音、视频等，但文本仍然是课件制作的最基本元素。PowerPoint 提供了多种文本方式，主要有版式设置区文本和文本框文本等。

1．版式设置区文本

版式设置区文本是使用占位符在幻灯片中添加文本。编辑文本包含对文本占位符的格式进行设置。在占位符虚线中单击右键，可对占位符设置形状格式。占位符格式设置包括“填充”、“线条和颜色”、“线型”、“阴影”、“图片”、“文本框”、“三维格式”等几方面。在图 5-12 中包括两个文本占位符：标题占位符和副标题占位符。

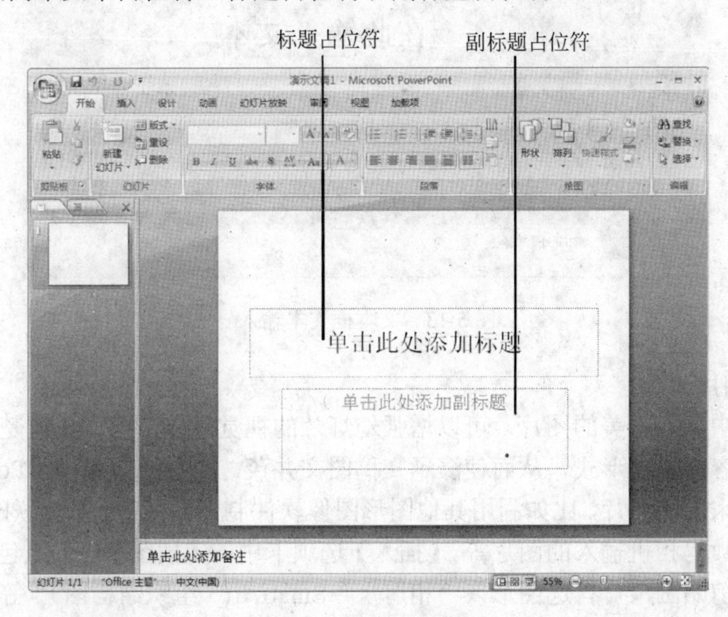

图 5-12　标题占位符

单击标题占位符，示例文本“单击此处添加标题”消失，占位符内出现闪烁的光标即插入点，占位符变为粗的斜线边框。在插入点处输入文本后，单击占位符外任何位置，即退出文本编辑状态。

2．文本框文本

在幻灯片中添加文本的第二种方式是在文本框中添加文本。由于文本框可放在幻灯片的任何位置，所以给版式的编排带来了灵活性。使用文本框添加文本的具体操作是：在【开始】选项卡下的【绘图】任务组中单击【文本框】按钮，或在【插入】选项卡下的【文本】任务组中单击【文本框】按钮，然后在需添加文本处，拖曳出一个方框，释放鼠标左键，即可在闪烁的插入点处输入文本，如图 5-13 所示。

5.2.4　插入和编辑图片、表格、图表

要制作出精美的演示文稿，就需要为其添加必要的元素。PowerPoint 2007 的功能区下的【插入】选项卡中，就集中了【表格】、【插图】、【链接】、【文本】、【媒体剪辑】、【特殊符号】6 个任务组。

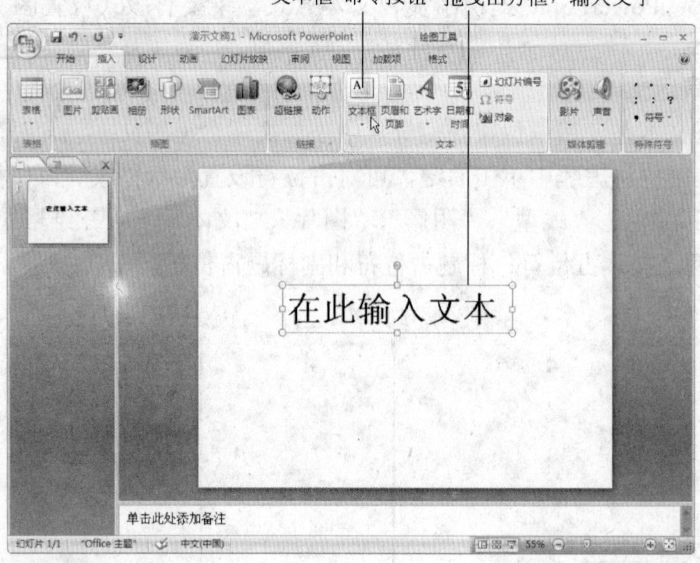

图 5-13　文本框文本输入

1．插入图片

在幻灯片中加入精美的图片，可以增强幻灯片的视觉效果，可以更清楚、形象地表达主题，丰富内容的表现形式，从而使演示文稿图文并茂，更具有吸引力。PowerPoint 2007允许插入各种来源的图片，比如利用其他图形图像软件制作的图片，从互联网下载的图片，通过扫描仪或数码相机输入的图片等。【插入】选项卡中的【插图】任务组包含了"来自文件的图片"、"剪贴画"、"自选图形"、"相册"、"SmartArt（组织结构图）"等几种类型的图片来源。这里，仅对如何插入剪贴画和来自文件的图片做如下介绍。

1）插入剪贴画

向幻灯片插入剪贴画的步骤如下：首先在功能区下的【插入】选项卡中依次选择【插图】→【剪贴画】或单击幻灯片【标题与内容】版式中【内容】占位符里的【剪贴画】图标（如图 5-14 所示），随即在 PowerPoint 2007 程序窗口右侧弹出【剪贴画】任务窗格。然后在该任务窗格中的【搜索文字】文本框中输入想要搜索的关键字，单击【搜索】按钮。在该窗格中就会显示搜索结果的预览图标。最后，单击想要插入的剪贴画的预览图标，在幻灯片中插入该剪贴画。

2）插入来自文件的图片

当剪贴画的图片不满足需要时，可以插入来自外部文件的图片，使演示文稿更直观、清楚地表现主题。插入来自文件图片的具体操作如下：（1）在功能区下的【插入】选项卡中依次选择【插图】→【图片】。随即弹出【插入图片】对话框。（2）在该对话框中选定所需插入的图片文件，然后单击【插入】按钮。

2．插入艺术字

插入艺术字是使用现成效果创建文本对象，并且可对艺术字设置样式、字体等。在幻灯片中添加艺术字的步骤如下：（1）在功能区下的【插入】选项卡中依次选择【文本】→【艺术字】。（2）在弹出的【艺术字】下拉列表中选择所需的艺术字样式，然后单击【确定】

按钮，在艺术字编辑框中输入所需文本。此时，艺术字已插入到幻灯片中。(3) 插入艺术字后，功能区界面会自动出现【绘图工具-格式】功能区。若有需要，可以通过选择【格式】选项卡下的各组命令对艺术字进行修改，重新编辑和设置格式。

图 5-14　插入剪贴画

3. 插入表格

表格具有条理清楚、对比强烈的特点，是演示文稿中常用的表现手法。使用表格可以使演示文稿更加清晰明了。在 PowerPoint 2007 中插入表格的方法有如下几种（如图 5-15 所示）：

① 在功能区下的【插入】选项卡中选择【表格】下拉菜单里的【插入表格】，然后在弹出的【插入表格】对话框选择或输入所需的行列数创建简单的表格。

② 在【内容】占位符里，单击【表格】图标，弹出【插入表格】对话框，然后输入行数列数来创建表格。

③ 在功能区下的【插入】选项卡中选择【表格】下拉菜单里的【绘制表格】命令。

④ 在功能区下的【插入】选项卡中选择【表格】下拉菜单里的【Excel 电子表格】命令，创建 Excel 表格。

在幻灯片中插入表格后，单击表格，功能区界面会自动出现【表格工具-设计】和【表格工具-布局】功能区。如有需要，可以通过选择【设计】和【布局】两个选项卡下的命令来编辑表格。表格的编辑和设置操作与 Word 中表格的操作类似，在此不作讲述。

4. 插入图表

图表也是演示文稿中组织数据时的强大工具，是以图形的方式显示数据表格，即图形化的表格。与表格相比，图表的表示方式更加直观，便于查看和分析数据的差异、类别以及预测趋势。PowerPoint 2007 中带有 Excel 图表的功能和一个制作各种统计图形的软件工具——Microsoft Graph。利用该软件可在不退出 PowerPoint 的情况下绘制各种统计图形，并将对象插入到幻灯片中。

插入图表的方法有两种：(1) 在功能区中依次单击选择【插入】→【插图】→【图表】

命令；（2）在“内容”占位符里，单击【图表】图标，弹出插入图表向导对话框。

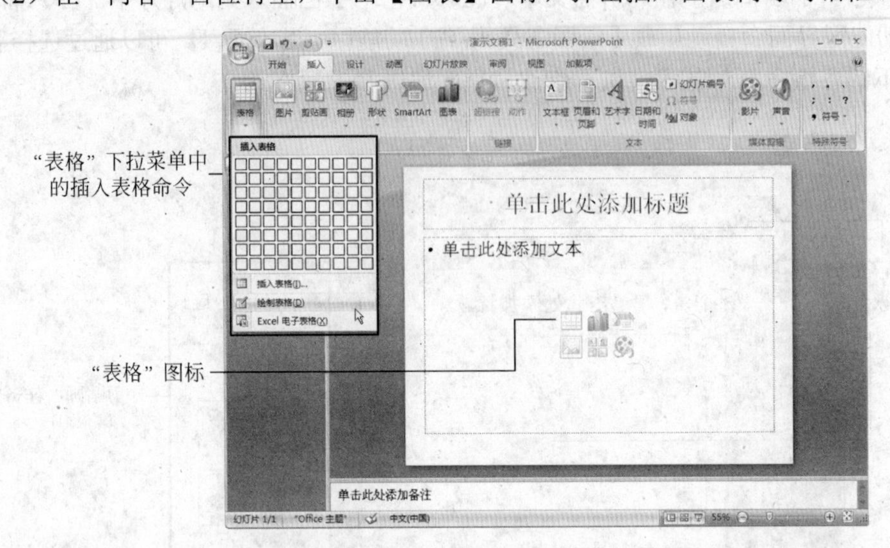

图 5-15　插入表格的几种方法

PowerPoint 2007 提供了许多种图表类型，如柱形图、条形图、折线图、饼图、XY 散点图、面积图、圆环图、雷达图、曲面图等。在插入图表向导对话框里选择一种图表类型，如图 5-16 所示，单击【确定】按钮，就会打开一个 Excel 文档，如图 5-17 所示。单击 Excel 数据表中的各单元格并输入数据，关闭 Excel 文档，图表就插入到 PowerPoint 中。

图 5-16　选择图表类型

插入图表以后，功能区会自动出现“图表工具-设计”、“图表工具-布局”和“图表工具-格式”3 个功能区。通过选择【设计】、【布局】和【格式】三个选项卡中的命令可以对图表进行编辑。

5.2.5　设置幻灯片版式、设计模板和背景

设置幻灯片的版式、设计模板和背景可增加幻灯片的视觉效果，达到烘托主题的目的。

1．幻灯片版式

幻灯片版式是指幻灯片标题、副标题、文字、列表、图片等元素的排版方式。在插入新幻灯片时，选择要应用版式的幻灯片，单击【开始】选项卡下的【幻灯片】任务组中的【版式】按钮，在弹出的菜单中有很多种版式供用户选择，如【标题幻灯片】、【标题和内容】、【空白】等。用户需要修改幻灯片版式时，只要选中需要操作的幻灯片，单击鼠标右键，然后在弹出的快捷菜单中选择【版式】，然后在子菜单中选中需要的版式样式即可。

2．主题设计

应用主题（一组统一的设计元素）可以使用颜色、字体和图形设置幻灯片文档的外观，快速设置整个文档的格式。主题实际上是一组主体颜色、一组主体字体（包括标题字体和正文字体）和一组主题效果（包括线条和填充效果）。单击功能区中的【设计】选项卡，在【主题】任务组内将出现 PowerPoint 2007 的内置文档主题，可以从中选择所需的文档主题。

3．背景

背景来自当前文档主题中的主题颜色和背景亮度的组合的背景填充变体。当用于需要更改文档主题时，背景样式会随之更新以反映新的主题颜色和背景。如果只需要更改演示文稿的背景这一项，则应该选择更改背景样式。在 PowerPoint 2007 中可通过设置“图片”、“填充”来设置背景格式。为幻灯片设置背景的方法是在【设计】选项卡下选择【背景】任务组中的【背景样式】命令，在下拉菜单中选择【设置背景格式】命令，弹出【设置背景格式】对话框，如图 5-18 所示。在【设置背景格式】对话框中，可通过“填充”、“图片”对幻灯片的颜色和填充效果进行设置。单击【全部应用】按钮将设置的背景应用到演示文稿的所有幻灯片上。单击【关闭】按钮则将设置应用到演示文稿的当前幻灯片中。

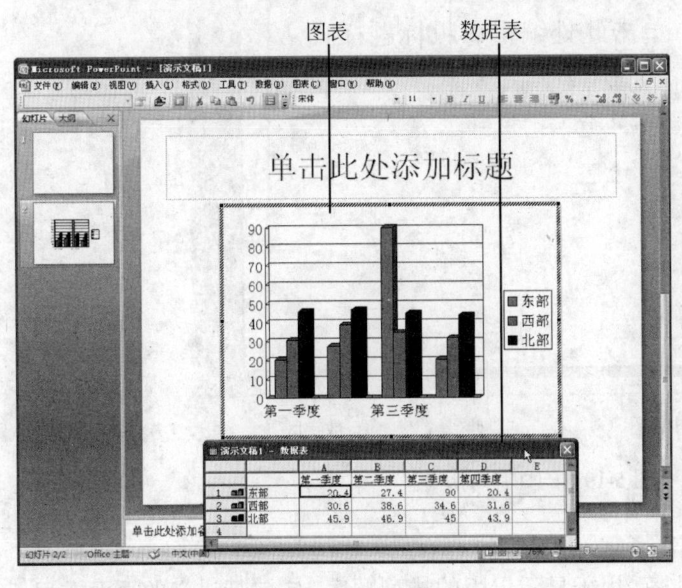

图 5-17　插入图表界面

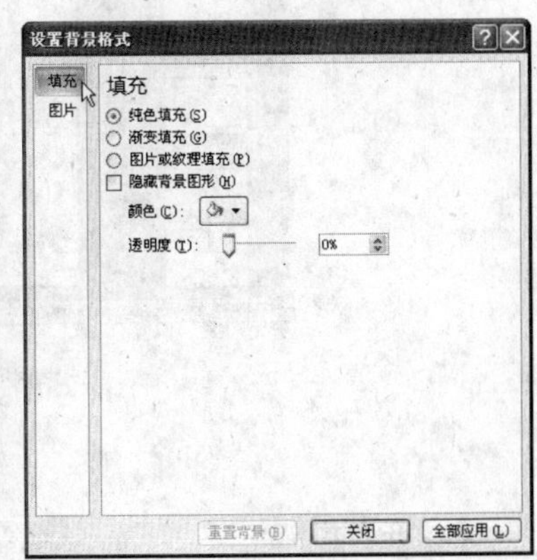

图 5-18 【设置背景格式】对话框

5.2.6　幻灯片母版

母版就是一张特殊的幻灯片，用于定义演示文稿中所有幻灯片的视图和页面格式，它包括每张幻灯片的标题、正文文字的位置和大小、项目符号的样式、背景图案等。使用同一母版的幻灯片具有统一的风格，任何对母版的更改将影响基于该母版的所有幻灯片。

幻灯片母版有3种，包含幻灯片母版、讲义母版和备注母版。幻灯片母版是最常用的母版，常用于幻灯片的外观设置。讲义母版用来控制讲义的打印格式，利用讲义母版可将多张幻灯片制作在一张幻灯片中以便打印。备注母版用来设置备注的格式，使备注具有统一的外观。

1．幻灯片母版

在幻灯片母版中，可以设置文本特征（字体、字号、颜色），还可以设置占位符大小和位置，添加主题、背景设计、切换和动画效果等。在PowerPoint 2007的功能区中的【视图】选项卡下的【演示文稿视图】任务组中，单击【幻灯片母版】，就会出现幻灯片母版视图，如图5-19所示。这时在功能区最前方会出现【幻灯片母版】选项卡，下面包括6个任务组："编辑母版"、"母版版式"、"编辑主题"、"背景"、"页面设置"和"关闭"。单击【母版版式】按钮，就会弹出【母版版式】对话框，从中可以看出幻灯片母版包括5个占位符：标题、文本、日期、幻灯片编号和页脚。在各个占位符内就可以对占位符内容的格式进行设置。

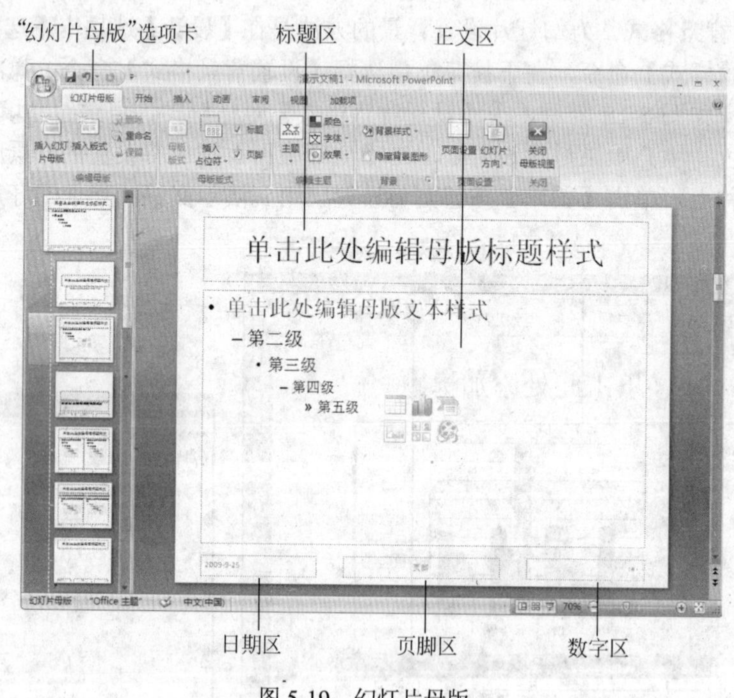

图5-19　幻灯片母版

2．讲义母版

讲义母版可以影响到讲义的风格，用于显示母版的排列顺序。它包括讲义的页面布局、页眉和页脚、日期和时间以及页码5部分。讲义母版的设置大多和打印页面相关。打开讲义母版的操作如下：在PowerPoint 2007的功能区中的【视图】选项卡下的【演示文稿视图】任务组中，单击"讲义母版"，就会出现讲义母版视图。这时在功能区最前方会出现【讲义母版】选项卡，下面包括5个任务组："页面设置"、"占位符"、"编辑主题"、"背景"、"关闭”。通过这些组内的命令按钮就可以对讲义母版的样式进行设置。

5.2.7 动画效果

PowerPoint 2007 的动画方案是一组包含幻灯片“文本动画”和“切换动画”的预设视觉效果，可按一定次序以动态的方式显示文本和对象。文本动画指一张幻灯片内的标题或文本、表格、图表等其他内容呈现的动画放映效果。切换动画指幻灯片之间过渡时呈现的动画效果。动画方案不依赖于幻灯片模板或母版，是一组独立的动画组合，可应用于所选中的某一张或某些张幻灯片。应用动画要适当，以免喧宾夺主，淡化内容信息，让观众眼花缭乱。

1．文本动画

文本动画效果有标准动画和自定义动画两种。标准动画是一组预先定义好的动画和切换效果。若为幻灯片选择自定义动画，该幻灯片中的各个对象按预设好的动画效果和切换效果显示。使用自定义动画可以对不同对象设计效果和编排播放的先后次序。

1）标准动画

PowerPoint 提供了多种标准 动画，可将标准动画应用于所有幻灯片、部分幻灯片或幻灯片母版中。动画效果的添加是以一个对象（如占位符、文本框、图片、表格等）为单位的。单击选择需要制作成动画的文本或对象以后，在功能区的【动画】选项卡下，选择【动画】任务组，单击其中的【动画】下拉按钮，可以从下拉列表中选择所需的动画效果，如图 5-20 所示。

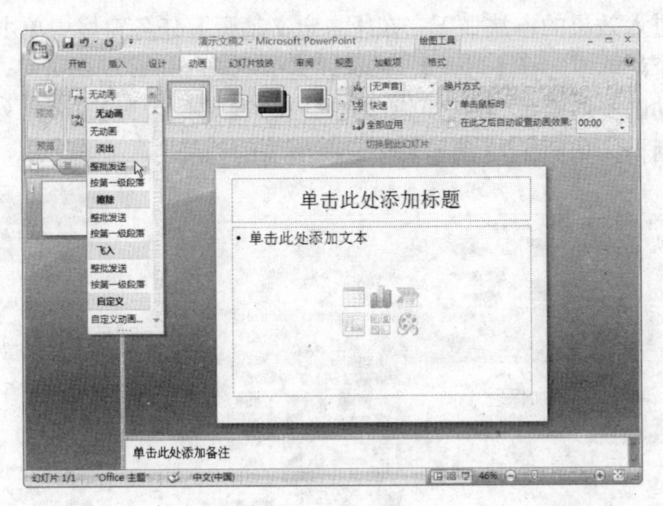

图 5-20　标准动画

2）自定义动画

自定义动画是指用户根据自己的需要，设定各个对象出现的顺序、间隔时间和动画效果。

在【动画】下拉列表中，如果选择【自定义动画】命令，或单击功能区【动画】选项卡下【动画】任务组中的【自定义动画】按钮，将切换到【自定义动画】任务窗格，在其中可以设置或修改各个动画效果的参数，如图 5-21 所示。选中幻灯片中的某个对象，在【自定义动画】任务窗格中，单击左上角的【添加效果】下拉按钮，可以添加动画效果。

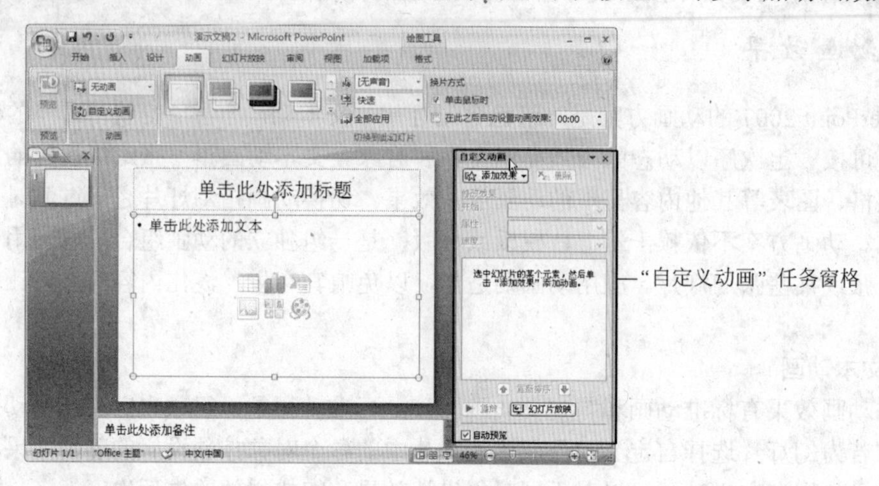

图 5-21　自定义动画

在【自定义动画】任务窗格中单击【添加效果】按钮，可以为选定的对象设置进入、强调、退出和动作路径 4 种效果。对象的进入效果指幻灯片放映时对象进入放映界面的动画效果。强调效果是在幻灯片放映时增强对象的表现力。退出效果指幻灯片放映时对象退出放映界面的动画效果。动作路径效果指的是设置对象进入或退出幻灯片放映界面时的运动路径。幻灯片中的一个对象可以设置多种动画效果。

为对象设置进入效果的方法如下：在【自定义动画】任务窗格中单击【添加效果】按钮，在弹出的快捷菜单中选择【进入】，在级联菜单中选择一种动画效果，如图 5-22 所示。若菜单中提供的动画不能满足要求，可在菜单中选择【其他效果】命令，然后在弹出的【添加进入效果】对话框（如图 5-23 所示）中选择所需的动画。

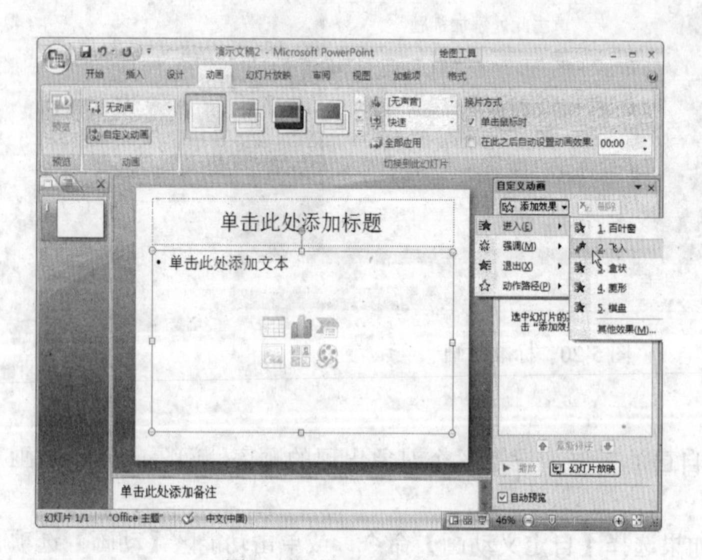

图 5-22　设置进入效果

图 5-23　【添加进入效果】对话框

在【自定义动画】任务窗格中可以设置动画的开始时间，需对【开始】列表框进行设置。在该列表框中有 3 个选项，分别是“单击时”、“之前”、“之后”。“单击时”表示单击鼠标时启动动画，“之前”表示在启动动画列表的前一动画时，同时启动本项动画，“之后”表示在结束动画列表的前一动画后，立即启动本项动画。若希望进一步设置动画，可在【自定义动画】列表框中右键单击要设置的动画，在弹出的快捷菜单中选择【效果选项】命令，如图 5-24 所示。在弹出的对话框中有效果、计时和正文文本动画 3 个选项卡，如图 5-25 所示。在效果选项对话框中可以设置动画的声音、文本的演示方式、动画开始的延迟时间、速度和触发器。

图 5-24　设置效果

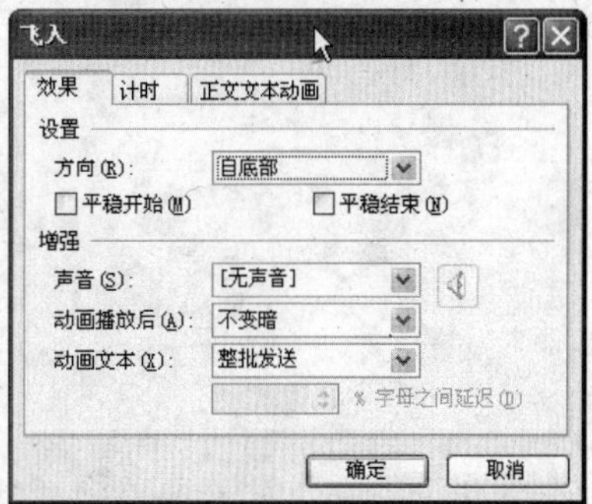

图 5-25　“飞入”效果选项对话框

PowerPoint 还有一个动画功能，即动作路径。动作路径指幻灯片中的某个对象按照一条指定的路径运动。路径可以选择 PowerPoint 软件提供的路径，也可以自己定义一条路径。自定义路径的方法如下：在【自定义动画】任务窗格中，单击【添加效果】按钮，在弹出的级联菜单中依次选择【动作路径】→【绘制自定义路径】，然后选择线型，如图 5-26 所示。线型包括直线、曲线、任意多边形和自由曲线 4 种类型。在当前幻灯片上绘制路径，在路径开始点单击，若绘制曲线需在拐弯处单击，最后在结束点双击。

2．切换动画

切换动画是指放映幻灯片时，一张幻灯片显示完毕后，切换到另一张幻灯片的特殊方式。在功能区【动画】选项卡下【切换到此幻灯片】任务组中有许多 PowerPoint 内置的幻灯片间的切换方式，单击【其他】下拉菜单（如图 5-27 所示），可以看到全部的幻灯片间的切换效果。 在【切换到此幻灯片】任务组中还有【切换时间】、【切换时间列表框】和【换片方式】复选框。通过这些列表框和复选框可以设置幻灯片之间的切换效果、切换速度、声音以及切换方式。切换效果包括水平百叶窗、垂直百叶窗、盒状收缩、盒状展开等。声音是指幻灯片切换时的伴随响声。切换方式有两种分别是单击鼠标换页和间隔一定时间换页。若单击【全部应用】按钮，则切换动画应用于演示文稿的全部幻灯片中，否则只作用在当前幻灯片上。

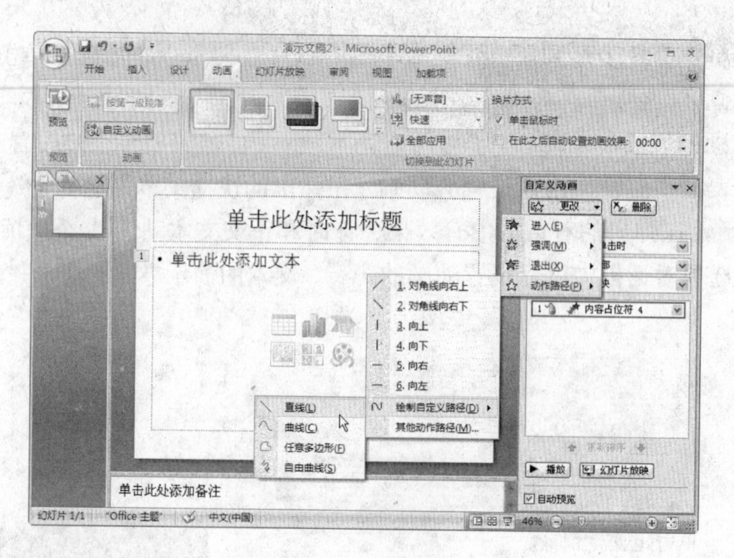

图 5-26　动作路径

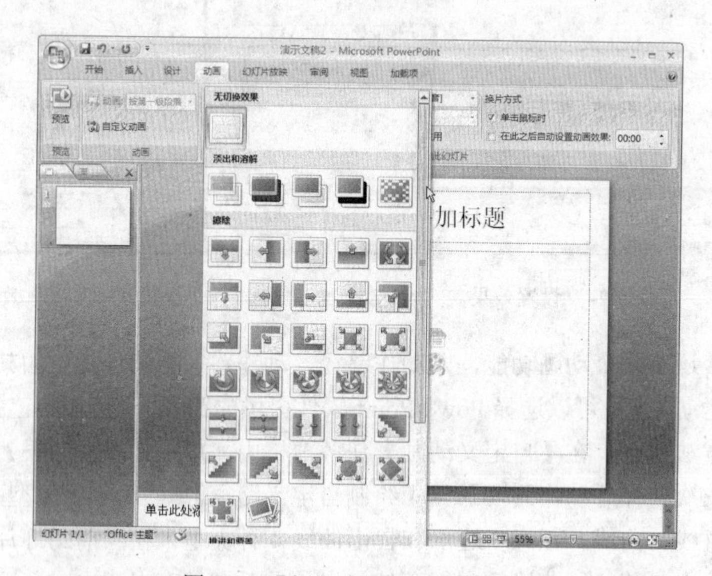

图 5-27　【幻灯片切换】下拉菜单

5.2.8　插入超链接

超链接是一种非线性组织信息的方式。利用超链接用户可以从一张幻灯片跳转到同一演示文稿中的另一张幻灯片，或是从一张幻灯片链接到不同演示文稿中的另一张幻灯片、网页、文件、电子邮件。

添加超链接的方法如下：首先选中需要进行超链的对象，然后从功能区【插入】选项卡下选择【链接】任务组，单击其中的【超链接】命令按钮，在弹出的【插入超链接】对话框中进行设置，如图 5-28 所示。该对话框中，可以插入 4 种超链接，分别是：

1）原有文件或网页

该选项用于链接已存在的文件或 Internet 网页。当放映幻灯片时，单击超链接，可以打开链接的文件如 Word 文档、可执行文件或其他文档，也可以通过浏览器打开 Internet 网页。

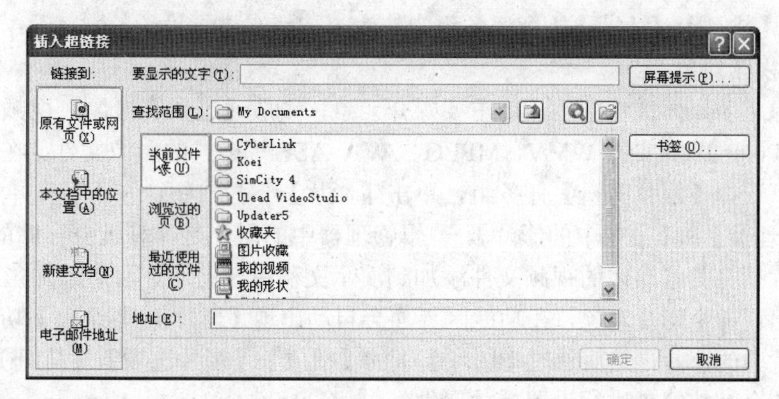

图 5-28 【插入超链接】对话框

2）本文档中的位置

该选项用于设置跳转到本篇演示文稿的其他幻灯片的超链接。在视图中会列出演示文稿的所有幻灯片供选择。

3）新建文档

该选项用于设置创建一个如 Word、Excel 等新文档的超链接。

4）电子邮件地址

该选项用于链接收件人的地址。放映演示文稿时，单击该链接，系统自动启动电子邮件客户端软件写电子邮件。

有时需要对已创建的超链接进行修改或删除。修改超链接的方法是选择需要修改的超链接对象，单击右键，在弹出的快捷菜单中选择【编辑超链接】命令，对超链接进行重新编辑。删除超链接的方法与修改超链接类似，右键单击选定的文本，在弹出的快捷菜单中选择【取消超链接】命令。

5.2.9 插入声音和视频对象

声音和视频是传递信息、交流情感最方便、最熟悉的方式之一。在课件制作中恰当地使用声音和视频能使课件的表现形式多样、声情并茂，可以强化刺激、吸引学员的注意和烘托气氛。

1．插入声音

PowerPoint 2007 支持 WAV、AIFF、MIDI 和 MP3 格式的声音文件，还可播放 CD 乐曲。

在功能区中【插入】选项卡下选择【媒体剪辑】任务组，单击【声音】下拉按钮，在弹出的下拉菜单中，用户可以选择插入 3 种类型的声音，分别是剪辑管理器中的声音、文件中的声音和播放 CD 乐曲。也可以将自己录制声音并将其添加到演示文稿中。剪辑管理器中的声音是计算机中存储的声音文件。文件中的声音指将其他的声音文件添加到演示文稿中。CD 乐曲指音质较好的 CD 光盘中的乐曲。值得指出的是如果插入 CD 乐曲，在放映幻灯片时一定要将 CD 光盘放入光驱中，否则就听不见声音了。向幻灯片中添加声音以后，在幻灯片中会出现一个声音图标，在功能区界面会自动出现【声音工具-选项】功能区。若希望对声音效果进行设置，可单击选择幻灯片的声音图标，然后通过【选项】下的【播放】、【声音选项】、【排列】、【大小】4个任务组中的命令按钮来进行设置。

2．插入视频对象

视频影像是多媒体课件中的一个重要媒介元素，一般通过数字摄像、视频捕捉等方法获得。PowerPoint 2007支持WMV、MPEG、AVI、ASF等格式的影像文件。在功能区【插入】选项卡下选择【媒体剪辑】任务组，单击【影片】下拉按钮，在下拉菜单中可以选择【添加剪辑管理器】和【文件中的影片】。剪辑管理器中的影片是计算机中存储的影片文件。文件中的影片指将其他媒体的视频文件添加到演示文稿中。向幻灯片中添加影片以后，在幻灯片中会出现一个影片对象，在功能区界面会自动出现【影片工具-选项】功能区。可单击选择幻灯片中的影片，然后通过【选项】下的【播放】、【影片选项】、【排列】、【大小】4个任务组中的命令按钮来进行设置播放属性。

5.2.10 幻灯片放映

演示文稿制作完成后，用户需对演示文稿进行放映。PowerPoint 2007在功能区【幻灯片放映】选项卡下有3个任务组：【开始放映幻灯片】、【设置】和【监视器】，为用户提供了多种放映幻灯片和控制幻灯片的方式。在【开始放映幻灯片】任务组下提供了3种放映幻灯片的方式：从头开始、从当前幻灯片开始、自定义幻灯片放映。在PowerPoint中放映幻灯片有3中方法：（1）在【开始放映幻灯片】任务组下单击选择【从头开始】或【从当前幻灯片开始】命令；（2）在PowerPoint程序窗口下方的状态栏上单击【幻灯片放映】按钮，从当前幻灯片开始放映；（3）按F5键，从演示文稿第一张幻灯片开始放映。在【设置】选项卡下单击【设置幻灯片放映】，从弹出的【设置放映方式】对话框可以看到有3种放映类型：演讲者放映、观众自行浏览和在展台浏览。演讲者放映是最常用的放映方式，演讲者具有较高的控制权。“观众自行放映”将演示文稿放映在一个窗口内，通过移动滚动条可以浏览每张幻灯片，并且提供了编辑、复制、打印等命令。“在展台浏览”适用于展览会场或会议。在这种方式下，演示文稿为自动放映，而且每次放映完毕后会自动重放。自动放映的前提是，用户必须在【动画】选项卡下的【切换到此幻灯片】任务组的【换片方式】中选择【在此之后自动设置动画效果】复选框，并且设定了时间。

为了使同一个演示文稿适应不同的人群和场合，PowerPoint 2007提供了自定义放映功能。使用自定义放映，用户可以在现有的演示文稿中，将幻灯片分组来建立不同的放映，以便给不同的观众放映演示文稿中特定的部分。

5.3 PowerPoint 2007示例课件设计

在前两节中，主要阐述了PowerPoint 2007的界面和基本操作方法。在这一节中将以物理课件“光的折射”和诗词欣赏为例讲述利用PowerPoint制作课件的具体方法。

5.3.1 “光的折射”课件制作

“光的折射”是中学物理课程中的内容，通过该课件的制作，了解课件制作的过程，掌握课件制作的一般方法。

1．课件设计的基本思想和教学目标

在光的折射的教学中，知道什么是光的折射现象，知道折射中的入射点、入射光线、折射光线、法线、入射角和折射角是学习的基础；已知入射光线，能根据光的折射现象的实验结论画出折射光线的大致方向是教学的一个重点；能总结出光的折射现象的实验结论，知道光的折射现象中，光路是可逆的是教学难点。该课件的教学目标是使学生能理解和掌握光线的折射定律，在已知介质折射率的基础上掌握光路图的画法。

2．背景颜色和背景图案的设置

首先新建一个空白的演示文稿，然后设置背景颜色和图案。从【开始】选项卡的【幻灯片】任务组中选择幻灯片的版式为“空白”；在【设计】选项卡的【背景】任务组中单击【背景样式】下拉菜单中的【设置背景样式】命令，弹出【设置背景样式】对话框。在该对话框中设置“填充”和“图片”。在【填充】选项中选中【图片或纹理填充】单选项，在【纹理】中选择“水泡”；在【图片】选项中选择“重新着色”为：“浅色变体”和“强调文字颜色 5 浅色”。选定颜色和填充效果后，单击【设置背景样式】对话框的【全部应用】按钮，使该演示文稿的所有幻灯片呈现同一种背景样式。

3．第一张幻灯片的制作：输入文字

1）标题的输入

课件的每一页都有相应的标题，为美观起见，可以使用“艺术字”来设计标题。插入“艺术字”的方法上一节中已作了介绍，在该示例中具体做法如下：首先，在【视图】选项卡的【演示文稿视图】任务组中单击【幻灯片母版】命令，进入【幻灯片母版】编辑状态（功能区中会出现【幻灯片母版】选项卡），然后在【插入】选项卡的【文本】任务组中单击【艺术字】按钮，在下拉菜单中选择所要的艺术字样式，进入文字输入状态；在【请在此键入您自己的内容】对话框中输入标题“光的折射”，在【开始】选项卡的【字体】任务组中设置字体为“黑体”，字号选为“54”，同时选择“加粗”。插入艺术字后，在功能区中会出现【绘图工具-格式】选项卡，用户可以通过【艺术字样式】任务组中的命令按钮来具体编辑标题的艺术字样式效果。处理完毕后单击该对象框外的任意一点，即完成了标题的输入工作。最后选中标题艺术字对象，移动到幻灯片的顶部居中的位置，单击【幻灯片母版】选项卡的【关闭】任务组中的【关闭母版视图】，退出母版的编辑状态，完成母版的设计。

2）正文的输入

正文有三个部分，分别是“了解光的折射现象”、“教学步骤”和“教学重难点”，具体的文字版式和文字内容如图 5-29 所示。在【开始】选项卡的【绘图】任务组中单击【文本框】按钮，在幻灯片中依次插入三个文本框，并在每个文本框中输入文字和设置字体。然后同时选中三个文本框，单击【绘图】任务组中的【排列】命令按钮，在下拉

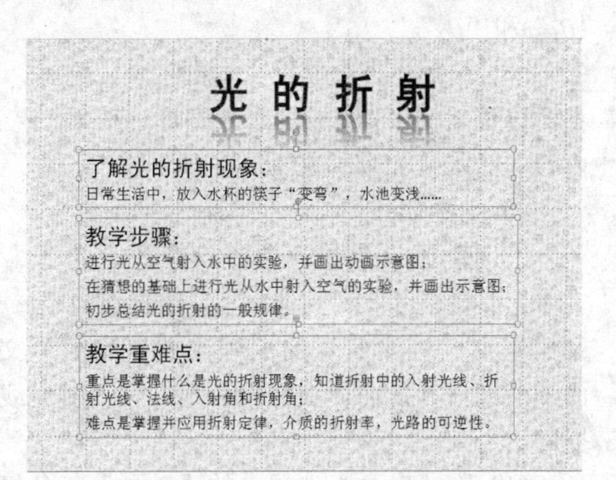

图 5-29　第一张幻灯片中的文本

菜单中的【放置对象】选项里设置三个文本框为【左对齐】和【纵向分布】，以使得三个文本框整齐的排列。

4．第二张幻灯片的制作：插入光路图

1）光路图的画法

（1）首先单击【开始】选项卡的【幻灯片】任务组中的【新建幻灯片】命令按钮，在下拉菜单中选择【空白】，插入第二张幻灯片。

（2）单击【开始】选项卡的【绘图】任务组中的【直线】工具，依次在第二张幻灯片中画出“介质表面”、“法线”、“入射光线”和“折射光线”4 条直线。具体做法为：单击【直线】工具，在幻灯片中单击选择直线起点，按住鼠标左键并拖动，画出一条直线。

在直线达到要求的长度后，松开鼠标，可以看到，直线两侧各有一个白色控制手柄，此时可以接着设置直线的线型、宽度、颜色、箭头格式等各种样式。

（3）依次选中 4 条直线，分别设置它们的样式。具体做法为：选中一条直线，单击右键，在弹出的快捷菜单中选择【设置形状格式】命令，在弹出的【设置形状格式】对话框里的【线型】选项里设置线条的宽度、短划线的类型和箭头的样式，在【线条颜色】选项里选择线条的颜色。

具体要求为：“介质表面”的颜色为蓝色，线型为实线，宽度为 3 磅；“法线”的颜色为黑色，线型为短划线；“入射光线”和“折射光线”的颜色均为黑色，线型为实线，箭头方向都是由上向下。“法线”、“入射光线”和“折射光线”的宽度均为 1.5 磅。

（4）在【开始】选项卡的【绘图】任务组中单击【曲线】工具，在光路图中标记出入射角和折射角，并把两端弧线的颜色设置为红色。

（5）在【开始】选项卡的【绘图】任务组中单击【文本框】按钮，为图片加上说明文字：介质为“空气”和“水”；以及“法线”、“入射光线”、“折射光线”、“入射角”和“折射角”；在【插入】选项卡的【文本】任务组中单击【对象】按钮，在弹出的【插入对象】对话框中选择 word 3.0 公式，为入射角和折射角配上数学符号“θ_1”和“θ_2”。

（6）最后，再次使用文本框工具，配上两段说明文字，完成第二张幻灯片基本内容的输入，如图 5-30 所示。

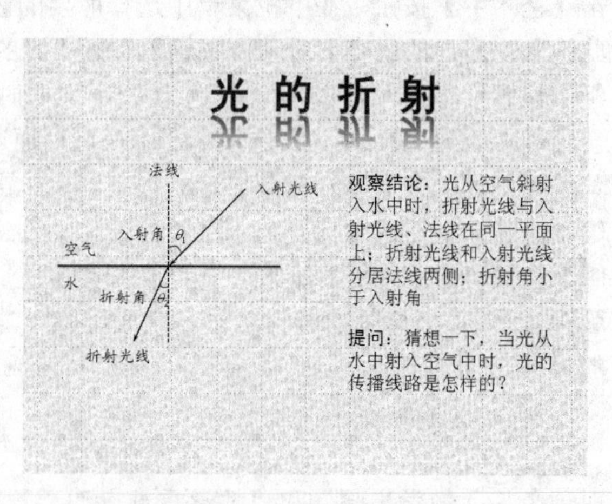

图 5-30　第二张幻灯片中的图片及文本

2）动画制作

应用动画效果显示放映幻灯片上的文本、形状、图像和其他对象，这样可以突出重点，控制信息的流程，并提高演示文稿的趣味性。动画的播放次序为：介质表面→法线→介质名称（空气、水）→入射光线→入射角→折射光线→折射角→观察结论→提问。

（1）在【动画】选项卡的【动画】任务组中单击【自定义动画】按钮，打开“自定义动画”任务窗格，在任务窗格中设置动画的顺序和效果。

（2）依次设置“介质表面”、“法线”两条直线和“法线”、“空气”、“水”三个文本框的动画。同时“介质表面”、“法线”两条直线，设置“进入”效果为“出现”，“动画开始”是“单击时”。同样的方法可以设置“法线”、“空气”、“水”三个文本框的进入动画。

（3）设置入射光线的进入动画。首先将“入射光线”文本框的“进入”效果设为“出现”，“开始”是“单击时”。再选中“入射光线”这条直线，将“进入”效果设为“擦除”，“开始”是“单击时”，“方向”是“自顶部”，“速度”是“非常快”。然后同时选中“入射角”文本框、“θ_1”对象和标记入射角的红色弧线，将它们的“进入”效果设为“出现”，“开始”是“单击时”。

使用相同的方法来设置折射光线的进入动画。

（4）最后设置“观察结论”和“提问”两个文本框的动画效果。将“进入”效果设为“百叶窗”，“开始”是“单击时”，“方向”是“水平”，“速度”是“非常快”。

5．第三、四张幻灯片的制作

单击【开始】选项卡的【幻灯片】任务组中的【新建幻灯片】按钮，在下拉菜单中选择【空白】，在原演示文稿中插入新幻灯片。第三、四张幻灯片的内容如图5-31和图5-32所示，动画效果可以自行设置，制作和设置方法同前，在此不再赘述。

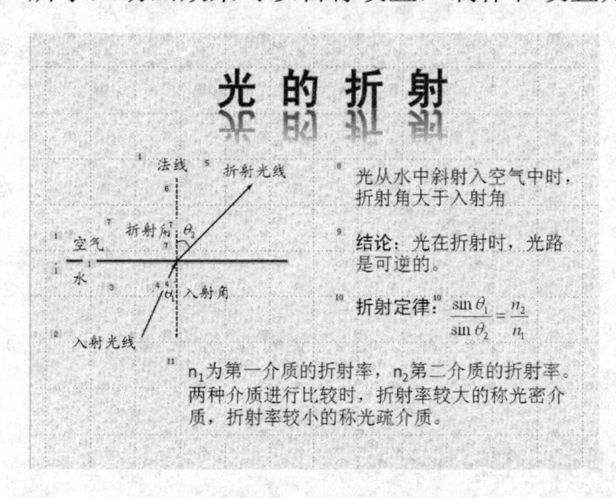

图5-31　第三张幻灯片

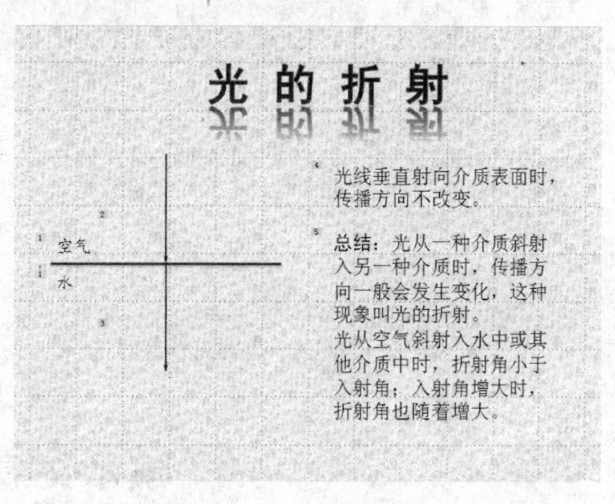

图5-32　第四张幻灯片

5.3.2　诗词《饮酒》赏析课件制作

通过诗词《饮酒》赏析课件的制作，可以掌握文科赏析类课件制作的方法。

1．课件设计的基本思想和教学目标

通过诗词赏析教学过程培养学生对诗词的鉴赏能力，通过情境来体验诗词内容。教学过程可由朗读、品味等部分组成。朗读部分可在课件中插入配乐诗朗诵的声音文件，品味诗词过程主要由教师进行讲解。在这个课件制作中，主要讲述如何使用PowerPoint制作下拉菜单。

2．文字的版式和内容

文字的排版格式和文字的内容如图5-33～图5-36所示。文字的版式主要取决于幻灯片的版式和文本框在幻灯片中的位置。

诗 词 欣 赏

图 5-33 课件文字内容及版式 1

饮酒（其五） 东晋 陶渊明

结庐在人境，而无车马喧。
问君何能尔？心远地自偏。
采菊东篱下，悠然见南山。
山气日夕佳，飞鸟相与还。
此中有真意，欲辨已忘言。

图 5-34 课件文字内容及版式 2

作者简介

陶渊明（365—427），东晋大诗人。又名潜，字元亮，私谥靖节，浔阳柴桑（今江西九江）人。他长于诗文歌赋，诗歌多描写自然景色及其在农村生活的情景，其中的优秀作品隐含着他对腐朽统治集团的憎恶和不愿同流合污的精神，但也有虚无的“人生无常”“乐天安命”等消极思想。散文以《桃花源记》最有名。陶渊明的诗文兼有平淡与爽朗的风格，语言质朴自然，又极为精练。有《陶渊明集》。

图 5-35 课件文字内容及版式 3

品评赏析

本篇是《饮酒》二十首中的第五首。诗歌的主旨是展示诗人运用魏晋玄学“得意忘象”之说领悟“真意”的思维过程，富于理趣。然而，它不是枯燥乏味的哲理演绎。诗中写了悠然自得的情，也写了幽美淡远的景，在情景交融的境界中含蓄着万物各得其所、委运任化的哲理；这哲理又被诗人提炼、浓缩到“心远地自偏”、“此中有真意”等警句，给读者以理性的启示，整首诗的韵调也更显得隽秀深长。

图 5-36 课件文字内容及版式 4

5.4 演示文稿的打包和发布

5.4.1 演示文稿的打包

【打包成 CD】命令用于制作演示文稿 CD，以便在运行 Microsoft Windows 操作系统的其他计算机上查看。直接从 PowerPoint 中刻录 CD 需要 Microsoft Windows XP 或更高版本。用户也可将一个或多个演示文稿打包到文件夹中，然后使用第三方 CD 刻录软件将演示文稿复制到 CD 上。将演示文稿打包成 CD 的具体步骤如下：

（1）打开所需打包的演示文稿。如果正在处理以前未保存的新的演示文稿，在打包之前先对其进行保存，以免内容丢失。

（2）将 CD 插入到光驱。CD 分为两种类型：一种是空白的可写入（CD-R）；另一种是空白的可重写 CD（CD-RW）。如果使用 CD-R，需确保将所需文件一次复制到 CD 中。因为将文件复制完后，就不能再向 CD-R 中添加其他文件了。

（3）单击“Office 按钮”，指向下拉菜单的【发布】命令，单击【CD 数据包】选项，随即弹出的【打包成CD】对话框，在【将CD命名为】文本框中，输入CD光盘的名称。

（4）如果需要将多个演示文稿刻录在同一张CD中，则需单击【打包成CD】对话框中的【添加文件】按钮。在【添加文件】对话框中选择所需添加的文件。

（5）默认情况下，演示文稿被设置为按照【要复制的文件】列表中排列的顺序自动运行。若要更改播放顺序，请选择一个演示文稿，然后单击向上键或向下键，将其移动到列表中的新位置。默认情况下，当前打开的演示文稿已经出现在【要复制的文件】列表中。链接到演示文稿的文件（例如图形文件）会自动包括在内，而不出现在【要复制的文件】列表中。此外，Microsoft Office PowerPoint Viewer 是默认包括在 CD 内的，以便在未安装 Microsoft PowerPoint 的计算机上运行打包的演示文稿。

（6）单击【复制到CD】按钮。

用户也可使用以上方法将一个或多个演示文稿打包到计算机或某个网络位置上的文件夹中，而不是在CD上。在最后一步中，不单击【复制到CD】按钮，而单击【复制到文件夹】按钮，然后提供文件夹信息，将演示文稿保存到指定的文件夹中。

5.4.2 演示文稿的发布

PowerPoint 2007 提供了强大的网络功能，用户可以将演示文稿保存为网页并且可发布到 Web 站点上。

1．将演示文稿保存为网页

利用【另存为网页】功能可以将演示文稿保存为网页。浏览器可以显示该文件的内容并且可跟踪超链接、播放网页中的音频和视频文件。将演示文稿保存为网页的步骤如下：

（1）单击“Office 按钮”，在下拉菜单中选择【另存为】命令，弹出【另存为】对话框。

（2）在【另存为】对话框中，选择文件的保存位置并且输入保存的文件名称。在【保存类型】中选择类型为网页。

（3）在【另存为】对话框的下方将出现转换成网页的一些设置选项，单击【更改标题】按钮，在【设置页标题】对话框中输入更改的标题，可以更改网页的标题。

（4）最后单击【另存为】对话框中的【保存】按钮。

2．将演示文稿发布为网页

将演示文稿发布为网页的步骤如下：

（1）单击“Office 按钮”，在下拉菜单中单击【另存为】命令，随即弹出【另存为】对话框。在【另存为】对话框中，选择文件的保存位置并且输入保存的文件名称。在【保存类型】中选择类型为网页。然后在【另存为】对话框的下方单击【发布】按钮，弹出【发布为网页】对话框。

（2）在【发布内容】中可以选择要发布的演示文稿内容。若单击【Web 选项】按钮，可以对 Web 网页的诸多项进行设置，如浏览器、文件、图片、编码、字体等。在【发布为网页】对话框中的【文件名】选项区，可以设置发布文件保存地址。

（3）单击【发布为网页】对话框中的【发布】按钮。

如果用户希望 Internet 的其他用户能通过 Internet 浏览该网页，需将发布的内容上传到 Internet 中。用户可在网上找免费的服务器空间或者租用 ISP 的服务器空间，然后将演示文稿的网页文件以及相关链接文件的源文件上传到服务器的指定目录中去。

本章小结

本章从PowerPoint中文版的主要功能、使用方法和技巧出发，并以各种功能的典型操作为主线，以精选的实际应用——中学物理实验示范和诗词欣赏演示文稿的设计为实例，用图文并茂的方式深入浅出地介绍了如何使用PowerPoint设计CAI课件。使读者能够在这种身临其境、学用一致的直观环境下轻松学会在幻灯片中处理文字与图形，选择幻灯片的版式与外观，制作出符合要求的CAI课件。

思考与习题

1．单项选择题

（1）PowerPoint 2007是由（　　）公司开发的。

A．IBM　　B．Adobe　　C．Microsoft　　D．HP

（2）下列（　　）操作不能打开演示文稿。

A．单击“Office按钮”下拉菜单中的【打开】命令，并在【打开】对话框中选择演示文稿文件

B．单击【快速访问工具栏】下拉菜单中的【打开】命令，并在【打开】对话框中选择演示文稿文件

C．在资源管理器中单击所需打开的演示文稿文件

D．在资源管理器中双击所需打开的演示文稿文件

（3）幻灯片内的动画效果，可以通过【动画】选项卡中的（　　）命令设置。

A．动作设置　　B．自定义动画

C．预览　　D．幻灯片切换

（4）要在PowerPoint 2007的幻灯片中插入剪辑库中的影片，可选择【插入】选项卡中的【媒体剪辑】任务组中的（　　）命令。

A．文件中的声音　　B．播放CD乐曲

C．文件中的影片　　D．剪辑库中的影片

（5）（　　）可以为每张幻灯片添加或更改页眉和页脚信息。

A．幻灯片视图　　B．幻灯片母版　　C．讲义母版　　D．备注母版

2．多项选择题

（1）通过（　　）方法可以插入超链接。

A．选择【插入】选项卡中的【超链接】命令

B．选择【插入】选项卡中的【动作】命令

C．按Ctrl＋K键

D．按Shift＋K键

（2）关于幻灯片切换的动画效果，正确的说法是（　　）。

A．幻灯片切换动画效果只在动画放映时有效

B．设置切换效果最佳效果是幻灯片浏览视图

C．幻灯片切换的动画效果可以设置伴音，也可以不设置伴音

D．可以利用【动画】选项卡中的【自定义动画】命令设置切换效果

（3）在幻灯片中插入图表时，图表类型可以是（　　）。

A．饼图　　B．柱形图　　C．折线图　　D．气泡图

3．判断题

（1）利用幻灯片放映视图，可以从头到尾自动放映演示文稿的全部幻灯片。（　　）

（2）在母版中不能设置动画效果。（　　）

（3）在幻灯片视图下可以调整演示文稿中幻灯片的次序。（　　）

（4）用户用添加的文本框中的文本可以显示在大纲/幻灯片浏览窗格的大纲栏中。（　　）

（5）演示文稿可以保存为网页形式，并且可以发布到网站。（　　）

4．问答题

（1）在演示文稿中如何插入剪贴画？如何插入艺术字？

（2）在演示文稿中如何插入超链接？可以插入哪几种类型的超链接？

（3）幻灯片放映有几种方式？各有何特点？

（4）如何将演示文稿打包成CD？

5．设计题

（1）用PowerPoint设计一张幻灯片，内容是证明等腰三角形两个底角相等。

（2）根据自己所学专业，选取一部分自己最感兴趣的内容，制作一个课件。要求：课件中有超链接、动画等。

第6章　Authorware 7.0 使用方法

Authorware 是一个优秀的多媒体创作工具，它可以集成图像、声音、动画、文本和视频于一体，制作多媒体课件、多媒体光盘、网络多媒体教学系统等各种学习演示系统，它广泛应用于多媒体教学和商业领域。本章从开发环境的熟悉开始，逐步介绍 Authorware 7.0 中各个图标的功能和设计方法，同时讲解如何组合使用各种图标制作各种多媒体应用程序，以及如何对程序进行调试并打包发布作品。

本章学习重点

- Authorware 7.0 的工作环境；
- Authorware 7.0 的编程和调试方法；
- 使用 Authorware 7.0 的各个图标，制作交互式的多媒体作品；
- 程序的打包和发布。

6.1　Authorware 7.0 简介

Authorware 是 Macromedia 公司推出的一套专门用于制作高互动性多媒体电子课件的创作工具。它提供了一个简单、快捷的开发环境，开发人员不需要高级语言的编程基础，通过拖动图标等一些可视化操作就可以快速创制应用作品，具有很高的开发效率。Authorware 可以将图片、声音、动画、文字以及影片等素材融为一体，让教学设计人员和课件开发人员可以创造学习性能极高、教学内容丰富的课件，并以固定媒体方式或网上播放方式发布给学生，具有广泛的适用性。

6.1.1　Authorware 7.0 的特点

Authorware 7.0 是 Macromedia 在 2003 年推出的新版本，自 1986 年 Authorware 1.0 的出现至今，Authorware 先后经历了 2.0、3.x、4.x、5.x、6.0、6.5 等几个版本，不断的更新升级造就了现在的 Authorware 7.0。

1．保留的早期功能

Authorware 7.0 保留了早期版本的主要功能，主要有以下几个方面：

（1）基于图标和流程的面向对象的可视化编程环境。

（2）良好的集成性，可以将各种数字媒体素材组合成有机的整体。

（3）支持 11 种交互类型，提供了强大的交互开发功能。

（4）提供了库、模块、知识对象和 OLE、ActiveX 嵌入技术，提高了作品的开发效率。

（5）提供丰富的系统变量和系统函数，可以对数据进行跟踪处理。

（6）提供了比较详细的帮助文档，以及众多的范例程序（Show Me）供学习者借鉴。

2．新加功能

另外，Authorware 7.0 也添加了一些新功能：

（1）开发人员可以将现成的 PowerPoint 文件导入到 Authorware 中来制作电子课件。

（2）整合了 DVD 视频播放程序，可以读取 DVD 格式影片，并将它们应用于课件程序中。

（3）提供 XML 的输入和输出，供需要存取资料的应用程序制作使用。

（4）具有新的课件管理系统知识对象功能，可以方便应用程序与其他课件管理系统整合及交换资料。

（5）新版本增设有一个学习课件包（Learning Object Content Packager），让开发人员可以将内容先组织好再上传到课件管理系统之内。

（6）支持 JavaScript，让开发人员可以通过编写程序增强作品功能，在有需要时可用程序来控制所有对象的特性，方便他们制作功能指令、知识对象以及具延伸性的内容。

6.1.2 Authorware 7.0 工作界面

Authorware 7.0 的工作界面由主程序窗口、图标面板、设计窗口、演示窗口、控制面板、属性面板窗口等部分组成，如图 6-1 所示。

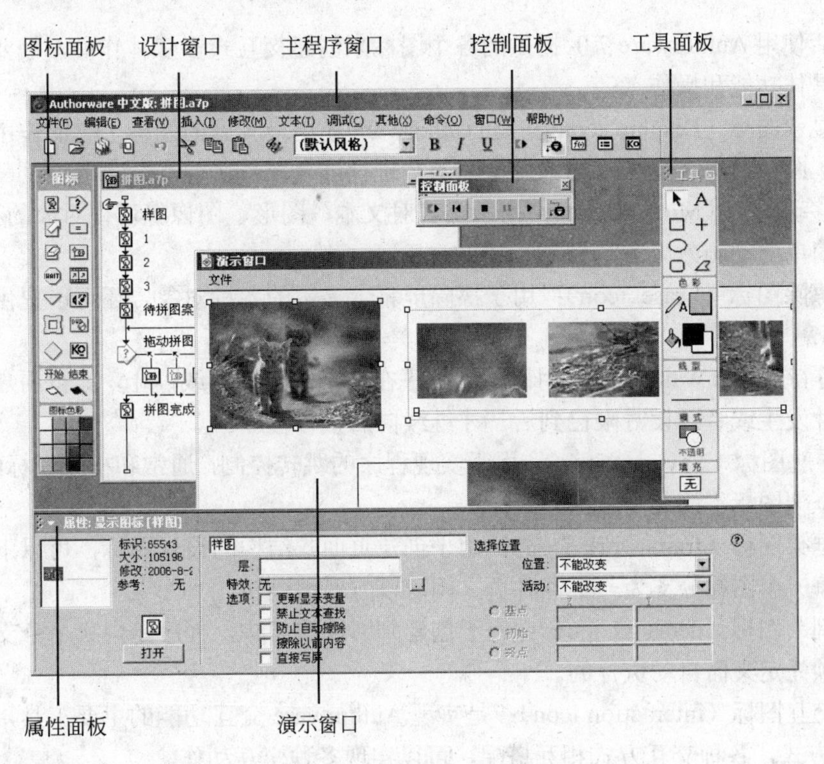

图 6-1　Authorware 7.0 工作界面

1．主程序窗口

主程序窗口是 Authorware 7.0 应用程序运行的窗口，和其他 Windows 应用程序一样，它包括了标题栏、菜单栏、工具栏以及工作区域。

2. 图标面板

Authorware 是基于图标和流程线的创作工具，图标是其面向对象可视化编程的核心组件。如图 6-2 所示，Authorware 7.0 提供了 14 个功能图标。

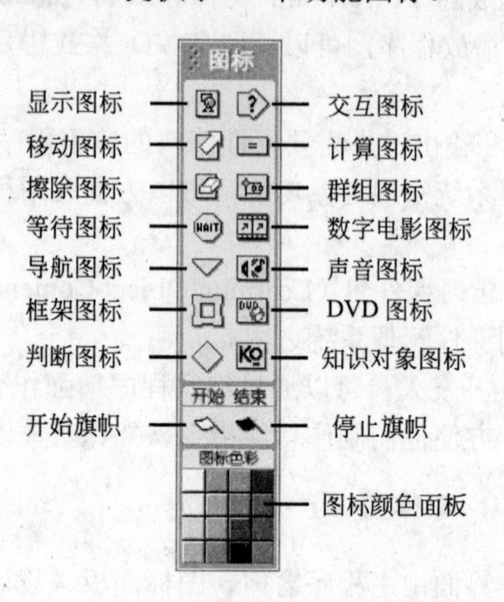

图 6-2 Authorware 7.0 图标面板

要灵活使用 Authorware 7.0 提供的各个图标来创建交互式多媒体作品，需要先熟悉这些图标的具体功能和操作。

（1）显示图标（Display icon）：是 Authorware 使用最频繁的图标，它的作用是放置文本、图形、图像对象，也可以输入变量和函数进行计算。

（2）移动图标（Motion icon）：用于实现对文本、图形、图像等可视对象的移动控制，从而生成简单的动画效果。

（3）擦除图标（Erase icon）：用于擦除屏幕上显示的各种对象，还可以提供多种擦除效果。

（4）等待图标（Wait icon）：用于设置程序在某个时间暂停或停止，等待用户按键或单击鼠标事件发生或者预设时限已到后，才继续向后执行程序。

（5）导航图标（Navigate icon）：用于实现程序的跳转控制，通常和框架图标结合使用，跳转指向框架图标下的某个页面。

（6）框架图标（framework icon）：用于创建页面式结构的设计图标，可以下挂其他各类图标，每一个图标分支为一页，各页之间可以方便地跳转。

（7）判断图标（decision icon）：用于创建判断分支结构，程序走向哪个分支是根据编程人员的预先定义而自动执行的。

（8）交互图标（interaction icon）：是实现 Authorware 交互功能的主要工具，它提供了 11 种交互方式，各种交互方式相互搭配，可以实现多种交互动作。

（9）计算图标（calculation icon）：编程主要场所，用于进行变量和函数的赋值和运算，还可以编写代码进行运算。

（10）群组图标（map icon）：为了解决有限的设计窗口空间，群组图标可以将流程中一系列图标归纳到一个群组中，使程序更简洁清楚。

（11）数字电影图标（digital movie icon）：用于导入数字化电影到 Authorware 程序中，并对播放进行控制。

（12）声音图标（sound icon）：用于导入声音文件到 Authorware 程序中，并对播放进行控制。

（13）DVD 图标（DVD icon）：用于导入 DVD 视频数据，并进行控制和管理。

（14）知识对象图标（knowledge object icon）：用于插入和使用 Authorware 提供的知识对象模块。

图标面板上另外还有两种设置工具分别是：

① 开始和结束旗帜：用于调试程序，指定局部调试的起始点和终止点。

② 图标颜色面板：可以为流程线上的图标着色，用于区别图标或强调图标的重要性。

3．设计窗口

设计窗口是进行流程编辑的场所。Authorware 7.0 的功能很强，但是基于图标和流程线的编程方法使创作变得很简单，只要将图标拖动放到设计窗口的流程线上，再对图标进行相应的组织、设置和编辑就可以完成具有特定功能的多媒体作品的制作。

4．演示窗口

在编辑程序时，文本、图形、图像、视频动画等素材的插入和编排都是在演示窗口中完成的，所以演示窗口是素材的编辑窗口。

在程序运行的时候，演示窗口又是作品最终的播放窗口。

5．控制面板

控制面板主要用于程序的调试，通过调试运行可以检查程序或程序段是否按预期的效果执行，多种控制手段和跟踪方法可以让修改变得方便，甚至在程序运行时也能进行修改。

6．属性面板窗口

属性面板窗口通常位于主程序窗口的最下方，不同的对象有不同的属性面板窗口。每个图标以及不同的分支都有各自的属性面板，如图 6-3 所示。属性面板用于对图标属性和流程结构进行编辑设置。

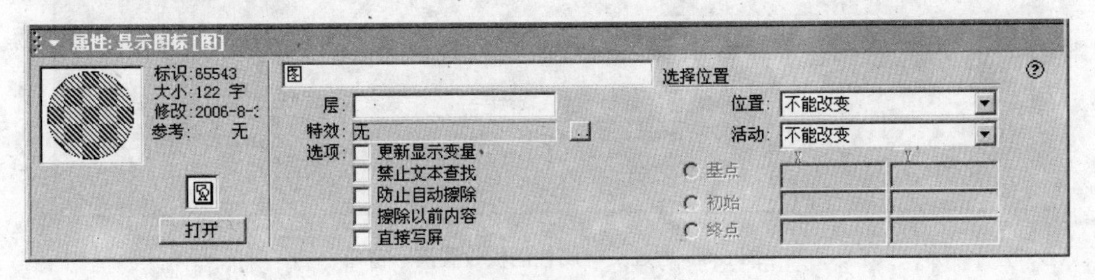

图 6-3 显示图标的属性面板

6.2 Authorware 7.0 程序设计基础

在深入了解各个图标的操作之前，先通过编写一个小程序来初步了解一下 Authorware 7.0 作品的设计、调试和运行。

6.2.1 新建文件

打开 Authorware 7.0 后，主程序窗口中会出现如图 6-4 所示的对话框，这里需要创建的是一个空白文件，所以单击【不选】按钮，创建如图 6-5 所示的空白设计窗口。

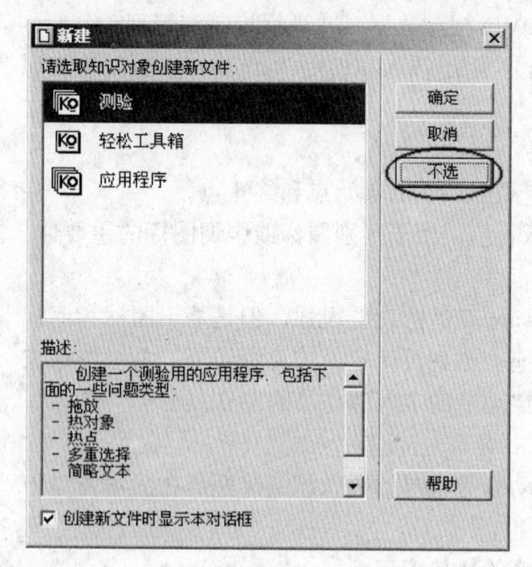

图 6-4 【新建】对话框

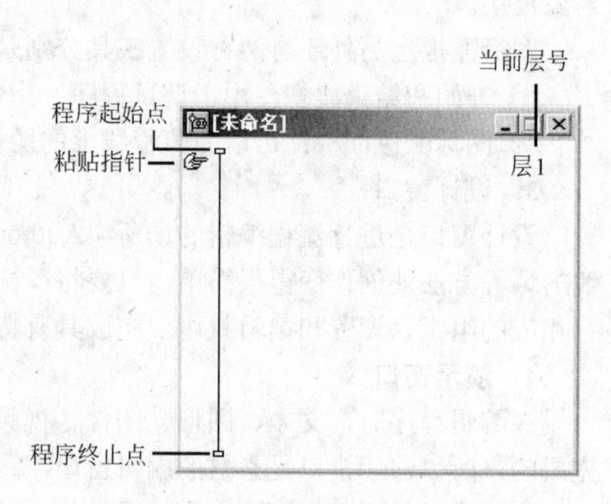

图 6-5 新建空白文件的设计窗口

从菜单栏选择【文件】→【新建】→【文件】命令，或直接单击工具栏中的【新建】按钮也可以打开图 6-7 所示的对话框，创建文件。

在设计流程之前，可以先确定作品的窗口大小和窗口的背景颜色等表现内容。这些属性属于文件属性，可以选择【修改】→【文件】→【属性】命令打开文件属性面板进行设置。图 6-6 显示的是默认的文件窗口设置。

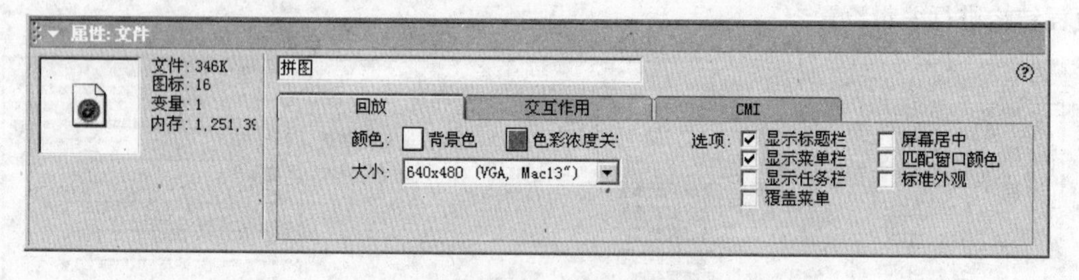

图 6-6 通过文件属性面板设置演示窗口

6.2.2 组建流程

Authorware 7.0 程序的流程是由众多图标组织而成的，而流程线上的图标一般通过鼠标拖动来放置到流程线上特定的位置。

1. 用【显示图标】添加素材

（1）拖动一个显示图标放置到流程线上，在图标右方会出现图标的默认名称【未命名】，删除此默认名称，在光标停留处输入该图标名称【背景】，如图 6-7 所示。虽然 Authorware

中图标名称可以同名，但为了流程的清晰，最好给每个图标起个有意义的名称。

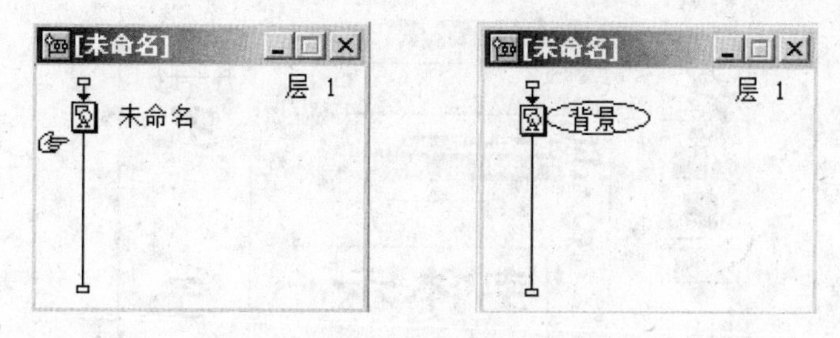

图 6-7　给图标命名

（2）双击【背景】图标，打开演示窗口。

（3）选择【插入】→【图像】命令，在弹出的图像属性对话框中，单击【导入】按钮，再从弹出的【导入哪个文件?】对话框中找到要插入的图像文件，然后双击该文件即可插入外部图像，如图 6-8 所示。

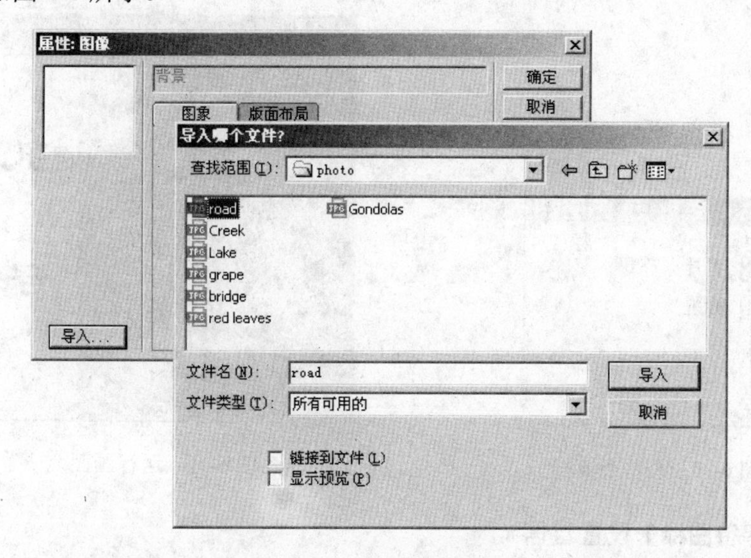

图 6-8　导入外部图像

（4）保留【图像属性】对话框的默认设置，单击【确定】按钮关闭图像属性对话框。

（5）在演示窗口中单击选中的图像，拖动控制句柄调整大小，使图像铺满窗口。

（6）单击演示窗口的【关闭】按钮，返回设计窗口。

（7）再拖动一个显示图标放置到【背景】图标之后，命名为“标题”。双击该显示图标，打开演示窗口。在演示窗口的工具箱上单击选中【文本】工具（A），然后鼠标在演示窗口中单击一下左键，在闪烁的光标后输入文字内容，如图 6-9 所示。

（8）通过【文本】菜单下的【字体】、【大小】等子菜单下的命令修改文本的属性。

（9）拖动文本对象，调整到居中位置后，单击工具箱中的【关闭】按钮关闭演示窗口。

（10）保存文件，这样就建立了如图 6-10 所示的简单流程。

（11）选择【调试】→【重新开始】命令，或单击工具栏上的【运行】按钮，可以看到程序的运行如图 6-11 所示。

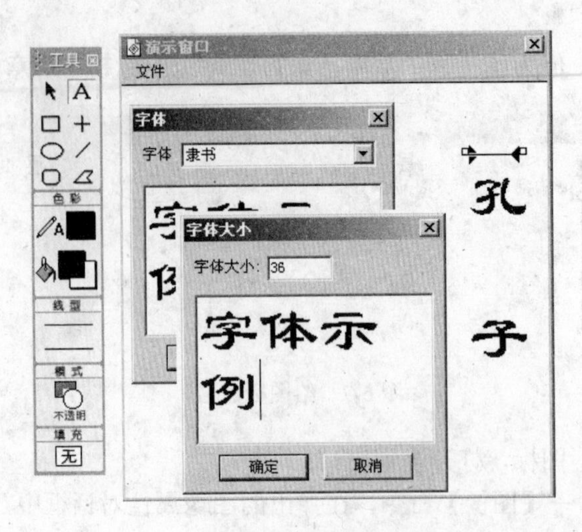

图 6-9　输入文本

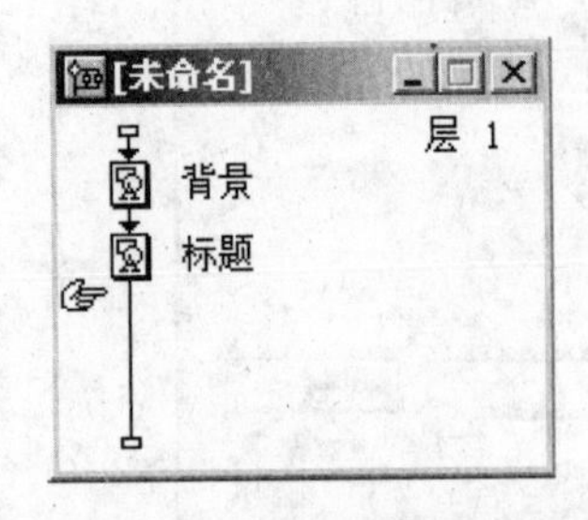

图 6-10　简单小流程

图 6-11　运行画面

2. 用【等待图标】设置暂停

在上面的运行中可以看到，图像和文字虽然放在不同的显示图标中，但它们几乎是同时出现的，如果希望两个内容能先后出现，可以加入一个等待图标进行控制。

从图标面板上拖动一个等待图标放置到两个图标之间，如图 6-12 所示，命名为“暂停”。双击等待图标，在 Authorware 7.0 窗口下方会出现等待图标属性面板，面板上提供了多种等待设置。

（1）【单击鼠标】事件：选择该选项，当执行到等待图标，程序会暂停，直到用户在演示窗口中单击鼠标，才结束等待继续向下运行。

（2）【按任意键】事件：选择该选项，当执行到等待图标，程序会暂停，直到用户按下键盘上任意键，才结束等待继续向下运行。

（3）【时限】文本框：用于设置等待的具体时间，单位为秒。

（4）【显示按钮】选项：选择该选项，在等待时会显示一个【继续】按钮（ 继续 ），只有单击此按钮，程序才结束等待继续向下运行。

（5）【显示倒计时】选项：只有当【时限】文本框不为空时才能选择此项，在等待时，演示窗口中会显示一个计时时钟（），动态显示剩余时间。

以上选项可多选，若同时设置多种等待，只要有一种方式满足条件，程序就会继续运行。

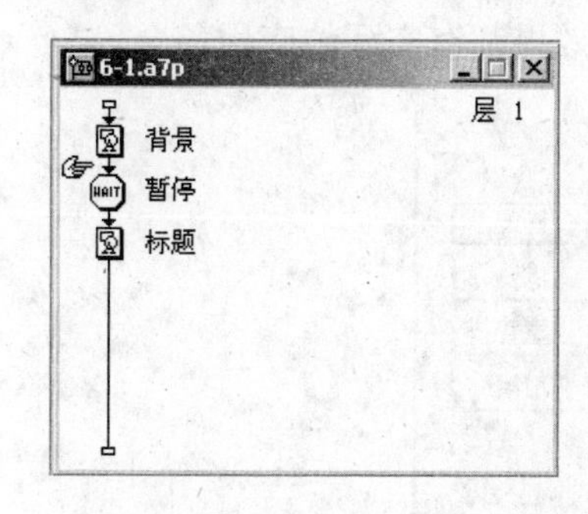

图 6-12　设计窗口

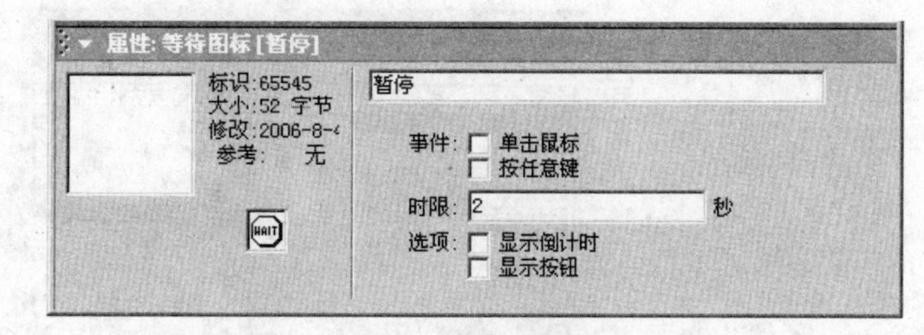

图 6-13　等待图标属性面板的设置

按图 6-13 所示，设置“暂停”图标为时限等待，再次运行该程序可以看到“背景”图像出现两秒钟后，“标题”文字才显示出来。

3．用【擦除图标】清除显示对象

有些显示对象不会始终出现在屏幕上，在完成显示后需要被清除，擦除图标就是用于清除屏幕上各种可视对象的主要工具。擦除图标一般放置在被擦除图标的后面。

（1）在上面的流程中，先将“暂停”图标复制到“标题”图标之后，如图 6-14 所示。

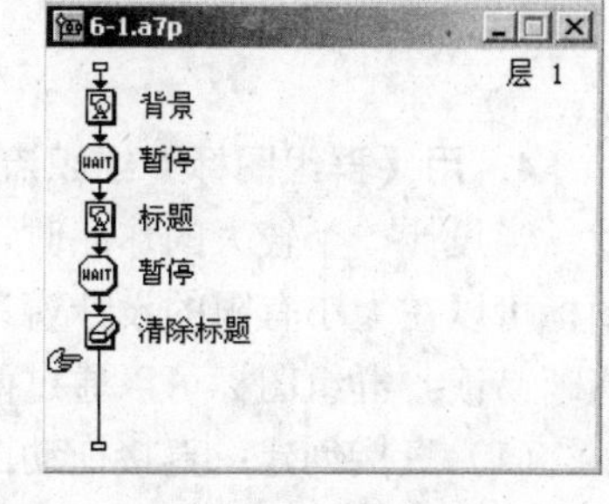

图 6-14　添加擦除图标

（2）从图标面板上拖动一个擦除图标放置到流程线最下方，命名为【清除标题】，准备清除前面显示的标题文字。

（3）双击要擦除的“标题”显示图标，看到演示窗口中的标题文字后，再用鼠标双击【清除标题】擦除图标，然后在演示窗口单击要清除的标题文字，这时擦除属性面板如图 6-15 所示。所选中的擦除对象被放置在右方的列表中。

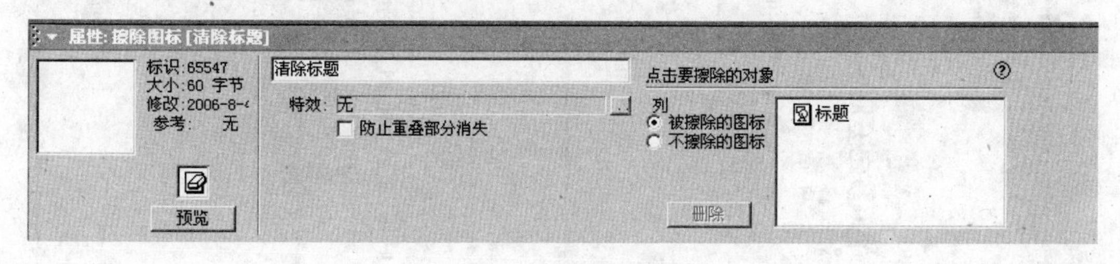

图 6-15　擦除属性面板

删除图标属性面板中各项设置的含义如下：

① 列：给出了两个选项，如果选中的是【被擦除的图标】，则在右边的列表中显示的将是运行时要擦除的图标名称；如果选中的是【不擦除的图标】，则在右边的列表中显示的将是运行时要保留，不希望擦除的图标的名称。

② 特效：可以设置擦除时的过渡效果，默认状态下为【无】，表示直接擦除，如果单

击特效选项右边的▢按钮，就会打开一个【擦除模式】对话框（如图 6-16 所示），使用该对话框可以选择各种擦除效果，运行时，擦除的对象就会在指定的周期时间内按所选的特效将对象擦除。

③ 防止重叠部分消失：若选中此选项，擦除时会等擦除动作完成后，再显示之后的图标，否则将一边擦除一边显示新内容（交叉过渡），两种效果都有实际的应用场合。

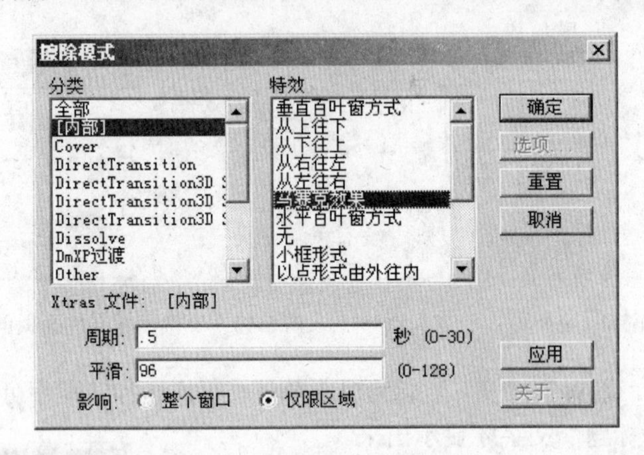

图 6-16　擦除模式特效对话框

4. 用【群组图标】组织流程

当设计一个较大的作品时，经常会用到很多图标，且流程线也会比较复杂，使用群组图标可以在大小有限的设计窗口中组织更多的图标，构造的模块化的结构也会使流程变得清晰易读。群组图标可以通过两种方式创建：

（1）直接创建：直接拖动图标面板上的群组图标到流程线上。

（2）使用【群组】命令创建：对于已经存在的一系列连续的图标，如果想放置到群组中，可以先拖动鼠标，在设计窗口中拉出虚框选中要组合的图标，然后选择【修改】→【群组】命令，如图 6-17 所示，图 6-18 中所选图标被替换为一个群组图标。

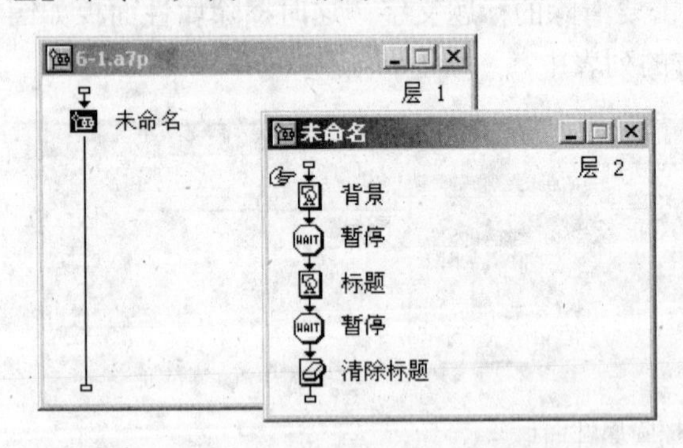

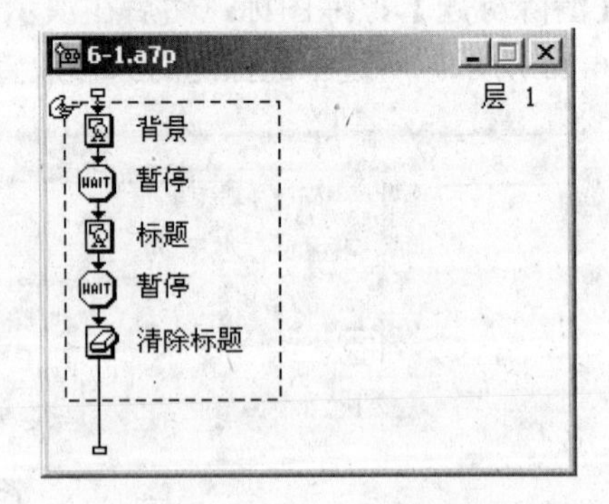

图 6-17　执行群组命令创建的群组图标

图 6-18　选择要组合的图标

双击打开群组图标，可以看到组合的内容在一个新设计窗口中，窗口右上的【层 2】标注表示该段子流程是【层 1】流程中一个群组的展开。

在群组图标中，可以放置其他各种设计图标，甚至可以嵌套群组。如果希望取消组合，可以先选中该群组图标，然后选择【修改】→【取消群组】命令，展开群组中的内容。

6.2.3 保存文件

在编辑过程中要注意经常保存文件，以免意外的错误造成操作成果的丢失。Authorware 7.0 保存的文件以.a7p 作为扩展名。由于功能的扩展，每个版本创建的文件扩展名都不同，从扩展名可以看出创建文件的 Authorware 版本，如 Authorware 6 保存的文件以 a6p 作为扩展名。

Authorware 7.0 的【文件】菜单下提供了 4 种保存命令：

（1）【保存】：保存前文件。

（2）【另存为】：将当前文件以新的文件名或路径进行保存。

（3）【压缩保存】：压缩优化文件，以文件需要的最小磁盘空间来保存。

（4）【全部保存】：保存当前打开的所有文件和库。

选择【文件】菜单下【保存】命令，在指定路径下命名保存文件，如图 6-19 所示。

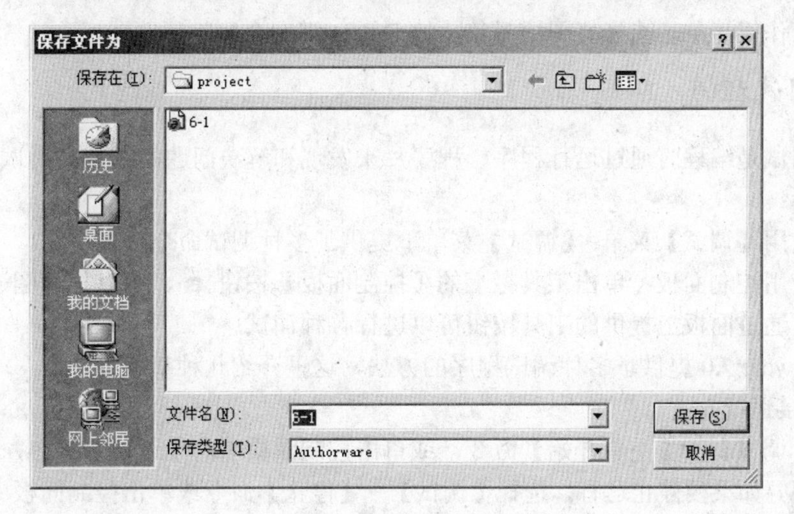

图 6-19　保存文件

6.2.4 流程线的基本操作

在编辑流程线的操作中，最基本的就是图标的选择、移动、复制、剪切和删除等操作了。

1．选择

选择是其他编辑操作的前提，单个图标的选择只要用鼠标单击选中即可，要选多个图标则可以通过拖动鼠标，把要选择的图标包含在拖动虚线框中来实现，如图 6-20 所示。如果要多选互不相邻的图标，则先按住 Shift 键，再逐个单击图标即可。

移动操作可以通过直接拖动被选择的图标到新位置来完成，但通常移动只能对单个图标进行，多个图标的移动要通过剪切和粘贴操作来完成，如图 6-21 所示。

2．复制（或剪切）

操作要分几个步骤完成：先选择要复制的图标，然后单击工具栏中的【复制】（或【剪切】）按钮，接着在流程线上要插入图标的位置上单击，使手型指针出现在这个位置，最后单击工具栏中的【粘贴】按钮，复制（或剪切）的图标就插入到手形指针指向的位置。

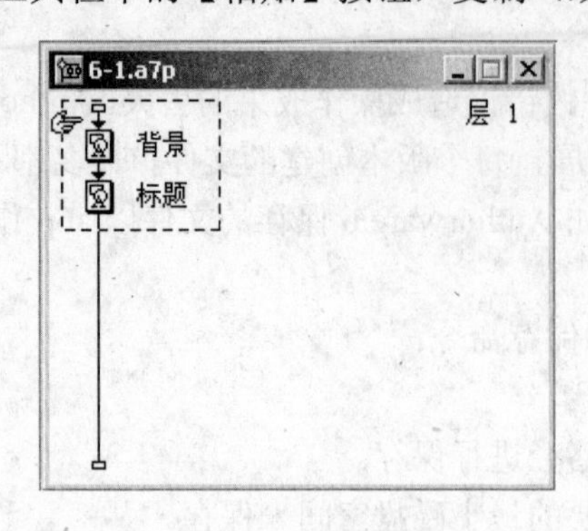

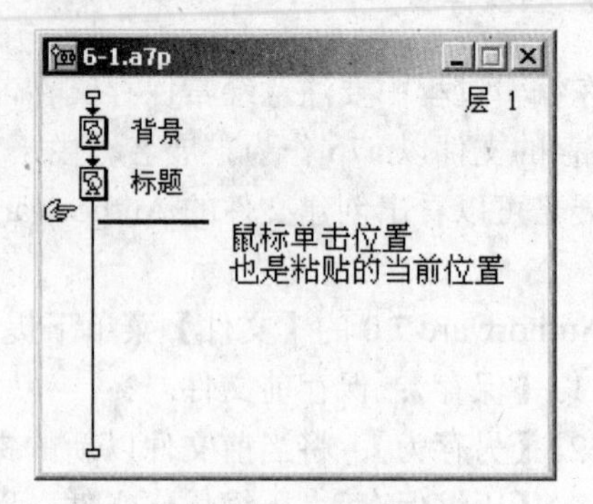

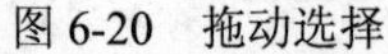

图 6-20　拖动选择　　　　图 6-21　粘贴位置

3．删除

删除操作很简单，选择好图标对象，按 Delete 键就会删除所选图标。

6.2.5　调试程序

程序调试是编程时通过运行程序、程序片来发现和解决问题的过程。调试可以通过两种方式进行：

（1）使用【调试】菜单：【调试】菜单下提供了多种调试命令可供使用。

（2）使用控制面板：单击工具栏上的【控制面板】按钮 ，可以打开图 6-22 所示的控制面板，通过面板上提供的工具按钮可以进行各种调试。

Authorware 7.0 提供了多种调试程序的方法，这里介绍几种基本方法：

1．直接运行

选择【调试】→【重新开始】命令，或单击控制面板上的【运行】按钮，可以从头开始运行程序。如果要停止运行，选择【调试】→【停止】命令或单击控制面板中的【停止】按钮即可。

2．部分程序调试

当程序很长的时候，调试不必每次都从头开始，部分调试会更快捷有效，特别是已经调试通过的部分就不需要再次运行。部分调试片段的开始和结束位置是通过开始旗帜和结束旗帜来标志的。

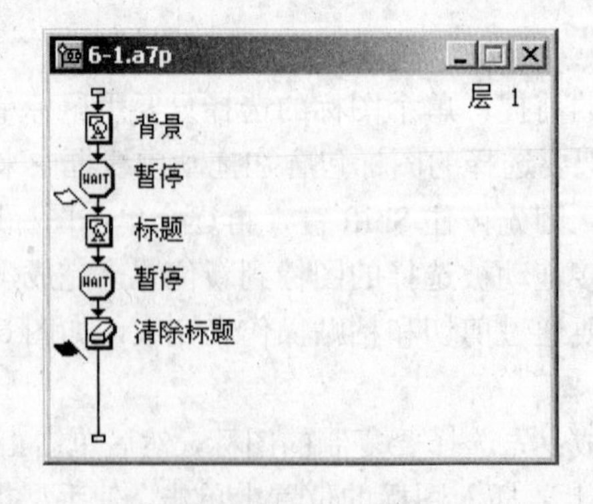

图 6-22　部分调试

拖动【开始旗帜】到流程线上要调试片段的开始位置，然后拖动【结束旗帜】到片段的终止位置，这时【调试】→【从标志旗处运行】命令变为可用命令，选择该命令或单击工具栏中【从标志旗处运行】按钮，就可以开始部分调试。

如果只需要设置调试的起点或终点位置，可以单独使用开始旗帜或结束旗帜。

3．跟踪运行

Authorware 7.0 还可以通过【调试】→【调试窗口】（Step Into）命令和【单步调试】（Step Over）来逐步跟踪程序的运行。每执行一次 Step Into，程序向下执行一步，遇到群组图标会进入子流程；而 Step Over 也是每次单步向下执行，但遇到群组图标并不进入，而是跨步跟踪。

跟踪也可以通过控制面板上对应的按钮来进行，如图 6-23 所示。

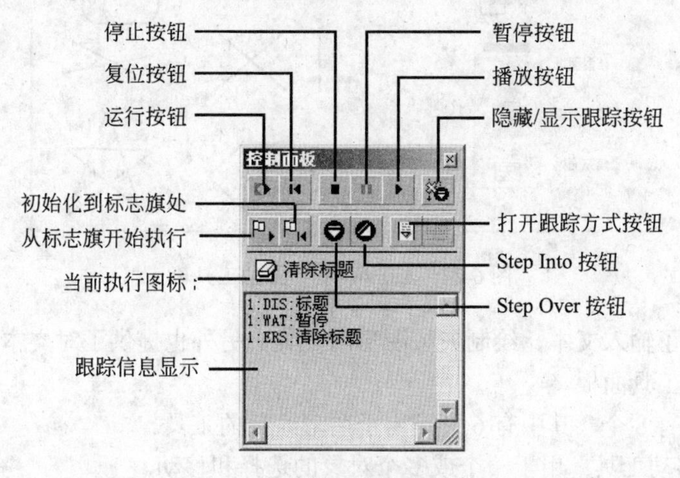

图 6-23　展开的控制面板

4．修改程序

在程序运行过程中，如果发现问题就需要修改，这时不必结束运行回到设计窗口再操作。直接在运行的演示窗口中双击要修改的对象，程序就会进入【暂停】状态，同时自动打开编辑工具和有关的属性面板，修改完后，关闭工具箱或单击控制面板上的【播放】按钮就可继续执行。

要注意的是，除了群组图标，如果流程线上有未编辑的空图标（灰色显示的图标），程序执行到该图标也会暂停，自动进入编辑状态而不再向下执行。

6.3　文本和图片素材的添加

文本和图形图像是最基本的媒体元素，任何作品中都不可缺少，所以用于放置这些对象的显示图标是 Authorware 中最基本的功能图标。

6.3.1　绘制图形

1．基本绘图工具

在 Authorware 7.0 显示图标的工具箱中提供了一些基本的绘图工具，这些工具结合线型、填充方式等工具盒面板的设置可以绘制出各式各样的图案。

拖动一个显示图标到流程线上，当双击该显示图标打开演示窗口后，屏幕上会出现一个如图 6-24 所示的工具箱。

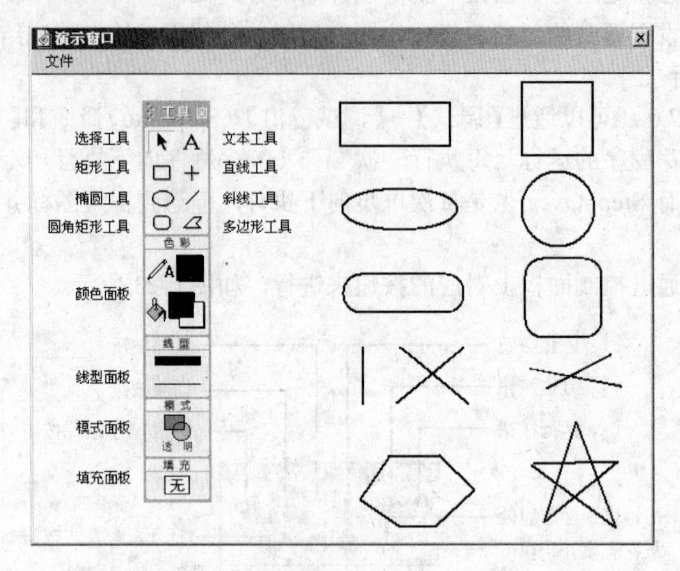

图 6-24 Authorware 7.0 的工具箱

工具箱提供了输入文本、绘制矢量图形的工具，另外也提供了对文本、图形、图像的属性进行编辑的工具面板。

基本的工具有 8 个，其中有 6 种是用于图形绘制的工具。

（1）选择/移动工具：用于一个或多个对象的选择和移动。

（2）文本工具：用于输入文字。

（3）矩形工具：用于绘制矩形，如果绘制同时按下了 Shift 键，则绘制的是正方形。

（4）椭圆工具：用于绘制椭圆，如果绘制同时按下了 Shift 键，则绘制的是圆形。

（5）圆角矩形工具：用于绘制圆角矩形，如果绘制同时按下了 Shift 键，则绘制的是圆角正方形。

（6）直线工具：用于绘制水平线、垂直线和 45°角直线。

（7）斜线工具：用于绘制任意角度的直线，如果绘制同时按下了 Shift 键，则可以绘制水平线、垂直线和 45°角直线。

（8）多边形工具：用于绘制任意多边形，如果绘制同时按下了 Shift 键，则可以绘制以水平线、垂直线和 45°角直线连成的多边形。

在显示图标中，可以按以下步骤来绘制各种图形：

（1）从图标面板上拖动一个显示图标，放到流程线上。

（2）双击该显示图标，打开演示窗口。

（3）在工具栏中单击选中某个图形工具。

（4）将鼠标移到演示窗口，当鼠标指针从箭头形状变为十字光标时可以开始绘制图形。

（5）要绘制矩形、椭圆、圆角矩形和直线图形，首先鼠标单击确定直线起点或区域图形的起始角点位置，同时按住鼠标左键拖动鼠标，在直线结束点或区域图形的结束角点位置放开鼠标，图形即被确定。

要绘制多边形，首先单击确定起点，然后移动鼠标到下一个顶点位置再次单击，完成一条边的绘制；重复此操作，确定多边形其他的边；在最后一个顶点位置双击鼠标左键，可以完成绘制（如果是在起点位置单击，就能绘制一个封闭的多边形）。

（6）图形创建后，直线两端或图形周围会出现 2 个或 8 个控制句柄，如图 6-25 所示，它们用于改变图形的大小和形状。当鼠标移动到控制句柄上，光标变为箭头形状时，拖动鼠标，可以对图形的比例大小进行调整，如图 6-26 所示。

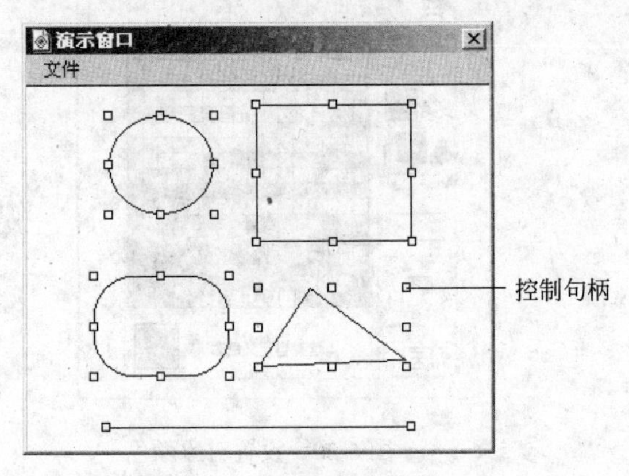

图 6-25　图形的控制句柄

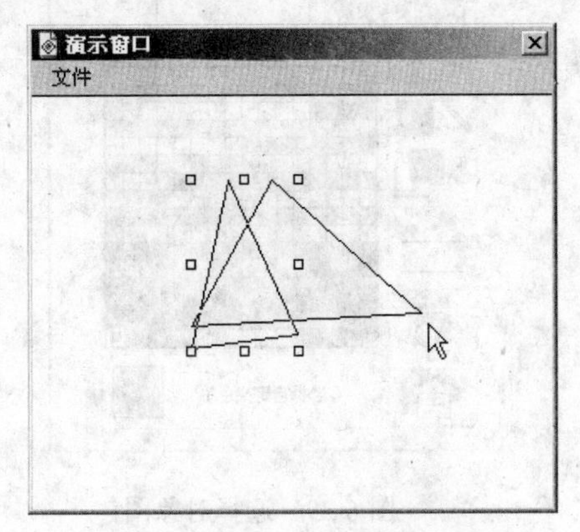

图 6-26　拖动改变图形大小形状

2．图形的属性设置

除了 8 个工具，工具箱中还提供了 4 个面板，可以设置图形、图像和文本的颜色、线型等基本属性。

1）颜色面板

颜色面板可以设置文本、图形对象的前景色、背景色、线条颜色。展开和隐藏颜色窗口的三种方法是：

（1）单击工具箱中颜色面板。

（2）选择【窗口】→【显示工具盒】→【颜色】命令。

（3）双击工具箱中的椭圆工具。

通常，对图形对象要设置的颜色是线条颜色、前景色和背景色，如图 6-27 所示。虽然单击颜色面板的各个部分打开的都是相同的颜色选择窗口（如图 6-28 所示），但是颜色设置的具体对象是不同的。

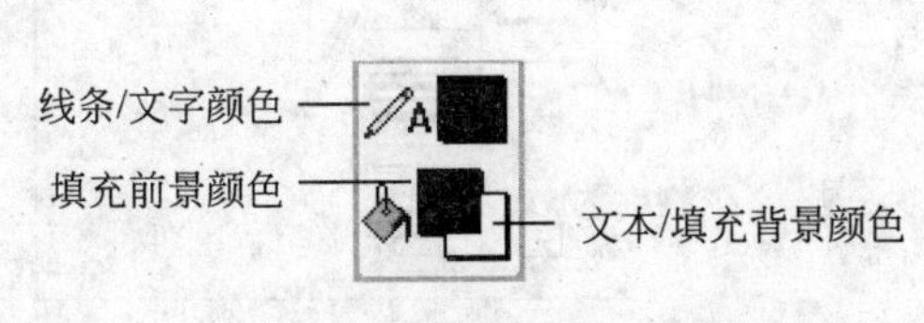

图 6-27　颜色面板

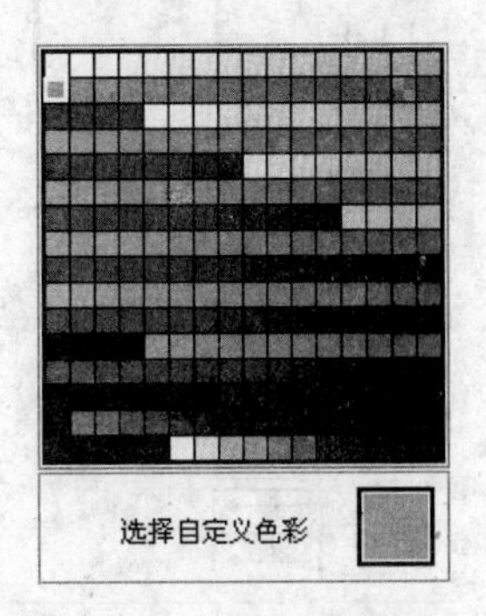

图 6-28　颜色选择窗口

如图 6-29 所示，在演示窗口中选中一个图形，然后单击颜色面板上部的【线条/文字颜色】按钮，从颜色窗口中选择一个颜色作为边框线条的颜色，然后单击颜色面板下部的【前景颜色】按钮，从颜色窗口中选择一个颜色作为填充的颜色，可以看到图 6-30 的效果。

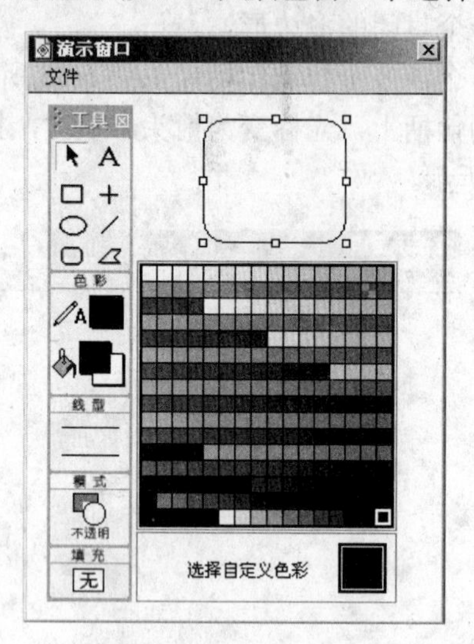

图 6-29　选择对象图

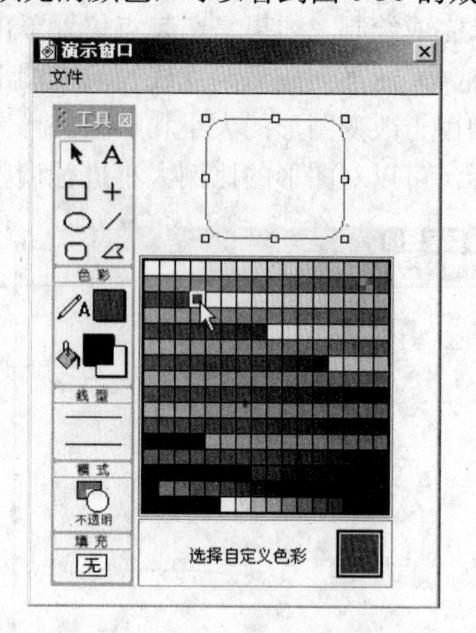

图 6-30　设置对象颜色

当前设置的颜色会成为后面新绘制图形的预定设置，直到再次更改为止。

2）线型面板

线型面板用于线型和线宽的设置。展开和隐藏线型窗口的方法是：

（1）单击工具箱中的线型面板。

（2）选择【窗口】→【显示工具盒】→【线】命令。

（3）双击工具箱中直线/斜线工具。

在演示窗口中选中图形，然后单击线型面板，从线型窗口上部选择一个线宽模式，如图 6-31 所示，再次单击线型面板，从线型窗口下部选择一个箭头，可以看到图 6-32 所示的效果。

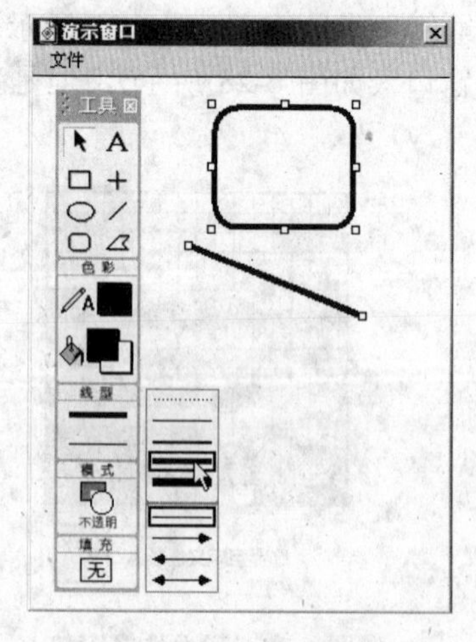

图 6-31　设置线宽

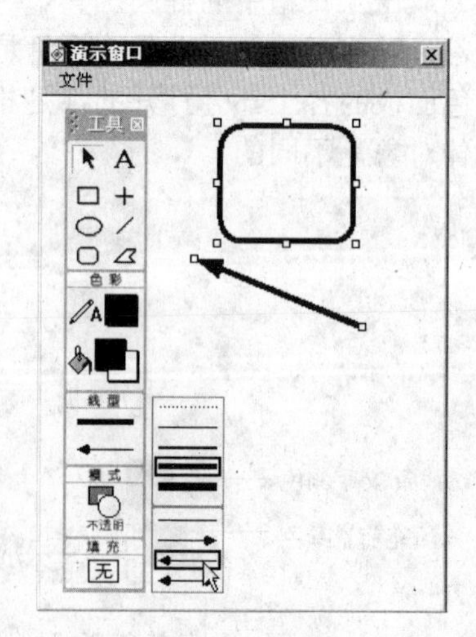

图 6-32　设置箭头样式

3）模式面板

模式面板用于设置对象重叠时，上层对象覆盖下层对象的效果。展开和隐藏模式窗口的方法是：

（1）单击工具箱中的模式面板。

（2）选择【窗口】→【显示工具盒】→【模式】命令。

（3）双击工具箱中选择工具。

Authorware 提供了 6 种模式，默认模式是【不透明】模式。

如图 6-33 所示，圆角矩形用红色填充，圆形用黄色填充，选中位于上层的圆形后单击模式面板。从模式窗口中选择【反转】模式，可以看到图 6-34 所示的效果，图案颜色取为背景颜色的补色。

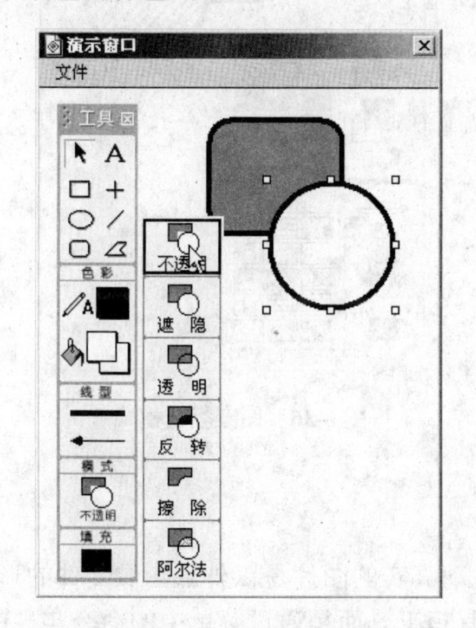

图 6-33　默认不透明模式

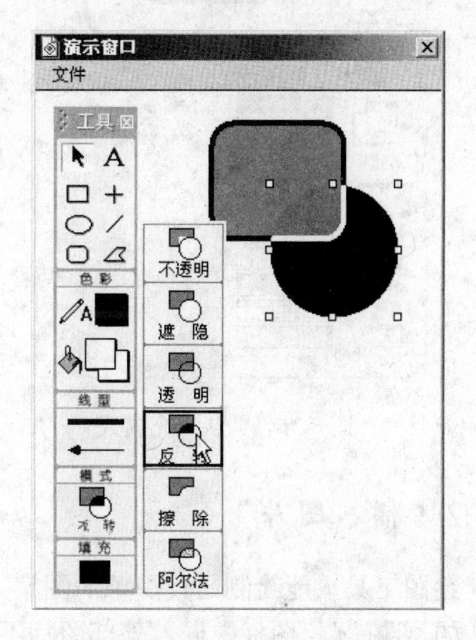

图 6-34　反转模式效果

（1）【不透明】：当前对象完全不透明以原本的颜色进行覆盖。

（2）【遮隐】：对位图图像，可以将封闭轮廓外围白色的区域透明显示，内部的白色不会被透明处理。

（3）【透明】：对于位图图像和文本对象，可以将对象内任何白色部分透明显示。

（4）【反转】：在与当前对象相交的区域，以相反的颜色显示背景对象。

（5）【擦除】：会将该对象与其他对象的重叠部分擦除掉。

（6）【阿尔法】：仅对带 Alpha 通道的对象起作用，显示 Alpha 通道设定的内容；不带 Alpha 通道的对象则以不透明方式显示。

4）填充面板

填充面板用于设置图形的填充图案。展开和隐藏填充窗口的方法是：

（1）单击工具箱中填充面板。

（2）选择【窗口】→【显示工具盒】→【填充】命令。

（3）双击工具箱中的矩形/椭圆/圆角矩形工具。

Authorware 7.0 提供无填充，以前景色、背景色填充以及各种图案填充的设置，默认的填充方式为【无填充】，如图 6-35 所示。

如果要将圆形设置为以斜条纹图案填充，先在演示窗口中选中该圆，再使用颜色面板设置好填充的前景颜色和背景颜色，然后单击填充面板，从打开的窗口中选择斜条纹填充，设置后的效果如图 6-36 所示。

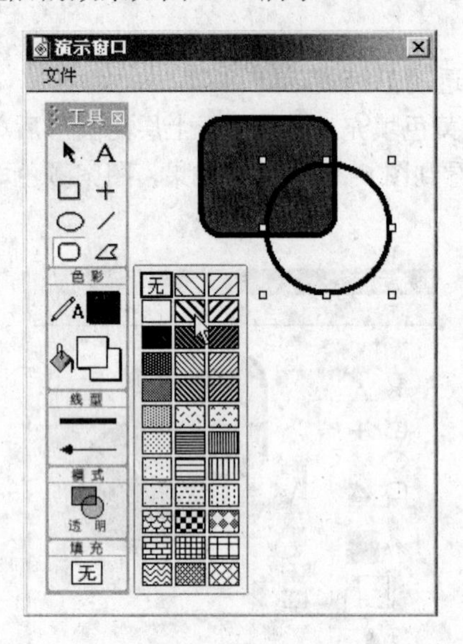

图 6-35　默认填充模式

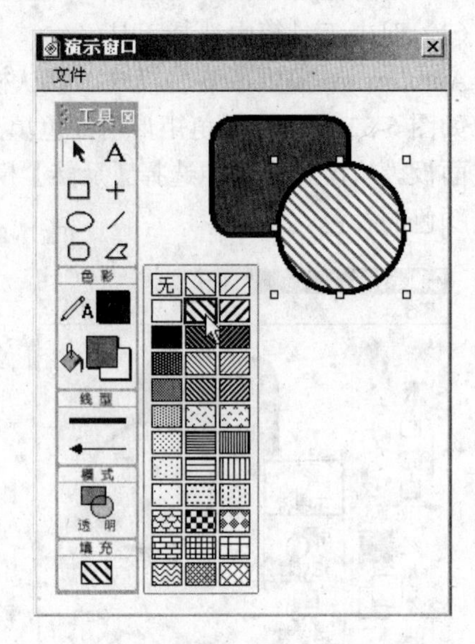

图 6-36　图案填充模式

6.3.2　插入图片

绘图工具只能绘制比较简单的图案，一般更生动真实的图片是以外部图像文件的形式存在的，要在显示图标中嵌入外部图片不是通过工具箱工具而是通过菜单中的命令实现的。

1.【文件】→【导入和导出】→【导入媒体】命令

(1) 如果打开了显示图标的演示窗口，再执行这个命令，将打开如图 6-37 所示的【导入哪个文件？】对话框。通过该对话框搜索文件夹，找到要插入的图片文件，双击即可插入图片。如果选择了对话框中的【显示预览】选项，还可以在对话框右侧展开的预览窗口中实现查看图片。

(2) 如果没有打开显示图标或其他图标的演示窗口，直接在设计窗口中执行这个命令，同样也可以通过【导入哪个文件？】对话框插入图片，导入的图片会被放置在一个新显示图标中，图标插入在流程线上手形指针指向的位置，且该图标以图片的文件名命名，如图 6-38 所示。

2.【插入】→【图像】命令

拖动一个显示图标到流程线上，双击打开其演示窗口，选择【插入】→【图像】命令后，屏幕上会弹出一个图像属性对话框，如图 6-39 所示。

单击对话框中的【导入】按钮，通过打开的【导入哪个文件？】对话框先将图片插入到演示窗口。如果觉得图片的大小和位置需要调整，可以直接用鼠标拖动图片或图片周围的控制句柄来改变，也可以在图像属性对话框的【版面布局】选项卡中提供的选项上进行设置。

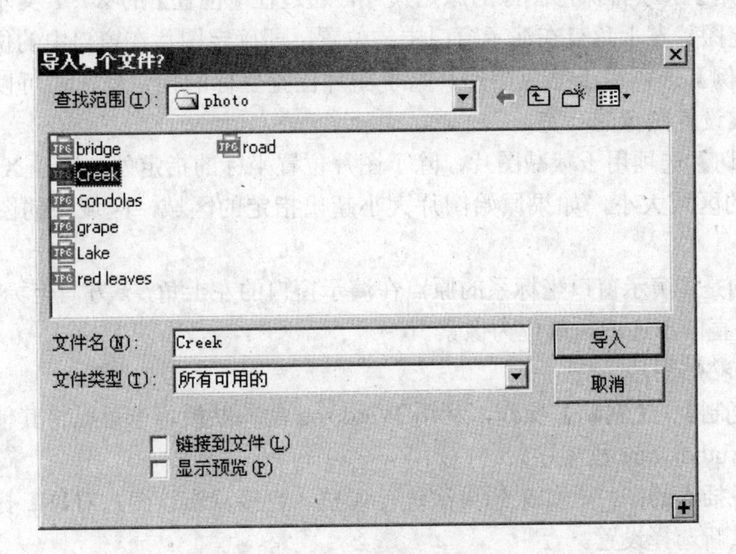

图 6-37　导入文件对话框

pic.a7p
层 1
Creek.JPG

图 6-38　导入图片到新显示图标

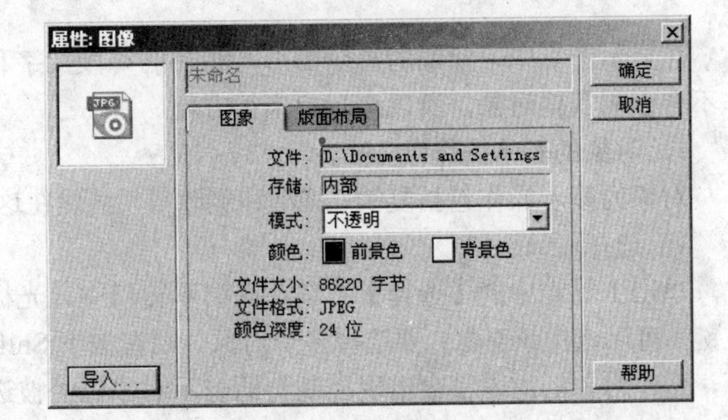

图 6-39　图像属性对话框

【版面布局】选项卡上，【显示】下拉列表提供了移动、缩放和裁剪图片的设置选项，如图 6-40 所示。

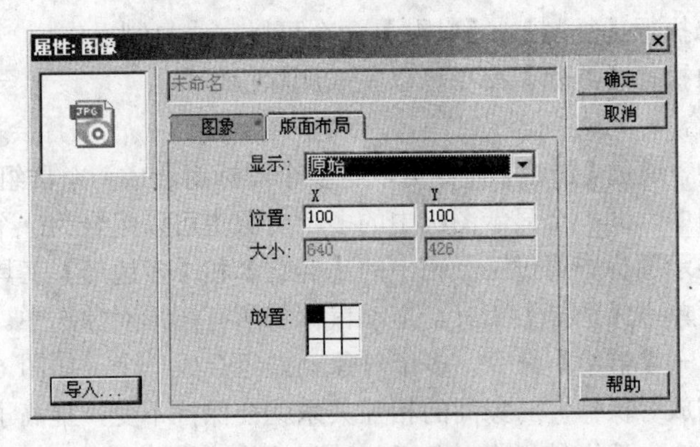

图 6-40 【版面布局】选项卡

(1)【原始】选项将保持图像的原始尺寸，通过在【位置】的X、Y文本框中输入坐标值，可以指定图片左上角点在演示窗口中的位置，即确定图片在窗口中的位置。

(2)【比例】选项用于缩放图片，除了图片位置坐标的指定外，还可以通过百分比或像素值的方式设置图像的高宽。

(3)【裁切】选项用于裁减图片，除了图片位置坐标的指定外，通过X、Y的大小值，确定要显示的区域大小，如果原始图片大小超出指定的区域，区域外的图将被裁减而不显示。

要注意的是，演示窗口坐标系的原点在演示窗口的左上角，x方向坐标水平向右递增，y方向坐标垂直向下递增，单位为像素。

3. 复制/粘贴图片

通过【复制】+【粘贴】操作，利用Windows的剪贴板，也可以将其他应用程序中的图片插入到Authorware程序中。

对于已经插入的图片，如果想再次进行调整，直接双击该图片对象，打开图像属性对话框，即可重新选择设置。

6.3.3 对象的操作

在显示图标中，绘制的每个图形，添加的每段文字和图片都是对象，对一个对象的操作不会影响其他对象，所以编辑起来很方便。

1. 对象的基本操作

对象的基本操作包括复制、移动和删除等，当然在这些操作之前，首先要做的是选择。

1）选择对象

单击工具箱中的【选择】工具，在演示窗口中，光标为箭头形状，在某个对象上单击左键，可以选中该对象；要选择多个对象，则在按下Shift键的同时，逐个单击显示对象即可，选中对象的周围都会出现控制句柄表示对象已经被选中。

连续对象的选择可以通过鼠标拖动，将要选中的对象包围在生成的虚框内即可。

2）复制、移动和删除

在选中的对象上（不要在控制句柄上），当光标为箭头形状时，按下鼠标左键不放，拖动对象可实现移动。

对选中的对象执行【复制】+【粘贴】命令可以完成复制操作。

对选中的对象执行【清除】命令可以完成删除操作。

3）对象的组合

在设计窗口中，通过【群组】命令可以将多个图标组合成一个群组，便于编辑和管理，同样，在演示窗口中，同一个显示图标中的多个对象也可以组合为一个整体进行编辑。

首先在一个显示图标中通过工具箱中的【椭圆】和【多边形】工具绘制一个如图6-41所示的人脸，然后单击【选择】工具，拖动鼠标将所有图形对象选中。

选择【修改】→【群组】命令，多个对象就被组合成一个（如图6-42所示）。这时如果再进行移动、缩放等操作，对象间的相互关系就会保持不变，提高了编辑效率。

如果要打散组合，选中某组合对象后，选择【修改】→【取消群组】命令，对象又被还原为多个独立的个体。

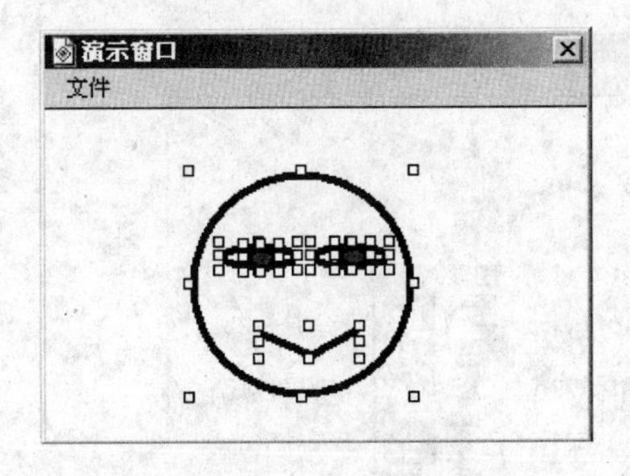

图 6-41　组合前的多个对象

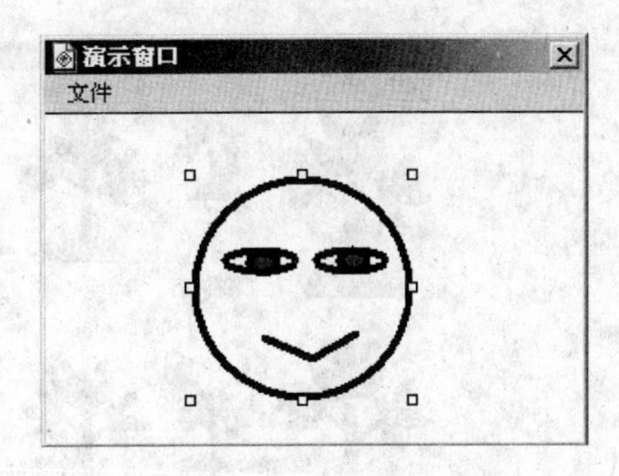

图 6-42　组合后成为一个对象

2．对象的布局

多个显示对象如何在同一个窗口中进行布局也是显示图标的基本操作。

1）对象的层次

在显示图标的演示窗口中，如果先后创建了多个可视对象，那么后创建的对象将覆盖在之前的对象之上，形成遮挡，但通过【修改】菜单下的两个命令可以改变这种层叠关系。

（1）【置于上层】将被选中的对象放置到所有对象的最前面；如图 6-43 的 b 所示，此命令将矩形对象放置到最上层。

（2）【置于下层】将被选中的对象放置到所有对象的最后面；如图 6-43 的 c 所示，此命令将三角形对象放置到最下层。

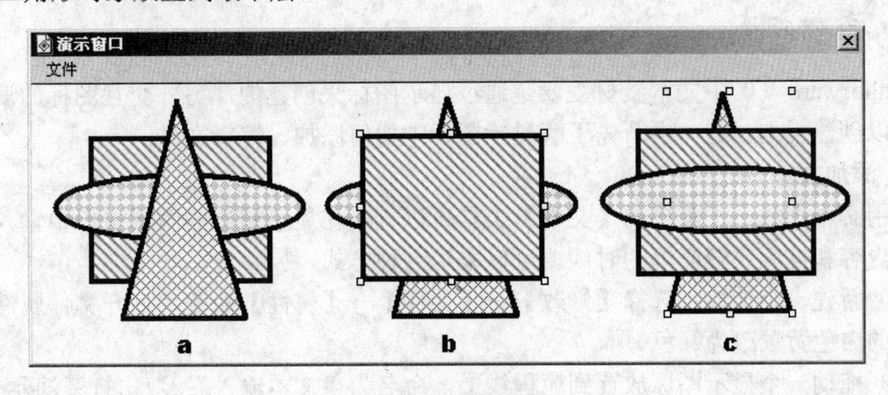

图 6-43　改变叠放层次

2）对象的排列对齐

比较直接的方法是选择【查看】→【显示网格】命令，依据出现的十字花纹网格，在演示窗口中通过直接拖动对象来排列布局。另外，选中对象后，按下键盘上的↑、↓、←、→键，也可以一个像素一个像素地调整对象的位置。

更方便的排列方法是执行【修改】→【排列】命令，通过【对齐】工具面板来对齐对象。如图 6-44 所示，面板上提供了 8 种对齐方法。

举例来看，要实现第一组【顶部对齐】效果：

① 打开显示图标的演示窗口，选中预先插入的三棵树。

② 在【对齐】工具面板中单击【顶部对齐】工具，让三棵树的顶部位于一条水平线上。

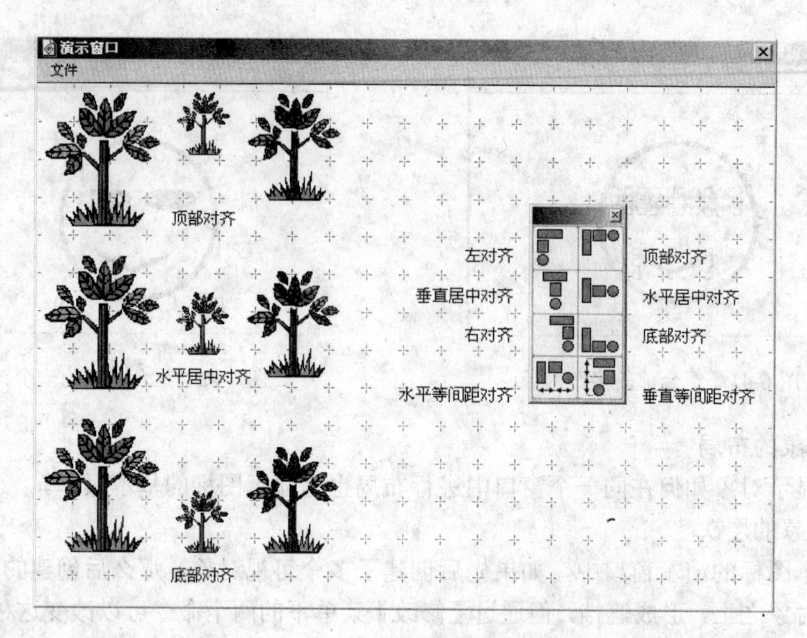

图 6-44　对齐工具面板和水平方向的对齐

③ 再从【对齐】工具面板中单击【水平等间距对齐】工具，在这组对象的最左、最右点保持不变的情况下，设置三棵树间隔相等的距离。

6.3.4　添加文本

Authorware 7.0 中文本素材主要是通过显示图标来创建的，另外交互图标的演示窗口中也可以创建文本。这一小节先了解显示图标中如何添加、编辑文本。

1．添加文本

使用文本工具。工具箱的【文本】工具可以直接在显示图标的演示窗口中输入文字，当文字内容和排版比较简单的时候，可以采用这种方式。

（1）新建一个文件，选择【修改】→【文件】→【属性】命令，打开文件属性面板，将默认的白色背景改为绿色。

（2）拖动一个显示图标放置到流程线上，命名为“文本输入”；双击打开演示窗口。

（3）单击工具箱上的文本工具[A]，当鼠标移动到演示窗口中，光标变为 I 形光标。

（4）鼠标在演示窗口中单击一下，屏幕上出现一条文本标尺线后，就可以在闪烁光标后输入文字，如图 6-45 所示。

（5）因为默认的文本覆盖模式是【不透明】，所以在演示窗口的绿色背景上，可以看到文字块默认的白色背景，如图 6-46 所示。要去掉背景，先选中文本，再单击工具箱上的【模式】面板，将选择改为【透明模式】即可。

2．导入文本

当文本篇幅较长的时候，导入文本的方式会很方便。

（1）拖动一个显示图标放置到流程线上，双击该显示图标，打开演示窗口。

（2）选择【文件】→【导入和导出】→【导入媒体】命令，打开【导入哪个文件?】对话框。

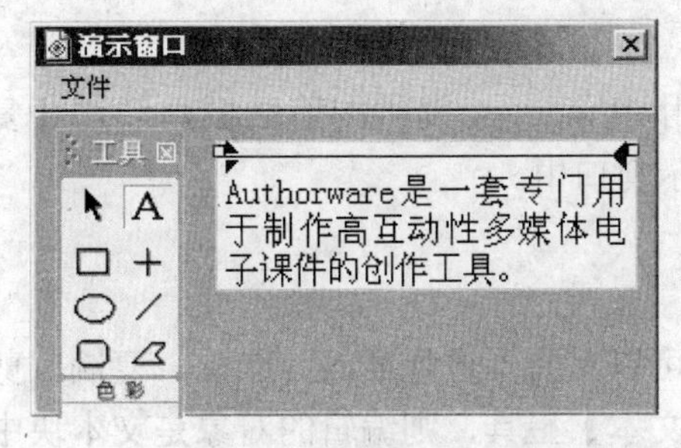

图 6-45　直接输入文本

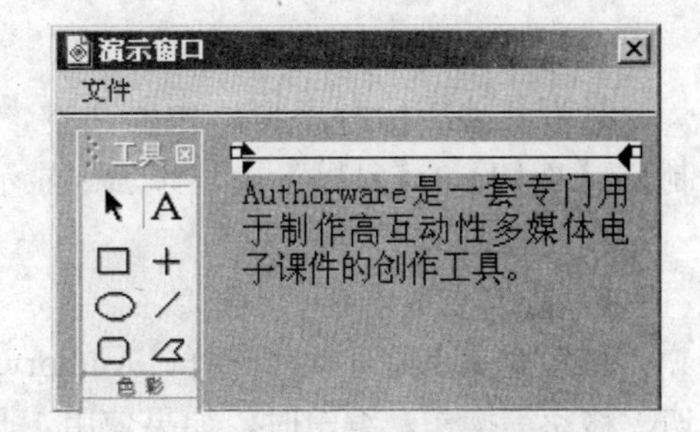

图 6-46　设置透明背景

（3）在对话框中选择要导入事先准备的 TXT 或 RTF 格式文件，单击【导入】按钮，如图 6-47 所示。

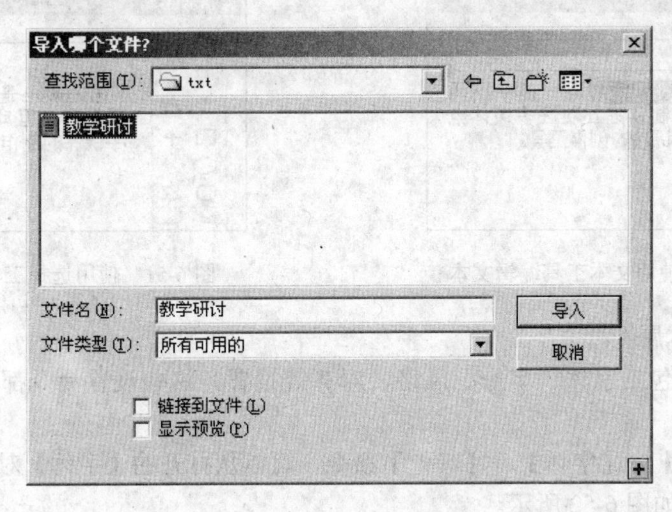

图 6-47　导入文件对话框

（4）如图 6-48 所示，在弹出的【RTF 导入】对话框中，提供了 4 个导入文本效果的设置选项，如果文本较长，可以选择【滚动条】设置；【忽略】选项将忽略文本文件中的强制分页符，把文本放置在一个显示图标中。

（5）单击【确定】按钮后，就可以在演示窗口中看到导入的文字，如图 6-49 所示。

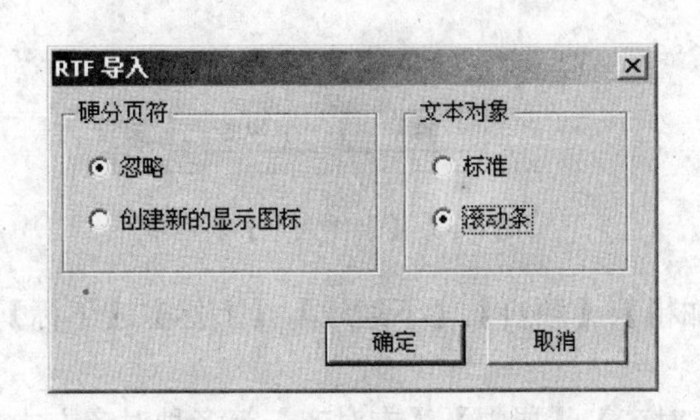

图 6-48　【RTF 导入】对话框

图 6-49　带滚动条的文本块

3. 复制粘贴文本

对于其他应用程序窗口中的文本，还可以利用 Windows 提供的剪贴板，通过【复制】/【剪切】+【粘贴】操作添加到显示图标的演示窗口中。

4. 编辑文本

1）修改文本内容

和其他文字处理软件一样，Authorware 7.0 中可以对文本进行插入、删除、复制、剪切、移动等操作。编辑时，如果使用工具箱中的【文本】工具，则编辑的对象是文本块中被选中的文字，如图 6-50 所示；如果使用的是【选择】工具，则编辑的对象将是整个选中的文本块，如图 6-51 所示。

图 6-50　使用文本工具编辑文本

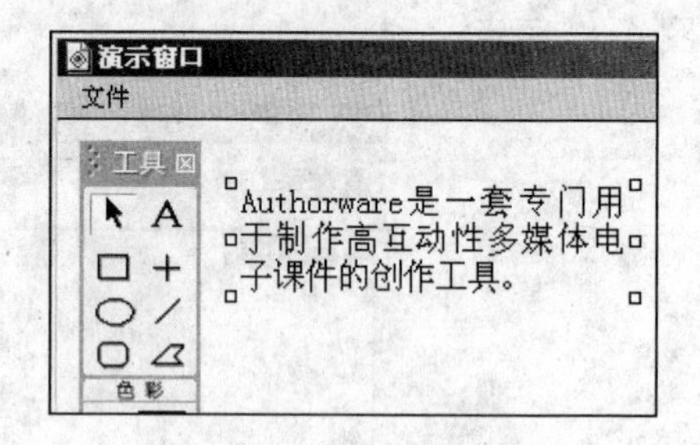

图 6-51　使用选择工具编辑文本

2）设置文本属性

文本的属性包括字体、字号、风格、对齐等设置，这些设置命令都放在【文本】菜单下。

选择【文本】→【字体】→【其他】命令，可以从打开的【字体】对话框中选择一种字体进行设置，如图 6-52 所示。

选择【文本】→【大小】→【其他】命令，可以从打开的【字体大小】对话框中选择一种字号进行设置，如图 6-53 所示。

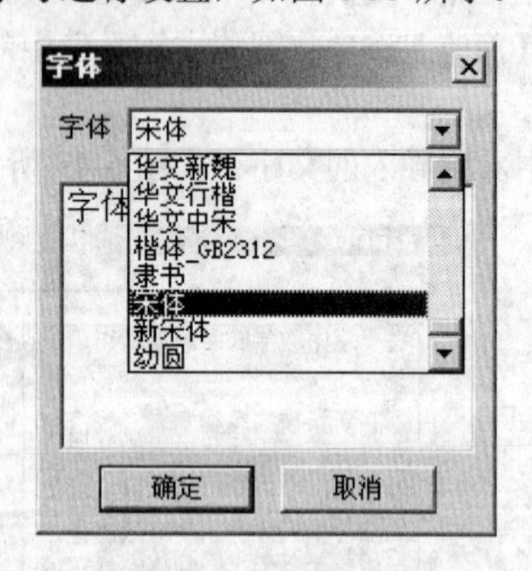

图 6-52 【字体】对话框

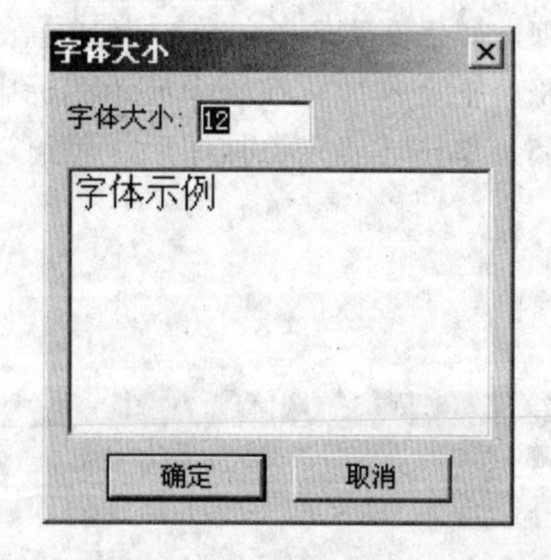

图 6-53 【字体大小】对话框

【文本】→【风格】子菜单下提供了【加粗】、【倾斜】、【下划线】、【上标】、【下标】等多种文字风格。

【文本】→【对齐】子菜单下提供了【左对齐】、【居中】、【右对齐】等多种对齐方式。

【文本】→【卷帘文本】命令可设置文本是否提供垂直滚动条显示。

【文本】→【消除锯齿】命令可以平滑文字边缘的锯齿效果。

【文本】→【定义样式】/【应用样式】命令可以自定义样式，并可应用自定义的样式。

3）直接设置

对于程序中可能要反复使用的文本格式，如果每次都一项项地设置属性会很麻烦，而【定义样式】命令可以将众多属性先一次性定义好并保存下来，之后【应用样式】命令就可以直接将设置应用到选定文本上。具体设置步骤如下：

① 选择【定义样式】命令，打开如图 6-54 所示的对话框。

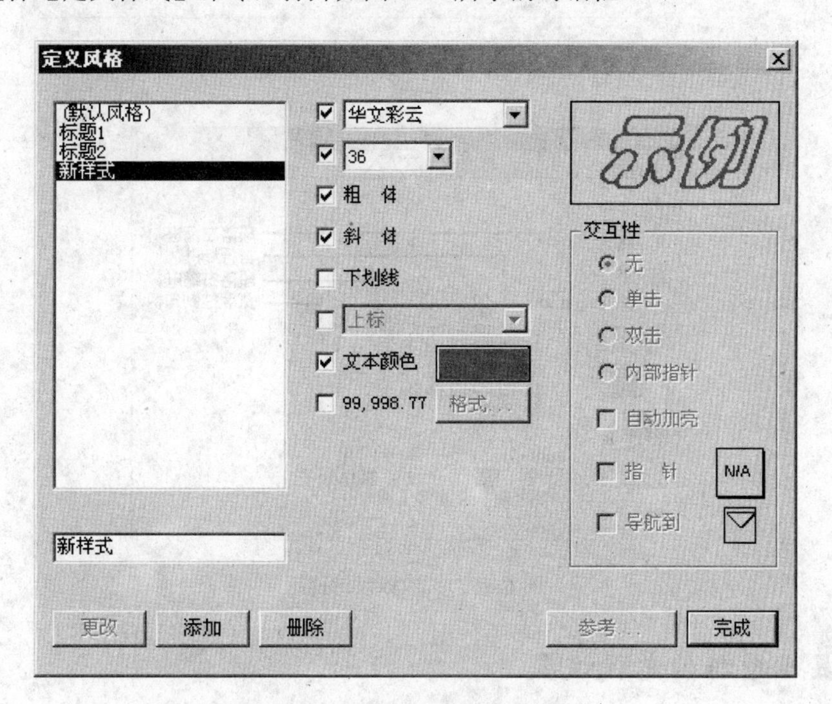

图 6-54 【定义风格】对话框

② 在对话框中单击【添加】按钮，建立一个【新样式】。

③ 如图 6-57 所示，设置【新样式】的字体、字号、大小、颜色等属性，在右上角可以看到设置的预览。

④ 如果想给新样式另外命名，可以在左下方文本框中输入新名字，比如“标题 3”，然后单击【完成】按钮，关闭对话框。

⑤ 在演示窗口中选择要设置的文本。

⑥ 选择【应用样式】命令，打开【应用样式】对话框。

⑦ 在对话框中选择【标题 3】样式，如图 6-55 所示，可以看到文本被设为预定样式。

5. 调整文本布局

如图 6-56 所示，在使用【文本】工具进行编辑时，当输入光标定位在某个文字段落中时，拖动文本标尺上的几个标记，可以改变光标所在段落的左右缩进、首行缩进等段落格式。

图 6-55　应用样式

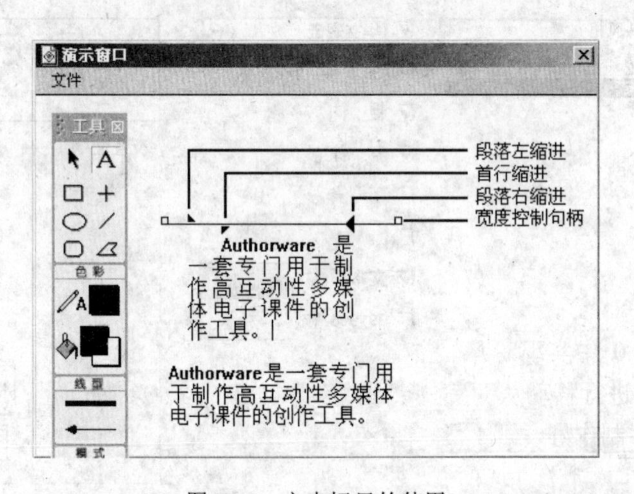

图 6-56　文本标尺的使用

6.3.5　显示图标的属性设置

每个图标都有自己的属性设置面板，在演示窗口中编辑的是某个显示图标内具体的文本、图形、图像对象，而显示图标的属性面板提供的是对图标整体的属性设置。

双击流程线上的显示图标，或选择【修改】→【图标】→【属性】命令，会在应用程序窗口下方展开如图 6-57 所示的属性面板。

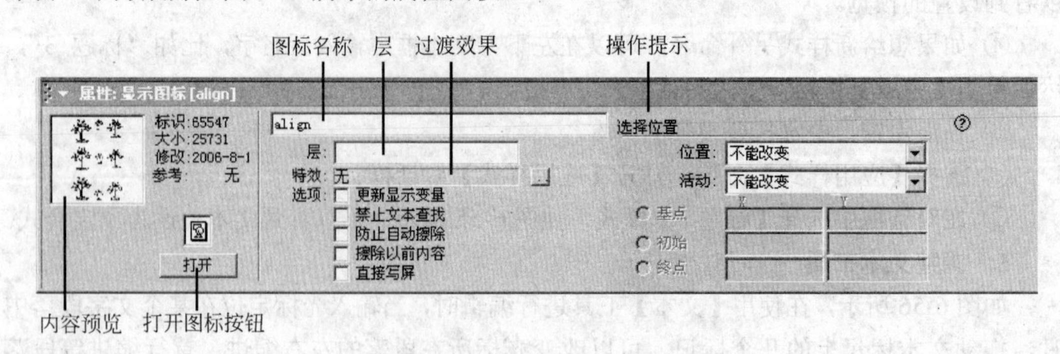

图 6-57　显示图标属性面板

（1）层：默认的情况下，在流程线上后执行的显示图标内容会覆盖在之前执行的显示内容上，但这种覆盖关系可以通过设置层数来改变。显示图标默认的层数为 0，如果层数越大，即使是流程线上先执行的显示图标，其内容也会显示在越上方。

（2）特效：特效是用于设置图标内容出现时过渡效果的选项，它的设置方法和之前擦除图标中提到的特效设置是一样的。

（3）选项：提供 5 种选项设置。

① 更新显示变量：如果显示图标中有变量，则会即时将变量的变化刷新显示出来。

② 禁止文本查找：不允许运行时使用关键字查找该显示图标中的内容。

③ 防止自动擦除：防止当前图标被其他图标设置的自动擦除功能擦除，但可以被【擦除】图标擦除。

④ 擦除以前内容：会在当前图标显示前，擦除屏幕上显示图标的所有内容（层数大的图标和设置了【防止自动擦除】的图标除外）。

⑤ 直接写屏：不论层数设置，运行时，当前图标会显示在最前面，这种方式下，过渡效果无法表现。

（4）位置和活动：可以设置显示图标内的对象在屏幕上的移动范围和方式。

6.4 动画效果的制作

Authorware 7.0 中实现动画的主要方法是使用【移动】图标。它可以对文本、图形、图像、视频等对象进行移动从而实现一些简单的动画效果。复杂的动画还是要先通过 Flash 等其他的动画软件制作好，再导入 Authorware 作品中。

6.4.1 认识移动图标

【移动】图标不能独立创建出移动效果，通常它和【显示】等图标一起，用于设置这些图标中对象的移动。一个【移动】图标只能移动一个显示图标中的整体显示内容。如果两个对象要沿不同的路径分别进行运动，则需要将它们放在不同的显示图标中，然后用两个【移动】图标来分别设定它们的运动路径，如图 6-58 所示流程。流程线上【移动】图标必须放在被移动图标之后。

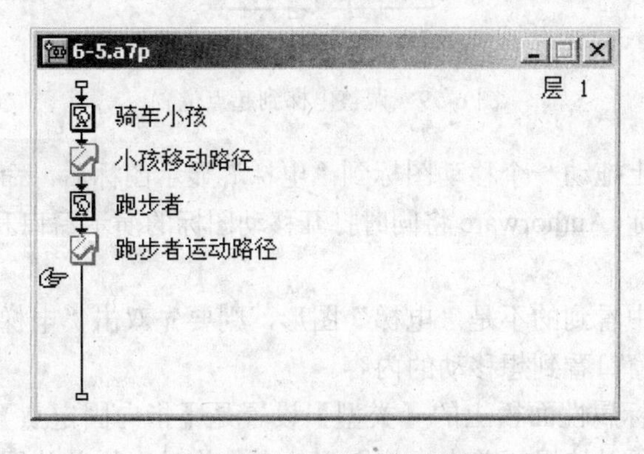

图 6-58　移动图标的使用

【移动】图标提供了 5 种移动类型，类型的选择是在【移动】图标属性对话框中进行的。

（1）指向固定点：将对象从当前位置沿直线移动到目标位置。

（2）指向固定直线上的某点：将对象从当前位置沿直线移动到设定直线段的某个位置。

（3）指向固定区域内的某点：将对象从当前位置沿直线移动到设定矩形区域的某个位置。

（4）指向固定路径的终点：将对象从当前位置沿指定的折线或曲线路径移动到目标位置。

（5）指向固定路径上的任意点：将对象从当前位置沿指定的折线或曲线路径移动到路径上的某个位置。

6.4.2 【指向固定点】移动类型

很多对象的移动方式很简单，仅仅是从起点沿直线运动到终点，比如升旗或字幕的上升。下面以模拟电梯上楼的动画为例来看看如何设置指向固定点的移动。

（1）新建一个空文件，从图标面板上拖动一个显示图标到流程线上，命名为“大楼”，双击该显示图标，在打开的演示窗口中绘制一幢大楼。

（2）从图标面板上再拖动一个显示图标到流程线上，命名为“电梯”，双击该显示图标，在打开的演示窗口中绘制一个简单的电梯，该图形如图 6-59 所示，将电梯放置在一楼，这个位置就是对象移动的起点位置。

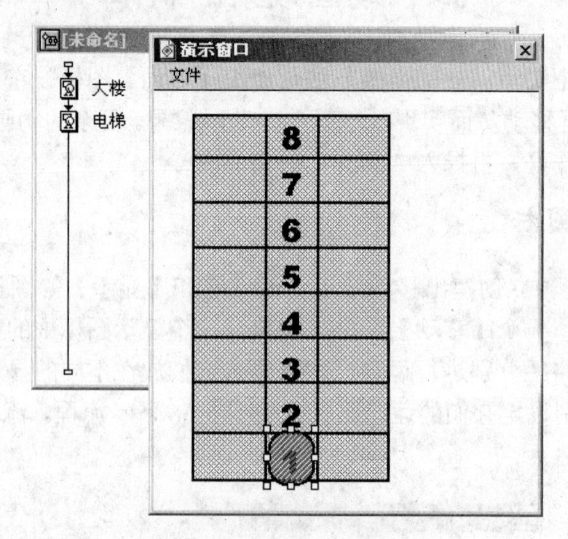

图 6-59　调整电梯到起点位置

（3）从图标面板上拖动一个移动图标到“电梯”显示图标后，命名为“上楼”。

（4）双击移动图标，Authorware 将同时打开移动图标的演示窗口和属性面板，如图 6-60 所示。

如果在演示窗口中看到的不是“电梯”图形，则要先双击“电梯”显示图标，再双击移动图标才能在演示窗口看到想移动的内容。

（5）确定移动图标属性面板上的【类型】设置是【指向固定点】，当前例子要将电梯从 1 楼上升到 8 楼，所以按提示单击电梯图形，向上拖动电梯并放置到目标位置。

（6）移动过程的持续时间可以在【定时】选项下设置，Authorware 7.0 提供了时间和速率两种移动速度的设置方法：

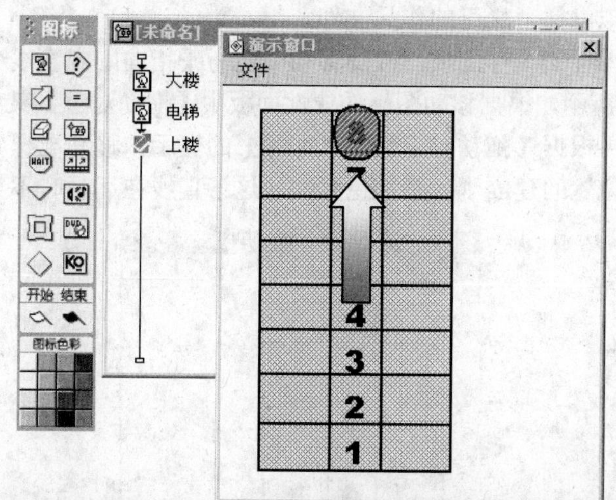

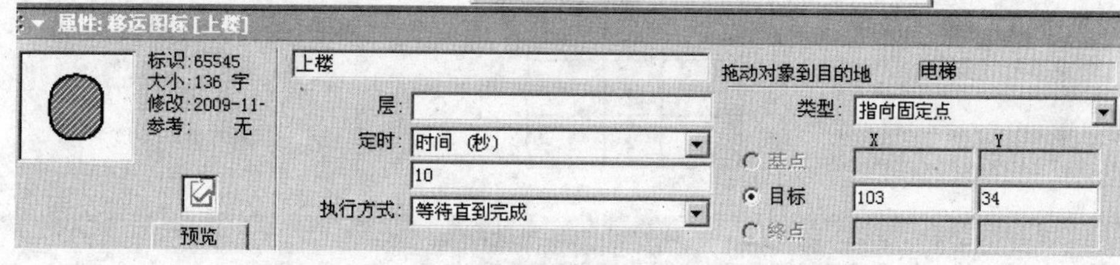

图 6-60　移动图标的设置

- 时间（秒）：以【秒】为单位，设置运动持续时间，具体数值在【定时】下拉列表框下方的文本框内输入。
- 速率（sec/in）：以【秒/英寸】为单位，设置运动的速率，具体值在下方的文本框中输入；当前例子可以设置持续时间为 10 秒。

（7）【移动】属性面板中“层”的概念和显示属性面板是一致的，用于设置显示运动对象的显示层次，当前例子使用默认设置。

（8）【执行方式】下拉列表框提供了多种同步方式：

- 等待直到完成：只有当移动图标执行完毕，才继续向下执行；这是默认设置，也是当前例子使用的设置。
- 同时：在执行当前移动图标的同时，执行后继的图标，这种方式可以设置多个移动同步进行。
- 永久：除了【指向固定点】外，其他 4 种移动类型都有该选项，如果移动图标的目标点设置中使用了变量，这项设置会使程序跟踪变量的变化，一旦变量有更新，即使移动图标已经执行，程序也会再次移动对象到新的位置。

（9）所有设置完成后，保存并运行程序可以看到电梯自动上升的效果。

6.4.3 【指向固定直线上的某点】移动类型

这种类型和【指向固定点】移动类型一样也是对象沿直线从当前位置移动到目标位置的动作，但是目标位置却不是唯一的，而可以是某段直线上任意位置。下面通过对 6.4.2

节中电梯上楼的例子进行修改，看看两种移动方式间的区别。

（1）打开“模拟电梯上楼”的作品文件。

（2）打开移动图标的属性面板，改变移动类型为【指向固定直线上的某点】。

（3）如图 6-61 所示，根据移动图标的属性面板中【拖动对象到某点】的提示，选中在一楼的电梯图形，再根据【拖动对象到结束位置】的提示，移动电梯到 8 楼，这样在对象的起始位置和结束位置间建立了一条灰色直线（这条直线在运行时不会显示在屏幕上）。

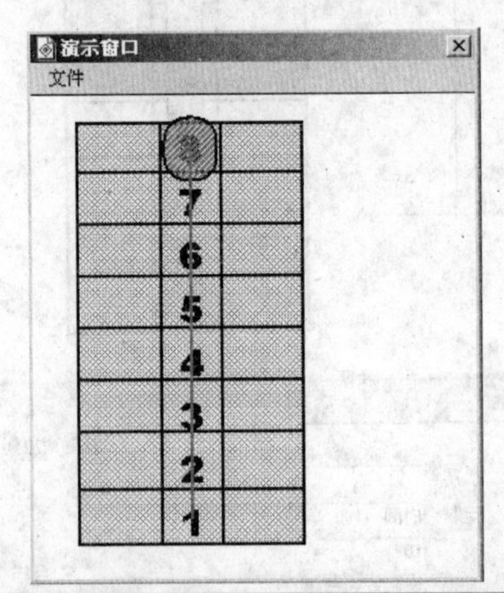

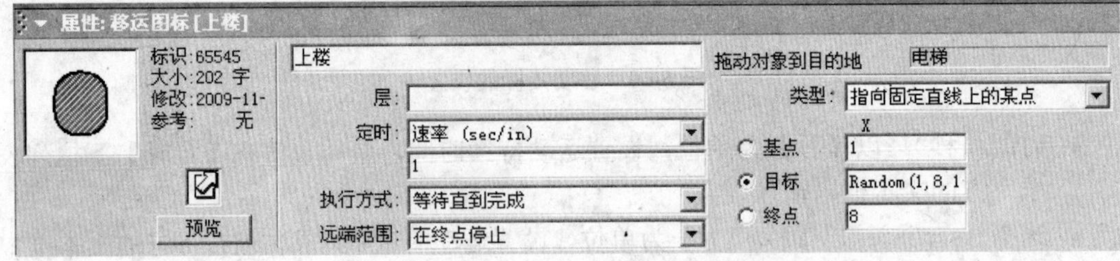

图 6-61　确定固定直线

注意移动图标的属性面板中，有三个位置需要设置值：

（1）基点：即固定直线的起点（注意它不一定是移动对象在显示图标中的起始位置），默认值为 0。

（2）目标点：对象进行移动时的终止位置，默认值为 0，一般取值范围在基点和终点值之间。要注意的是目标点如果设置为固定的常量，则运行和【指向固定点】的移动没有区别；通常都会设置目标点为变量，这样不同的运行会根据变量有不同的结果。

（3）终点：即固定直线的终点，默认值为 100。

基点和终点的值决定了固定直线的刻度，改变它们，固定直线的长短位置并没有变化。

如果需要调整直线的起点/终点位置，可以先选中【基点】/【终点】单选按钮，再通过重新拖动对象到新的位置来改变。

（4）本例因为有 8 层楼，所以设基点值为 1，终点值为 8，目标点文本框中输入 Random(1,8,1)，该函数将随机生成 1～8 之间的整数，表示电梯会随机停在 1～8 楼的某个楼层。

（5）修改【定时】选项为速率（sec/in），定值为 1；这样不管电梯运行多长的距离，速度始终是一致的。

（6）保存文件，运行程序，可以看到电梯从一楼的初始位置运动到固定直线上的目标位置。因为目标位置是随机产生的，运行多次会看到电梯停靠的楼层是不唯一的。

6.4.4 【指向固定区域内的某点】移动类型

这种类型和【指向固定直线上的某点】移动方式类似，对象沿直线从当前位置移动到目标位置，不过移动的目标点是某个区域内的任意指定位置。下面通过实例演示如何设置这种动画。

（1）新建一个空文件，从图标面板上拖动一个显示图标到流程线上，命名为“边界”；打开显示图标，绘制一个矩形。

（2）从图标面板上拖动另一个显示图标到流程线上，命名为“卡通人物”；打开显示图标，在窗口中插入一个卡通小人。

（3）拖动一个移动图标到流程线上，命名为“跑动”；如图 6-62 所示。

图 6-62　程序流程和区域的创建

（4）单击工具栏上的【运行】按钮执行程序，当遇到没有编辑的移动图标，运行自动进入暂停状态。

（5）从属性面板的【类型】下拉列表中选择【指向固定区域内的某点】移动类型；根据【拖动对象到起始位置】的提示，单击演示窗口中的卡通对象并拖动到区域左上角，确定【固定区域】的基点；然后再拖动卡通对象到右下角，确定【固定区域】的终点；创建如图 6-66 所示的灰色区域。

（6）如图 6-63 所示，在属性面板中，【基点】、【目标】、【终点】都有 X，Y 两个坐标值需要确定，拖动时【基点】确定了区域坐标系的原点位置，【终点】确定了区域坐标系的 X，Y 轴方向，设置基点和终点的取值范围都是 0～10。现在的目标位置可以是指定二维区域内的任何一个点，所以要设置目标点的 X，Y 坐标，这里不输入固定值，利用 Authorware 提供的系统函数 Random 去随机生成，即输入 Random(0,10,1)，随机产生 0～10 的一个整数。

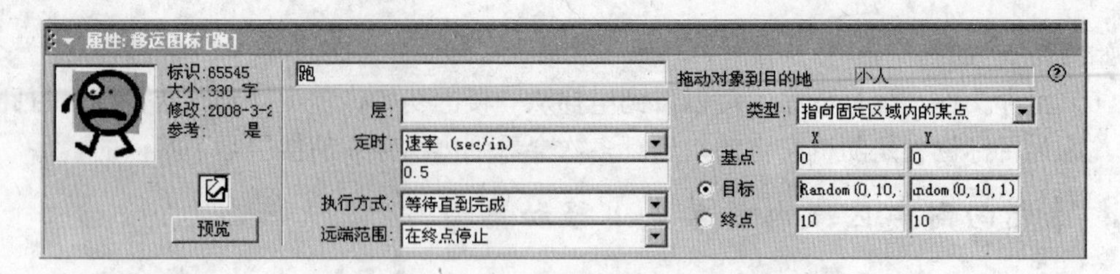

图 6-63　设置移动到区域内某个目标位置

（7）设置移动执行时间为 0.5（sec/in）。

（8）运行程序可以看到卡通小人在区域内的移动。如果想要小人在区域内连续移动，可以在流程最后添加一个计算图标，然后双击计算图标在打开的计算窗口调用一个跳转函数（如图 6-64 所示）回到移动图标，计算移动的下一个位置并执行移动，如此循环可以看到卡通小人在区域内不断运动却始终无法逃出到边界外。

图 6-64　利用 Goto 构造循环

6.4.5 【指向固定路径的终点】移动类型

和【指向固定点】移动类型相似，移动由对象当前位置运动到指定目标位置，只是移动路径不再是直线路径。下面是应用【指向固定路径的终点】设置一个小球跳动的动画。

（1）新建一个空文件，拖动一个显示图标到流程线上，命名为“太阳”；打开显示图标，用椭圆工具画一个红色小球。

（2）再拖动一个显示图标到流程线上，命名为“地球”；打开显示图标，用椭圆工具画一个蓝色小球。

（3）拖动一个移动图标到流程线上，命名为“公转”；双击移动图标，打开演示窗口和移动属性面板，从【类型】列表中选择【指向固定路径的终点】。

（4）按提示先单击窗口中的小球；再拖动对象以创建路径（注意不要拖动对象中的黑色小三角），在建立第一段直线路径后继续拖动对象可以扩展创建出折线路径；路径上，黑白的小三角是路径的控制句柄，通过拖动它们可以随时改变路径。

（5）要创建曲线路径，双击三角形的控制句柄，当标记变为圆形时，标记前后的两段折线也变为弧线路径，如图 6-65 所示。

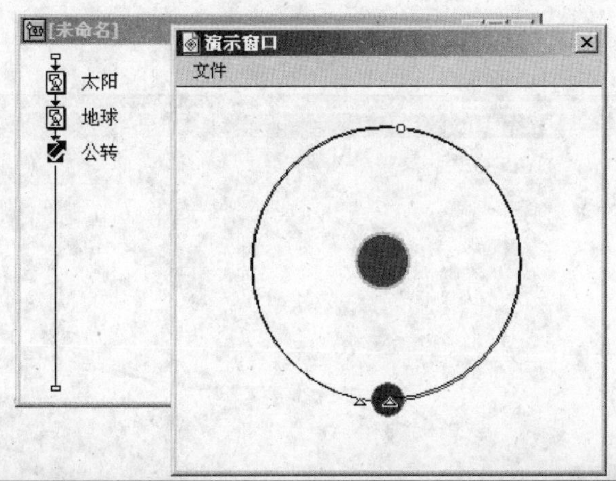

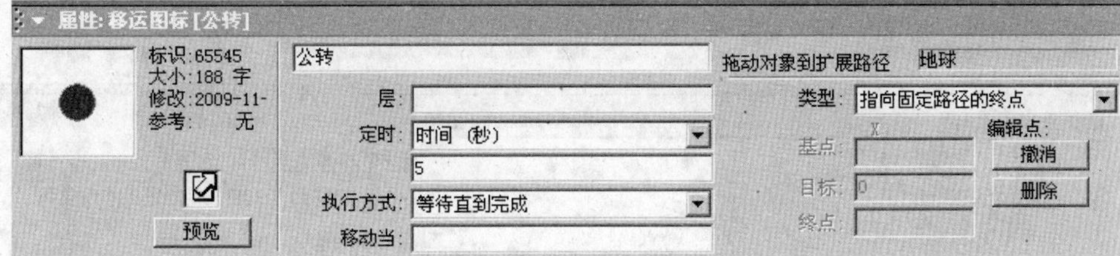

图 6-65　设置折线路径

在演示窗口中可以随时通过双击路径控制句柄，来切换句柄类型；在路径上单击还可以添加新的控制句柄，单击属性面板上的【删除】按钮可以除去当前的控制句柄（黑色小三角）。

（6）设置移动执行时间为 5 秒。

（7）保存文件，运行程序，可以看到地球沿指定的路径从起点运动到终点位置。

（8）如果属性面板中【执行方式】选择为【永久】方式，且【移动当】（Move When）设置为 1，即条件为真，则可以看到运动不断反复地执行。

6.4.6 【指向固定路径上的任意点】移动类型

【指向固定路径上的任意点】与【指向固定路径的终点】很类似，不同的是对象的移动终点不是路径的终点，而可以是路径上的任意位置。

（1）新建一个空文件，从图标面板上拖动一个显示图标到流程线上，命名为“地图”；双击打开显示图标，插入准备好的图片。

（2）再从图标面板上拖动一个显示图标，命名为“标记”，并在其中绘制一个圆形小标记。

（3）拖动一个移动图标到流程线上，命名为“西征”；双击移动图标，打开演示窗口和移动属性面板，从【类型】列表中选择【指向固定路径上的任意点】。

（4）单击演示窗口中的圆形标记，拖动并创建路径，如图 6-66 所示。

（5）设置移动执行时间为 1（sec/in）。

（6）然后在属性面板中，设置【基点】为默认值 0，【终点】值为总行进里数，假设为 10 000。如果将【目标】值设置为 1000，运行程序就可以观察到行军 1000 里后，地图上对应的地点。

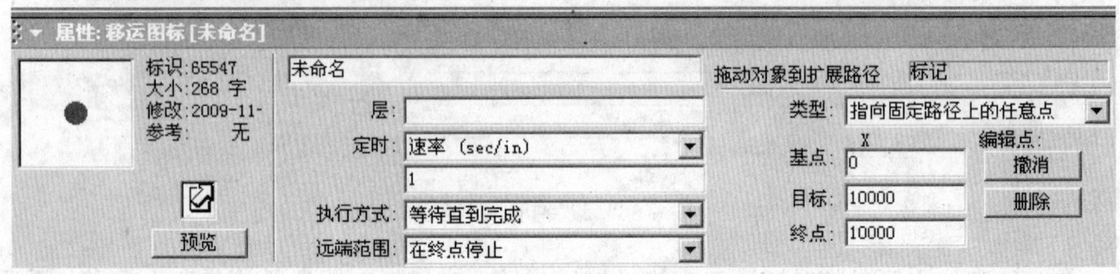

图 6-66　移动到路径上的任意点

一般情况下，【目标】文本框中最好输入变量，然后执行程序时再根据具体情况计算确定最终的目标位置。

（7）保存文件，运行程序，观察不同目标值设置时运行的不同结果。

6.5　变量和函数

在 Authorware 作品中，如果缺少了变量和函数的使用，那么这个作品能实现的功能将是有限的。变量和函数的引入将使得 Authorware 作品功能更强大、控制更加灵活。

6.5.1　计算图标

计算图标是编程人员可以进行代码编程设计，扩展图标基本功能的场所。在计算图标中可以设置各种变量赋值、表达式计算、函数计算及 JavaScript 脚本语言编辑等等。有两种计算图标的编程方式：

（1）直接拖动计算图标到流程线上，然后双击计算图标，打开计算图标编程窗口（如图 6-67 所示）进行编程。

（2）在其他图标上单击右键，选择【计算】命令，然后可以打开计算图标文本框进行编程，这种有附加计算的图标左上方都有一个小小的“=”标记标明，如图 6-68 所示。

计算图标也有属性面板，其中列出了当前计算图标中使用的函数名、变量名，以及变量的当前值等信息，如图 6-69 所示。

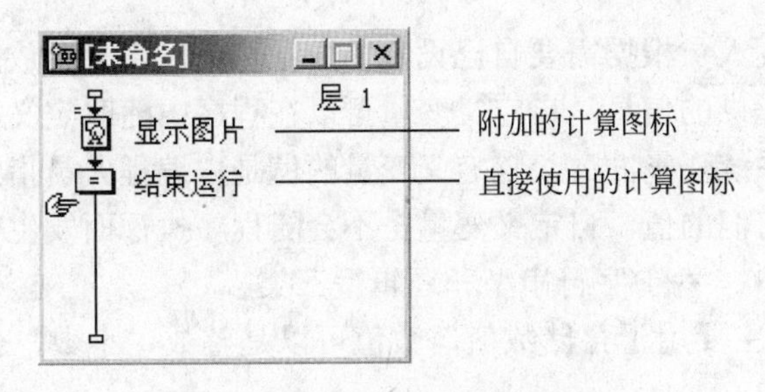

图 6-67　两种计算图标的编程方式

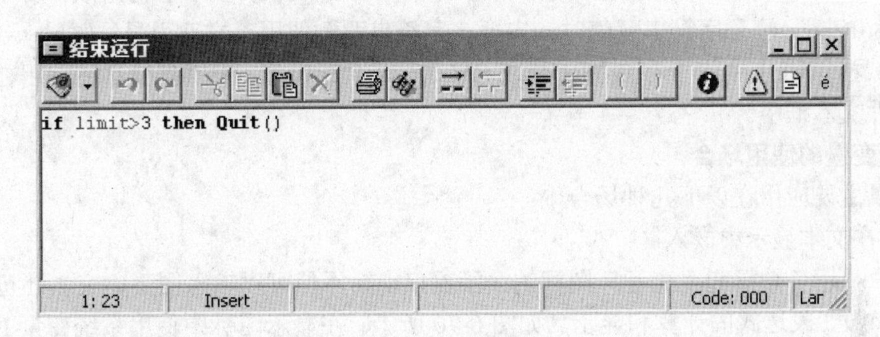

图 6-68　计算窗口

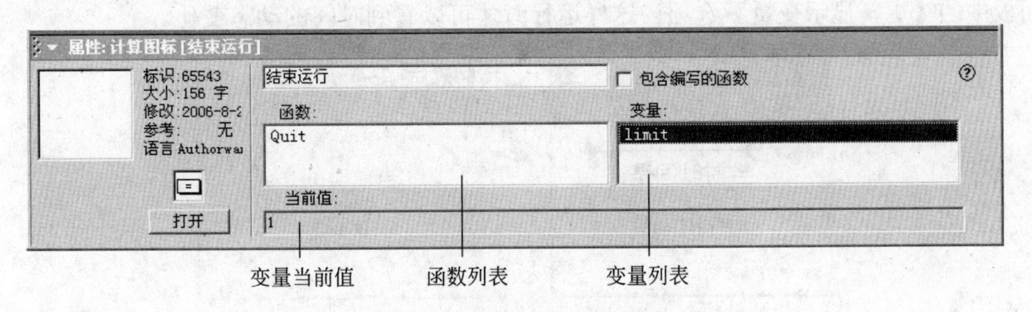

图 6-69　计算图标的属性面板

6.5.2　变量概述

程序设计中，数据通常可以分为常量和变量两种类型。

1．常量

常量指程序执行过程中，数据值始终保持不变的量。Authorware 7.0 中，常量有数值型常量（例如 50，100）、字符/字符串常量（例如"中国"，"PI"）、逻辑常量（TRUE、FALSE）等。

2．变量

变量指程序执行过程中，数据值会发生改变的量，Authorware 7.0 中，变量可以分为系统变量和自定义变量。

系统变量是 Authorware 7.0 预定义的一套变量，每个系统变量都有固定的变量名及功能。系统变量分图标、交互、框架、判断、时间、视频等多个类别，在程序执行中用于跟踪记录程序动态变化的信息。系统变量的数据类型是已经给定的，而且除了少数变量外（如 SearchPath），大多数系统变量都不能直接赋值。

自定义变量是编程人员根据需要自己设定的变量，可以用来存放数值、字符串以及跟踪记录系统变量无法提供的信息。自定义变量可以在程序中随时定义，变量名一般由字母构成，命名时不能和系统变量冲突。自定义变量的值是由编程人员指定的，如果编程人员不使用某种方法改变它们的值，自定义变量是不会随程序执行而发生变化的。

变量也分为数值型、字符/字符串型和逻辑型三类。

① 数值型变量：主要用于存储数值，数值可以是整数、小数，也可以是一个代表数值的表达式，如40/2+1。

② 字符型变量：用于存储字符串信息，字符串由一个或多个字符组成，如"中国"、"2006/08/06"等，注意字符串赋值时一定要在字符串两侧使用英文双引号，如city:="武汉"。

③ 逻辑型变量：用于存储TRUE或FALSE 两个逻辑值，逻辑型变量通常用在判断语句或条件文本框中。

3．变量的使用场合

变量主要应用在以下几种场合中：

1）在文本显示中嵌入

在“显示”图标和“交互”图标的演示窗口中，不但可以输入图形、文本还可以进行变量、函数、表达式的计算和显示。如图6-70所示，在显示图标中使用系统变量FullTime来显示系统当前时间。注意输入的变量一定要放在花括号内，同时需要选中显示图标属性面板中的【更新显示变量】选项，这样运行时才可以看到时间的动态变化。

图6-70　在显示窗口中使用变量

2）在属性面板的文本框中使用

在属性面板中，文本框中除了可以输入常量，也可以输入变量、函数和表达式。如图6-71所示，在移动属性面板中，【目标】值不是常数，而是一个变量，那么运动的终点将可以根据变量的具体值动态地决定。

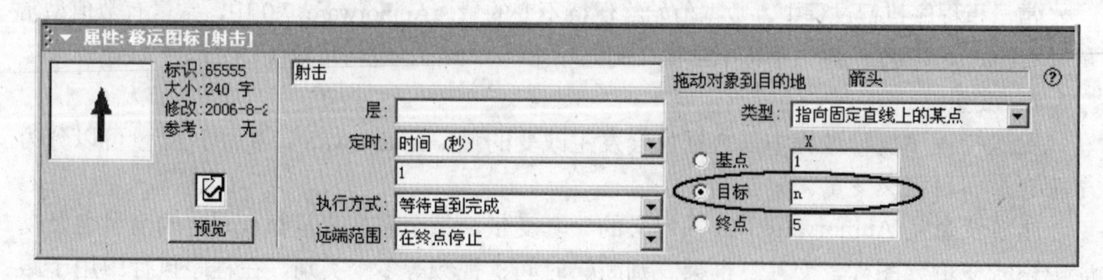

图6-71　在对话框中使用变量

3）在计算图标中使用

这也是变量最常用的场合，在计算图标的计算窗口中可以输入表达式、语句进行计算或控制，如图 6-72 所示。

4）变量的使用

（1）系统变量的使用

双击工具栏上的【变量】按钮，在出现的【变量】面板中可以看到 Authorware 7.0 提供的两百多个系统变量。这些变量被分类放在不同的类别组中，如图标、交互、框架、判断、时间、视频等类别。如果选中某个变量，在变量面板中还可以看到这个变量的数据类型、初值、使用说明等信息，如图 6-73 所示。

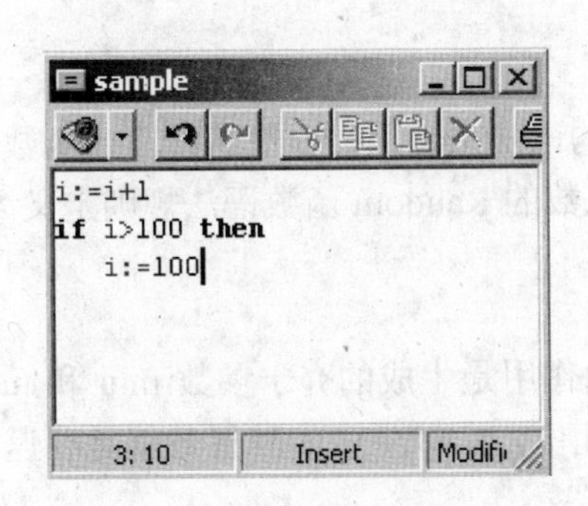

图 6-72　在计算图标中使用变量

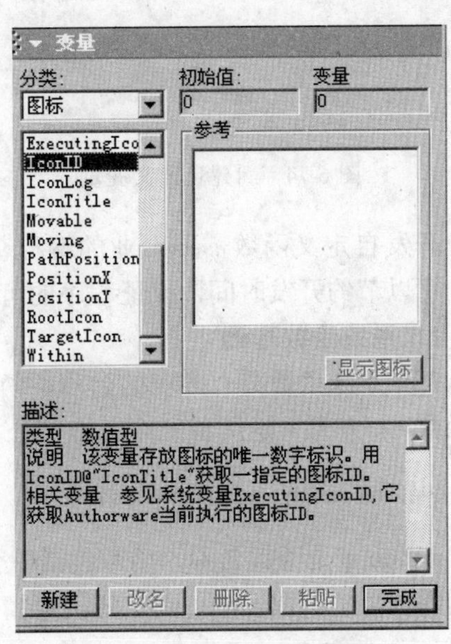

图 6-73 【变量】面板

要使用这些系统变量，可以直接将变量名输入到文本框或计算窗口中，也可以单击面板中的【粘贴】命令，将选中的系统变量插入到指定的位置。

（2）自定义变量的使用

自定义变量需要定义后才能使用，可以单击【变量】面板上的新建窗口，打开【新建变量】对话框，如图 6-74 所示，在对话框中输入变量名和初始值，之后就可以在程序中使用这个变量，进行赋值、计算和输出等操作，如图 6-75 所示。

如果直接使用了一个未定义的变量，Authorware 也会自动打开【新建变量】对话框让编程人员进行设置。

6.5.3　函数概述

函数指能够完成某个特定功能的语句集合。Authorware 7.0 的函数包括系统函数和自定义函数两类。系统函数是 Authorware 预先编写好，提供给编程人员直接使用的；而自定义函数可以是编程人员用高级语言自己编写的用于实现某个特定功能的函数，或者是外部文件中由第三方提供的功能函数。

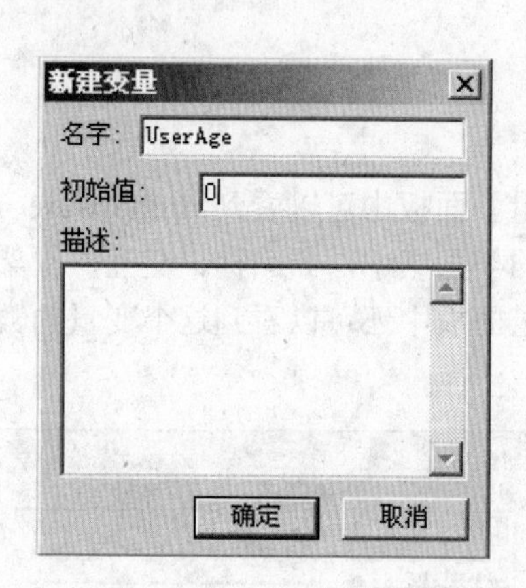

图 6-74　新建自定义变量

图 6-75　使用自定义变量

开发自定义函数需要专业的编程基础和经验，使用系统函数或现成已开发的外部函数，可以节约开发时间，保证程序的可靠性。

1．系统函数基础

每个系统函数具有唯一的名称，函数必须按规定的语法来调用。一般情况下，函数包括函数名、参数、返回值三个基本部分，例如生成随机数的 Random 函数语法规则定义为：

```
Random(min, max, units)
```

Random 是函数名称，函数包括三个参数，函数的作用是生成的介于参数 min 和 max 间的随机数，参数 units 确定随机数精确到小数点后几位，所以生成的随机数就是要返回的值。

例如，如果要生成 1～10 之间，精确小数点后 2 位的随机数，那么可以写成 x:=Random(1,10,.01)，其中返回值被赋值给了自定义变量 x。

归纳来看，系统函数具有以下特点：

① 系统函数名是唯一的。

② 不是所有系统函数都有返回值。

③ 返回值都有数据类型。

④ 参数的个数可以是一个或多个，参数必须放在圆括号内，也有少数函数不带参数，如响铃函数 Beep()。

⑤ 调用时要清楚参数的个数、数据类型和含义，以便正确进行设置。

2．函数的使用场合

函数和变量相似，应用在以下几种场合中：

① 在文本显示中嵌入：类似变量的嵌入，可以将带返回值的函数嵌入到显示图标和交互图标的演示窗口的文本中。

② 在属性面板的文本框中使用：在图标的属性面板中，允许用户编辑的文本框中都可以使用变量、函数和表达式作为输入。

③ 在计算图标的计算窗口中使用：计算窗口是编程的主要场所，变量、函数、表达式、脚本语言都可以编写在窗口中。

3．系统函数的使用

Authorware 7.0 提供了图标、框架、图形、文件、数学、常规等 19 个类别的系统函数，通过单击工具栏上的【函数】按钮可以打开“函数面板”，如图 6-76 所示。在函数面板中，可以分类查找系统函数、了解函数的功能和调用方式，并选择添加系统函数到程序指定位置。

4．应用举例

下面的例子将应用系统函数来改变演示窗口的大小、控制流程跳转执行。

（1）新建一个空文件，在流程线上先添加一个计算图标命名为“改变窗口大小”。

（2）双击计算图标打开计算窗口，在其中调用 ResizeWindow(width, height)系统函数，重新设置窗口的宽和高，如图 6-77 所示。

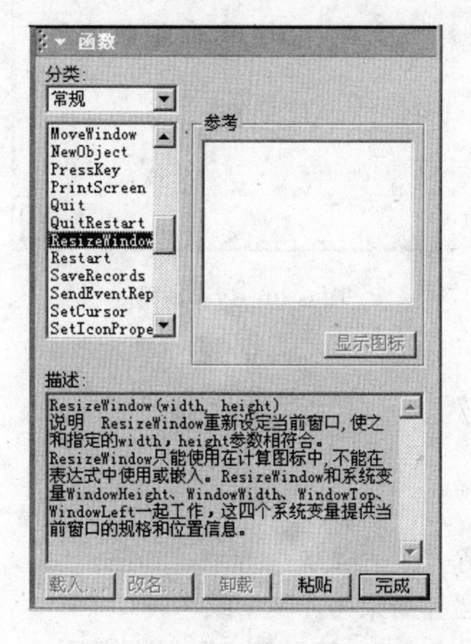

图 6-76 函数面板

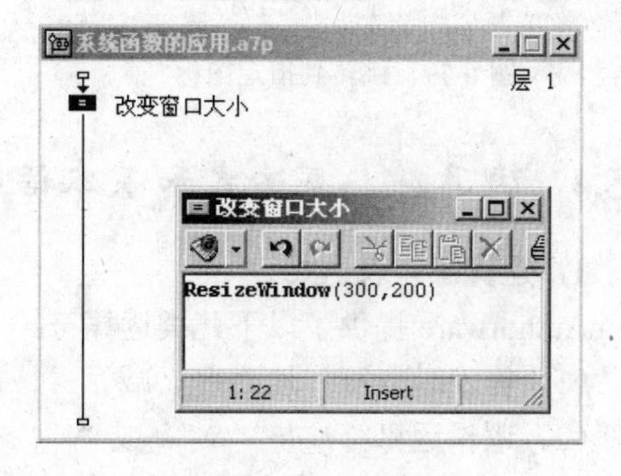

图 6-77 重新设置窗口

（3）从图标面板上拖动一个显示图标放在流程线上，命名为【随机数】，双击显示图标，在演示窗口中输入要显示的文本，如图 6-78 所示。

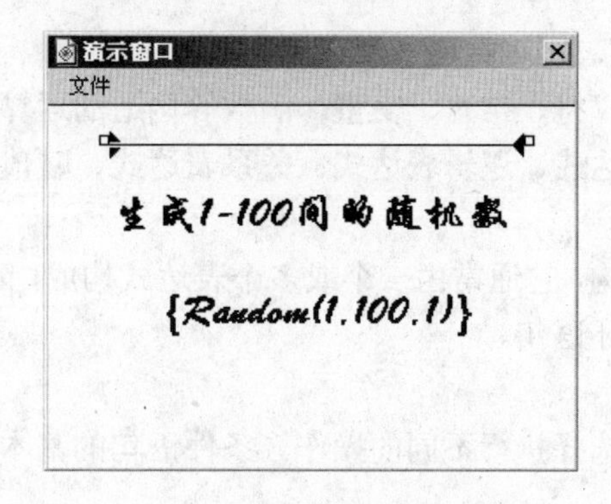

图 6-78 显示生成的随机数

（4）从图标面板上拖动一个等待图标放在流程线上，在窗口中添加一个【继续】按钮。

（5）再拖动一个计算图标到流程线上，命名为【重新生成】，然后打开计算窗口，如图 6-79 所示，调用 GoTo(IconID@"IconTitle")系统函数，控制流程跳转回到之前的【随机数】图标，重新执行。函数中的 IconID 是系统变量，需要通过引用符号“@”指明要获取的是哪个特定图标对象的 ID 值。

虽然调用GoTo函数可以很方便地在流程中跳转，甚至实现循环效果，但如果滥用GoTo函数，程序的结构将变得混乱，所以要谨慎使用 GoTo 函数。

（6）保存文件，运行程序，可以看到只要每单击一次【继续】按钮，程序将生成新的随机数显示，如图 6-80 所示。

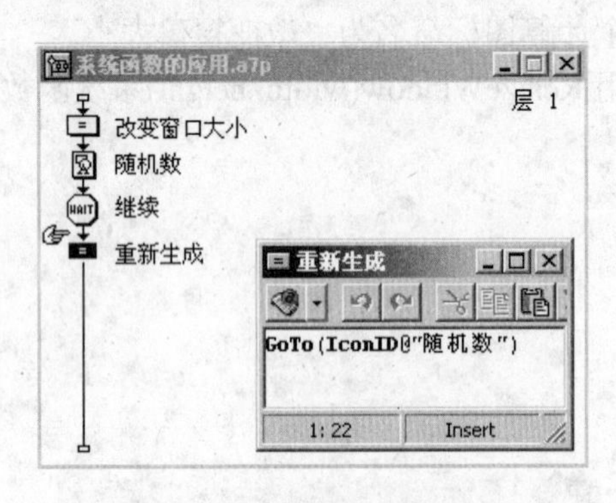

图 6-79　跳转到指定图标

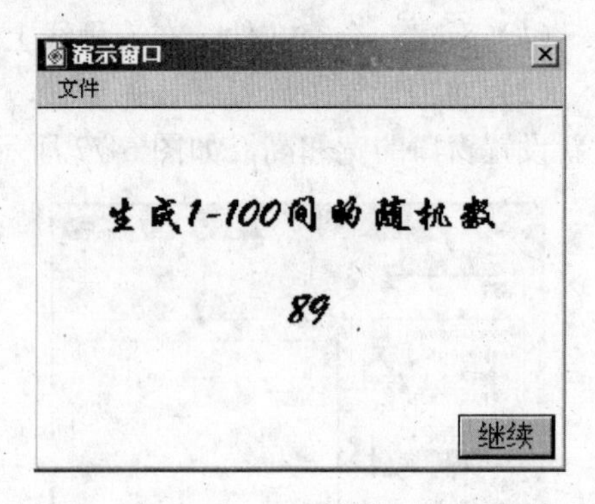

图 6-80　运行结果

6.5.4　运算符、表达式和基本语句

1. 运算符和表达式

Authorware 提供了以下几类运算符。

（1）算术运算符：加“+”、减“-”、乘“*”、除“/”、乘方“**”。

（2）逻辑运算符：与“&”、或“|”、非“~”，运算结果为“真”或“假”。

（3）关系运算符：等于“=”、大于“>”、小于“<”、大于等于“>=”、小于等于“<=”、不等于“<>”。

（4）赋值运算符：“:=”将运算符右边的值赋给运算符左边的变量，例如 Name:="TOM", x:=100，grade:=NumEntry。

（5）连接运算符：“^”，可以将两个字符串连接成一个。

表达式就是由各种运算符、常量、变量、函数等构造的运算式。根据运算符的类型，表达式也可以分为算术表达式、逻辑表达式、关系表达式、赋值表达式等几种类型。

2. 基本语句

语句是一个有效的结构，它通常由一个或多个表达式构成，除了最基本的赋值语句外，常见的还有条件语句和循环语句。

1）条件语句

根据不同的条件可以选择执行不同的操作。条件语句的基本语法如下：

```
if 条件 then 语句组
```

它的含义是：如果条件成立（值为真），就执行语句组，否则不执行；这是最简单的条件语句形式；另外，条件语句还可以表达为：

```
if 条件 1 then
    语句组 1
else
    语句组 2
end if
```

它的含义是：如果条件 1 成立（值为真），就执行语句组 1，否则执行语句组 2。这里相当于程序提供了两个分支，根据条件的判断，要么执行分支 1，要么执行分支 2。更复杂的条件语句还可以嵌套使用，实现多分支的处理。

2）循环语句

循环语句用于重复执行某些操作。基本语法如下：

（1）

```
repeat with 变量:=初值 to 结束值
    语句组
end repeat
```

它的含义是：重复执行语句组，重复次数由初值和结束值来确定，变量用于跟踪循环已经执行了多少次。

（2）

```
repeat with 变量 in 列表
    语句组
end repeat
```

它的含义是：如果变量元素在指定的列表中，语句组将被重复执行，同时设置下一个变量元素，直到变量元素超出列表范围。

（3）

```
repeat while 条件
    语句组
end repeat
```

它的含义是：当条件为真，重复执行语句组，直到条件为假，才退出循环。

6.6 交互功能的实现

交互性是计算机软件十分重要的一个特性，交互简单来说就是指人机对话，也即用户通过各种接口和计算机程序进行交流，如通过鼠标、键盘输入数据、进行选择、控制程序的走向等等。是否具有友好的人机交互接口通常也是衡量一个软件好坏的重要指标。

Authorware 从最初就很重视交互功能的支持和设置，如何设计好作品的交互是学习 Authorware 的重点和难点。Authorware 7.0 中，交互是通过“交互”图标来进行设计的。

交互图标中提供了11种响应类型。

6.6.1 了解交互结构

在流程线上先拖动放置一个【交互】图标，然后拖动其他图标，如一个群组图标放置到它的右侧，这时屏幕上将出现一个【交互类型】对话框，其中列出了Authorware支持的11种响应类型，如图6-81所示。

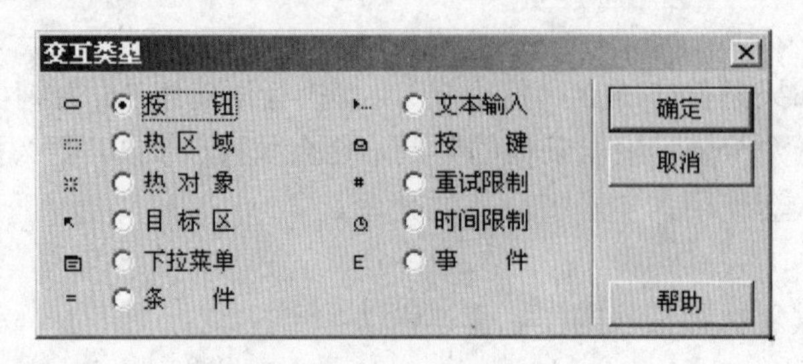

图6-81 【交互类型】对话框

选择其中一种响应类型后，单击【确定】按钮就创建了具有一个分支的交互结构。继续拖动其他图标放置到交互图标右侧，可以建立更多的分支。

一个典型的交互具有图6-82所示的基本结构。

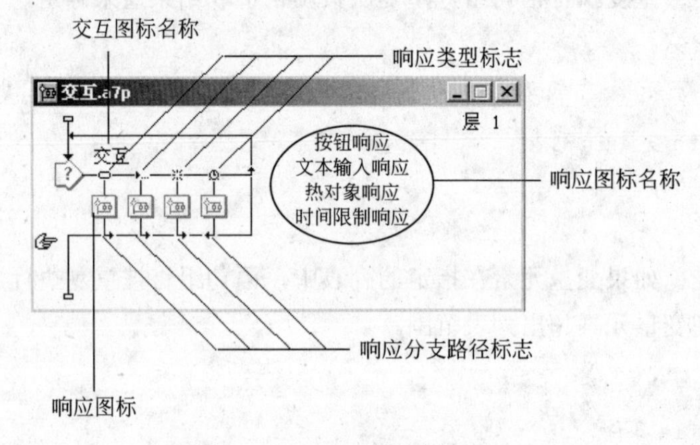

图6-82 交互响应的基本结构

1. 交互图标

交互图标是交互结构的核心，只有先创建了交互图标才能构造各个交互分支，从而提供各种交互方式。

交互图标有自己的演示窗口，双击交互图标可以打开它，如图6-83所示。在演示窗口中可以添加文本、图形、图像，也可以看到该交互图标下各个分支在窗口中的显示布局。

2. 响应类型

每个响应类型在流程线上都有唯一的响应类型标志。在流程线上单击这些标志，就可以打开对应交互分支的属性面板进行设置。

3. 响应图标

即交互结构中的各个响应分支图标，是选择某个交互后，流程对该交互做出的响应。

比如图 6-87 中，当用户在运行时按下窗口中的【按钮响应】按钮，流程会进入第一个分支，执行该分支下响应图标的内容。

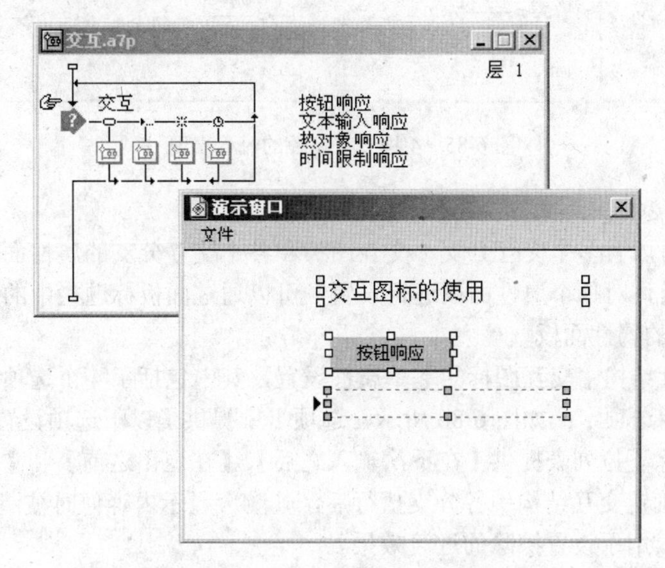

图 6-83　交互图标的演示窗口及属性面板

每个分支下只能放一个响应图标，显示、擦除、等待、群组、移动、计算、导航图标可以直接作为交互结构中的响应图标，但交互、框架和判断图标不允许直接放在分支中，要解决这个问题，可以在分支中先放置一个群组图标，然后在群组内再放置交互、框架和判断图标。需要零个或一个以上的图标来完成的分支流程也要通过群组图标放置。

4．响应分支路径

响应分支路径决定了各分支下响应图标执行完后流程线的走向。它是在各交互分支的属性面板中进行设置的，如图 6-84 所示，Authorware 7.0 提供了 4 种分支路径选项：重试、继续、退出和返回。

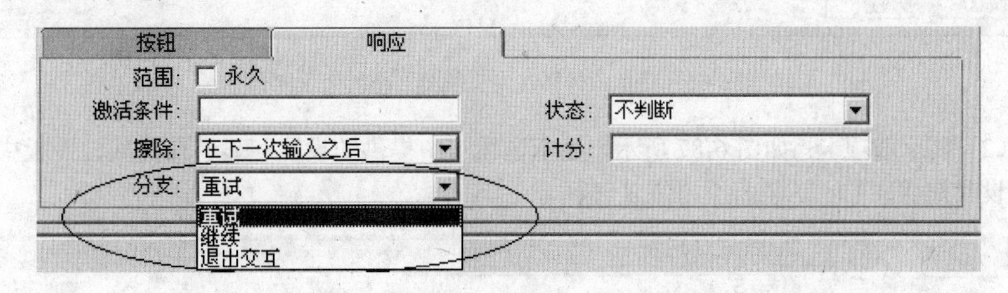

图 6-84　在交互分支属性面板中响应选项卡中选择分支路径

- 重试：分支执行完后，流程返回交互图标，等待下一次交互输入；这是默认选项；
- 继续：分支将退回原处，继续判断下一个响应；
- 退出交互：分支执行完后，程序退出该交互，继续执行交互之后的内容；
- 返回：只有当响应分支设为【永久】，才能看到此选项，通常在【下拉菜单】交互类型中使用。

4 种分支路径在流程上有着不同的流程结构，如图 6-85 所示。

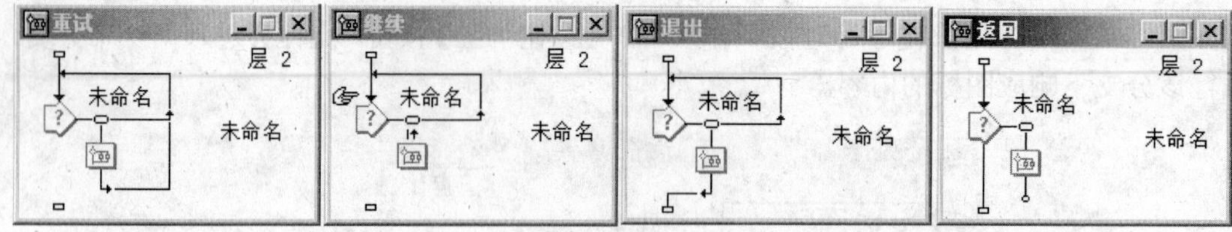

图 6-85　4 种分支路径的流程表现

5．属性面板

一个交互下可以有多个交互分支，交互图标和各个交互分支的属性面板分别提供了不同的设置选项，具体对哪个属性面板进行设置，可以通过面板标题栏中的名称来辨别。

1）交互图标的属性面板

它提供了交互结构中交互图标的基本属性设置，其中包括了 4 个选项卡。

（1）交互作用选项卡：如图 6-86 所示，选项卡中提供了以下选项设置：

- 擦除：擦除下拉列表提供【在下次输入之后】、【在退出之前】和【不擦除】三个选择，用于确定交互结构中各分支执行后，其响应显示内容何时被清除。
- 擦除特效：用于设置擦除的过渡效果。
- 在退出前终止：如果选中此项，相当于添加了一个等待图标，退出交互结构时程序会暂停，等用户确定是否继续退出。
- 显示按钮：选中上一个选项后，此项才能使用，如果选择【显示按钮】，相当于等待图标中以【继续】按钮的形式接受用户的输入。

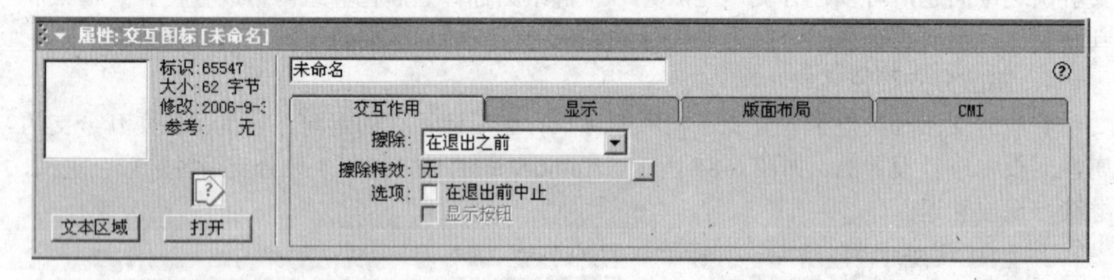

图 6-86　交互图标属性面板的交互作用选项卡

（2）显示选项卡：如图 6-87 所示，显示选项卡中提供的设置和显示图标属性面板中提供的设置是相同的，这里将不再重复解释。

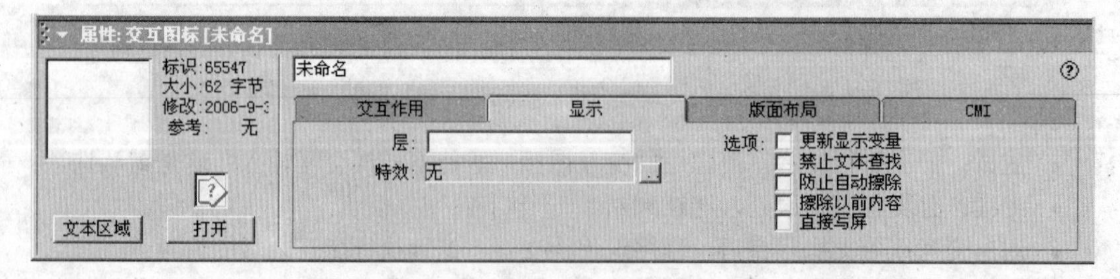

图 6-87　交互图标属性面板的显示选项卡

（3）版面布局选项卡：如图 6-88 所示，版面布局选项卡中提供的设置也和显示图标的属性面板中提供的有关设置是相同的。

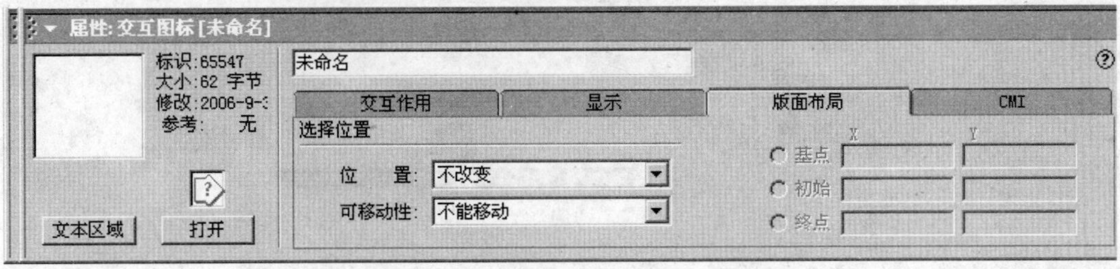

图 6-88　交互图标属性面板的版面布局选项卡

（4）CMI 选项卡：计算机管理教学（Computer Managed Instruction，CMI）主要用于对学习者的操作进行跟踪管理的设置。图 6-89 为交互图标属性面板的 CMI 选项卡。

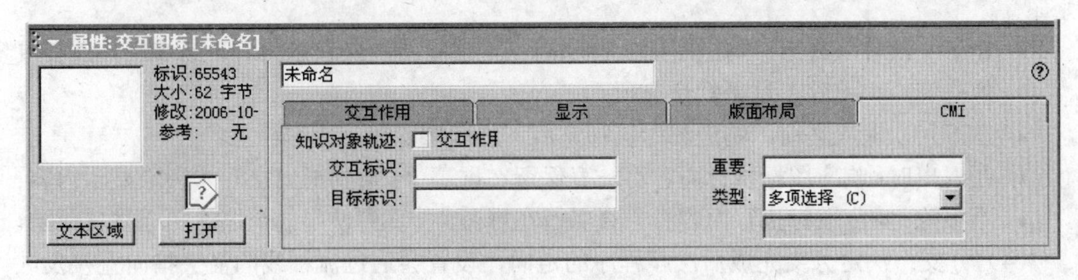

图 6-89　交互图标属性面板的 CMI 选项卡

2）交互分支的属性面板

当单击交互结构各分支上的响应类型小标志，打开的是交互分支的属性面板。其中第一个选项卡随交互类型的不同而提供不同的选项设置，如图 6-90 所示，当交互类型为按钮交互时，第一个标签的选项卡名为“按钮”同时提供对按钮大小、位置等各方面的设置。

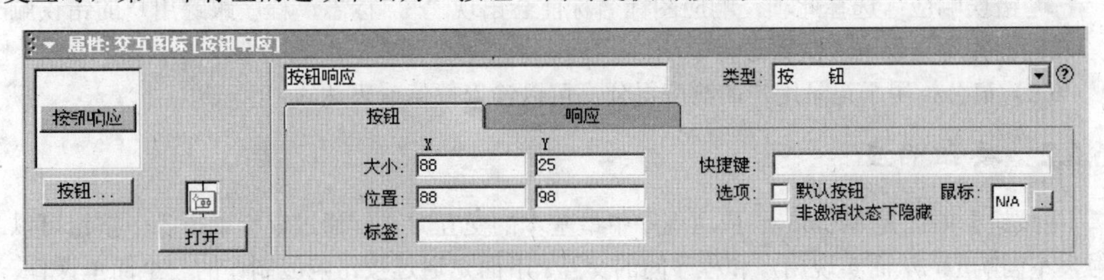

图 6-90　按钮响应交互分支的属性面板

第二个选项卡【响应】提供了分支擦除、分支路径、使用范围等选项的设置，这对任何交互类型都是一致的。如图 6-91 所示，标签中有以下几个选项设置：

（1）永久：选中此项后表示当前交互在整个程序或程序片段运行期间都是可用的。

（2）激活条件：用于设置响应的激活条件，条件可以是常量、变量或表达式，只有当结果为真（True），才能使用该响应。

（3）擦除：确定分支响应图标执行完毕后，是否擦除该响应图标在演示窗口中显示的内容，Authorware 提供了 4 种方式：

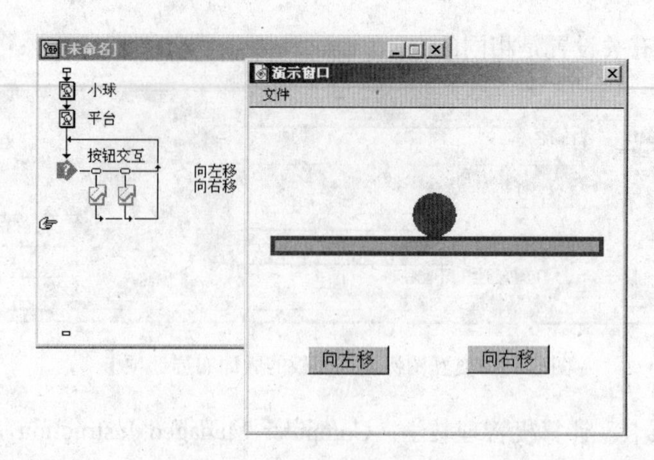

图 6-91　按钮交互流程

- 在下一次输入之后：响应图标执行完后，不是立即擦除显示内容，而等用户选择其他交互后再擦除，这是默认选项；
- 在下一次输入之前：响应图标执行完后，立即擦除显示内容；
- 在退出时：响应图标执行内容将一直保留在屏幕上，直到退出交互才擦除显示内容；
- 不擦除：响应图标执行内容将一直保留在屏幕上，直到使用一个擦除图标将其擦除。

（4）分支：决定分支完成后次序程序的走向，设置会通过流程线的箭头指向直接反映出来，4 种分支类型在第 4 点中已经介绍。

（5）状态：用于跟踪用户响应并判断和记录用户正确和错误响应的次数。

- 不判断：该项为默认设置，此设置下，不跟踪用户响应。
- 正确响应：选择此项，响应图标名称前会出现“+”标志，程序跟踪用户的正确响应并对正确响应次数进行累加。
- 错误响应：选择此项，响应图标名称前会出现“-”标志，程序跟踪用户的错误响应并对错误响应次数进行累加。

（6）记分：用于记录用户的响应得分，可以输入数值或表达式。

6.6.2　按钮响应

【按钮】响应是 Windows 应用程序中最基本的交互方式，通过鼠标单击各个按钮可以触发不同响应，从而实现用户和程序间的交互。下面是通过按钮响应制作的一个简单课件。

（1）新建一个空文件，设置好文件的窗口大小和背景色等属性。

（2）拖动两个显示图标放置到流程线上，分别命名为小球和平台；根据图 6-91 所示，在两个显示图标中分别绘制图形。

（3）拖动一个【交互】图标放到设计窗口的流程线上，命名为“按钮交互”。

（4）拖动一个移动图标放到流程线上交互图标的右方，从【交互类型】对话框中，选择按钮交互，单击【确定】按钮，创建第一个交互分支，选择该移动图标，命名为“向左移”。

（5）再拖动一个移动图标放到第一个分支的右方，交互响应类型会默认为前一分支的【按钮交互】类型，命名该移动图标为“向右移”。

（6）双击交互图标 ，在打开的演示窗口中可以看到两个交互按钮排列在窗口中间。同操作图形、文本对象一样，通过鼠标单击，可以选中各个按钮并拖动改变其在窗口中的位置，也可以拖动按钮上的控制句柄调整其大小；按图 6-91 所示调整两个按钮的位置。

（7）关闭演示窗口，回到设计窗口。单击【向左移】分支上的按钮响应类型标志，打开该分支的交互属性面板，如图 6-92 所示，【按钮】选项卡中提供了按钮的大小、位置、标签的设定，如果第（6）步已经做好了调整，这里可以不用更改。

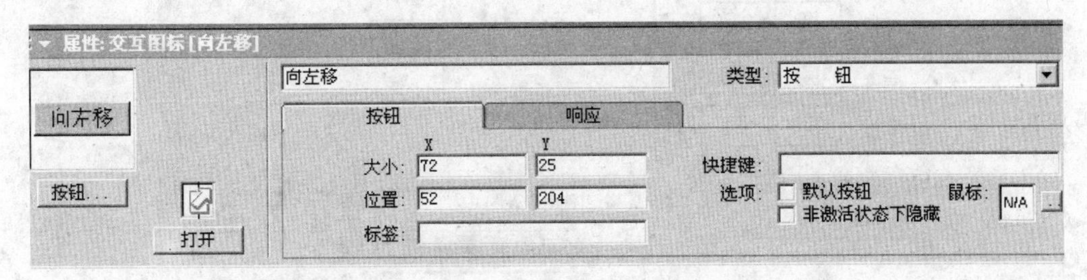

图 6-92　交互图标属性面板——【按钮】选项卡

如果对当前按钮的外观不是很满意，单击属性面板左下方的【按钮】按钮，打开【按钮】对话框，从显示的列表中可以选择其他默认的系统按钮，如图 6-93 所示。

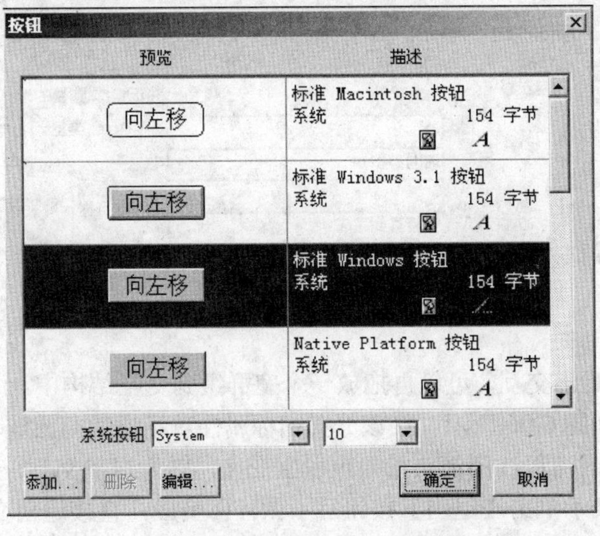

图 6-93　【按钮】对话框

在【按钮】对话框中单击【添加】按钮，还可以通过【按钮编辑】对话框中的【导入】功能从外部文件中导入自定义的按钮到作品中，如图 6-94 所示。

（8）保存文件，运行程序。在演示窗口中正在运行的情况下，先双击设计窗口中的【向左移】移动图标，在打开的属性窗口中设置移动类型为【指向固定点】；然后单击演示窗口中的小球，拖动放置到平台上的左端，并设置【定时】为 5 秒，如图 6-95 所示设置第一个分支的响应图标。

（9）按同样的方法设置【向右移】移动图标，移动的结束点是平台上的右端。

（10）两个分支都采用默认分支设置，即【继续】，通过流程线的箭头指向可以看出：

这种设置下，分支响应中的移动图标执行完后，会回到交互图标之前，等待下一次交互输入。

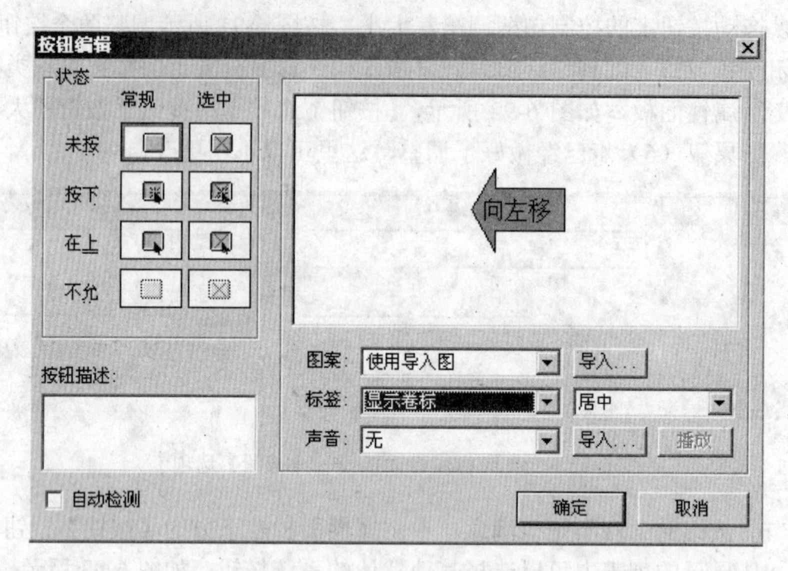

图 6-94 【按钮编辑】对话框

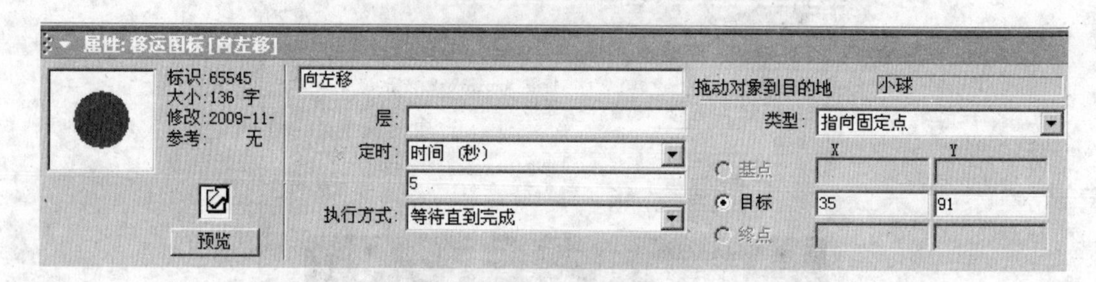

图 6-95 设置第一个分支的响应图标

（11）如果需要退出交互，可以再拖放一个空群组到交互结构中，添加一个命名为【退出】的交互按钮，如图 6-96 所示。在该分支图标属性对话框的响应选项卡中设置【分支】为【退出交互】，此时流程线的箭头指向也发生变化，转为退出交互，向下执行。

这里的空群组表示单击【退出】按钮后不做任何响应，直接退出交互。注意除了空群组，交互分支中不能放置任何其他空图标，否则程序无法执行。

（12）保存文件，运行程序。可以看到当鼠标单击三个按钮后，程序会分别进入三个分支执行不同的响应处理。

6.6.3 热区域响应

【热区域】响应即在屏幕上设定一个矩形区域，当用户在热区中进行单击或双击等操作时，会触发交互进而执行分支下的响应内容。下面是应用热区域响应设计的看图识别动物的小程序。

（1）新建一个空文件，设置好文件的窗口大小和背景色等属性。

（2）从图标面板上拖动一个【交互】图标放到流程线上，双击交互图标，在打开的演示窗口中添加鸟类的图片，如图 6-97 所示。

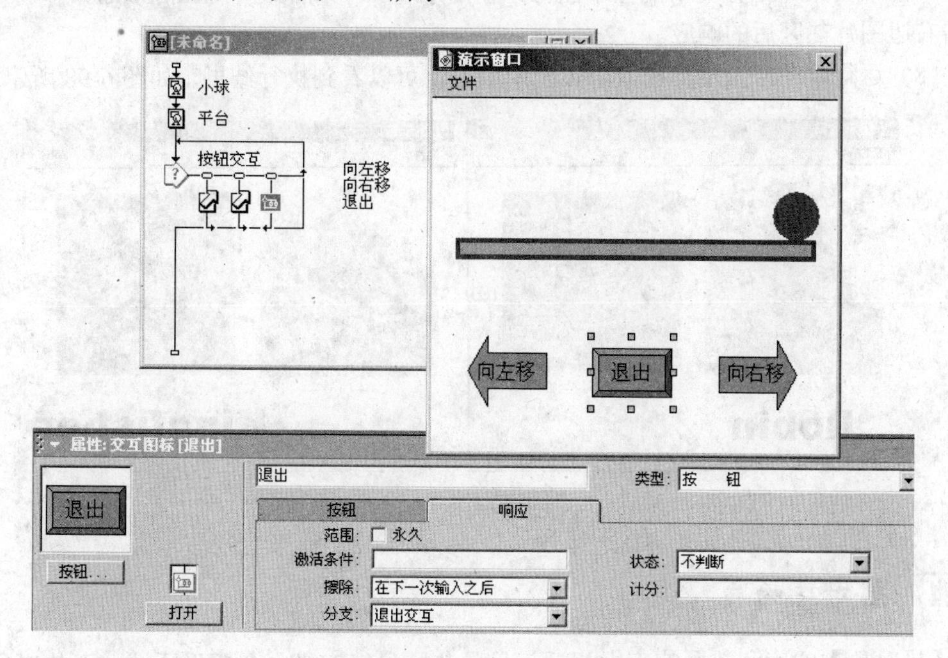

图 6-96 设置第三个分支的分支路径

图 6-97 看图识别动物

（3）拖动一个显示图标放到流程线上交互图标的右侧，从【交互类型】对话框中，选择【热区域】交互，单击【确定】按钮，创建第一个交互分支，命名为 Robin。

（4）再拖动一个新显示图标放到交互结构第一个分支的右方，命名为 Kingfisher，交互类型将默认为前一分支的【热区交互】类型。

（5）要设置热区交互首先要指定热区。双击交互图标，打开演示窗口，可以看到有两个带名字的虚线框，拖动线框周围的控制句柄，调整使虚线框分别包围住两个图片。

（6）双击第一个分支下的显示图标，在演示窗口中输入文字 Robin，作为对用户单击左边图片热区后的响应。

（7）双击第二个分支下的显示图标，在演示窗口中输入文字 Kingfisher，作为对用户单击右边图片热区后的响应。

（8）运行程序，当用户在两个热区中单击，可以看到执行结果，如图 6-98 所示。

图 6-98 程序运行结果

6.6.4 热对象响应

【热对象】响应和热区响应很相近，只是热区只能定义一个矩形区域，而热对象定义的是一个对象所在区域，它可以有不规则的边界。

（1）新建一个空文件，设置好文件的窗口大小和背景色等属性。

（2）按图 6-99 所示创建流程：先在两个显示图标内分别插入两张体育运动的图片（图片背景预先处理为白色），并设置显示模式为【透明】。

这里要注意，对象必须分别放置在不同的显示图标中，因为同一个显示图标中所有对象会被【热对象响应】当作一个对象来整体看待。

（3）拖动一个交互图标到流程线上，并在交互右方放置两个显示图标，交互类型设为【热对象】交互，同时给两个响应分别命名，如图 6-99 所示。

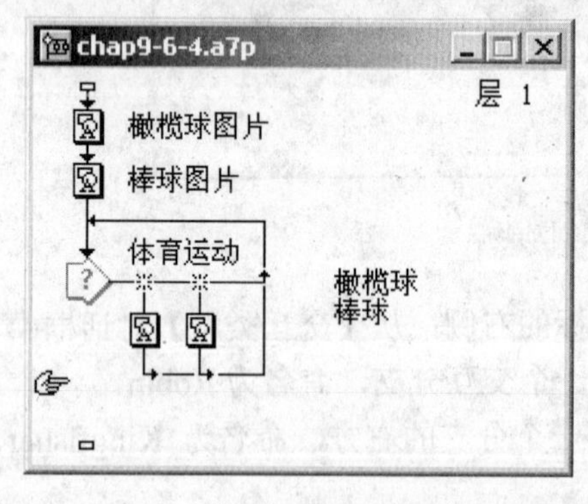

图 6-99 流程结构和两个显示图标分别添加的两个图片

（4）因为热对象交互属性还未设置，此时运行程序，当程序进入交互结构的流程遇到未编辑的响应时会暂停，屏幕上会自动打开第一个交互【橄榄球】的属性设置面板（如图 6-100 所示）。按提示信息，用鼠标单击演示窗口中的橄榄球运动员图片作为该交互的热对象。

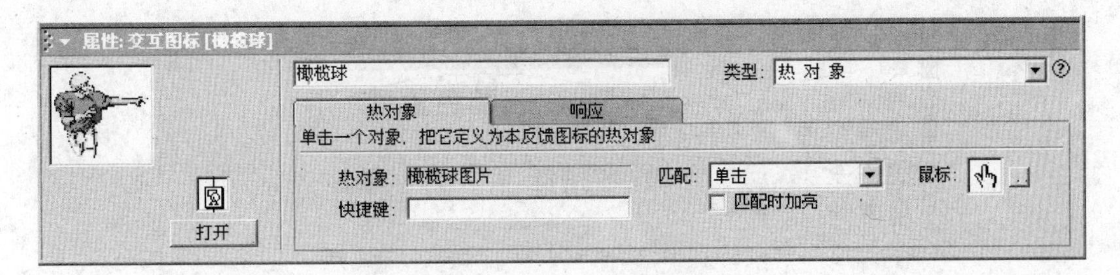

图 6-100　指定热对象

由于热区和热对象不像按钮交互那样明显，为了让用户知道有交互可以操作，在属性面板中，单击【鼠标】左侧的扩展按钮，在【鼠标指针】对话框中将光标从箭头型设置为手型，这样运行时，通过光标形状的改变，用户可以知道当前是否落在热区或热对象范围内。

另外，属性面板中，【匹配】选项用于设置采用什么操作触发交互响应。

① 单击：默认设置，当用户在热对象上单击鼠标，触发响应。

② 双击：当用户在热对象上双击鼠标，触发响应。

③ 指针在对象上：当用户光标移动到热对象上，就会触发响应。

（5）按同样的步骤设置第二个热对象为棒球运动员图片。

（6）将【橄榄球】和【棒球】分支下的两个显示响应图标分别打开，输入提示文字。

（7）保存文件，运行程序，当鼠标在不同对象上单击时，可以看到不同的文字解释。这里可以观察到，因为白色背景被透明设置，只有当光标放置在人物之上，形状才会变为手形，即对象的边界是不规则的。运行结果如图 6-101 所示。

图 6-101　热对象实例运行结果

6.6.5　目标区响应

【目标区】响应中，如果用户拖动对象到指定区域，程序要做出对应的响应。

（1）新建一个空文件，设置好文件的窗口大小和背景色等属性。

（2）如图 6-102 所示，先在流程线上添加三个显示图标，用【文本】工具分别输入题目和两个准备拖动的选项：“红色”和“蓝色”。

（3）在三个显示图标之后，添加交互，并创建三个“目标区”响应分支；按图 6-102 所示分别命名。

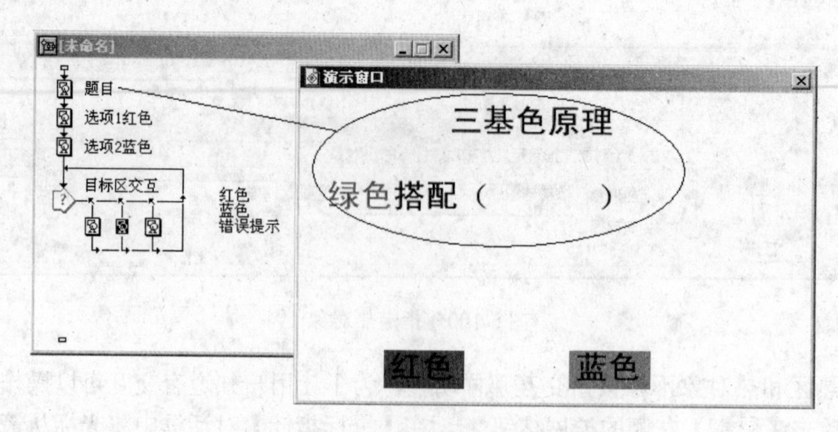

图 6-102　准备题目和拖动的对象

（4）运行程序，当执行到交互图标，遇到第一个分支，因为尚未设置，程序会暂停，进入“答案 1 正确”目标区的交互图标属性，设置面板。

按选项卡中的提示，首先选择要拖动的对象，即演示窗口下方的文本块“红色”,在目标对象栏及预览区中看到正确的图标名和内容后，接着拖动虚线框到括号内，调整好目标区虚线框的大小，如图 6-103 所示。

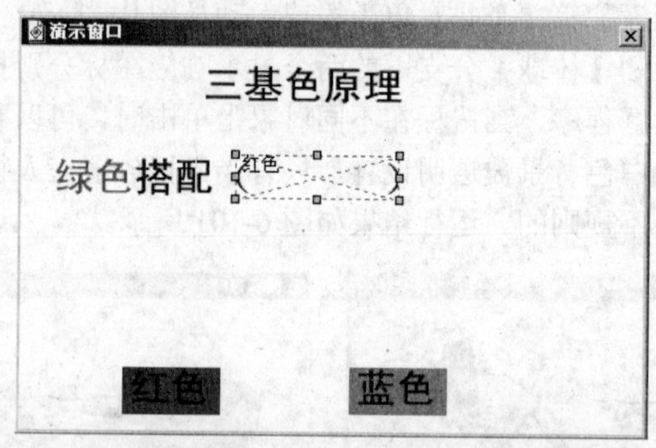

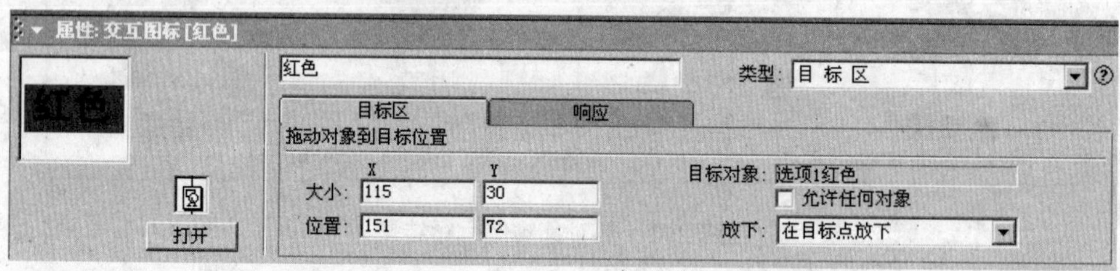

图 6-103　“答案 1 正确”交互图标属性面板

属性面板中【放下】选项的设置，将确定用户拖动对象到目标区释放鼠标后，对象的最后停留位置，其下拉列表中有三个选择：

- 在目标点放下：拖动对象到目标区后，对象就在该点放下，这是默认选项；
- 返回：拖动对象到目标区后，对象返回到拖动前的起始位置；
- 在中心定位：拖动对象到目标区后，对象的中心自动和目标区中心对齐放置。

当前需要设置的是【红色】文本放在括号内，所以选择【在目标点放下】。

（5）在交互结构第一个分支的【红色】响应显示图标中，输入文本“得到黄色”，作为用户拖动选项 1 到正确位置的响应。

（6）再次运行程序，按相同的步骤设置【蓝色】文本的目标区域，同【红色】选项的目标区一样，目标区也确定在括号内。

（7）在交互结构第二个分支的【蓝色】响应显示图标中，输入文本【得到青色】，作为用户拖动选项 2 到括号内的响应。

（8）第三个分支的设定是为了提示用户不要拖动选项到括号外的区域。

运行程序，当执行过程在第三个分支【错误】目标区位置暂停下来时，按图 6-104 所示设置属性面板：选中【允许任何对象】表示不论是【选项 1】还是【选项 2】，对象都具有的目标区域和相同的响应分支。

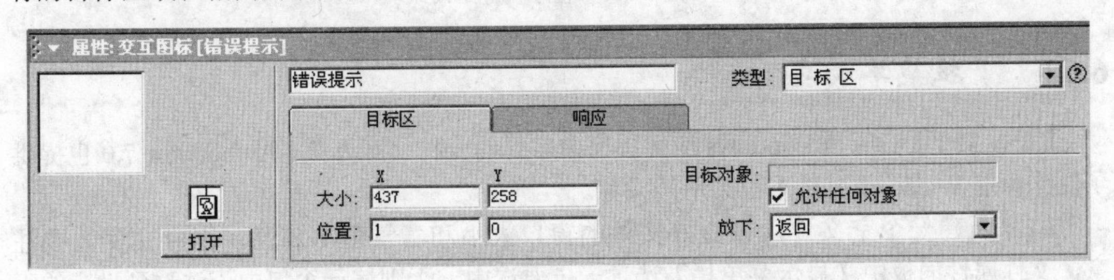

图 6-104 “错误”交互图标属性面板

本例中拖动选项到括号外的任何位置都是属于不合理的操作，所以这里将目标区域设定为整个窗口大小；虽然这也包含了括号区域，但因为区域匹配的判别是按分支从左向右依次进行的，所以如果拖动选项到括号中，流程只会进入左边的两个分支。

另外，【放下】选项设置为【返回】。

（9）在第三个分支的【错误提示】响应显示图标中，输入提示文本。

（10）运行程序，在设计窗口中单击交互图标，如图 6-105 所示，可以看到三个目标区的布局和大小；要进一步修改，可以双击选中某目标区虚线框后再做调整。

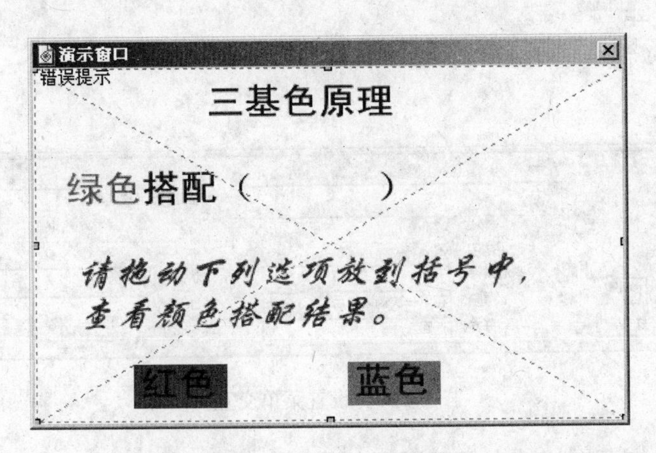

图 6-105 第三个目标区的布局和响应提示文本

（11）执行程序，分别拖动对象到不同位置，运行结果如图 6-106 所示。

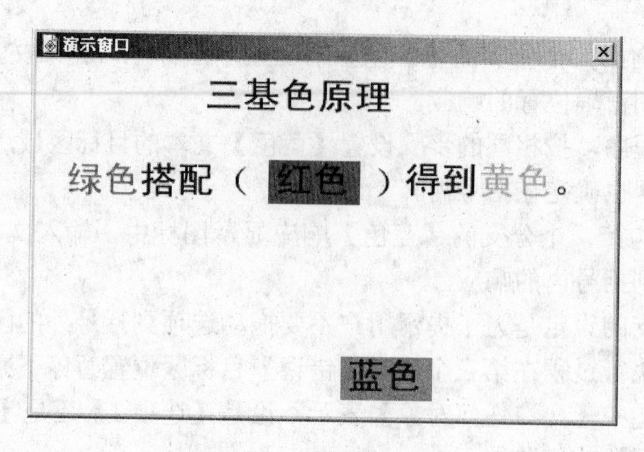

图 6-106　程序执行结果

6.6.6　下拉菜单响应

【下拉菜单】响应是 Windows 应用程序中常见的一种交互方式，Authorware 7.0 也提供了制作标准 Windows 风格下拉菜单的设置。

（1）新建一个空文件，设置好文件的窗口大小和背景色等属性，保存文件。要注意，文件属性面板中【显示菜单栏】选项一定要选中，否则演示窗口中无法看到设置的下拉菜单。

（2）拖动一个显示图标到流程线上，命名为“标题”，在显示图标的演示窗口中输入标题文字“动物世界”，如图 6-107 所示。

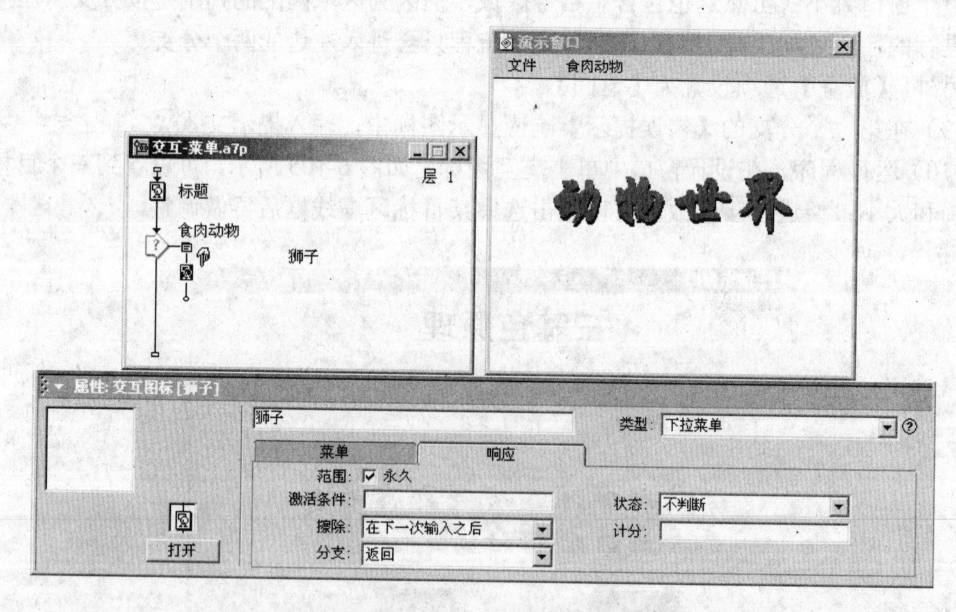

图 6-107　设置菜单交互

（3）拖动一个交互图标放在显示图标之后，命名为“食肉动物”，然后再拖动一个显示图标作为交互结构的第一个分支响应，命名为“狮子”，在显示图标中导入一个狮子图片。

（4）单击响应类型标记打开交互分支的属性面板，通常，菜单在应用程序执行期间是一直可用的，如果采取默认的交互属性，当退出该交互时，菜单也会被擦除。为了保证菜单始终存在，选中【响应】选项卡中的【永久】选项；这时，不论是何种分支类型，流程都可以直接向后执行。

（5）将【分支】类型设置为【返回】，因为菜单交互的使用可能在程序运行的任何时刻发生，如果正在执行其他交互时选择了一个菜单交互，程序先执行完菜单交互的响应，然后返回之前的执行位置继续运行。

（6）再另外拖动两个显示图标作为交互的第二、三个分支的响应，按图 6-108 所示进行命名，并分别导入图片。

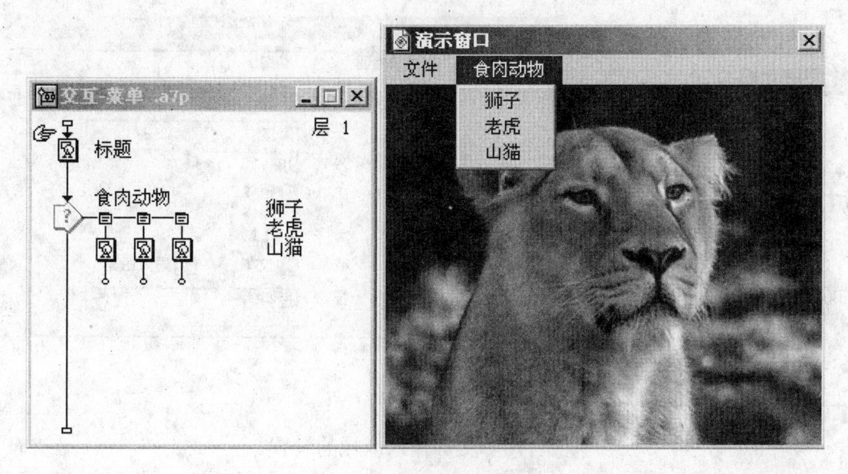

图 6-108　添加菜单项

（7）保存文件，运行程序，菜单栏上除了默认的【文件】菜单，还可以看到添加的【食肉动物】菜单。

（8）如果还要添加新的菜单组，可以创建新的交互结构来进行设置；如图 6-109 所示，拖动一个新的交互图标放置到流程上，命名为“食草动物”，然后按同样的方法创建两个分支响应，依此类推可以在菜单栏上添加多组菜单命令。

图 6-109　添加菜单组

6.6.7 文本输入响应

【文本输入】响应可以提供用户一个文本输入区域，允许通过键盘输入文本提交给程序，程序再根据输入做出不同的反映。下面通过一个用户登录示例来介绍文本输入响应的使用。

（1）新建一个空文件，设置好文件的窗口大小和背景色等属性，保存文件。

（2）在流程线上添加一个【交互】图标，命名为“登录验证”；双击该交互图标，如图 6-110 所示在演示窗口中输入提示文字。

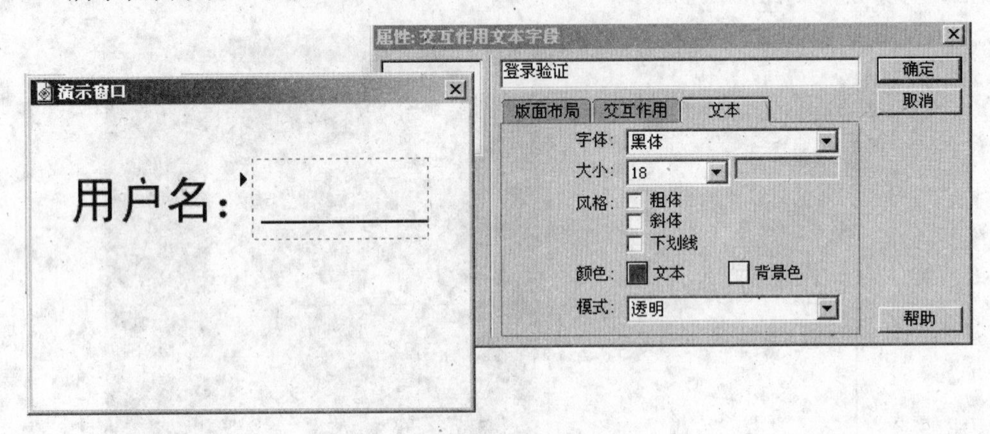

图 6-110　文本输入区域的设置

（3）拖动一个群组图标放置到交互图标的右边，选择交互方式为【文本输入】，再次双击交互图标，可以看到演示窗口中出现一个黑色三角和虚线框；单击选中虚线框后，可以调整其位置和大小。

（4）双击虚线框，打开【交互作用文本字段】属性对话框，还能通过其中的属性选项改变文本框的大小、位置，输入文字的字体、字号、颜色等。

（5）单击【确定】按钮关闭【交互作用文本字段】属性对话框；在设计窗口中单击流程线上的【文本输入】交互类型标志，打开该分支的交互图标属性面板。

（6）在名称文本框中输入响应图标名称“合法用户”。

（7）在模式文本框中输入一个合法用户“"张三"”，如图 6-111 所示。

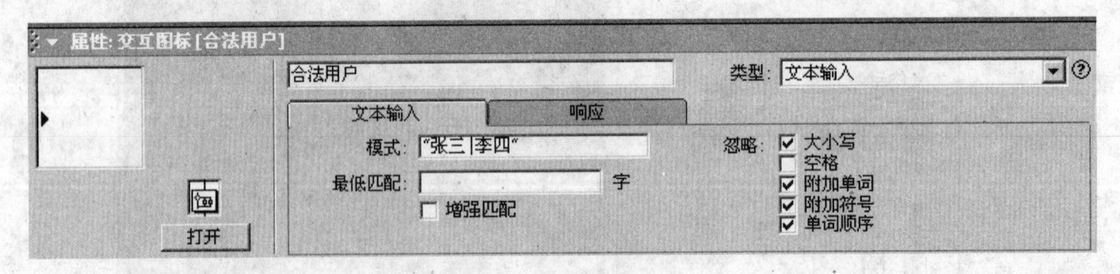

图 6-111　文本输入属性面板

【模式】文本框用于设置要匹配的文本内容，只有当用户的输入和此文本框中的设置相匹配，程序才会执行响应分支中的内容。模式文本框输入还有其他规则：

① “|”：允许匹配多个字符串中的一个，比如模式文本框中输入“"张三|李四"”，那么匹配文本可以是两个字串中任何一个；

② “*”：通配符，表示任意一个或多个字符；

③ “？”：通配符，表示任意一个字符。

（8）打开【合法用户】响应分支下的群组图标，添加【提示】显示图标并在图标中输入文本，用于对合法用户的登录做出响应，如图 6-112 所示。

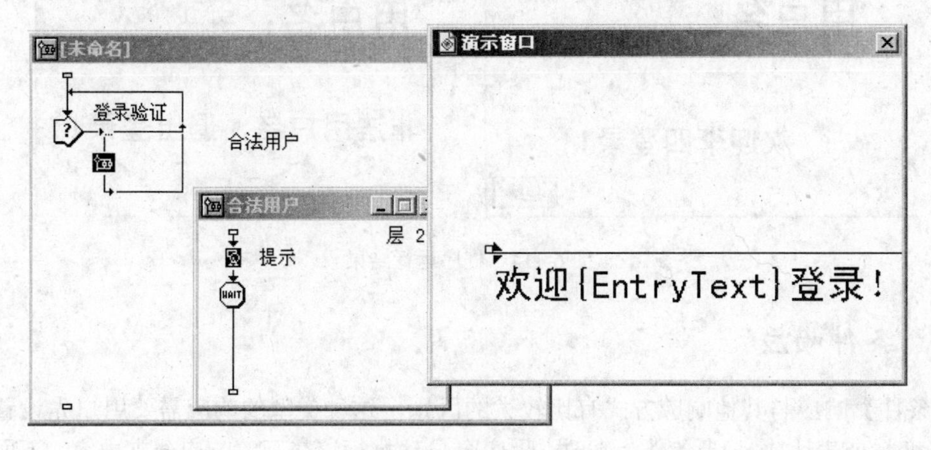

图 6-112　提示文本

（9）接下来要对错误的输入做出响应，拖动一个显示图标在交互图标右方创建第二个分支，如图 6-113 所示对属性面板进行设置。

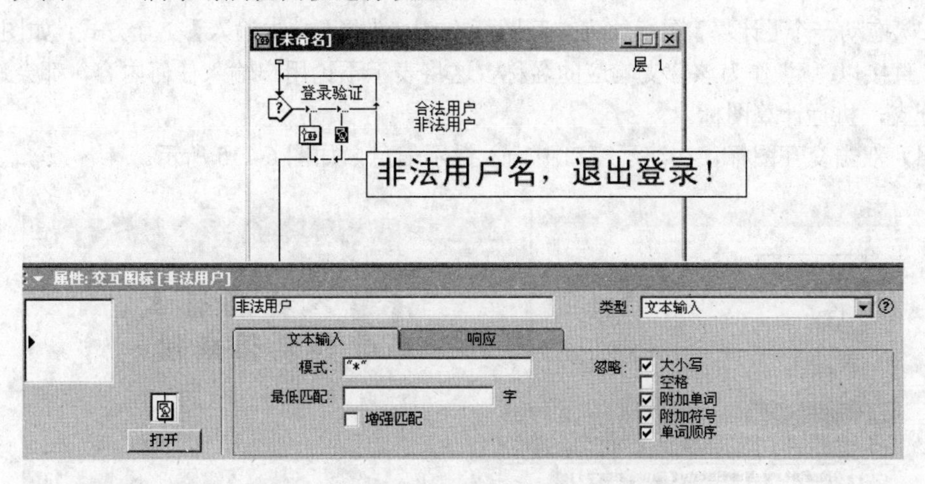

图 6-113　回答错误的匹配模式和分支响应

这里匹配模式用的是“*”通配符，表示匹配任意的输入，这也会包括正确的输入，但在运行时，对于用户的输入，程序按流程从左向右先同第一个分支的匹配模式进行比较，如果能匹配，则进入第一个分支响应，否则再继续同第二个分支的匹配模式做比较，所以只有错误的用户名才会进入第二个分支。

（10）因为【非法用户】分支选项设置为【退出交互】方式，为了避免提示文字在显示后立即因退出被擦除，可以选中交互图标 属性面板的【交互作用】选项卡中的【在退出前中止】选项。

（11）保存文件，运行程序，在插入光标后输入文本，按Enter键确定，程序运行结果如图6-114所示。

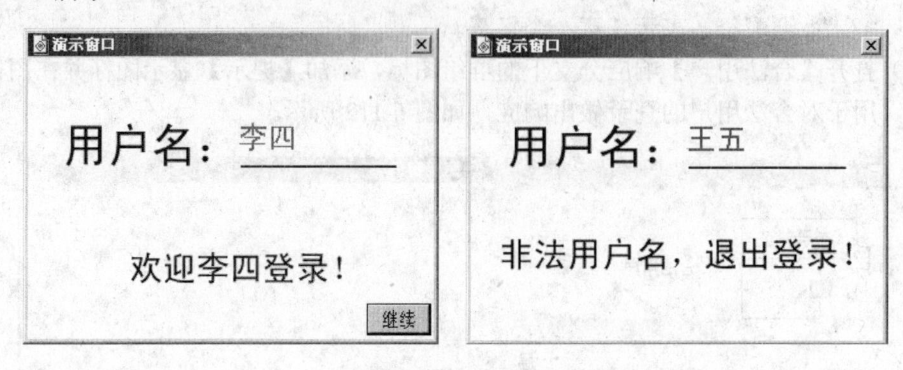

图6-114　程序运行结果

6.6.8　条件响应

【条件】响应与其他响应方式有比较大的区别，这种类型的响应需要用户先设置一个条件（变量或表达式），当条件为真时，程序会自动执行该交互的响应分支内容。下面是一个通过条件响应设计的成绩级别判断程序。

（1）新建一个空文件，设置好文件的窗口大小和背景色等属性，保存文件。

（2）拖动一个【交互】图标放到流程线上，命名为“成绩判断”。

（3）拖动一个【计算】图标放到交互图标右侧，选择【文本输入】交互方式；如图6-119所示，直接以“*”作为该分支响应的名称，这将表示不论用户输入任何内容，都会进入该响应分支，执行计算图标。

（4）双击交互图标，在演示窗口中输入提示信息，如图6-115所示。

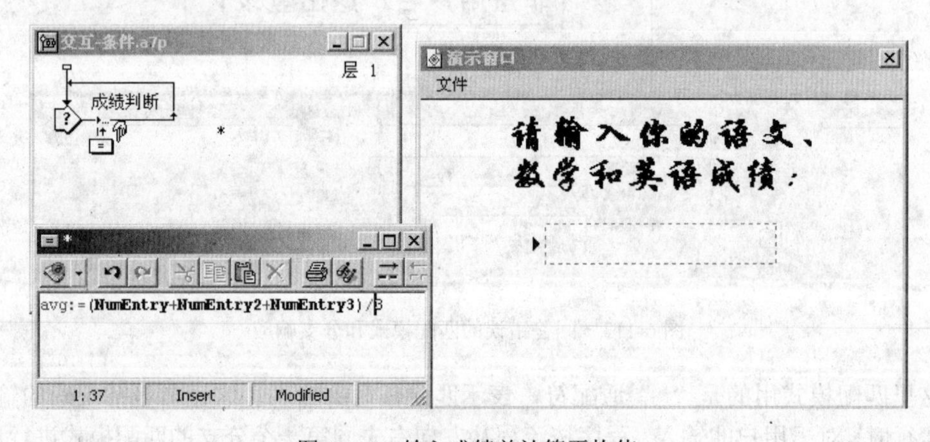

图6-115　输入成绩并计算平均值

（5）双击计算图标，打开计算窗口，编写表达式以计算平均成绩，这里用到的三个系统变量NumEntry、NumEntry2、NumEntry3，它们分别存放的是用户输入到文本框中的第一、二、三个数据，自定义变量avg用于存放计算得到的平均成绩。

（6）注意在文本输入交互的属性面板的响应选项卡中将【分支】路径设为【继续】，这样计算得到的结果可以传递给其右方的分支使用。

（7）拖动两个显示图标到文本输入交互分支的右方，修改它们的交互类型为【条件】交互；如图 6-116 所示，直接用关系表达式分别给两个显示图标命名；属性面板的响应选项卡中【分支】选项都设置为【重试】。

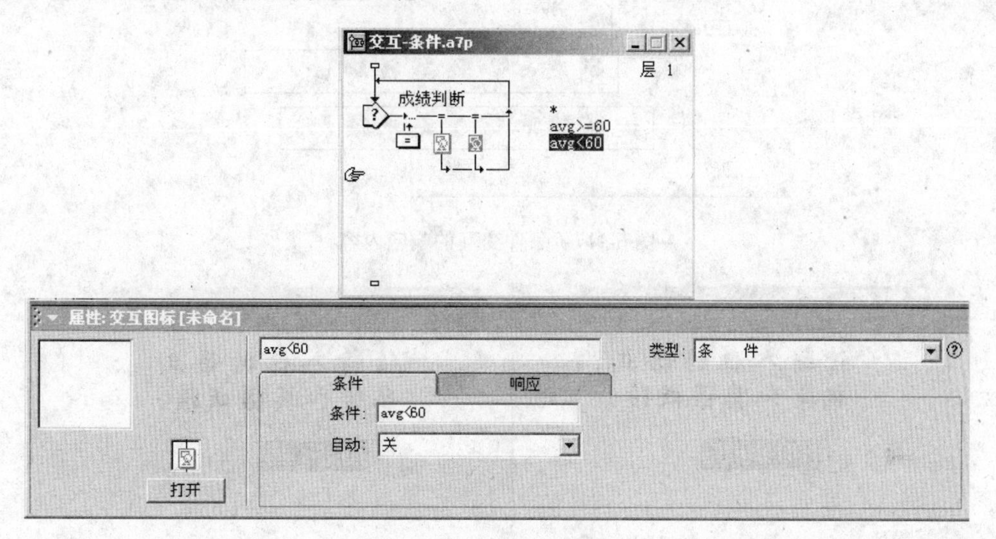

图 6-116　条件的设置

在条件交互的属性面板中，【条件】文本框中可以输入变量或表达式，其值只有真（TRUE）或假（FALSE）两个选择，表达式常由关系运算符或逻辑运算符组合，关系表达式成立表示为真、不成立表示为假。

【自动】下拉列表用于设置何时自动进行条件匹配：

- 【关】：即关闭自动匹配，选择此项，只有当同一个交互结构中还有其他交互分支响应通过【继续】方式执行到当前条件分支，才判断此条件的真假；
- 【为真】：选择此项，不论交互结构中是否还有其他类型的交互响应，程序进入交互后就自动判断条件的真假，条件值为真，则进入该分支执行响应图标；
- 【由假为真】：选择此项，程序进入交互后一直监视条件的真假，一旦条件值由假变为真，则进入分支执行响应图标。

当前的例子在交互结构中除了条件交互外还有文本输入交互，且条件交互要根据用户的输入来判别执行哪个响应，所以【自动】选项设置为【关】。

（8）在两个条件交互分支的显示图标中分别输入响应提示文字，如图 6-117 所示。

（9）保存文件后运行，在文本框中一次输入三个成绩（用空格隔开），按 Enter 键确定后，可以看到程序的执行结果如图 6-118 所示。

6.6.9　按键响应

【按键】响应也是接收用户的键盘输入，但和文本输入不同的是，它响应的是单个按键或组合键。Authorware 7.0 为键盘上每个按键都设置了键名，选择【帮助】→【Authorware

帮助】命令，在帮助窗口的【索引】面板下，输入key names，可以查看到每个按键的具体名字。下面将设计一个通过键盘控制物体在窗口中左右移动的程序。

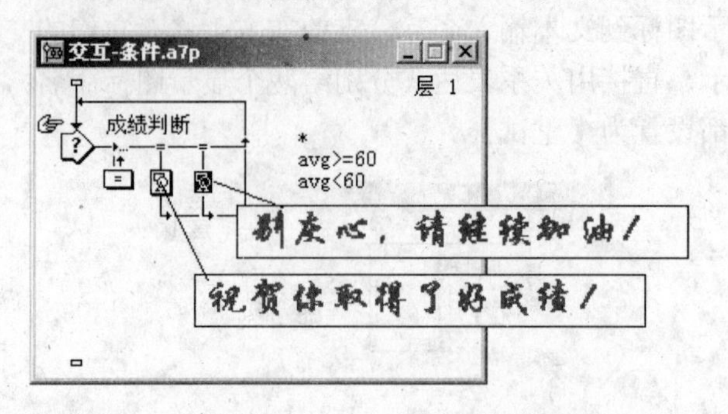

图6-117　条件交互的响应内容

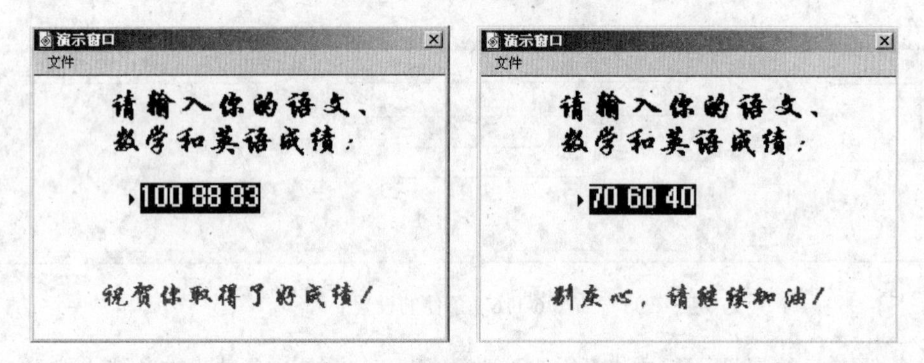

图6-118　不同的输入得到不同的响应

（1）新建一个空文件，设置好文件的窗口大小和背景色等属性，保存文件。

（2）先按图6-119所示，添加一个显示图标，命名为“小球”，在显示图标的演示窗口中绘制一个小圆；然后用移动图标设置【小球】对象做【指向固定区域内的某点】运动。

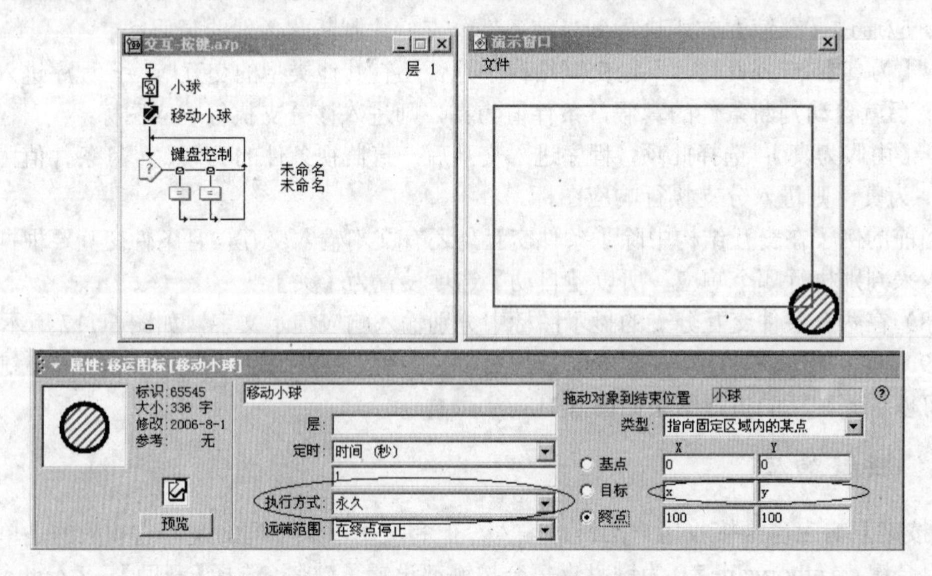

图6-119　设置【指向固定区域内的某点】移动

注意属性面板中，移动的目标位置不再是常量，而是自定义的变量 x 和 y，定义时可以将它们的初始值设置在区域正中，即 x 和 y 的初值均等于 50。

选择【永久】执行方式，这样即使移动图标执行完毕，如果之后的流程对目标位置的变量 x，y 值进行了更改，移动图标可以立刻做出反应，将对象从当前位置移动到新位置。

（3）再拖动一个交互图标放置到移动图标之后，命名为“键盘控制”。

（4）拖动两个计算图标作为交互的两个分支响应，设置为【按键】交互方式，并分别命名为 LeftArrow 和 RightArrow，如图 6-120 所示。

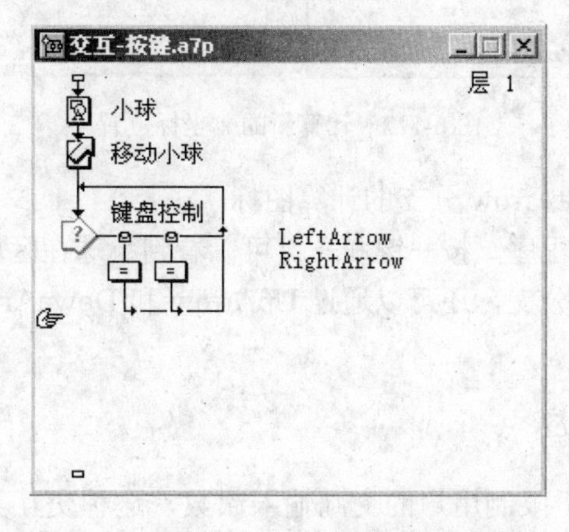

图 6-120　直接通过图标名称设置按键交互

LeftArrow 和 RightArrow 即键盘上←和→的键名。如果直接用键名作为响应图标的名称，即使属性面板中【快捷键】不做设置，也能正确做出响应。

另外一种方式可以按图 6-121 所示，将响应图标命名为“左移”和“右移”，在【快捷键】文本框中填入具体的键名，运行将会得到相同的结果。

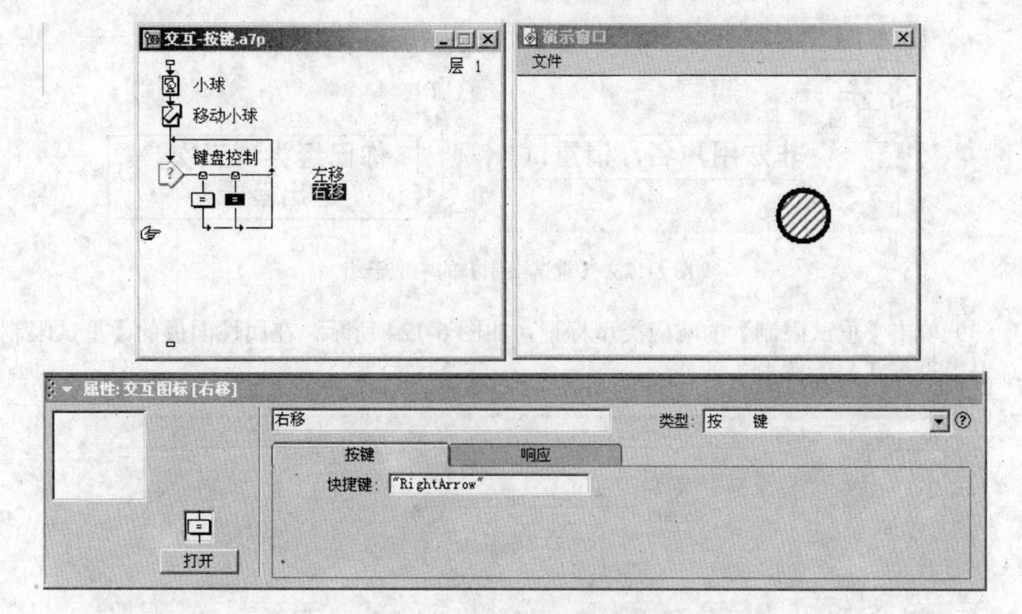

图 6-121　在快捷键中设置按键交互

（5）打开 LeftArrow 分支的计算图标，在计算窗口中重新计算对象的 x 坐标值，这样用户每按一次←键，对象就向左移动 5 个单位，直到遇到区域的左边界为止，如图 6-122 所示。

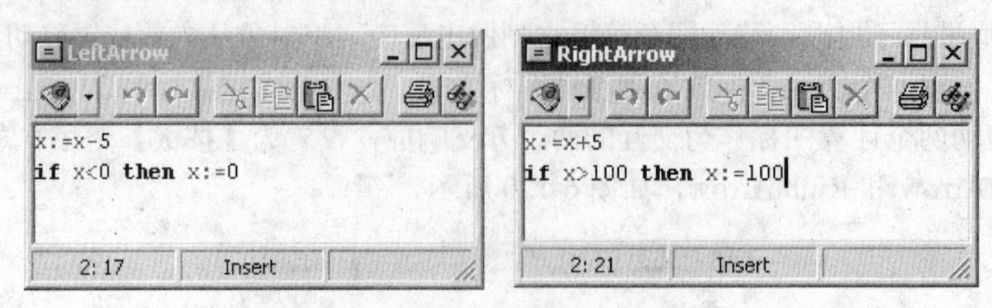

图 6-122　计算新的 x 坐标位置

（6）同理，设置 RightArrow 分支的计算图标。

（7）保存文件，运行程序，按←键和→键可以看到小球在区域内左右移动。

（8）如果再添加两个分支，还可以通过 UpArrow 和 DownArrow 键设置对象在区域内上下移动。

6.6.10　重试限制响应

【重试限制】响应用于限制用户的交互输入次数，这种交互类型一般要和其他交互类型配合使用。下面给前面设计的用户登录系统添加重试限制设计。

（1）打开 6.6.7 节中制作的登录程序；修改【非法用户】分支方式为【重试】方式。

（2）如果想给用户三次尝试的机会，则应该拖动一个群组图标创建第三个分支响应，将交互类型修改为【重试限制】，然后命名为“3 次机会”。从流程线的走向可以看到，响应分支自动地设置为【退出交互】，如图 6-123 所示。

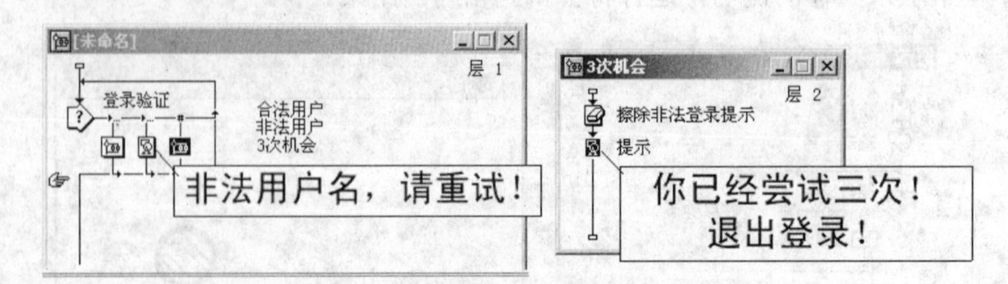

图 6-123　【重试限制】的响应群组

（3）单击【重试限制】的响应类型标记，如图 6-124 所示，在属性面板的【重试限制】选项卡中设置【最大限制】为 3。

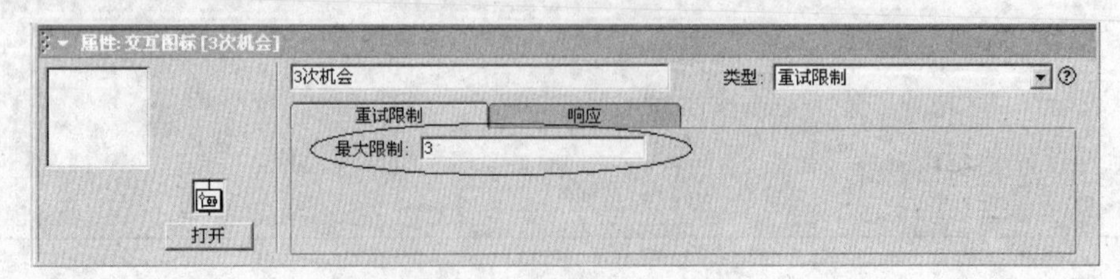

图 6-124　设置重试最大次数

（4）打开【重试限制】的响应群组，添加和设置擦除、显示图标。擦除用于擦除之前的非法用户登录显示的提示信息；显示图标中输入登录失败的提示信息，如图 6-123 所示。

（5）保存文件，运行程序，如果在 3 次机会内输入了正确的用户名，则窗口显示欢迎画面，三次输入都错误，则显示失败提示，并退出当前交互结构。

6.6.11 时间限制响应

【时间限制】响应是用于限制所在交互结构的有效时间，它通常也和其他交互类型的响应分支配合使用。时间限制和重试限制也可以在同一个交互结构中使用，对交互进行限定。下面给出的是一个限时估价的小游戏。

（1）新建文件，按图 6-125 所示拖动显示图标到流程线上，并插入文字和图片。

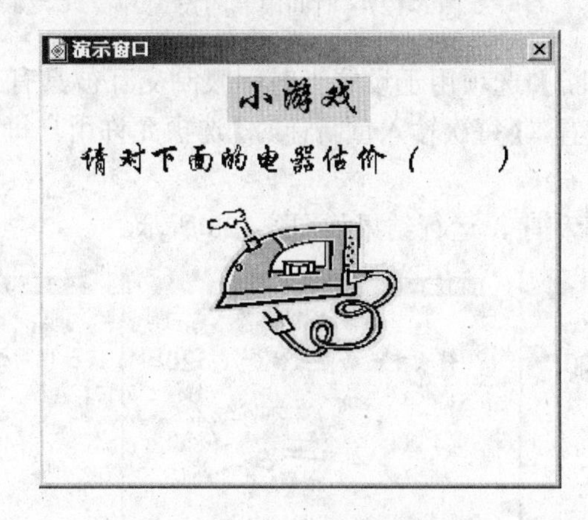

图 6-125 显示图标内容

（2）拖动交互图标放置到流程线上，如图 6-126 的设计窗口所示，构建交互结构流程。

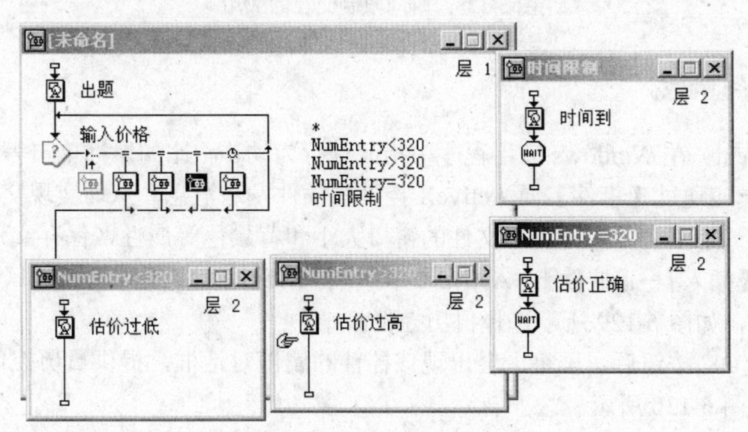

图 6-126 交互流程的设计

第一个分支设为【文本输入】交互，用于接受用户输入的估价，分支类型为【继续】。

第二、三、四分支都是【条件】交互，用于判断用户输入的价格是过低、过高还是正确；答错的分支设置为【重试】分支类型，答对的分支设置为【退出交互】类型。

第五个分支设置为【时间限制】交互类型，到达设定的时间，流程将退出交互。

（3）【时间限制】交互需要在属性面板的【时限】文本框中填写时间值，这里给定了15秒。另外，选中【显示剩余时间】选项后，窗口中还会出现一个倒计时的小闹钟图标，动态地反映剩余时间，如图6-127所示。

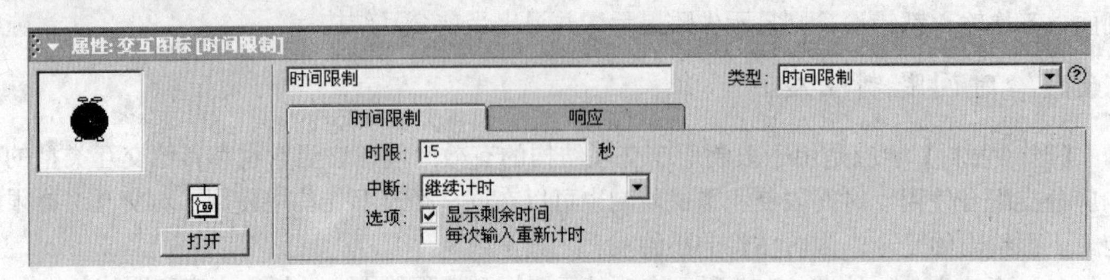

图6-127　时间限制的设置

其他选项还有：【中断】选项用于设置当时间限制交互被具有【永久】类型的交互响应中断时，计时方式的设置，【每次输入重新计时】选项允许用户每次进行交互输入时都重新开始计时。

（4）保存文件，运行程序，运行结果如图6-128所示。

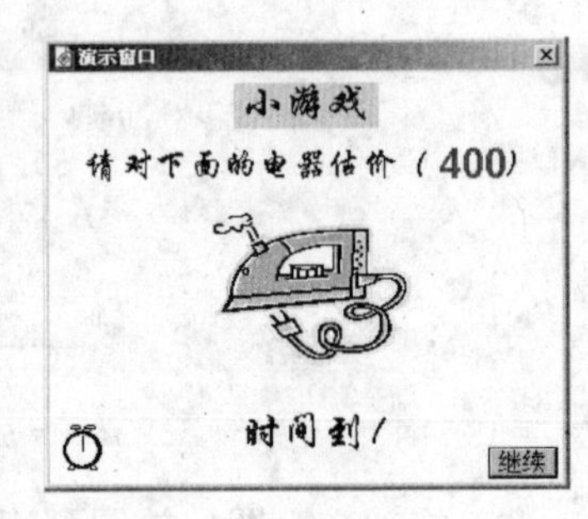

图6-128　时间限制交互的应用

6.6.12　事件响应

事件（Event）在Windows应用程序中指某种行为动作，比如鼠标单击等。Authorware 7.0中的事件响应通过【事件】向ActiveX控件等插件发送消息，从而实现交互控制。

（1）新建一个空文件，设置好文件的窗口大小和背景色等属性，保存文件。

（2）选择【插入】→【控件】→ActiveX命令，打开Select ActiveX Control（选择ActiveX控件）对话框，如图6-129所示选择日历控件。

（3）单击OK按钮后，屏幕上会出现该控件的属性对话框，提供日历控件的各种相关属性设置，如图6-130所示。

（4）单击OK按钮后，在演示窗口中选中该控件对象并调整其位置和大小，如图6-131所示。

（5）拖动一个交互图标放在控件图标之后，再拖动一个群组图标作为交互的响应图标，选择【事件】交互响应类型，如图6-132所示。

（6）单击事件响应类型标记，在属性面板中双击选择发送事件的对象和事件名称，如图6-133所示。

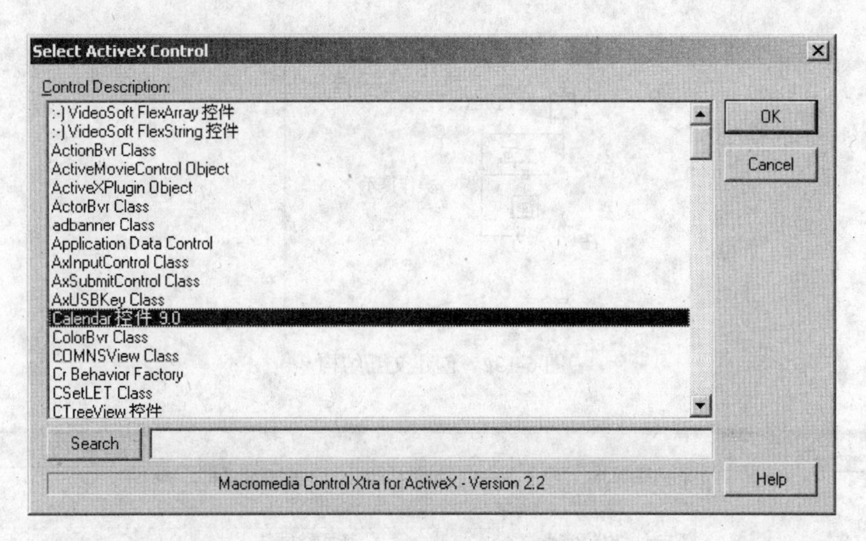

图 6-129　选择 ActiveX 控件

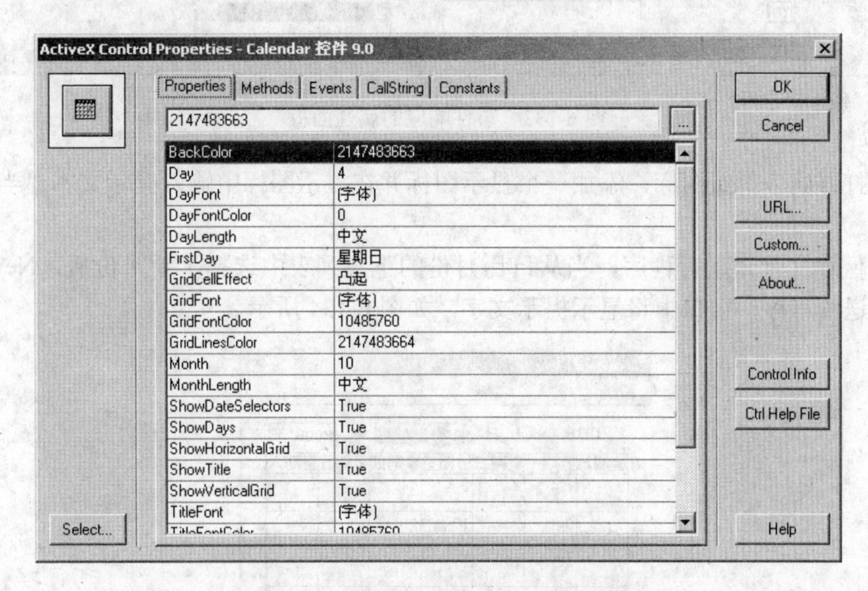

图 6-130　日历控件的属性对话框

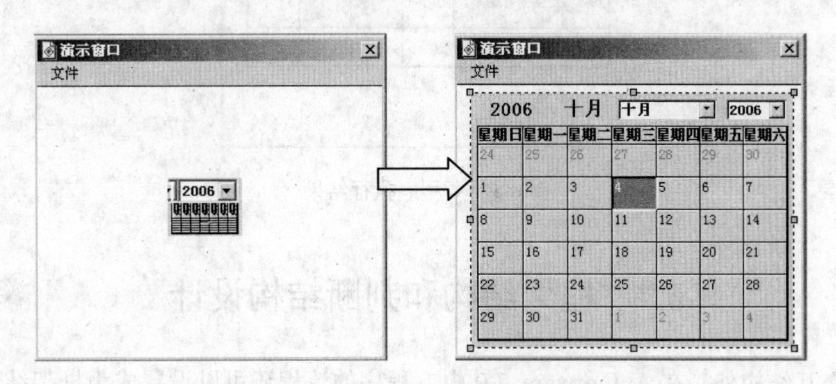

图 6-131　调整日历控件的位置和大小

图 6-132　创建交互结构

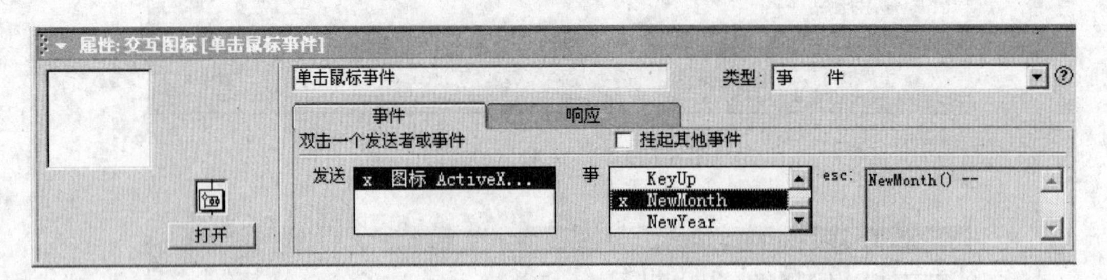

图 6-133　事件响应的属性面板

（7）打开响应群组图标，添加一个显示图标并在显示图标中输入提示文本“当前月份被更改”。

（8）保存文件，运行程序，当从日历月份的下拉列表中选择了新月份后，NewMonth事件被发送给程序，窗口中将显示提示文字，如图 6-134 所示。

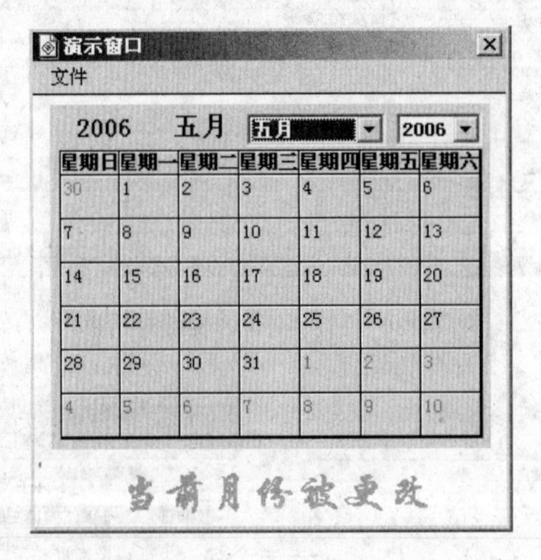

图 6-134　程序执行结果

6.7　框架结构和判断结构设计

除了交互结构外，在 Authorware 7.0 中，程序的流程还可以设置成为框架结构或判断分支结构。

6.7.1 框架图标、导航图标和框架结构

框架结构（也称为导航结构）可以让用户自主选择要执行的分支页面，它主要是通过【导航】图标和【框架】图标共同来完成的。其中，框架图标中设置了各个分支页面，然后由导航图标帮助用户从流程的一个位置跳转到另外一个位置。通常，导航图标在框架图标内使用，但它也可以在框架外单独使用，不过跳转指向的只能是某个框架内的页面。

1．简单的页面结构

（1）新建一个空文件，在设计窗口的流程线上放置一个显示图标，命名为“标题”，其中输入标题文字“风景欣赏”，并绘制黑边灰底的矩形作为背景。

（2）添加一个框架图标，命名为“页面结构”；拖动三个显示图标放置到框架图标的右侧，建立三个页面分支，按图 6-135 所示命名，在三个显示图标内分别插入页码文字和图片。

图 6-135　页面结构的流程及“风景 1”页面的演示

（3）实际上到这一步框架结构已经建立，运行程序，通过演示窗口中提供的 8 个按钮可以在三个页面之间进行跳转，这 8 个交互按钮是由框架图标自动设置的。

（4）双击框架图标，屏幕上将打开一个新的设计窗口，即框架图标的设计窗口，如图 6-136 所示。

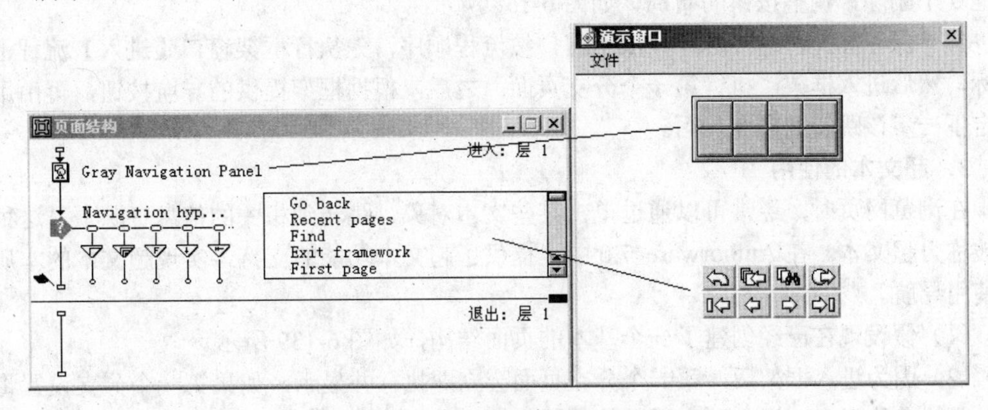

图 6-136　框架图标的设计窗口

（5）窗口分两个部分：【进入】流程和【退出】流程，它们分别在进入框架时和退出框架前执行。

进入流程中默认设置了一个显示图标和一个交互结构，这就是运行时窗口中看到的灰色面板和8个按钮。从图6-136中可以看到所有交互的响应都是导航图标。

要了解导航图标如何设置跳转，单击交互结构中任何一个导航图标，打开导航图标的属性面板，如图6-137所示。

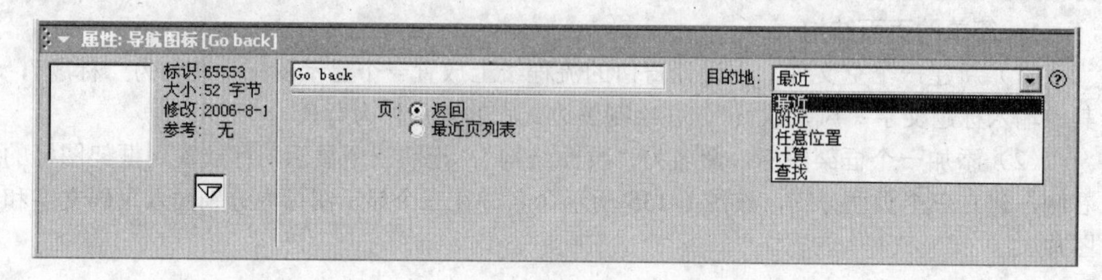

图6-137　导航图标的属性面板

2．5种跳转目标的选择

（1）在面板中，【目的地】下拉列表提供了5种跳转目标的选择：

- 最近：提供【返回】和【最近页列表】跳转选择；
- 附近：提供【前一页】、【下一页】、【第一页】、【最末页】和【退出框架】的跳转选择；
- 任意位置：所有框架的所有页面都会被列出，程序可以选择跳转到任意页面上，跳转不再局限在当前框架中；
- 计算：根据【图标表达式】文本框中输入的表达式计算要跳转的目的页面；
- 查找：运行时可以提供一个【查找】对话框，根据输入的查找文本，程序将包含该文本的页图标名列出，单击某个图标名可以跳转到目的页面。

（2）【进入】流程上设置的图标，在运行时其显示内容会出现在框架的所有页面上，所以如果有信息需要显示在每个页面中，可以直接在进入流程中设置它们。

这里只是从流程线上将显示灰色面板的显示图标删除。

（3）从8个交互中选择保留Previous page、Next page和Exit framework三个按钮，将其他5个删除，调整按钮的布局，如图6-138所示。

（4）保存文件，运行程序，演示窗口按流程顺序，先执行框架窗口【进入】流程上的图标，然后进入框架，执行第一个分支页面。之后，根据框架提供的导航按钮，再由用户决定下一步该跳转到哪个页面。

3．超文本的使用

在浏览网页时，经常可以通过单击某些文本对象，跳转到相关的信息资源上，这种文本被称为超文本。在Authorware 7.0中也提供了超文本功能的支持，实现超文本的本质就是使用导航。

（1）假设现在已经创建了一个基本的页面结构，如图6-139所示。

（2）因为进入框架后，第一个分支页面会立即执行并显示，如果第一个分支设置将每个风景的名称列出，用户首先看到的是整个框架的内容结构，这会使作品更清晰，所以下面拖动一个显示图标放在框架中作为第一个分支，命名为“目录”。

图 6-138　修改后导航交互

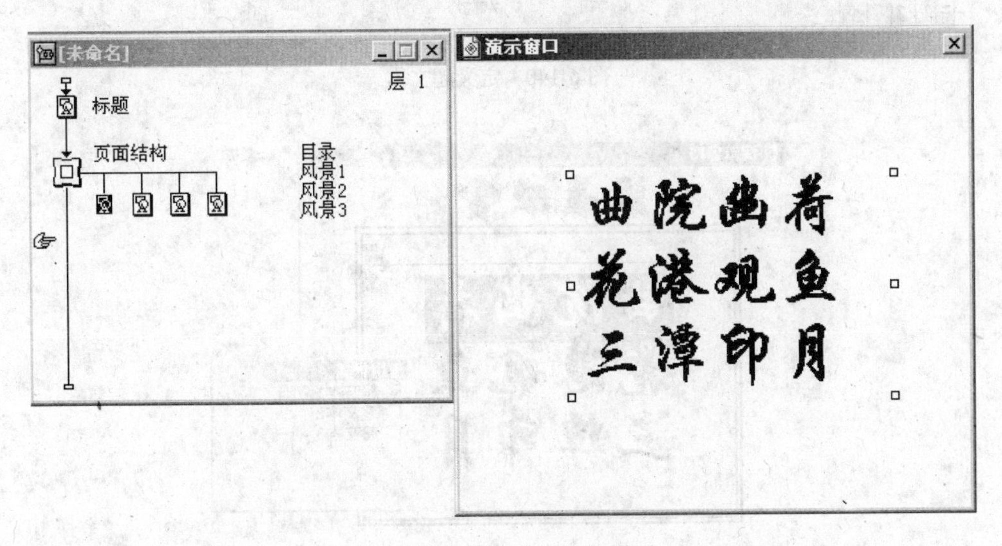

图 6-139　添加【目录】页面

（3）双击【目录】显示图标，按图 6-139 在打开的演示窗口中输入文本。

（4）选择【文本】→【定义样式】命令，打开【定义风格】对话框。

（5）在对话框中单击【添加】按钮添加一个新样式，更改其名称为“超文本 1”，然后在对话框中选定字体、字号、颜色等。在右边的【交互性】属性组中，选择【单击】为触发交互的行为，确定选中【导航到】复选框，并单击其右侧的小图标，在弹出的【导航风格属性】对话框中选择跳转的目的页面，如图 6-140 所示。

（6）关闭对话框确定设置后，一个超文本风格的文本样式就定义好了。然后在演示窗口中选中要定义的文本，选择【文本】→【应用样式】命令，在打开的对话框中选择刚定义的样式，如图 6-141 所示。

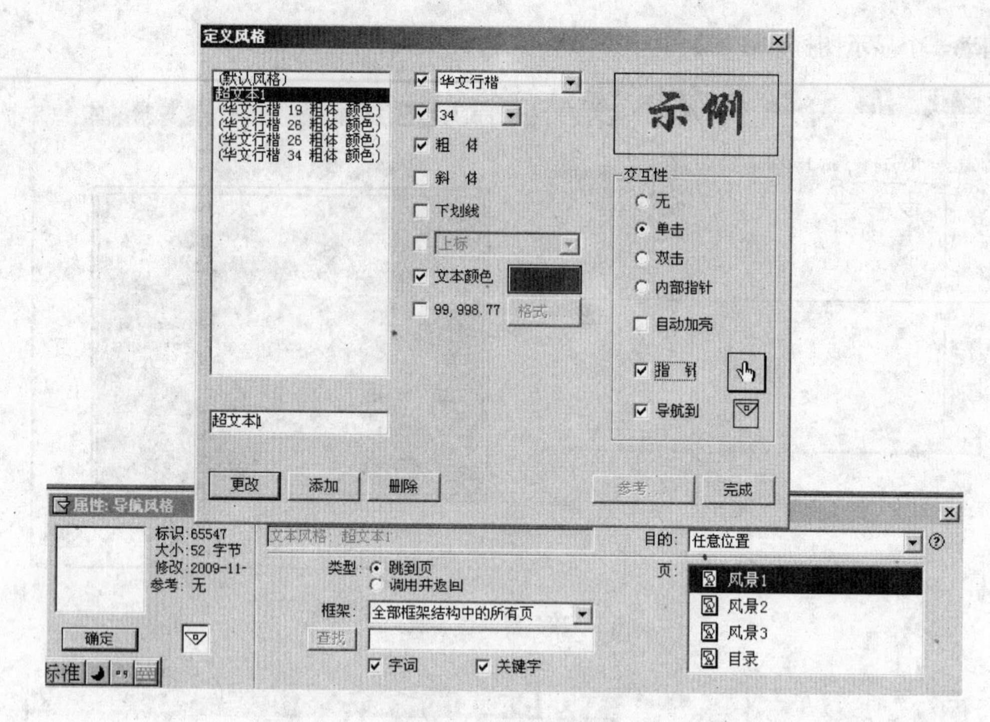

图 6-140　定义超文本

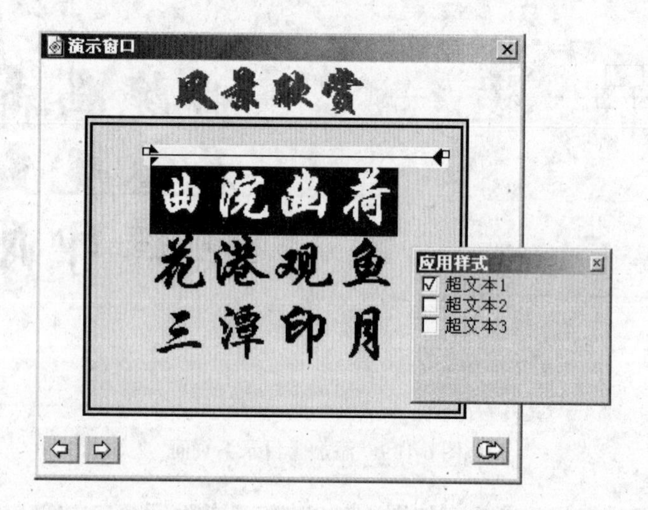

图 6-141　应用超文本样式

（7）运行程序，单击文字【曲院幽荷】，程序将跳转到指定的【风景 1】处。

（8）按同样的方法设置【超文本 2】和【超文本 3】，让它们分别导航指向【风景 2】和【风景 3】，然后将两个新样式分别应用在【花港观鱼】和【三潭印月】文本上，这样就可以实现由【目录】页面到各个内容页面的跳转。

（9）可以在框架窗口中添加导航到【第一页】的交互按钮，通过返回第一个分支页面来回到目录。

（10）保存文件，执行程序，观察运行结果。

6.7.2 判断图标和判断结构

判断结构是由一个判断图标和一条或多条分支构成的程序结构，当程序运行到判断图标，流程会根据图标中的设置自动选择分支执行。

1．判断图标的属性设置

判断图标又称为决策图标，它的设置主要在于如何灵活搭配判断图标属性面板中提供的 4 种分支和 5 种重复。

创建一个空文件，从图标面板上拖动一个判断图标到流程线上；再拖动一个群组放置在判断图标右侧，这样就构成了具有一个分支的判断结构流程。判断结构有 4 种分支路径，如图 6-142 所示，每种分支有不同的判断图标形状，默认设置是【顺序分支路径】。

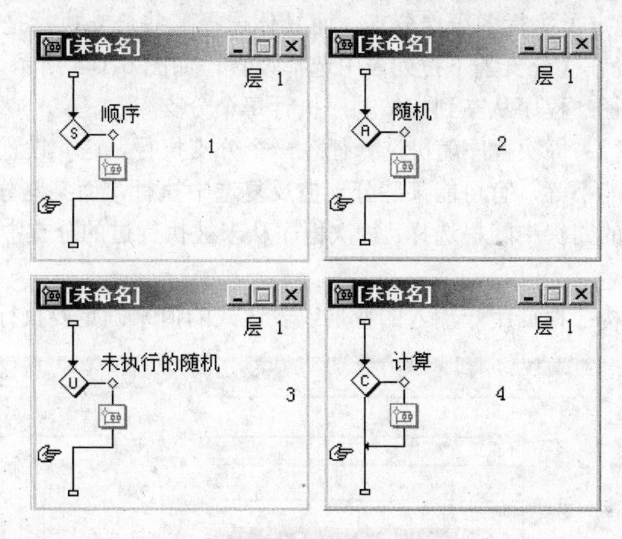

图 6-142 4 种判断分支路径

单击流程线上的决策图标，可以展开图 6-143 所示的决策图标属性面板，面板中主要提供重复方式和分支类型的设置。

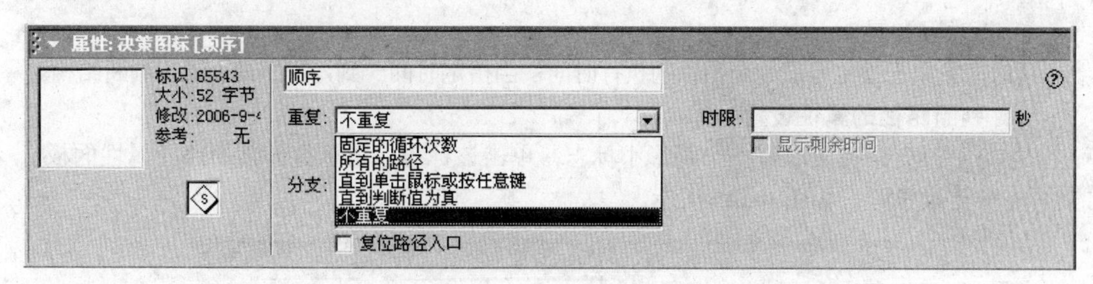

图 6-143 设置重复属性

1）【重复】属性

【重复】下拉列表提供了 5 种重复方式：

- 固定的循环次数：根据输入的数值、变量或表达式确定分支循环执行的次数。如果输入数值小于 1，则不执行任何分支。如果输入数值小于当前判断结构的分支数，则执行完指定数目的分支后就退出判断。如果输入数值大于当前判断结构的分支数，则重复执行分支，直到执行完指定分支数。

- 所有的路径：直到所有分支都执行过一次，程序才退出判断结构。
- 直到单击鼠标或按任意键：程序将不断执行当前结构中的分支，直到用户单击鼠标或按下键盘上任意键才退出判断结构。
- 直到判断值为真：根据输入的变量或表达式条件进行判断，如果条件为【假】，就执行循环执行结构中的分支，如果条件为【真】，就退出判断结构。
- 不重复：不循环，只执行一个分支后就退出判断。至于选择哪个分支执行，由【分支】属性设置的分支类型确定。

2）【分支】属性

【重复】属性确定了执行多少次分支，而具体选择哪些分支执行是由【分支】属性来确定。4 种分支路径在【分支】下拉列表中选择设置，如图 6-144 所示。

- 顺序分支路径：程序从左到右按顺序执行每个分支。
- 随机分支路径：每次程序随机选择任意一个分支执行，这一设置下，每个分支被执行的次数可能不等，有可能某些分支被反复选中执行，而某些分支却从未执行。
- 在未执行过的路径中随机选择：每次程序从未被执行过的分支中随机选择一个分支执行。
- 计算分支结构：根据用户输入的变量或表达式的值来确定要执行哪个分支。

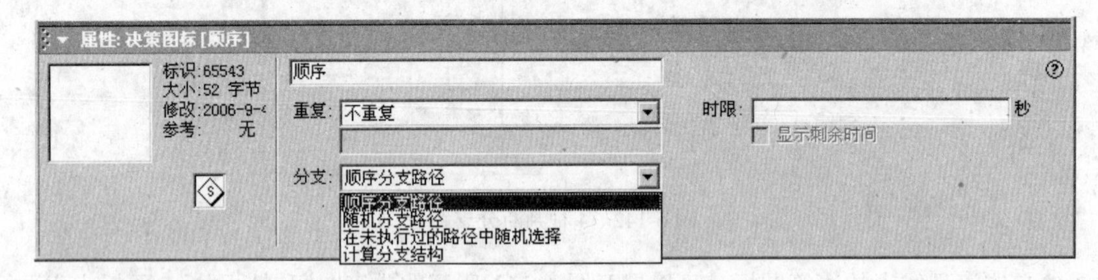

图 6-144　设置分支属性

3）【时限】属性

【时限】用于设定当前判断图标的执行时间，当指定时间一到，程序马上退出判断结构。

2．判断路径的属性设置

在每个分支路径上都有一个菱形小标志，单击该标志，可以打开判断路径属性面板，对各个分支做设置，如图 6-145 所示。

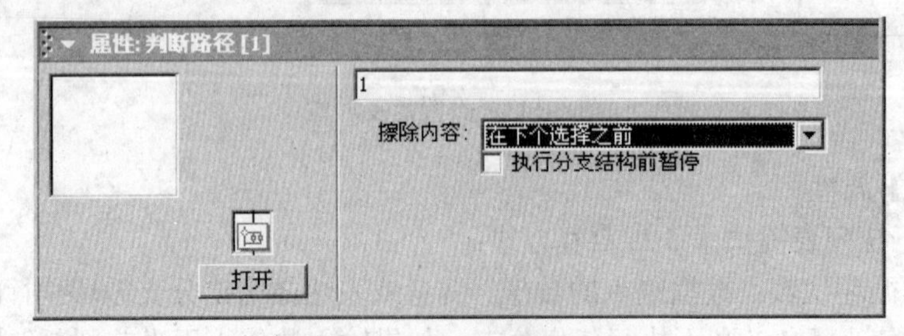

图 6-145　判断路径属性面板

属性面板中【擦除内容】下拉列表用于确定何时擦除所执行的分支图标内容。选中【执行分支结构前暂停】复选框后，在进入分支流程前，程序会出现一个【继续】按钮，只有单击此按钮后，程序才继续执行。

3．用判断图标实现循环

（1）创建一个空文件，从图标面板上拖动一个判断图标到流程线上，命名为“循环”；再拖动一个群组放置在判断图标右侧，命名为“闪烁”，如图 6-150 所示，设置重复方式为【直到单击鼠标或按任意键】。

（2）打开群组图标，在其流程线上添加一个显示图标，命名为“文字”，然后在显示图标中输入文本。

（3）在群组中拖动添加一个等待图标，命名为【等待 1 秒】关闭【单击鼠标】和【按任意键】的事件选项，设置等待时间为 1 秒，如图 6-146 所示。

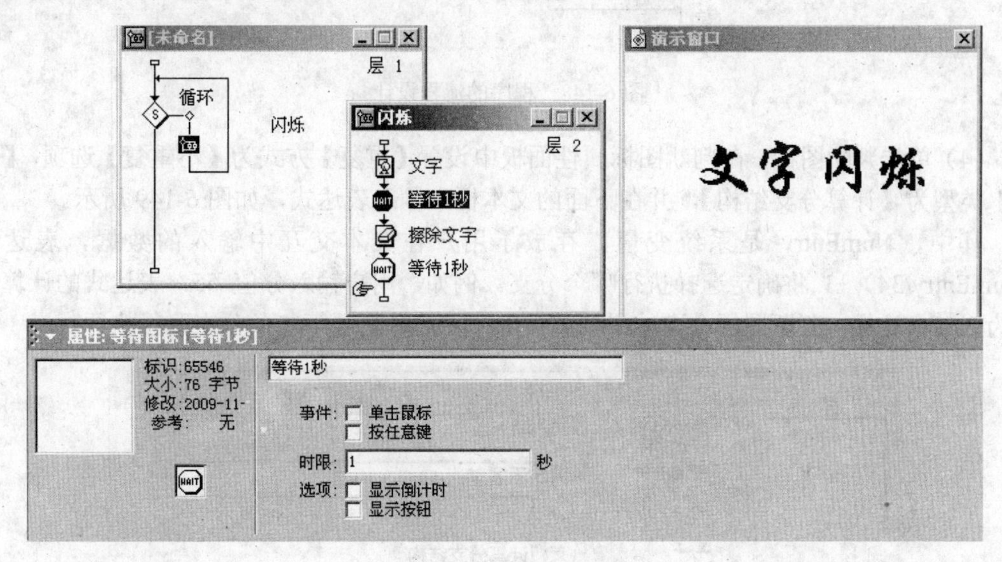

图 6-146 小球运动轨迹设置

（4）继续在闪烁子流程上添加一个擦除图标，命名为“擦除文字”；然后在演示窗口中单击选中文本块作为被擦除的对象。

（5）复制擦除图标前的【等待 1 秒】等待图标，粘贴到擦除图标之后。两个等待图标的作用是调节文字闪烁的速度。

（6）保存文件，运行程序，可以看到窗口内的文字内容不停地闪动，直到用户操作鼠标或键盘后才退出循环。

4．用判断图标实现级别判断

（1）创建一个空文件，从图标面板上拖动一个交互图标到流程线上，命名为“输入评分”；再拖动一个群组放置在判断图标右侧，命名为“*”；双击交互图标在演示窗口中输入提示文字，如图 6-147 所示。

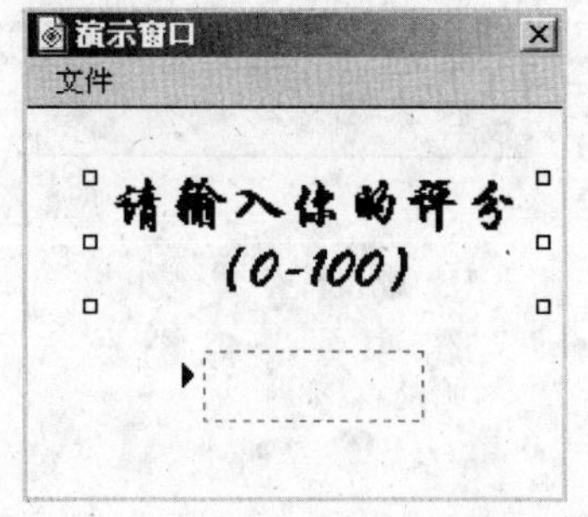

图 6-147 交互图标中的提示

（2）改变交互分支的分支路径为【退出交互】，群组中不用添加任何内容。

（3）从图标面板上拖动一个判断图标到交互结构之后的流程线上，命名为“级别判断”；然后拖动三个显示图标放在判断图标的右侧，按图6-148所示分别命名；0～100的评分在这里被均分为优、中、差三个等级，分别给予不同的提示。

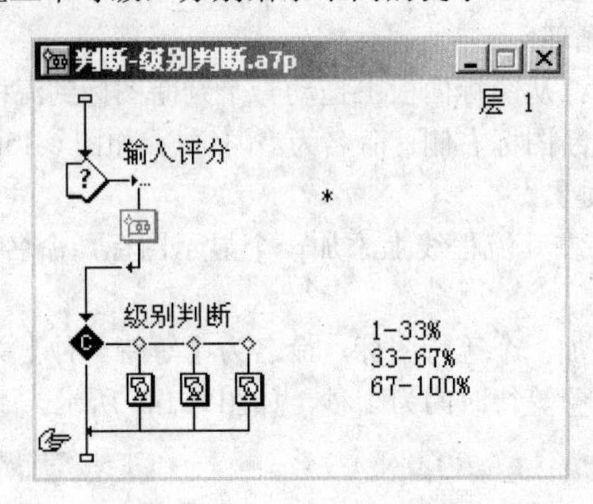

图6-148　程序的流程设计

（4）单击判断图标，在判断图标属性面板中设置【重复】方式为【不重复】选项，【分支】类型为【计算分支结构】，并在下面的文本框中输入表达式，如图6-149所示。

其中，NumEntry是系统变量，存放了用户在文本交互中输入的数据，表达式（NumEntry/34）+1将确定选择执行哪个分支。例如，用户输入分值55，表达式的计算结果为2.62，这样，判断图标会取结果的整数部分，选择执行第二条分支路径执行。

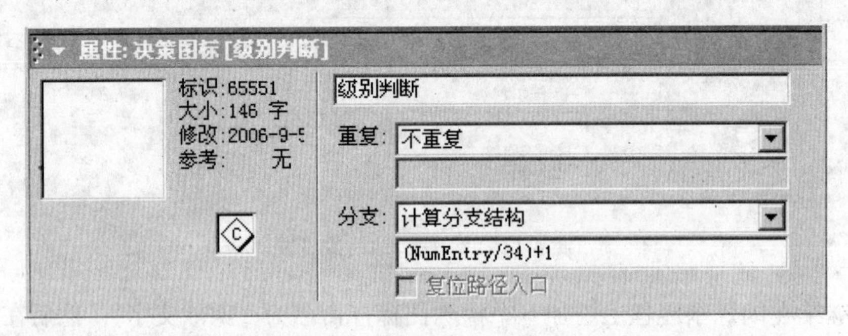

图6-149　计算分支的计算表达式

（5）保存文件，运行程序，输入0～100间的不同数据，运行结果如图6-150所示。

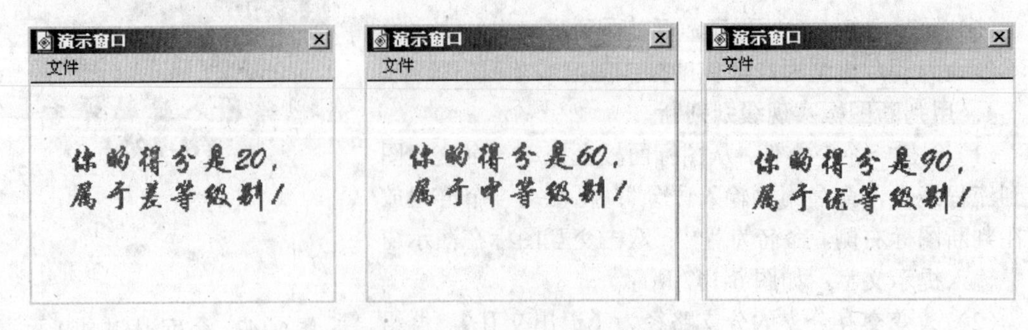

图6-150　级别判断的三种结果

6.8　声音、数字电影和动画的添加

真正的多媒体作品不仅仅只有文本、图形和图像对象，使用声音、动画和视频素材通常会使作品显得更加多姿多彩、引人入胜。

6.8.1　添加声音

Authorware 7.0 作品中，声音添加是通过【声音】图标来完成的。【声音】图标可以从外部导入制作好的声音文件，提供播放时间、速率等属性设置。【声音】图标支持 WAV、MP3、PCM、AIFF、VOX、SWA 多种格式的声音文件，但不支持 MIDI 格式的文件。

声音文件的导入有多种方式。如直接从资源管理器拖动文件放到流程线上；使用【文件】→【导入和导出】→【导入媒体】命令导入声音文件；使用声音图标属性面板上的【导入】按钮导入声音文件等。

（1）设置声音图标属性。

① 创建一个空文件，从图标面板上拖动声音图标放在流程线上。

② 单击声音图标属性面板上的【导入】按钮，打开【导入哪个文件？】对话框，从文件列表中选择一个声音文件，然后单击对话框中的【导入】按钮，载入文件，如图 6-151 所示。

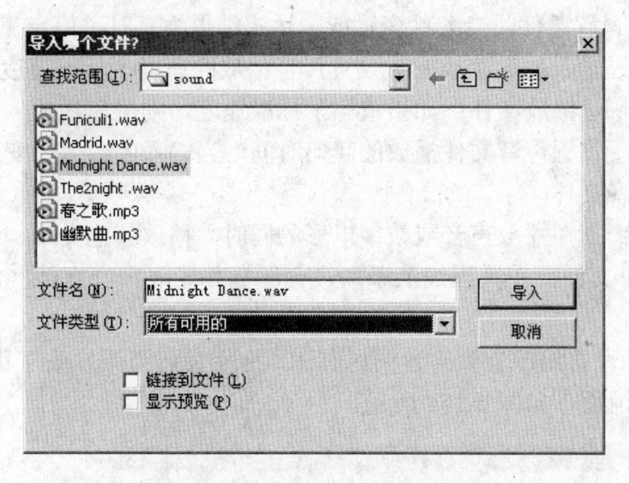

图 6-151　【导入哪个文件？】对话框

在声音图标的属性面板中可以看到被载入的文件信息，如图 6-152 所示。

图 6-152　声音文件的信息

③ 选择【计时】选项卡，对声音文件的主要设置就集中在这个选项卡上，如图6-153所示。

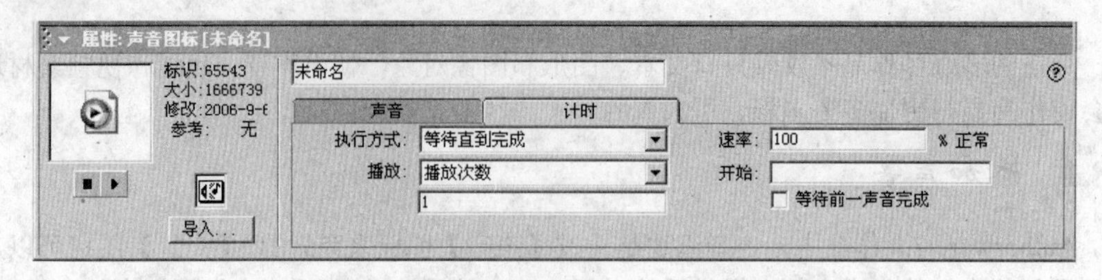

图6-153 声音图标属性面板的【计时】选项卡

（2）执行方式：用于设置声音图标执行时和流程线上其他图标的同步关系。

- 等待直到完成：默认选项，当声音图标执行完毕后再向下执行其他图标。
- 同时：声音图标执行同时，继续向下执行其他图标。当需要声音作为背景音乐或画面解说时常选择此项。
- 永久：声音图标执行完毕后，继续监视【开始】项中值的真假，如果为真，立即播放声音，同时执行其他图标；如果为假则退出声音图标。

（3）播放：设置声音文件的播放次数。

- 播放次数：用数值、变量或表达式指定声音文件的播放次数。
- 直到为真：设置条件，当条件变量或表达式结果为真时，停止声音文件的播放。

（4）速率：通过输入的数值或变量设置声音播放的速度，标准速度为100%，如果值大于标准速度，则快速播放文件；如果值小于标准速度，则慢速播放。

（5）开始：用于设置声音文件播放的起始时间，当输入的数值、变量或表达式的值为真时，开始播放声音文件。

（6）媒体同步：指在播放声音或数字电影的同时，播放其他文本、图形图像内容。

① 创建一个空文件，在流程线上添加声音图标并导入声音文件，保持声音图标属性面板中的默认设置。

② 先后拖动两个群组放置到声音图标右侧，分别命名为“片头”和“内容”，然后在群组中编辑具体的流程，如图6-154所示。

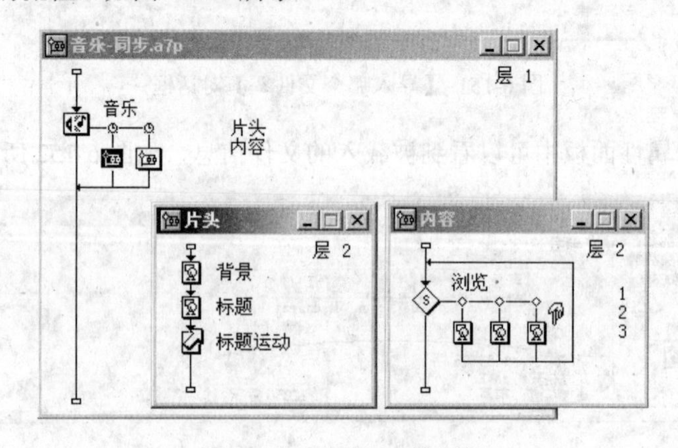

图6-154 媒体同步的制作

③ 单击分支上小闹钟形状的小标志，可以打开对应分支流程的【媒体同步】属性面板，如图 6-155 和图 6-156 所示。

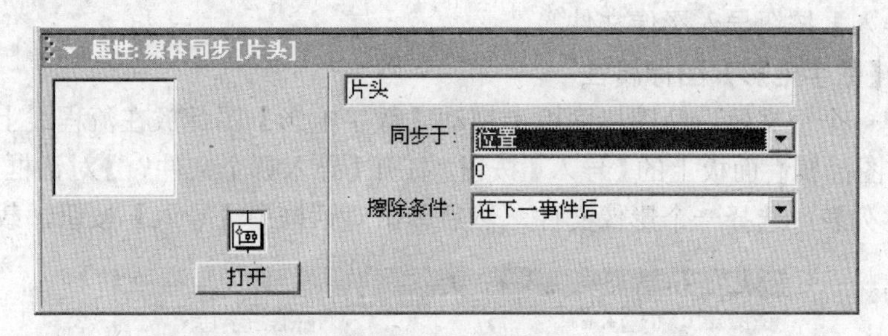

图 6-155 【片头】分支的媒体同步设置

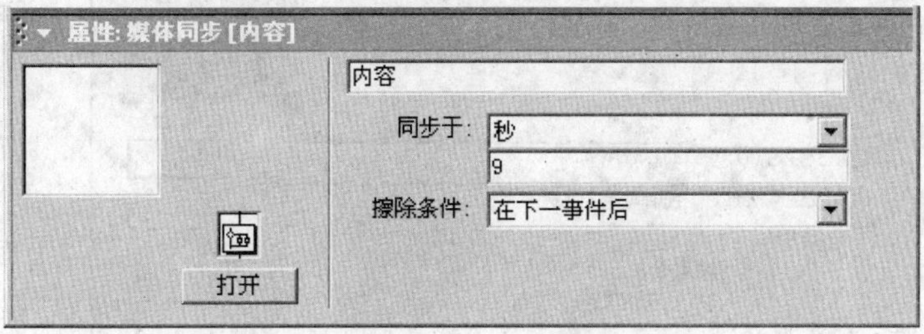

图 6-156 【内容】分支的媒体同步设置

（7）同步于：用于设置分支和声音图标之间的同步方式。

- 位置：根据媒体位置设置同步时机，声音以毫秒（ms）为单位，影像以帧数（frame）为单位。
- 秒：根据媒体播放时间设置同步时机，单位为秒（s）。

（8）擦除条件：用于设置何时擦除分支图标的显示内容，类似交互图标的擦除设置。

（9）按图 6-159 和图 6-160 中的设置，当开始播放声音图标时，片头动画同时开始执行，9 秒钟后，擦除片头群组的显示，开始执行【内容】群组。

（10）保存文件，运行程序，观察执行结果。

6.8.2 添加数字电影

数字电影也是多媒体的一种重要表现形式，使用 Authorware 7.0 提供的【数字电影】图标可以很容易地导入二维、三维的影像文件，并可以对播放速度、重复播放、播放起始帧等有关属性进行设置。

【数字电影】图标支持 AVI、MOV、MPG、DIR、FLC、FLI、Bitmap Sequence 等多种格式的视频文件。但只有少数格式可以内嵌到 Authorware 7.0 的程序中，如 PIC、FLC/FLI 等格式；大多数的格式，如 DIR、MOV、AVI、MPG 等，只能以外部链接方式存放。

内嵌式数字电影执行速度快，可以使用擦除效果，但会增加可执行文件大小。作品发布时不需要打包内嵌数字电影文件。

外置式数字电影将文件单独存放，不会增加可执行文件大小，但不能使用擦除效果。作品发布时需要将这些数字电影文件一起打包发布。

数字电影文件的导入有多种方式：如直接从资源管理器拖动文件放到流程线上；使用【文件】→【导入和导出】→【导入媒体】命令导入影像文件；使用【数字电影】图标属性面板上的【导入】按钮导入影像文件等。

1. 设置【数字电影】图标属性

（1）创建一个空文件，从图标面板上拖动【数字电影】图标放在流程线上。

（2）单击图标属性面板上的【导入】按钮，打开【导入哪个文件？】对话框，如图 6-157 所示，从文件列表中选择一个影像文件，然后单击对话框中【导入】按钮，载入文件。

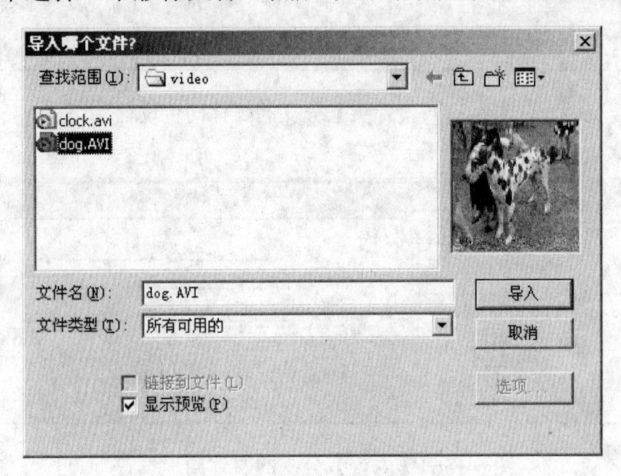

图 6-157　导入数字电影

（3）单击数字电影图标，如图 6-158 所示，在属性面板中提供了预览播放控制，并可以看到当前帧数和总帧数等基本信息；面板右侧还提供擦除、防止自动擦除、同步播放声音等属性设置选项。

图 6-158　电影图标属性面板

（4）对影像的主要控制是在属性面板的【计时】选项卡中，如图 6-159 所示。

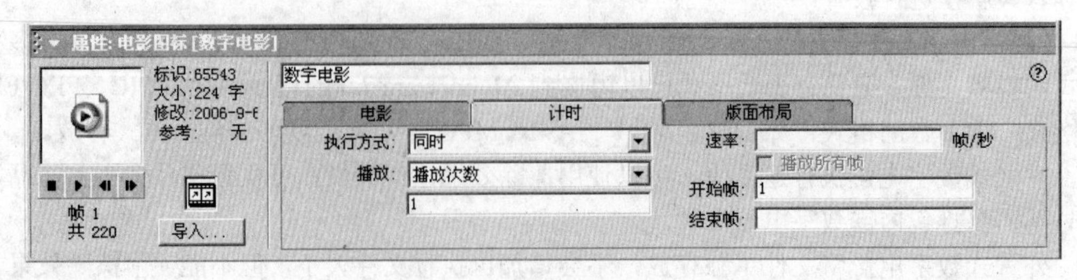

图 6-159　【计时】选项卡

（5）执行方式：用于设置和流程线上其他图标的同步关系。

- 等待直到完成：当数字电影图标执行完毕后，再向下执行其他图标。
- 同时：默认选项，数字电影图标执行同时，继续向下执行其他图标。
- 永久：数字电影图标执行完毕后，继续监视属性对话框中有关变量，一旦变量值发生变化，立即在播放中反映出来。

（6）播放：设置数字电影文件的播放方式。

- 重复：自动重复播放影像，直到擦除图标将其擦除或调用系统函数 MediaPause()停止它的执行。
- 播放次数：用数值、变量或表达式指定影像文件的播放次数。
- 直到为真：设置条件，当条件变量或表达式结果为真时，停止声音文件的播放，否则一直重复播放当前影像文件。

（7）速率：通过输入的数值或变量调整影像文件的播放速度，单位是【帧/秒】，一般20～30 帧/秒是比较正常的速度。

（8）开始帧和结束帧：用于设置数字电影的播放范围，默认的开始帧为 1。如果结束帧的值要小于开始帧，那么影像文件将会倒着播放。

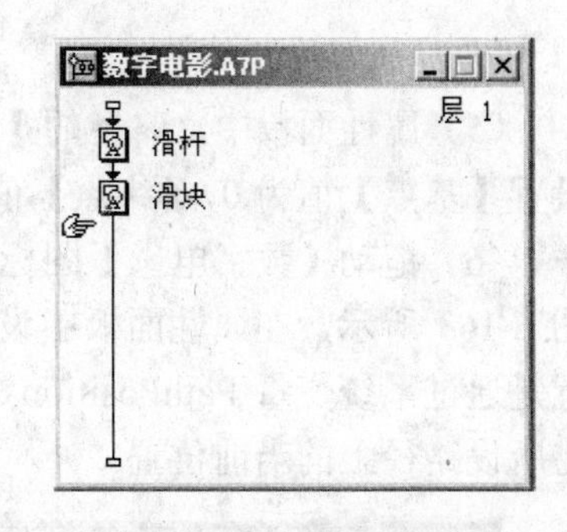

图 6-160　添加显示图标

2．在作品中使用数字电影

下面给出的例子将演示如何通过鼠标拖动标尺上的滑块，改变数字电影的播放速度。

（1）新建一个空文件，在流程线上先添加两个显示图标，分别命名为“滑杆”和“滑块”，如图 6-160 所示。

（2）如图 6-161 所示，利用绘图工具在两个显示图标中分别绘制带刻度的滑动杆和滑块。

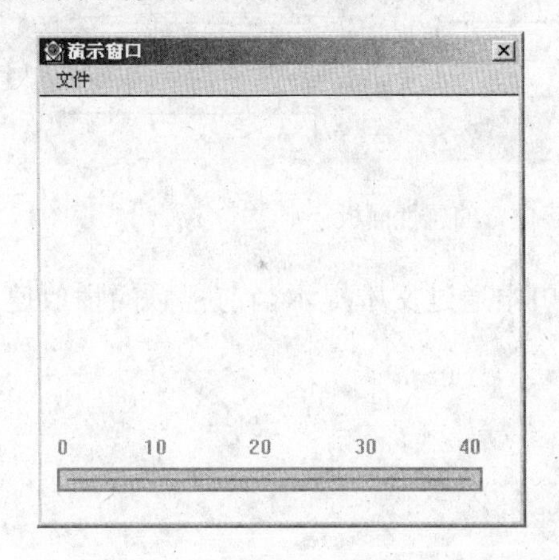

图 6-161　设计两个显示图标的内容

（3）要使用鼠标拖动滑块沿滑杆移动，需要在显示图标的属性面板中设置【位置】和【活动】两个属性；此时先运行程序，当滑杆和滑块同时出现后，进入暂停状态。

（4）如图 6-162 所示，先在显示图标的属性面板中设置【位置】和【活动】属性均为【在路径上】，再根据面板中的提示，在演示窗口中，对滑块对象先【拖动对象以创建路径】，然后【拖动对象以扩展路径】；此方式下，类似移动图标中对对象移动路径的创建，在显示图标中创建的路径可以是折线或弧线；当前实例中只沿着滑杆设置了一条直线路径，如果要调整路径的位置形状，拖动路径上的小三角标记可以实现；这样在运行时，滑块只能在当前设置的路径上进行拖动。

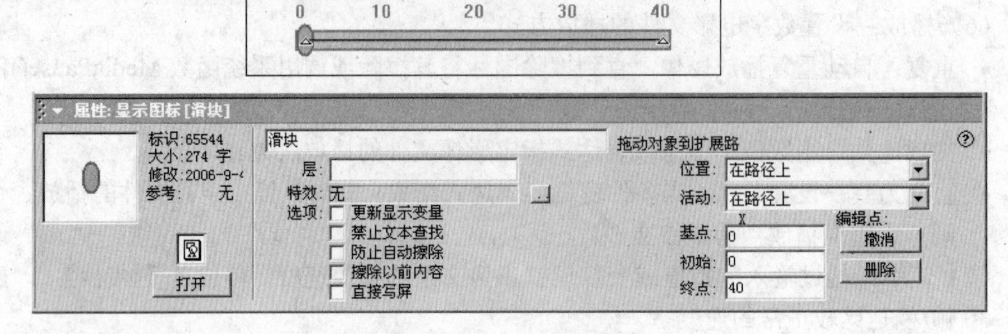

图 6-162　设置滑块的移动路径

（5）属性面板中，路径的【基点】、【初值】和【终点】也要给出值。如图 6-166 所示，设置【基点】值为 0，【终点】值为 40，保证取值范围和滑杆上的刻度范围一致。

（6）拖动【数字电影】图标放在流程线上两个显示图标之后，导入一段 AVI 影片。如图 6-163 所示，在属性面板中设置【永久】执行方式【重复】播放，特别是【速率】的设置是通过系统变量 PathPosition 来控制的，【PathPosition@"滑块"】返回的是【滑块】对象在所设路径上的当前位置。

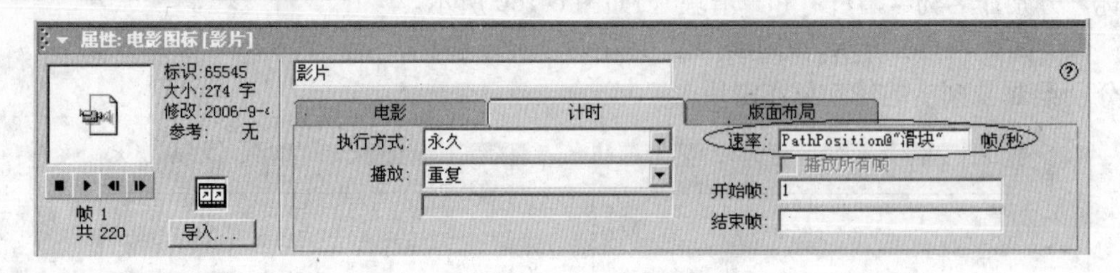

图 6-163　设置数字电影的属性面板

（7）最后添加一个显示图标，在演示窗口中通过文本提示当前视频的播放速率，如图 6-164 所示。

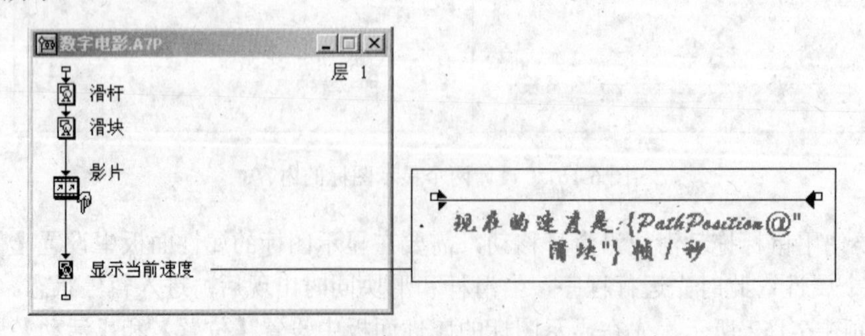

图 6-164　在显示图标中以文字提示当前速率

（8）保存文件，执行程序，用鼠标拖动滑块，改变其在滑杆上的位置，可以看到如图6-165所示的结果。

图 6-165　程序执行结果

6.8.3　添加动画

虽然 Authorware 7.0 提供了多种运动方式可以操纵对象进行移动，但是在动画的表现上远远不及专业动画软件制作的效果，通过【插入】菜单提供的几项命令，Authorware 可以在程序中添加 GIF、SWF、AVI 格式的动画，扩展了作品的表现能力。下面以添加 Flash 动画（SWF 格式）为例，介绍动画的添加过程。

（1）新建一个空文件，选择【插入】→【媒体】→Flash Movie 命令，打开如图 6-166 所示的对话框。

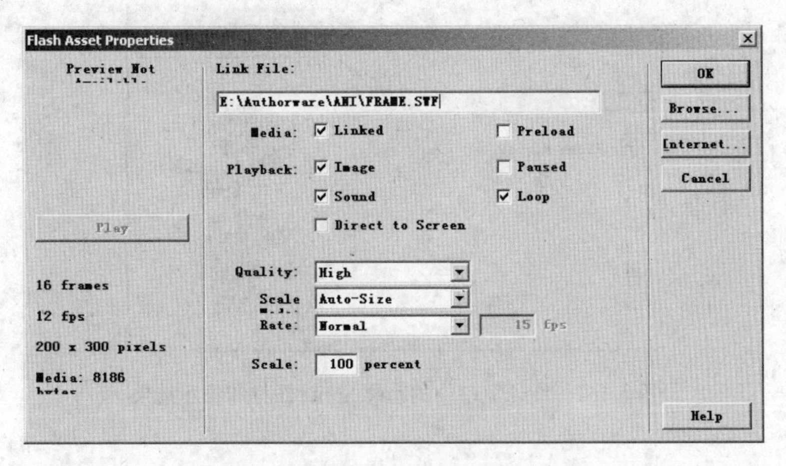

图 6-166　Flash Asset 属性对话框

（2）单击对话框中的 Browse 按钮，在打开的 Open Shockwave Flash Movie 对话框中找到并选择要插入的 SWF 动画文件。

在 Flash Asset 属性对话框的 Link File 文本框中确定要插入文件的路径后，对话框左半部将显示出被选中动画文件的基本信息，如总帧数、帧速、帧画面大小等等，如图 6-192 所示。

（3）SWF 动画和数字电影视频一样可以内嵌或外置，如果选择了 Flash Asset 属性对话框 Media 选项下的 Linked 复选框，动画将以外部链接的方式添加到程序中，如果未选中该复选框，动画将以内嵌方式导入到程序中。

（4）Playback 系列的复选框提供了动画播放时各种播放属性：

- Image 复选框：选中后，显示动画的图像内容，否则不显示；
- Sound 复选框：选中后，播放动画的声音，否则不播放声音；
- Pause 复选框：选中后，动画显示将停留在第一帧，只有调用 CallSprite 函数才能开始播放该动画；如果不选择该项，动画在演示窗口中一出现就自动开始播放；
- Loop 复选框：选中后，动画将自动循环播放，否则动画文件只播放一次；
- Direct to Screen 复选框：选中后，动画将直接显示在演示窗口而不必先在内存中先和其他对象进行复合；这种方式下 Flash 动画显示速度快，但是只能以 Opaque 不透明模式显示。

（5）Quality 下拉列表提供了 High、Low、Auto-High 和 Auto-Low 四种不同的播放质量。

（6）Scale Model 下拉列表可以选择 SWF 动画在演示窗口中的显示比例。

（7）Rate 下拉列表可以选择 Flash 动画文件的播放速度。

（8）Scale 文本框用于显示或输入当前 Flash 动画文件实际播放大小和原始播放大小的百分比。

（9）设置好对话框中有关属性后，单击 OK 按钮关闭对话框，设计窗口中将添加一个 Flash Movie 图标，单击该图标还可以展开该图标的属性窗口，类似显示图标的属性设置，设置动画的显示和版面布局等属性。

（10）运行程序，可以看到如图 6-167 所示的显示结果。

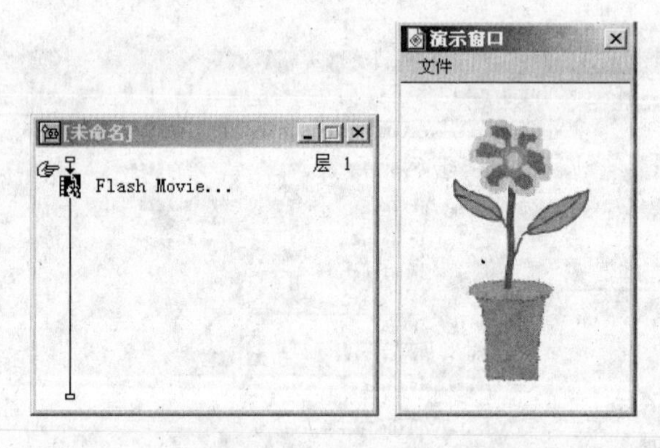

图 6-167　设计窗口中的动画 Sprite 图标和演示结果

6.9　程序的打包和发布

到目前为止，所建立和保存的文件都是 Authorware 的源文件，这种文件可以被其他人随意打开和修改，不利于保密和发行，所以 Authorware 提供了打包功能，将文件打包成可独立运行的执行文件，通过 CD-ROM 或网络进行发布。

6.9.1 程序打包

打包即对源程序进行封装，封装后将生成 Windows 下或 Mac 下的可执行文件，该文件可以脱离 Authorware 的环境运行。

（1）打开一个 A7P 的源程序。

（2）选择【文件】→【发布】→【打包】命令，打开【打包文件】对话框，如图 6-168 所示。

首先，下拉列表列出了两种打包选择：

① 无须 Runtime：选择此项，打包后将生成 a7r 文件，这种文件通常较小，但它的运行需要 Authorware 7.0 提供的 Runtime 文件（即 runa7w32.exe）的支持。

② 应用平台 Windows XP、Windows NT 和 Windows 98：选择此项，打包后将生成.exe 可执行文件，它可以独立运行，如图 6-169 所示。

图 6-168 【打包文件】对话框

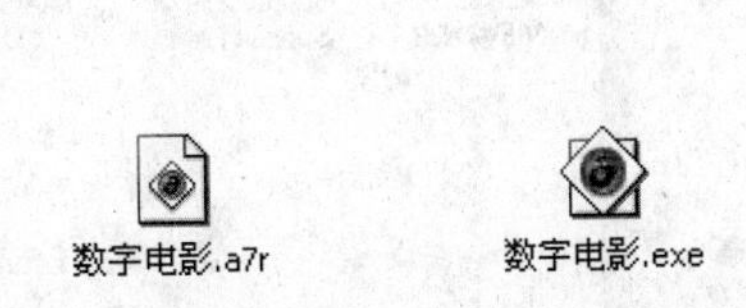

图 6-169 打包文件后生成的两种文件格式

对话框还提供了 4 个复选框选项：

③ 运行时重组无效链接：选择此项，如果遇到断开的链接，程序自动去寻找并尽量恢复断链，避免错误情况出现。

④ 打包时包含全部库：选择此项，打包时将与程序有链接关系的库全部打包到程序中，这样可以避免库文件的单独打包，防止了文件的遗漏，但是会增加文件的大小。

⑤ 打包时包含外部媒体：选择此项，打包程序时将那些外连方式导入的数字电影和声音文件变为嵌入的文件，这可以减少发行时的文件数目，但是会增加文件的大小。

⑥ 打包时使用默认文件名：选择此项，Authorware 自动生成一个与源程序文件名相同、路径相同的打包文件。

（3）按需要设置以上各选项后，单击【保存文件并打包】按钮，打包操作会开始执行，生成的文件在打包时指定的目录下可以找到。

6.9.2 程序的发布

1. 单机发布

单机版的发布只需要将打包后的执行文件和相关文件一起发布就可以了。

程序的执行并不仅仅只涉及源文件，还和其他文件有关，所以要使发布的文件能正常无误的执行，必须注意附带以下基本文件：

（1）相关的素材文件：如果打包时没有将外部媒体一起打包到执行文件中，那么一定要注意将所有外部的素材都一同发布。

（2）相关的库：同样，如果库文件没有打包到执行文件中，发布时也要一同附带。

（3）相关的 Xtras 文件：Xtras 是能扩展 Authorware 7.0 功能的一些软件模块，比如某些过渡效果就是由 Xtras 实现的。它们被专门存放在 Authorware 安装目录的 Xtras 目录下。

如果发布作品时没有提供相关的 Xtras 文件支持，运行时，程序会提示无法找到相关文件，不能实现预定的特效和功能；只要发布时在发布文件目录下也设置一个 Xtras 目录，将 Xtras 文件放置其中，就可以解决这个问题。

但通常一个程序运行时只用到小部分 Xtras，所以发布时不需要附带所有 Xtras 文件。选择【命令】→【查找 Xtras】命令，可以打开一个 Find Xtras 的对话框，如图 6-170 所示。在其中单击【查找】按钮，对话框中将列出当前程序使用的所有 Xtras 插件；再单击【复制】按钮，可以将列出的 Xtras 插件复制到指定的 Xtras 目录下。

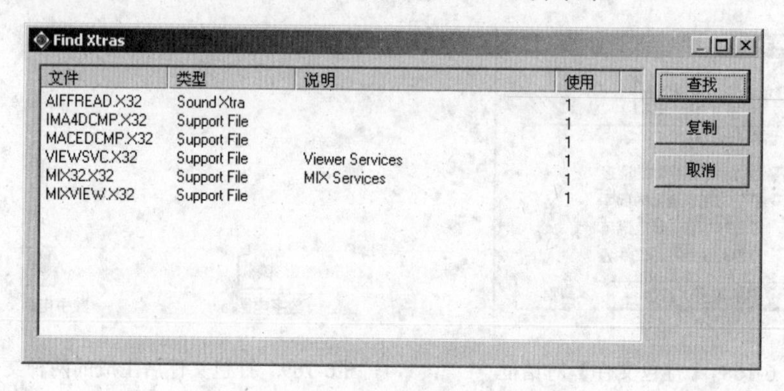

图 6-170　查找 Xtras

（4）程序运行需要的 UCD 文件。

（5）相关的驱动程序，如 MPEG 视频文件的驱动文件 a7mpeg32.xmo。

2. 网络发布

如果想将 Authorware 作品嵌入网页在网络上发布，对前面打包后生成的文件还需要进行网络打包。

选择【文件】→【发布】→【Web 打包】命令，打开 Authorware Web Packager 程序窗口。选择要进行网络打包的 a7r 或 a7e 文件，确定打包将生成的 AAM 文件名后，Web 打包会将文件分解为多个小文件（如图 6-171 所示），便于网络的发布。

如图 6-172 所示，将生成的 AAM 文件通过 EMBED 标签嵌入 HTML 网页，可以实现作品的网络发布。

3. 一键发布

从前面的内容可以看到，打包和发布过程中要进行众多的设置，并且还要注意发布时不要遗漏相关的各种文件，这样不但操作麻烦也容易出错。为了简化发布操作，Authorware 7.0 提供了【一键发布】的功能。

选择【文件】→【发布】→【发布设置】命令，打开 One Button Publishing（一键发布）

对话框，如图 6-173 所示。

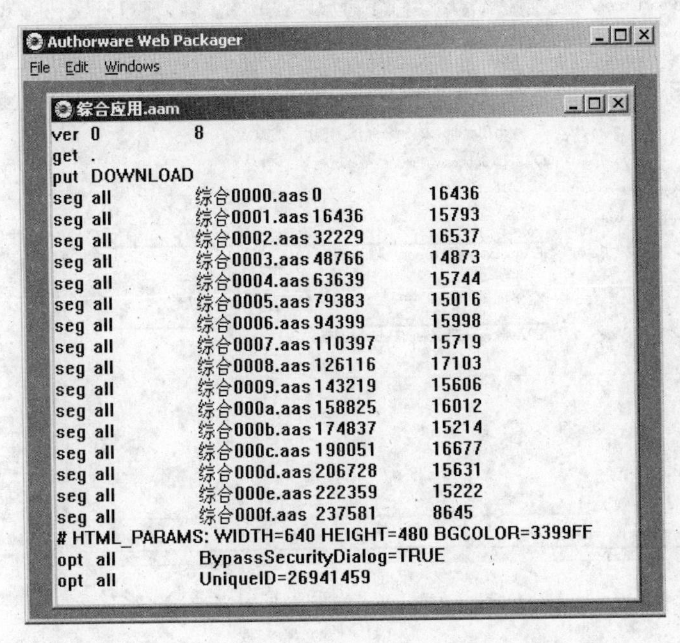

图 6-171 Web 打包

.htm - 记事本

文件(F) 编辑(E) 格式(O) 帮助(H)

```
<html>
<head>
<title>综合应用</title>
</head>
<body bgcolor="#FFFFFF">
<object classid="CLSID:15B782AF-55D8-11D1-B477-006097098764"
codebase="http://download.macromedia.com/pub/shockwave/cabs/authorware/
awswax70.cab#version=7,0,0,69" width="800" height="600">
  <param name="SRC" value="综合应用.aam">
  <param name="PALETTE" value="background">
  <param name="WINDOW" value="inPlace">
  <param name="BGCOLOR" value="#FFFFFF">
  <embed src="综合应用.aam" palette="background" window="inPlace"
bgcolor="#FFFFFF"
pluginspage="http://www.macromedia.com/shockwave/download/index.cgi?P1_
Prod_Version=ShockwaveAuthorware" type="application/x-authorware-map"
width="800" height="600">
  </embed>
</object>
</body>
</html>
```

图 6-172 在 HTML 文件中嵌入 Authorware 作品

在对话框的各选项卡中提供了单机发布和网络发布打包时需要设置的各种选项，该对话框还会将与发布相关的文件全部列出（Files 标签），并且允许对文件进行增删。

如果对各选项卡做好了各项设置，单击 Publish 按钮，Authorware 7.0 将进行打包操作。打包完成后，在指定的目标路径下可以找到一个 Published Files 目录，如图 6-174 所示，打包生成的单机发布文件和网络发布文件分别放在这个目录下的 Local 和 Web 子目录中。最后，直接将 Local 或 Web 的整个目录进行发布，就能够避免文件的遗漏、断链或其他错误的出现。

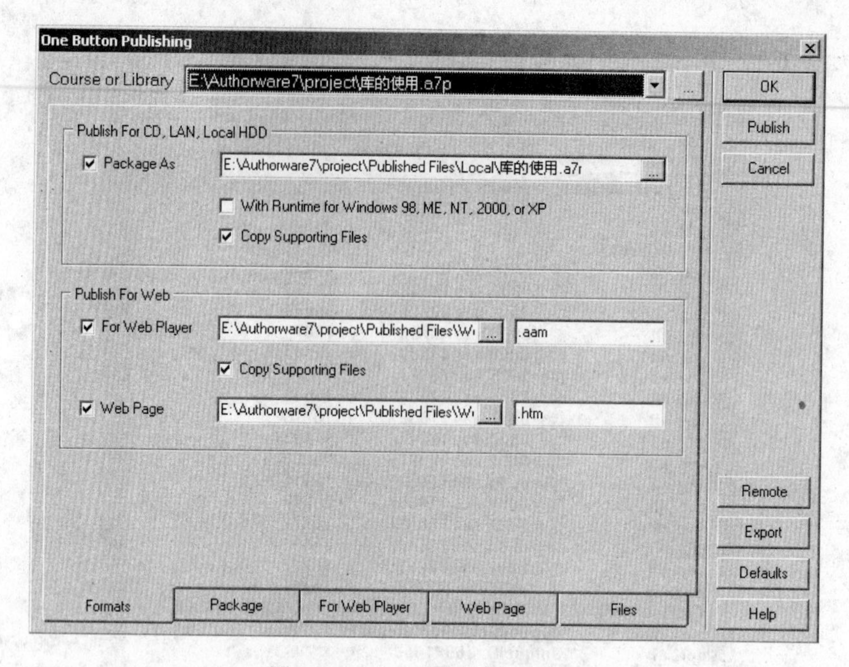

图 6-173 “一键发布”对话框

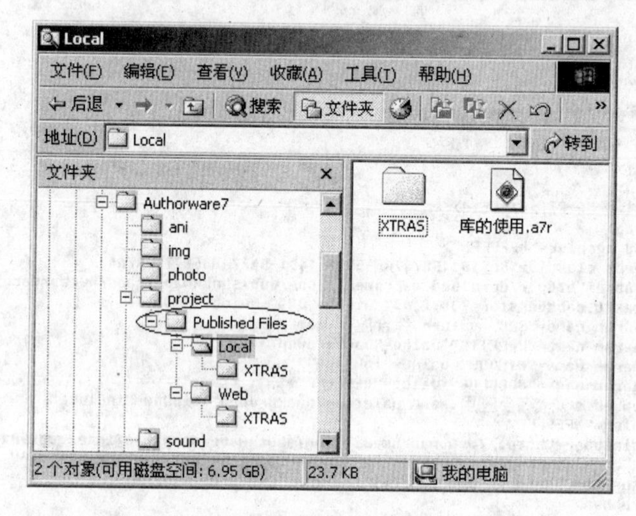

图 6-174 打包生成的 Published Files 目录

如果选择【文件】→【发布】→【一键发布】命令，Authorware 不会打开“一键发布”对话框，而是按默认设置直接对文件进行打包；打包后在源文件所在目录下同样会创建一个 Published Files 目录，用于保存单机和网络发布的相关文件。

本章小结

本章主要介绍了如何使用 Authorware 7.0 软件制作交互式的多媒体程序，包括了解 Authorware 7.0 的功能特点，掌握程序的制作、调试、打包和发布。其中各个功能图标的基本功能和使用方法，以及程序的结构设计是本章的重点。全章从简单到繁复，给出众多的实例逐步讲解了每个图标的各种不同应用。通过本章的学习，初学者可以对 Authorware 7.0 的编程方法有一个基础的认识，并能使用 Authorware 7.0 软件制作出自己的交互作品。

思考与习题

1．单选题

（1）Authorware 7.0 中（　　）是编程人员进行程序流程编辑的场所。

A．设计窗口　B．演示窗口　C．属性面板窗口　D．计算窗口

（2）等待图标的按钮样式可以在（　　）中进行修改。

A．等待图标的属性面板　B．按钮交互的属性面板

C．文件的属性面板　D．框架图标的属性面板

（3）为了给交互图标添加一个无任何内容的分支，则该分支的响应图标最好是（　　）。

A．显示图标　B．运动图标　C．框架图标　D．群组图标

（4）超文本的创建是通过【文本】菜单下的（　　）命令来实现的。

A．定义样式　B．应用样式

C．风格和定义样式　D．定义样式和应用样式

（5）下列哪种图标在库文件中不能保存？（　　）

A．显示图标　B．交互图标　C．声音图标　D．群组图标

2．多选题

（1）下列哪些图标可以用于擦除已经显示的可视对象？（　　）

A．显示图标　B．移动图标　C．擦除图标　D．等待图标

（2）下列图标中可以在演示窗口中产生按钮的是（　　）。

A．运动图标　B．等待图标　C．框架图标　D．交互图标

（3）下列哪些方式可以实现流程的循环执行？（　　）

A．交互结构中设置分支路径为重试

B．计算图标中使用 Goto 语句进行跳转

C．使用导航图标进行跳转

D．使用判断图标不断重复执行分支

（4）下列哪些是变量的应用场合？（　　）

A．属性对话框的文本输入框中　B．显示图标的演示窗口中

C．计算图标的计算窗口　D．交互图标的演示窗口中

（5）Authorware 7.0 源文件被打包后可以生成（　　）格式的文件。

A．EXE　B．A7R　C．A7L　D．A7E

3．问答题

（1）简述 Authorware 7.0 提供了哪些调试程序的方法。

（2）为什么说 Authorware 是基于图标和流程的多媒体创作工具？

（3）试比较 Authorware 和 PowerPoint 两个工具的功能特点。

（4）什么是媒体同步？哪些图标可以设置媒体同步？

（5）请解释库、模块和知识对象的概念、区别和功能特点。

第 7 章　Flash CS3 使用方法

Flash 是 Macromedia 公司出品的用在互联网上的动态可交互二维动画制作软件。由于 Flash 具有优秀的媒体素材整合能力和强大的互动编程能力，加之短小精悍，现在已被广泛的应用于网站建设、游戏开发、课件开发、手机动画等各种交互多媒体开发应用中。本章从 Flash CS3 开发环境的熟悉开始，介绍 Flash CS3 的操作界面、Flash CS3 的基本术语和基本操作，并通过示例讲解了如何使用 Flash CS3。

本章学习重点

- 掌握 Flash CS3 的工作环境；
- 了解和掌握 Flash CS3 的操作界面；
- 熟练使用 Flash CS3 的基本操作和调试方法；
- 使用 Flash CS3 制作交互式的 Flash 作品。

7.1　Flash CS3 简介

Flash 是 Macromedia 公司出品的动态可交互二维动画制作软件，目前已被 Adobe 公司收购，并推出了 CS3 版本。从简单的动画到复杂的交互式 Web 应用程序，它都可以创建，其优点是体积小，可边下载边播放，这样就避免了用户长时间的等待。通过添加图片、声音和视频，Flash 应用程序生成丰富多彩的多媒体图形和界面，而文件的体积却很小。Flash 虽不可以像一门语言一样进行编程，但用其内置的 ActionScript 语句可以作出交互性很强的主页。在 Flash 中创作，是在 Flash 文档（即保存时扩展名为 FLA 的文件）中工作。在准备部署 Flash 内容时发布它，同时会创建一个扩展名为 SWF 的动画播放文件，当然 Flash 也支持很多其他输出格式。尤其在 CAI 课件中，使用设计合理的动画，不仅有助于学科知识的表达和传播，使学习者加深对所学知识的理解，提高学习兴趣和教学效率，同时也能为课件增加生动的艺术效果，特别对于以抽象教学内容为主的课程更具有特殊的应用意义。

7.1.1　Flash CS3 操作界面简介

启动 Flash CS3 以后，首先显示的是开始页面，如图 7-1 所示。

在开始页中用户可以随意选择要开始的工作项目，还可以通过其获得产品介绍或教程。开始页面分为以下 3 栏：

1．打开最近项目

该栏可以查看和打开最近使用过的文档。单击【打开】命令，将打开【打开文件】对话框。

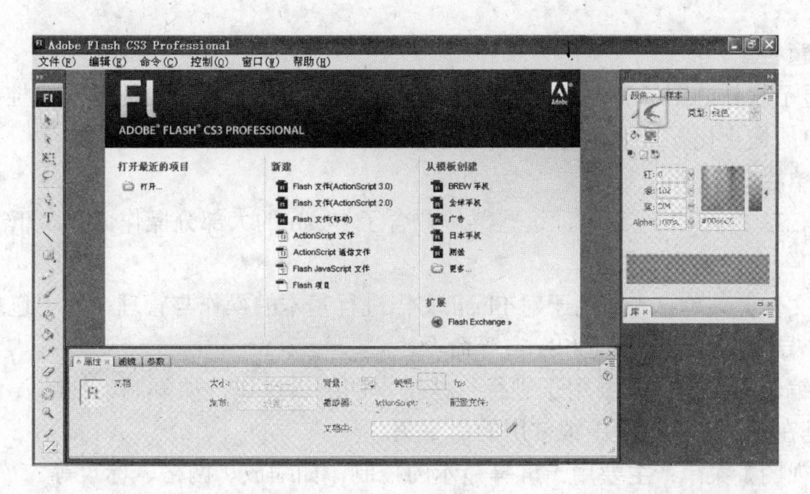

图 7-1　开始页面

2．新建

在该栏中用户可以看到 Flash CS3 中可以创建的多种文档，包括 Flash 文档、Flash 幻灯片演示文稿、Flash 表单应用程序、ActionScript 文件、ActionScript 通信文件、Flash JavaScript 文件、Flash 项目。

3．从模板创建

该栏列出了创建文档的常用模板类别，包括个人数字助理、全球电话、幻灯片演示文稿、广告、日本电话、测验、演示文稿。从中选择一种模板，可以快速地创建选定种类的文档。

在开始页面中选择【新建】→【Flash 文件】命令，就会新建一个空白的 Flash 文档，同时进入操作界面，如图 7-2 所示。

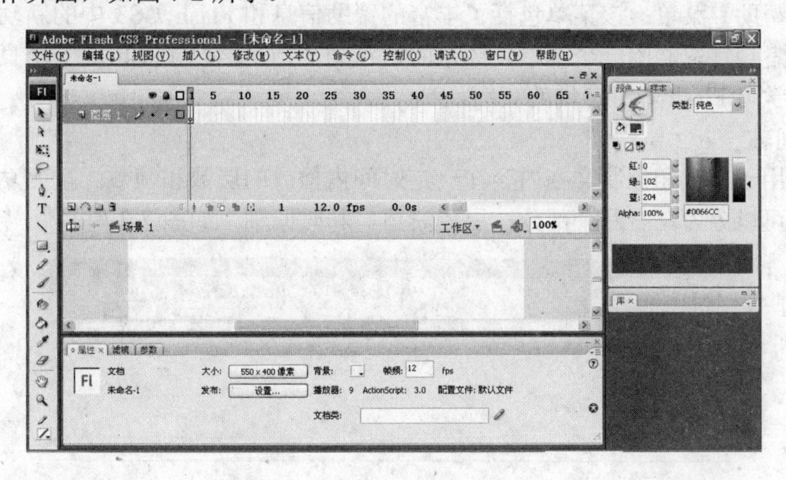

图 7-2　Flash CS3 操作界面

7.1.2　Flash CS3 操作界面

Flash CS3 的操作界面包括以下几个部分：

1．标题栏

用于显示软件的图标和名称、Flash 文档的名称。单击标题栏右侧的窗口控制按钮，可以实现窗口的最小化、最大化、还原和关闭操作。

2．菜单栏

Flash CS3 共有 11 组菜单，这些菜单包含了 Flash 的大部分操作命令。下面概括地介绍一下它们各自的基本功能。

（1）【文件】菜单：主要用于对 Flash 文档进行基本的操作与管理，其中包括新建、打开、保存、导入、导出、预览和发布等命令。

（2）【编辑】菜单：主要用于进行一些基本的编辑操作，如复制、粘贴、查找及参数设置等，是在动画制作过程中很常用的命令集。

（3）【视图】菜单：主要用于屏幕显示的控制，如缩放、网格、标尺等。

（4）【插入】菜单：该菜单提供的多为插入命令，如插入元件、时间轴特效、场景等。

（5）【修改】菜单：主要用于修改动画中各种对象的属性，如元件、形状、位图、时间轴等，是在创作动画中用的比较多的菜单。

（6）【文本】菜单：该菜单提供处理文本对象的命令，如字体、大小、样式、间距等。

（7）【命令】菜单：该菜单提供了命令的功能集成。用户可以扩充这个菜单，以添加不同的命令，满足个性需要。

（8）【控制】菜单：该菜单相当于 Flash CS3 电影动画的播放控制器，通过其中的命令可以直接控制动画的播放进程和状态，在调试动画的时候用得较多。

（9）【调试】菜单：提供了调试影片、开始远程调试会话等功能。

（10）【窗口】菜单：该菜单提供了所有工具栏、编辑窗口和功能面板，是界面形式和状态的总控制器，各面板的显示与隐藏都由此控制。

（11）【帮助】菜单：该菜单包括了丰富的帮助信息和 Flash CS3 中的新功能等相关信息，是学习者经常忽略的一个菜单。经常阅读帮助文档是学习 Flash 的一个良好习惯，特别是通过其学习 Flash 本身提供的实例。

3．时间轴

时间轴用于组织和控制文档内容在一定时间内播放的层数和帧数。按照功能的不同，时间轴窗口可以分为左右两个部分：层控制窗口和时间轴，如图 7-3 所示。

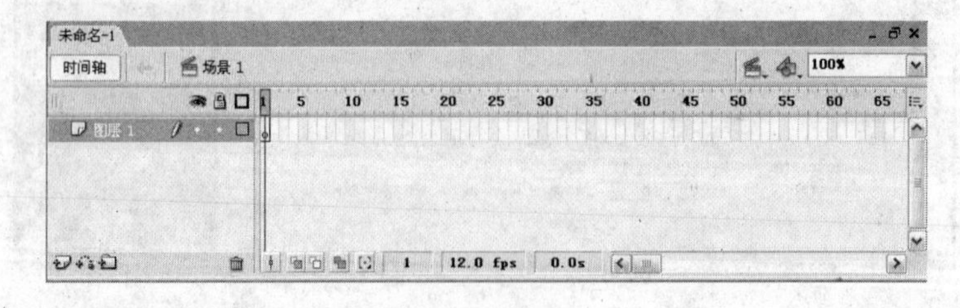

图 7-3　时间轴

4．工具栏

工具栏提供了用于图形绘制和编辑的各种工具，共分为绘图工具栏、查看工具栏、颜色工具栏和选项工具栏 4 个部分。

5．工作区

编辑和播放电影的区域。

6．舞台

舞台是用户在创建 Flash 文档时放置图形内容的矩形区域，这些图形包括矢量图、文本框、按钮、导入的位图或视频剪辑，诸如此类。Flash 创作环境中的舞台相当于 Macromedia Flash Player 或 Web 浏览器窗口中放映时显示 Flash 文档的矩形空间，使用过程中可以进行放大和缩小。

7．动作面板

动作面板是 Flash 提供的进行动作脚本编程的专用环境。

8．属性面板

属性面板是 Flash 中用得比较多的一个面板，主要显示文档窗口中选中对象的属性，并可以对这些属性进行修改。当用户什么也没有选择时，【属性】面板显示当前动画文件的属性，如图 7-4 所示。

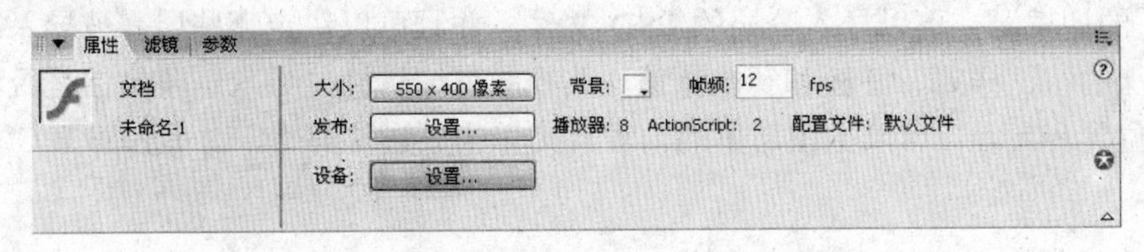

图 7-4　文档【属性】面板

较之于以前的版本，在【属性】面板的右侧新增加了【参数】和【滤镜】两个新的选项。单击【滤镜】标签，可以打开【滤镜】面板，如图 7-5 所示。

图 7-5　【滤镜】面板

在【滤镜】面板中，单击"+"号可以给当前选择的对象添加投影、模糊、发光、斜角等滤镜效果。

9．浮动面板组

浮动面板组包括各种可以移动和组合的功能面板，默认情况下显示【颜色】和【库】两个功能面板，其他面板可以通过【窗口】菜单内相关命令显示和隐藏。

（1）展开/折叠面板组

单击浮动面板组标题栏左侧的展开箭头▶或单击面板组的标题，均可以展开一个面板组，再次单击标题，可折叠一个面板组。如图 7-6 所示，展开【对齐】面板组。

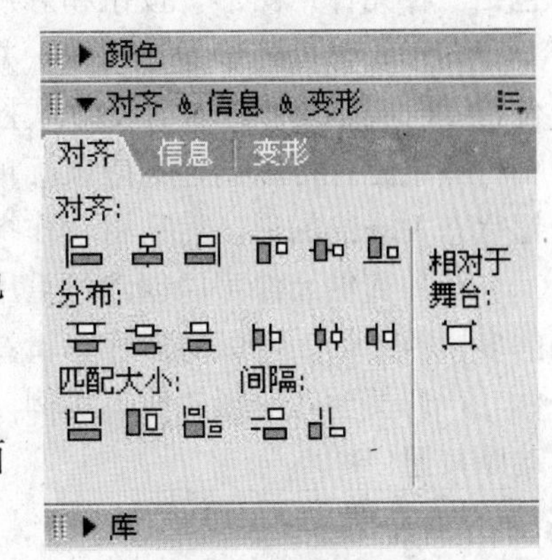

图 7-6　展开面板组

（2）关闭/打开面板组

单击面板组标题栏右侧的按钮，在弹出的下拉菜单中选择【关闭面板组】命令，该面板组即从屏幕上消失。

单击菜单栏中的【窗口】菜单项，从其下拉菜单中选择一个面板名称，即可打开不可见的面板组或面板。(【窗口】菜单中选项旁的复选标记"√"表示指定的项目当前是打开的)

7.2 Flash CS3 基本操作

Flash CS3 可以实现多种动画特效，在 Adobe Flash CS3 中，工具栏变成 CS3 通用的单双列，面板可以缩放成图标，也可以是半透明的图层，应该是和 Photoshop CS3 相同，沿用以前 Adobe 的风格。Flash CS3 改进了钢笔工具，类似 AI 的钢笔工具，会比以前的钢笔更加好用。Flash CS3 编程方面改进了时间轴上的运动补间动画可以有选择地转换为 MXML 代码，以供 ActionScript 3 和 Flex 使用；可以只发布没有隐藏的图层；改进了代码调试器，类似 Flex 的调试器；可以导入分层的 PSD 文件，并且可以决定哪些层需被导入；还可以保留图层上的组、样式、蒙板和智能滤镜、路径的可编辑性，导入选项包括是否保留原图层内容的位置和尺寸；可以把图层里的内容直接转化成影片剪辑，对单独的 JPG 文件进行优化。

7.2.1 基本术语

Flash 中包括基本概念和术语。本小节主要介绍这些基本术语，为进一步的学习打基础。

1. 元件

元件是一种可重复使用的对象，而实例是元件在舞台上的一次具体使用。重复使用实例不会增加文件的大小，是使文档文件保持较小的策略中的一个很好的部分。元件还简化了文档的编辑。当编辑元件时，该元件的所有实例都相应地更新以反映编辑。元件的另一个好处是可以创建完善的交互性。

在 Flash 中创建元件时要选择元件的类型，这取决于在文档中如何使用该元件。Flash 包括三种元件：图形、按钮和影片剪辑。

图形元件可用于静态图像，并可用来创建连接到主时间轴的可重用动画片段。图形元件与主时间轴同步运行。交互式控件和声音在图形元件的动画序列中不起作用。

按钮元件可以创建响应鼠标单击、滑过或其他动作的交互式按钮，可以定义与各种按钮状态关联的图形，然后将动作指定给按钮实例。

影片剪辑元件可以创建可重用的动画片段。影片剪辑拥有它们自己的独立于主时间轴的多帧时间轴。可以将影片剪辑看做是主时间轴内的嵌套时间轴，它们可以包含交互式控件、声音甚至其他影片剪辑实例，也可以将影片剪辑实例放在按钮元件的时间轴内以创建动画按钮。

2. 实例

实例指位于舞台上或嵌套在另一个元件内的元件副本。实例可以与它的元件在颜色、大小和功能上有差别。编辑元件会更新它的所有实例，但对元件的一个实例应用效果则只更新该实例。

3．库

库面板是存储和组织在 Flash 中创建的各种元件的地方，它还用于存储和组织导入的文件，包括位图图形、声音文件和视频剪辑。库面板可以组织文件夹中的库项目，查看项目在文档中使用的频率，并按类型对项目排序。在库中的元件可以重复使用，但一旦删除库中的文件，所有的引用都将失效。

4．图层

图层类似于堆叠在一起的透明纤维纸。在不包含内容的图层区域中，可以看到下面图层中的内容。图层有助于组织文档中的内容。例如，可以将背景画面放置在一个图层上，而将导航按钮放置在另一个图层上。此外，还可以在一个图层上创建和编辑对象，而不会影响另一个图层中的对象。

5．关键帧

关键帧指在动画中定义的更改所在的帧，或包含帧动作的帧。Flash 可以在关键帧之间补间或填充帧，从而生成流畅的画面。因为关键帧的存在，生成动画就不用画出每个帧，使得创建动画变得容易。可以通过在时间轴中拖动关键帧来更改补间动画的长度。帧和关键帧在时间轴中出现的顺序决定它们在 Flash 应用程序中显示的顺序。可以在时间轴中排列关键帧，以便编辑动画中事件的顺序。

6．场景

Flash 动画文件的层次结构是这样的：一个动画文件可能包含几个场景，使用场景可以更好地组织动画。场景的顺序和动画播放的顺序有关。一个场景就好像话剧中的一幕，一个出色的 Flash 动画就是由这一幕幕场景组成的。在播放时，场景与场景之间可以通过交互响应进行切换。通过 Flash 的场景面板可以对场景进行新建、编辑和删除。

7．时间线

时间线分为左右两个区域：层控制区和时间线控制区，时间线控制区主要由若干行与层对应的动画轨道、轨道中的帧序列、时间标尺、信息提示栏和一些用于控制动画轨道显示和操作的工具按钮组成。其中，动画轨道用于放置对应层中的图形帧、动画帧序列或音频序列；动画帧序列是一组按时间顺序排列的图形帧，在播放时，按照预定的顺序和速度交替出现在屏幕上，产生动画效果。

7.2.2 Flash 制作实例

本小节通过几个实例的制作步骤，介绍 Flash 动画制作的方法。

1．逐帧动画实例：奔跑的豹子

本实例是一只矫健的豹子在奔跑跳跃，这是一个利用导入连续位图而创建的逐帧动画。制作该 Flash 动画时，先准备好 8 幅豹子奔跑时不同姿势的图片，如图 7-7 所示。

具体制作步骤如下：

(1) 新建一个 Flash 文档，选择【文件】→【新建文档】命令，弹出【新建文档】对话框，直接单击【确定】按钮，如图 7-8 所示。

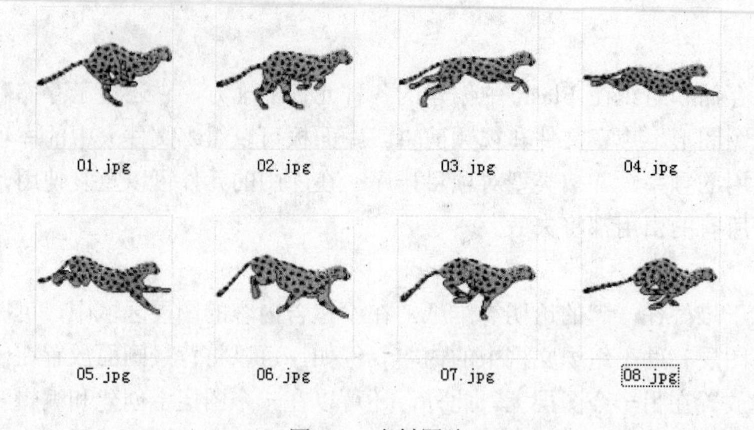

图 7-7 素材图片

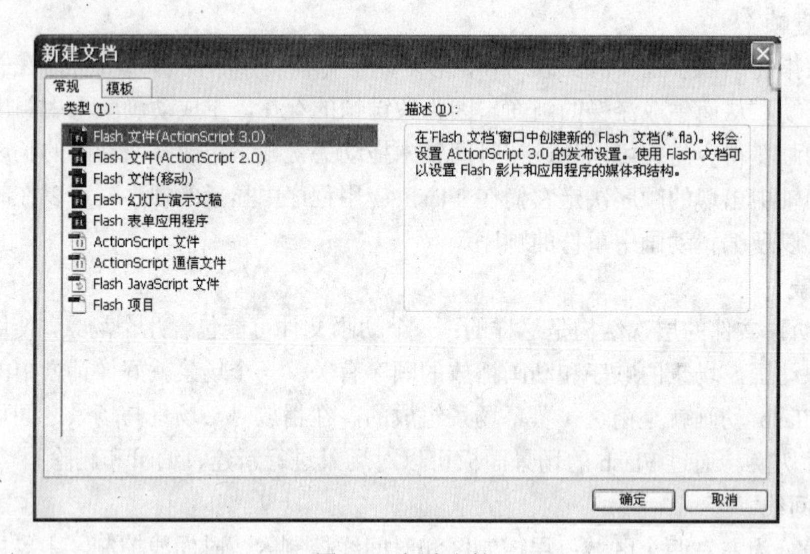

图 7-8 新建文档

（2）保存文件，命名为“奔跑的豹子”。（以下各个步骤完成时都要求保存文件，养成良好的操作习惯将使你的学习事半功倍）。

（3）选择【修改】→【文档】命令，弹出【文档属性】对话框，将尺寸中的宽改为 180，高改为 120。

（4）选择【文件】→【导入】→【导入到库】命令，弹出【导入到库】对话框，浏览文件找到豹子所在图片文件夹并选中 8 张豹子的图片，单击【打开】按钮。8 张豹子的图片就导入到了库中，可按 F11 键将库面板调出，查看其中的图片或其他素材，如图 7-9 所示。

（5）将库中的图 01.jpg 拖入到舞台，单击舞台上的 01.jpg 图，在属性中查看 01.jpg 图的 X 和 Y 的坐标值（如图 7-10 所示）。在时间轴第二帧处右击，从弹出的菜单中选择【插入空白关键帧】命令，如图 7-11 所示。

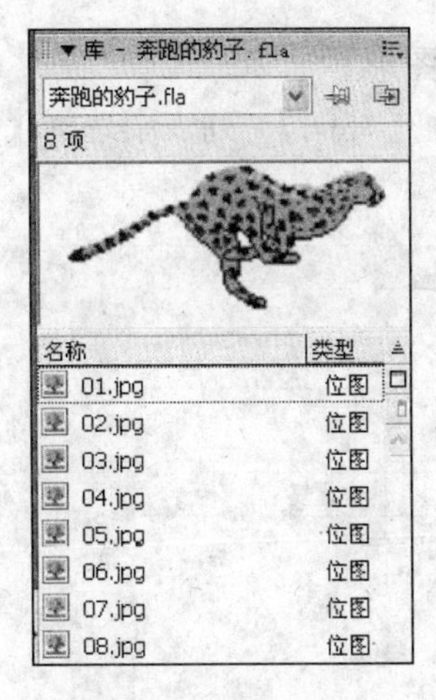

图 7-9　库面板

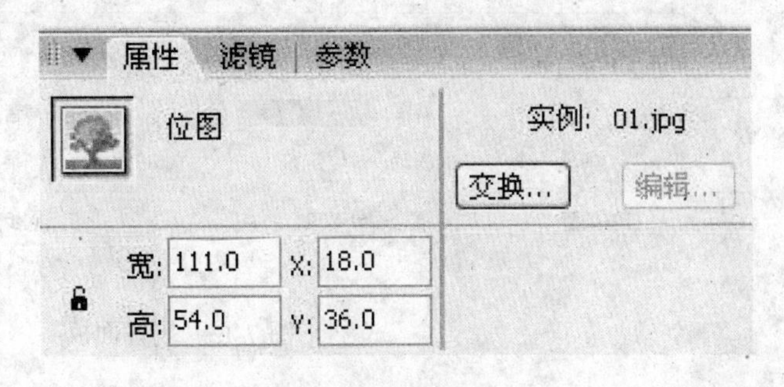

图 7-10　属性

（6）在时间轴上选择第二帧，由于插入的是空白关键帧，所以第二帧处舞台上是空白的，没有任何内容，将库中的 02.jpg 图拖入到舞台中，单击选中舞台上的 02.jpg 图，将其属性中的 X 和 Y 的坐标值分别设置为 18 和 36(坐标值与第一帧中图片坐标值相同)。同理制作好第三帧、第四帧……第八帧的动画。此时时间轴如图 7-12 所示。

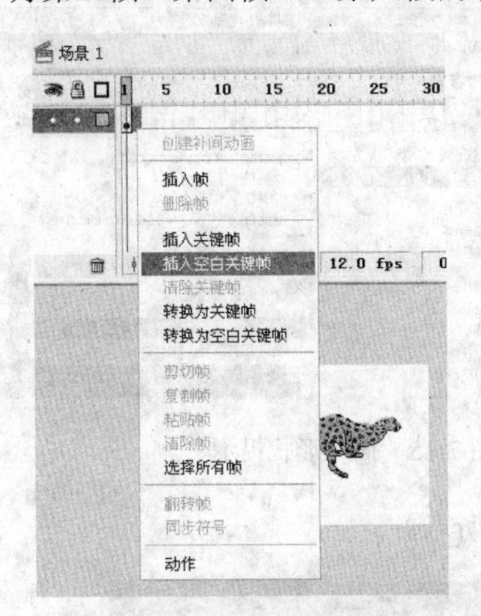

图 7-11　插入空白关键帧

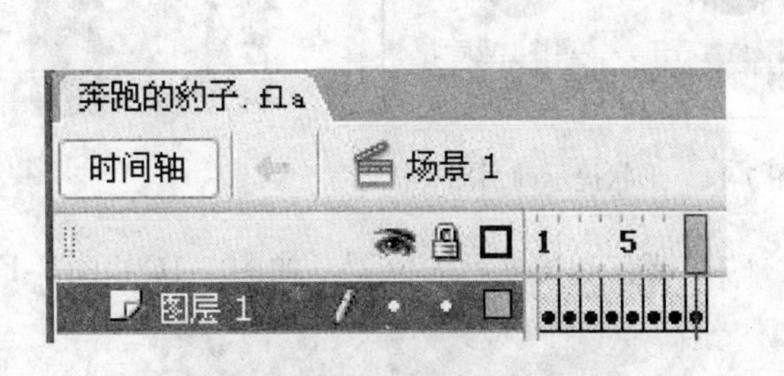

图 7-12　时间轴

（7）预览并生成动画。按 Ctrl+Enter 键可预览并生成动画。生成的动画文件名为“奔跑的豹子.swf”，文件所在文件夹和源文件所在文件夹相同。

2．补间形状动画实例：公鸡变山羊

操作步骤如下：

（1）创建新文档。启动 Flash，新建 Flash 文档，大小为默认值并设置背景颜色为蓝色。

（2）单击第一帧，选择笔刷工具，笔触颜色为黑色，绘制一个公鸡的图形。

（3）在时间轴第 45 帧处右击，从弹出的快捷菜单中选择【插入空白关键帧】命令插入空白关键帧。

（4）选择笔刷工具，笔触颜色设置为黑色，绘制一只羊的图形。

（5）单击时间轴1～45帧任意一帧，在【属性】面板中的【补间】列表中选择【形状】，如图7-13所示。

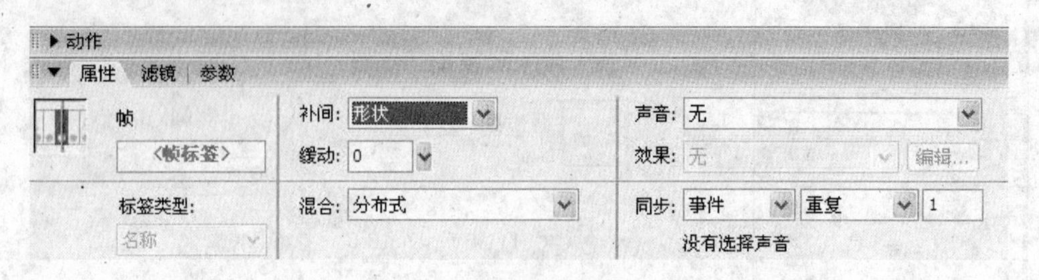

图7-13　属性面板

（6）使用形状提示。形状补间动画看似简单，实则不然，Flash在“计算”2个关键帧中图形的差异时，远不如我们想象中的“聪明”，尤其前后图形差异较大时，变形结果会显得乱七八糟，这时，使用“形状提示”功能会大大改善这一情况。使用形状提示后的各种状态如图7-14所示。

插入形状提示的方法如图7-15所示。

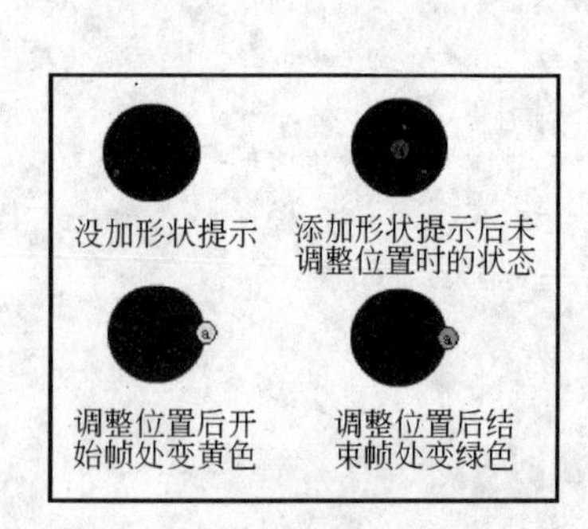

图7-14　形状提示前后对比

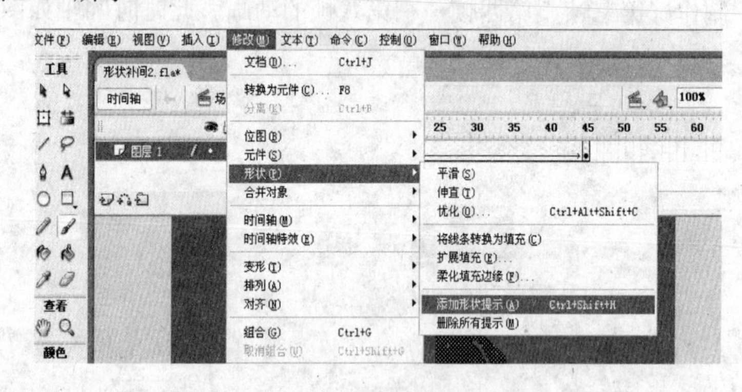

图7-15　插入形状提示

（7）调整形状提示的位置，如图7-16和图7-17所示。

图7-16　调整后的鸡

图7-17　调整后的羊

（8）测试存盘。

选择【控制】→【测试影片】命令，观察本例SWF文件生成的动画有无问题，如果满意，选择【文件】→【保存】命令，将文件保存成“形状补间.fla”文件存盘，如果要导出 Flash 的播放文件，选择【导出】→【导出影片】命令，保存成“形状补间.swf”文件。

3．引导路径动画：太阳的运动

本例通过制作“太阳的运动”来介绍引导层的用法。操作步骤如下：

（1）新建一个 Flash 文档，选择【文件】→【新建文档】命令，弹出【新建文档】对话框，直接单击【确定】按钮，如图 7-18 所示。

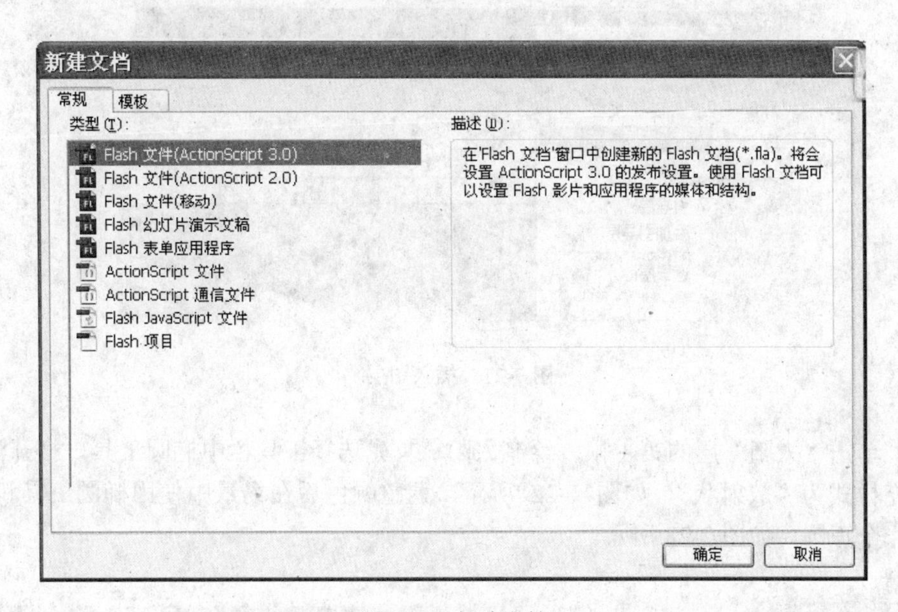

图 7-18　新建文档

（2）选择【文件】→【导入】→【导入到库】命令，弹出【导入到库】对话框，浏览文件找到所需图片，单击【打开】按钮，操作结果如图 7-19 所示。

（3）将库中的图 zrzs_05.jpg 拖入到舞台，调整图片的大小（可使用变形工具和 Shift 键实现图片的等比例缩放），并将调整后的图片移至舞台适当的位置上。将“图层 1”命名为“背景”（双击“图层”然后输入“背景”），并在 70 帧处插入帧，以引导动画背景到第 70 帧，如图 7-20 所示。

图 7-19　库面板

图 7-20　主场景

（4）在“背景”图层上右击，并在快捷菜单中选择【插入图层】命令，或者单击【插入图层】按钮，添加图层，并将该层命名为“太阳”，如图7-21所示。

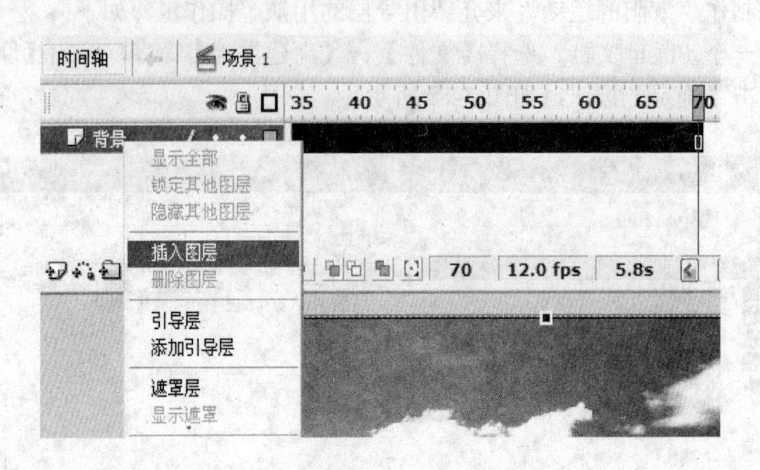

图7-21　插入图层

（5）单击“太阳”层的第1帧，绘制太阳。首先选择工具栏中椭圆工具，打开混色器选择填充样式为“放射状”，如图7-22所示，调整颜色后在场景中使用椭圆工具和Shift键绘制一个正圆，如图7-23所示。

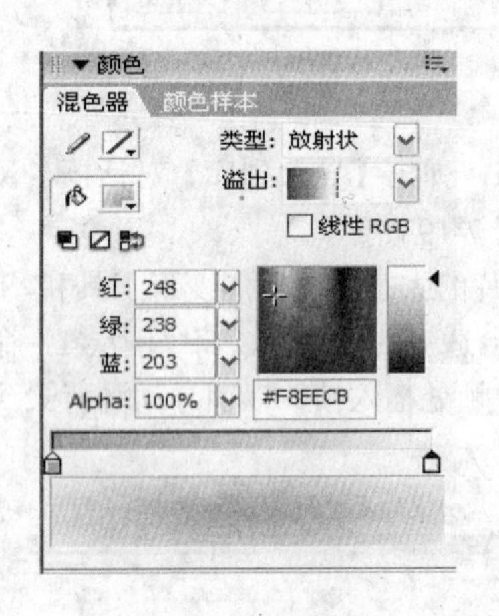

图7-22　混色器

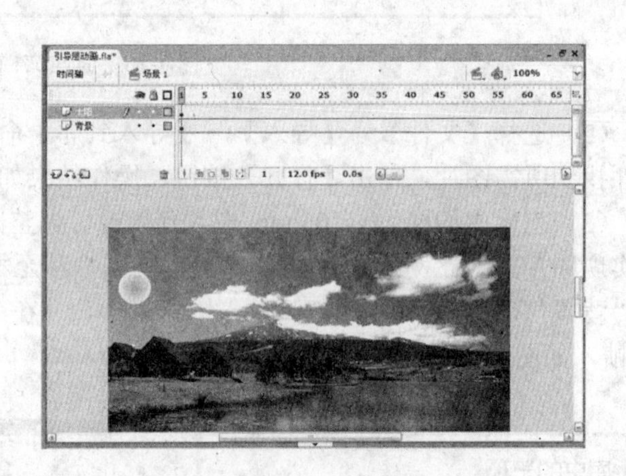

图7-23　绘制正圆

（6）单击【添加运动引导层】按钮，添加一个引导层。

（7）选择引导层第一帧，使用工具栏中的线条工具在场景中绘制一条直线，如图7-24所示。单击选择工具，将直线拖出一定的弧度，如图7-25所示，此弧线就是太阳运动的轨迹。

（8）单击“太阳层”第1帧，将绘制的太阳拖至曲线的左端，如图7-26所示。同样在第70帧处插入关键帧（或按F6键），将太阳移至曲线的右端，如图7-27所示。注意在两个关键帧中一定要将太阳的中心置于曲线上，这样太阳才能沿着所绘制的曲线运动。

图 7-24　绘制直线

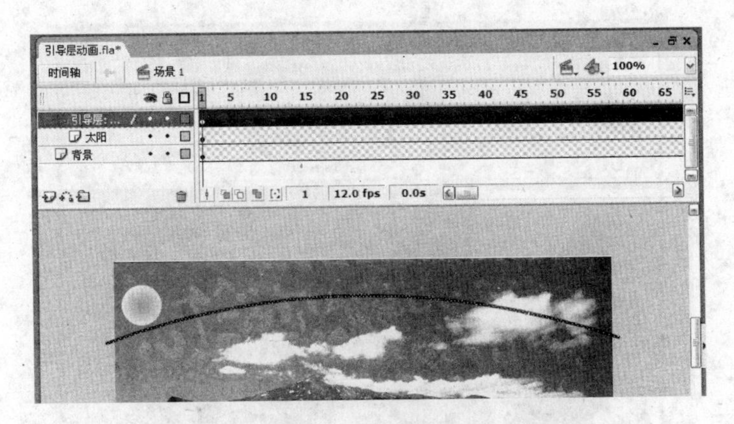

图 7-25　调整直线

图 7-26　设置第 1 帧

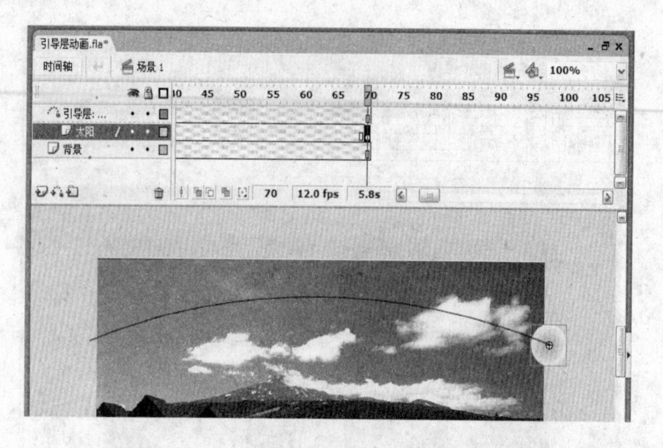

图 7-27　设置第 70 帧

(9) 在“太阳”层任意帧处右击，并在快捷菜单中选择【创建补间动画】命令，如图 7-28 所示。

(10) 预览并生成动画。按 Ctrl+Enter 键可预览并生成动画。

图 7-28　创建补间

4．遮罩动画实例：美丽的风景

操作步骤如下：

(1) 新建一个 Flash 文档，选择【文件】→【新建文档】命令，弹出【新建文档】对话框，直接单击【确定】按钮。

(2) 保存文件，命名为“别样的风景”。

(3) 选择【修改】→【文档】命令，弹出【文档属性】对话框，将尺寸中的宽改为 550，高改为 400。

(4) 选择【文件】→【导入】→【导入到库】命令，弹出【导入到库】对话框，浏览文件找到风景所在图片文件夹并选中图片，单击【打开】按钮即可。图片导入到库中，可查看库面板，如图 7-29 所示。

（5）将库中的图片“风景.jpg”拖入到舞台，单击舞台上的“风景.jpg”，在属性中更改“风景.jpg”的 X 和 Y 的坐标值，如图 7-30 所示。选择图层 1 的第 180 帧，按 F5 键插入帧。

图 7-29　库面板

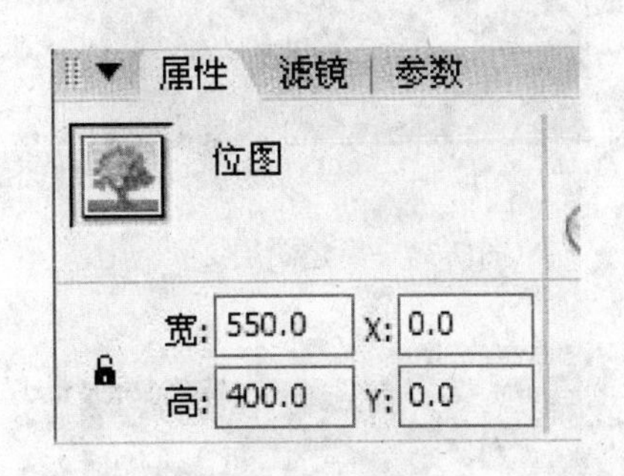

图 7-30　属性设置

（6）选择【插入】→【新建元件】命令，弹出如图 7-31 所示的对话框，选择【图形】单选按钮后单击【确定】按钮， 即进入元件编辑状态，选择工具栏的椭圆工具（如图 7-32 所示）并结合 Shift 键画一正圆（如图 7-33 所示），然后单击 场景 1 回到场景 1。

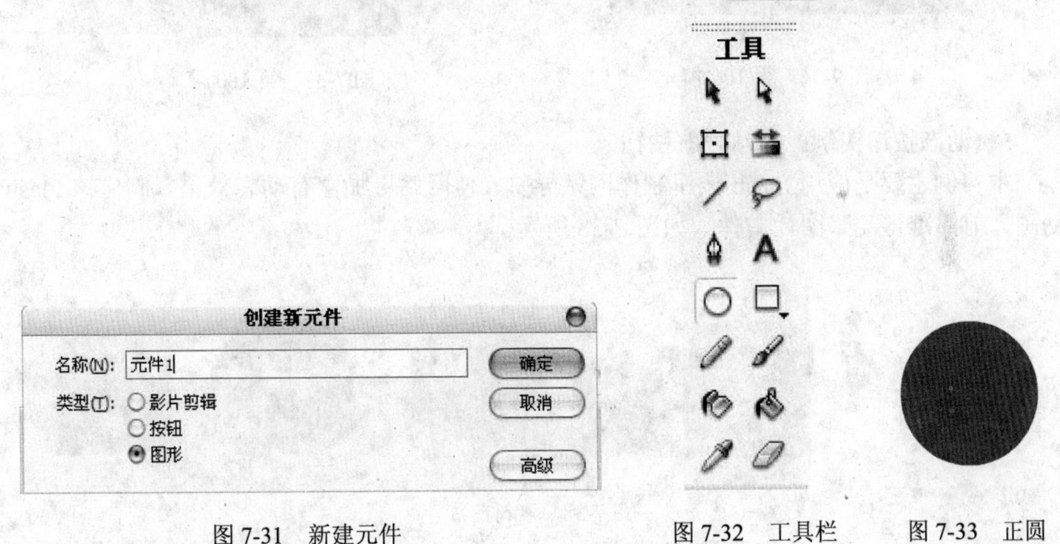

图 7-31　新建元件　　图 7-32　工具栏　　图 7-33　正圆

（7）在场景 1 中，新建图层 2，并选中第一帧，然后将元件 1 从库中拖到场景中，如图 7-34 所示，分别在第 60 帧、100 帧、180 帧处分别插入关键帧，并选择这些帧将元件 1 移到不同的位置，如图 7-35、图 7-36 和图 7-37 所示，然后在第 180 帧选中元件 1，右击并选择【属性】，将宽、高设置成 800、800，并移到相应位置使元件 1 能盖住“风景.jpg”。

（8）然后分别在第 1 帧、60 帧和 100 帧处右击，选择【创建补间动画】命令。

（9）在图层 2 上右击并选择【遮照层】。

（10）预览并生成动画。按 Ctrl+Enter 键可预览并生成动画。生成的动画文件名为“别样的风景.swf”，文件所在文件夹和源文件所在文件夹一致。

图 7-34　新建图层 2

图 7-35　第 60 帧

图 7-36　第 100 帧

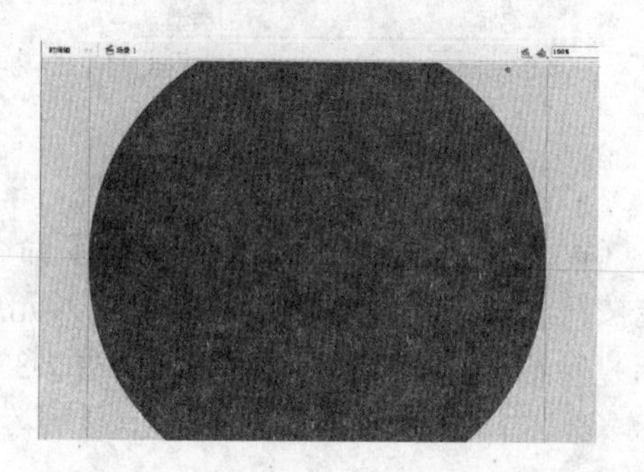

图 7-37　第 180 帧

5．动态按钮实例：网站导航按钮

本实例主要是应用 Flash 按钮制作网站导航，使网站更加富有动态效果。制作该 Flash 动画之前需准备几张图片文件，如图 7-38 所示。

图 7-38　素材图片

具体步骤如下：

（1）新建一个 Flash 文档，保存文件，命名为“网站导航”。

（2）将文档尺寸改为 500×150 像素，背景色设为白色。

（3）将准备的图片导入 Flash 库中，分别命名为 bj、pic1、pic2、pic3、pic4，按 F11 键即可查看，如图 7-39 所示。

（4）选择【插入】→【新建元件】命令，在弹出的对话框【名称】中输入 btn1，【类型】选择【按钮】，单击【确定】按钮。

（5）进入按钮编辑状态，新建两个图层，双击每个图层将三个图层分别命名为bj、pic、wz，如图7-40所示。

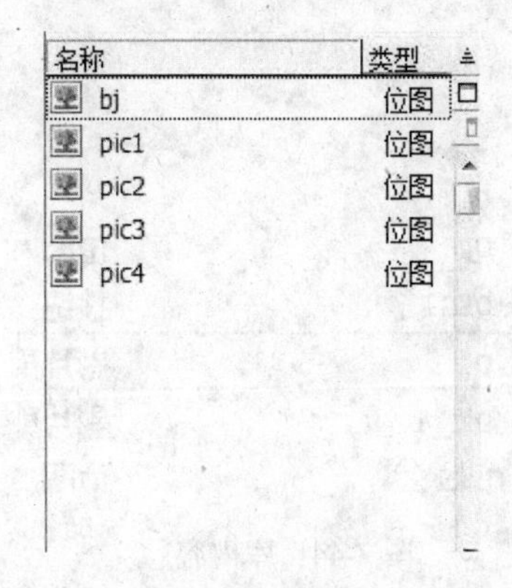

图7-39　库内容

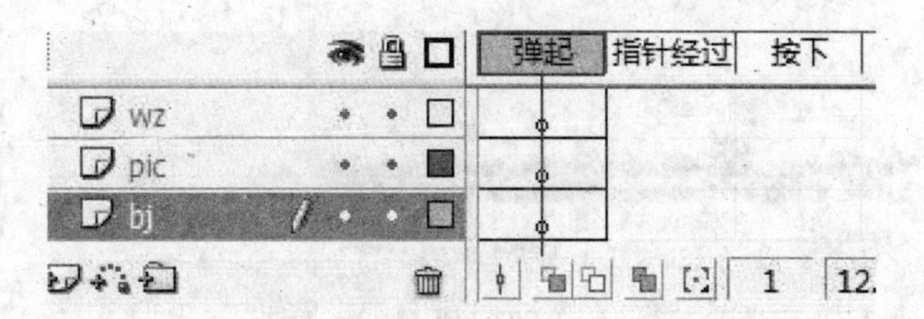

图7-40　层面板

（6）单击图层bj的【弹起】帧，将bj元件拖入舞台中央，再单击【指针经过】，插入帧；单击图层pic的【弹起】帧，将pic_1元件拖入舞台中央，再单击【指针经过】，插入关键帧；单击图层wz的【指针经过】帧，输入文字“ahout”，文字大小为15，字体为黑体，颜色为红色，如图7-41所示。

（7）单击图层pic的【指针经过】帧，再选定舞台上的pic_1图片，右击该图片，选择【转化为元件】命令，如图7-42所示。

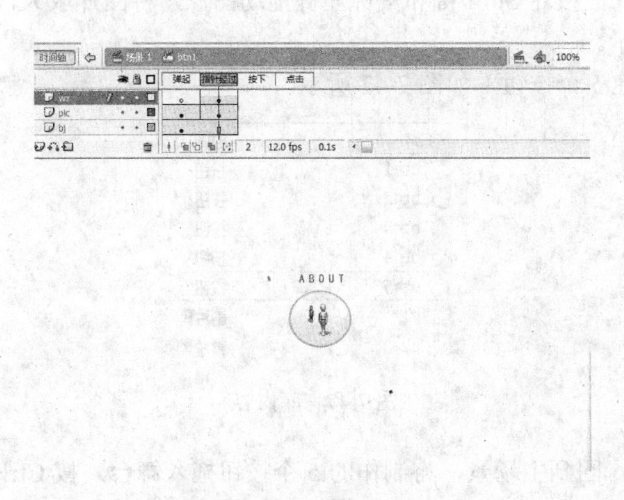

图7-41　按钮帧设置

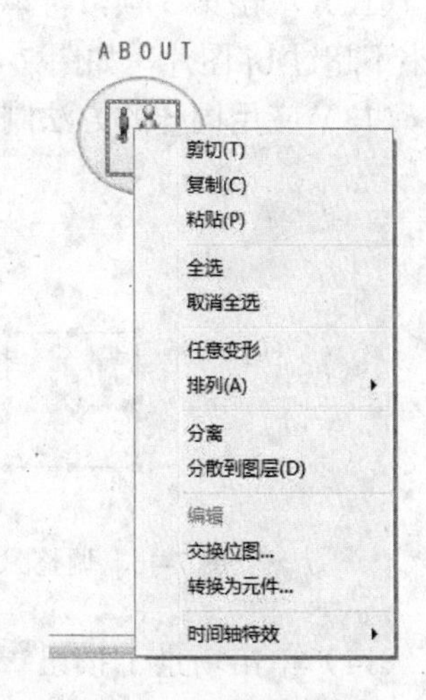

图7-42　转换元件

（8）在弹出的对话框的【名称】文本框中输入pic_1，【类型】选择【影片剪辑】，单击【确定】按钮。

（9）在舞台中双击该元件，进入pic_1元件编辑状态，如图7-43所示。

（10）右击舞台中的图片将其转化为影片剪辑p1，如图7-44所示。

（11）分别在第5帧和第10帧插入关键帧，然后在它们之间插入补间，单击第10帧，在动作面板中输入代码“stop();”，如图7-45所示。

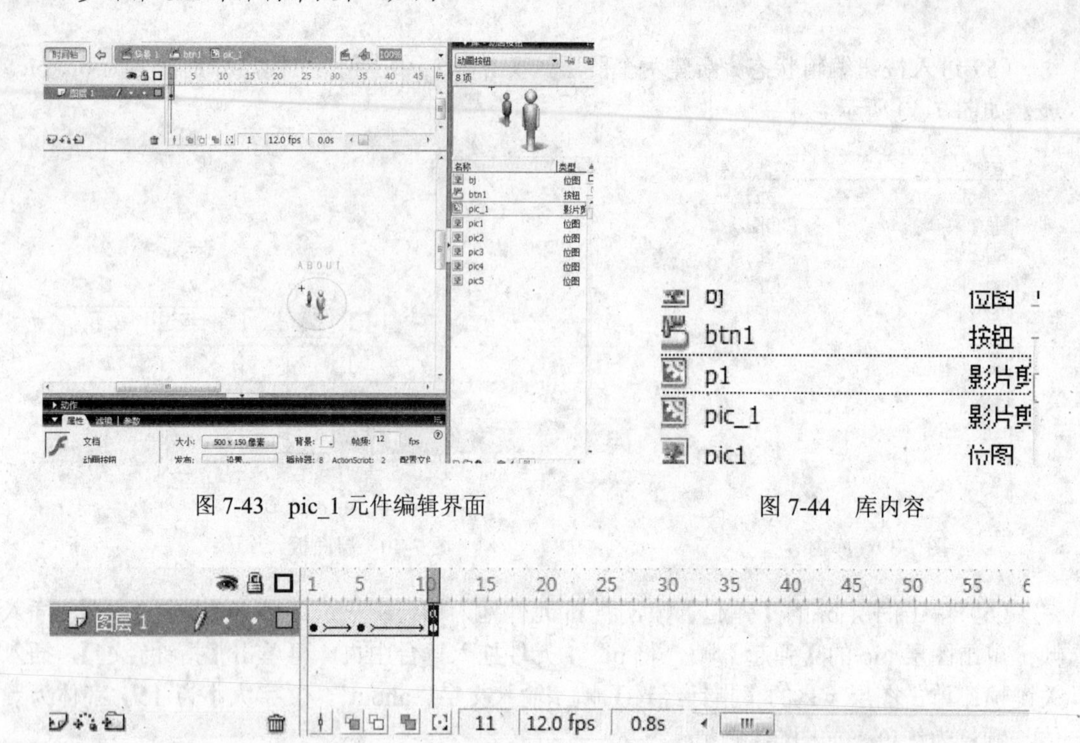

图 7-43　pic_1 元件编辑界面　　　　图 7-44　库内容

图 7-45　时间轴设置

（12）单击第 5 帧，再单击图片，按住 Shift 键和鼠标左键拖动图片，将图片放大，但大小不超过 bj 图片，如图 7-46 所示。

（13）应用同样的方法制作其他 5 个按钮，如图 7-47 所示。

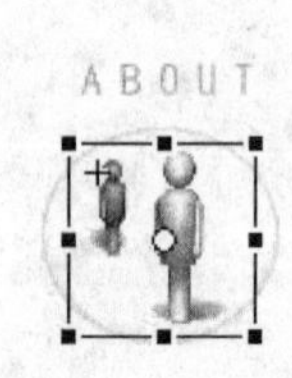

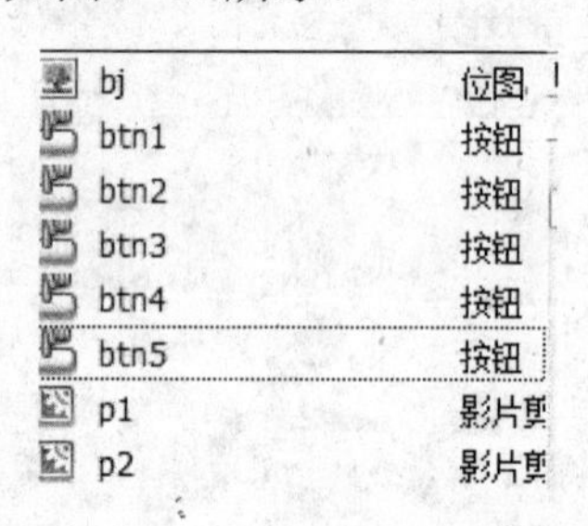

图 7-46　调整图片效果　　　　图 7-47　库内容

（14）单击场景 1 按钮 场景 1 回到主场景，将制作的 5 个按钮拖入舞台，按 Ctrl+K 键调出对齐面板，单击【上对齐】按钮和【水平居中分布】按钮，将它们对齐，如图 7-48 所示。

图 7-48　对齐按钮

（15）按 Ctrl+A 键全选舞台中的按钮，在属性面板中选择【滤镜】，单击【添加滤镜】按钮➕选择【投影】，如图 7-49 所示。

（16）将【距离】设置为 0，【强度】设置为 58%，其他不变，如图 7-50 所示。

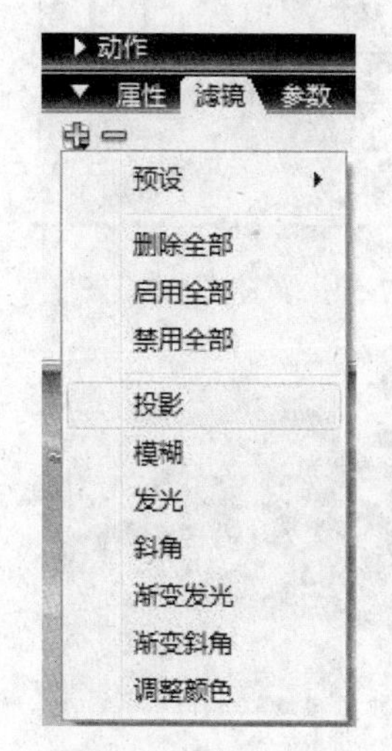

图 7-49　添加滤镜

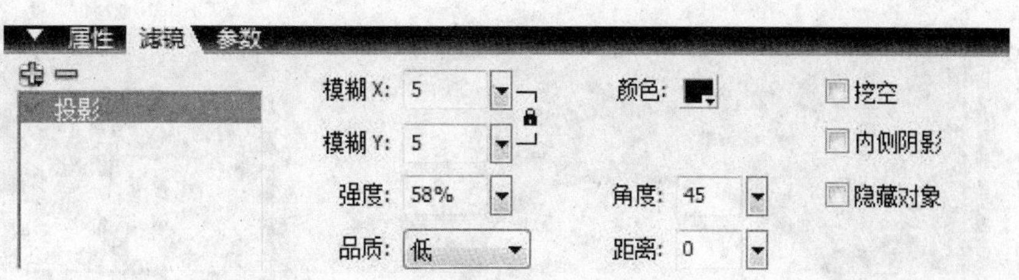

图 7-50　滤镜设置

（17）按 Ctrl+S 键保存文件，按 Shift+Enter 键预览，最终效果如图 7-51 所示。

图 7-51　最终效果

7.3　范例网页制作综合实例

本节介绍了制作 CAI 课件在网上可以发布的制作实例，并对每一步的操作步骤和过程进行了讲解。

（1）先用 PhotoShop 做好两幅图，分别为素材图一（如图 7-52 所示）和素材图二（如图 7-53 所示），图片的大小均为宽 1023px、高 745px。

图 7-52　素材图一

图 7-53　素材图二

（2）新建一 Flash 文档，将文档的宽设为 1023px，高设为 745px。将素材图一和素材图二导入到库中。并将素材图一拖到舞台中，使其布满整个舞台。

（3）单击【插入图层】按钮，新建图层 2，双击图层 2，输入“章”，将图层 2 命名为“章”，如图 7-54 所示。

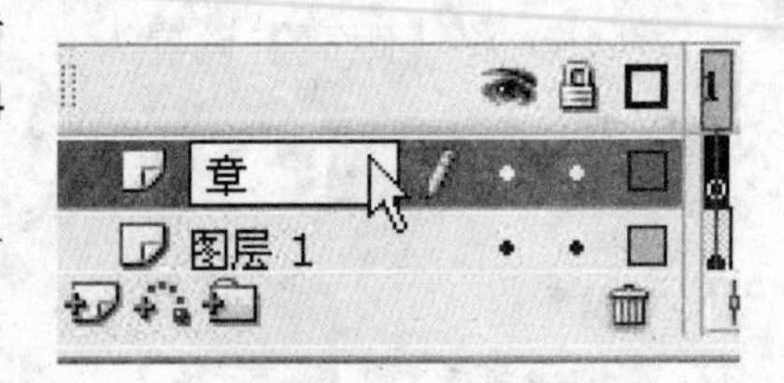

图 7-54　新建图层

（4）选中“章”图层的第 1 帧，在舞台上各按钮的对应位置分别输入第一章、第二章……，在图的上部输入“多媒体技术与应用”，如图 7-55 所示。再新建一个图层，命名为“章内容介绍”。在第 1 帧处输入文字并调整文字的位置，如图 7-56 所示。

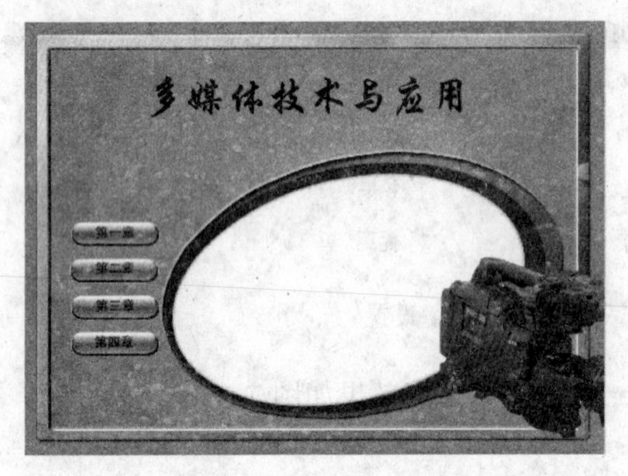

图 7-55　界面文字输入

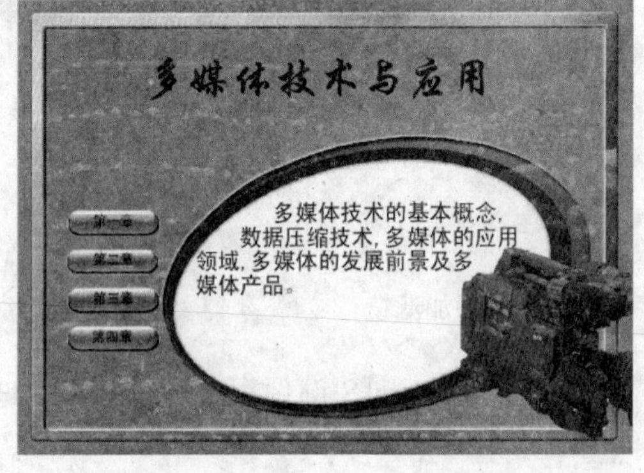

图 7-56　文字输入及调整

（5）单击“章”图层，在图层的第 4 帧处右击，在弹出的快捷菜单中选择【插入帧】命令，同理在图层 1 的第 4 帧处右击，在弹出的快捷菜单中选择【插入帧】命令。此时的时间轴如图 7-57 所示。

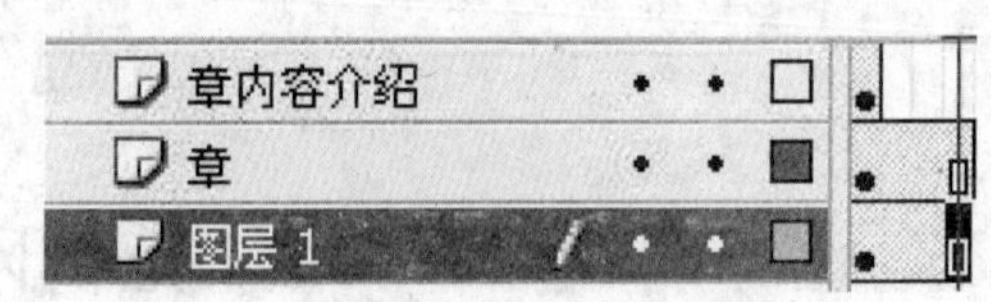

图 7-57　插入帧设置

（6）选择“章内容介绍”图层，在第 2 帧处右击，在弹出的快捷菜单中选择【插入空白关键帧】命令，在此帧中输入第二章的内容介绍，如图 7-58 所示。同理输入第三章、第四章内容介绍的文字。此时，时间轴状态如图 7-59 所示。

图 7-58　章内容文字设置

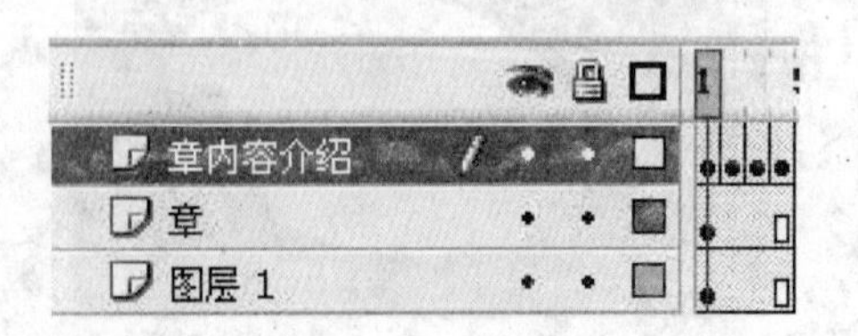

图 7-59　时间轴

（7）选择【插入】→【新建元件】命令，弹出【创建新元件】对话框，对话框的设置如图 7-60 所示。设置好后单击【确定】按钮。

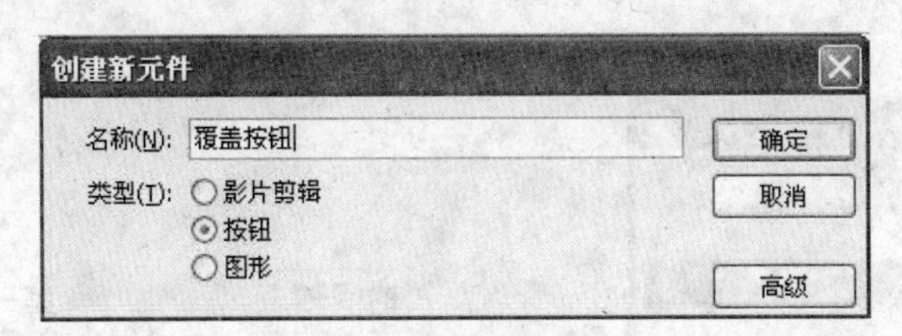

图 7-60　新建元件设置

用矩形工具在“覆盖按钮”的【弹起】帧处画一个大小适当的矩形，矩形的颜色可以为任何颜色，如图 7-61 所示。在【点击】帧处右击，在弹出的快捷菜单中选择【插入帧】命令，如图 7-62 所示。

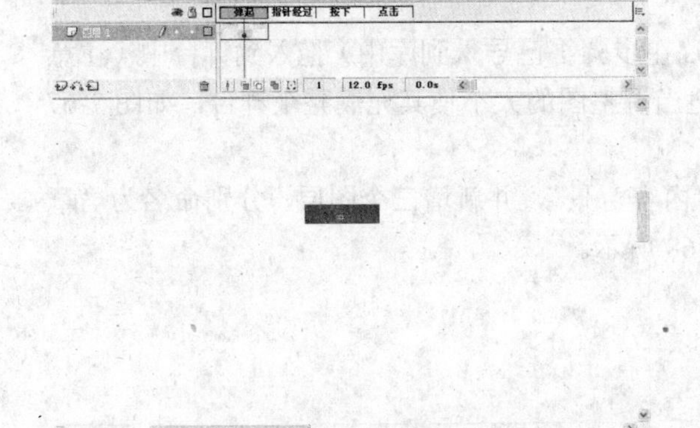

图 7-61　绘制矩形

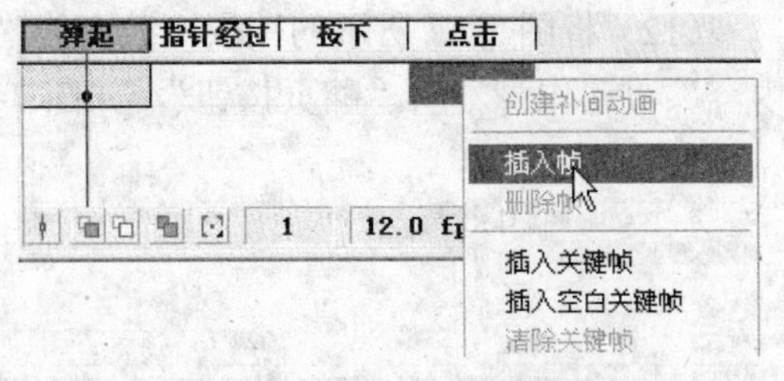

图 7-62　插入帧

（8）单击【场景 1】按钮回到场景 1。将库中的“覆盖按钮”拖入到场景 1 的舞台上，并用任意变形工具调整“覆盖按钮”的大小，使其完全覆盖“第一章”按钮，如图 7-63 所示。

（9）单击选中“覆盖按钮”，并展开动作面板，在动作面板中输入如图 7-64 所示的代码。

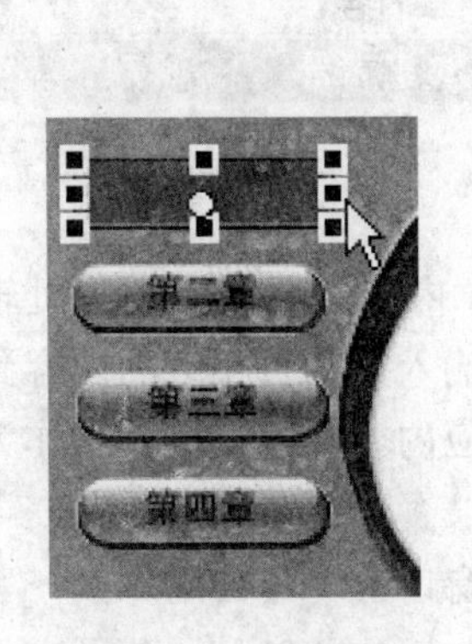

图 7-63　调整矩形

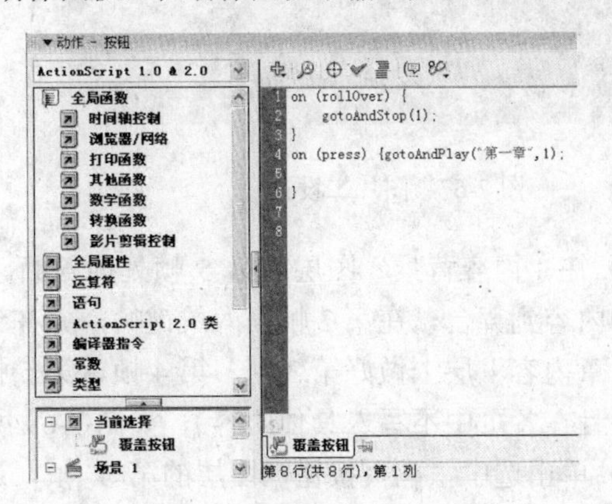

图 7-64　“覆盖按钮”动作设置

（10）选择【窗口】→【其他面板】→【场景】命令调出场景面板，单击 + 添加一场景，命名为“第一章”，如图7-65所示。双击“第一章”进入 “第一章”场景，此时时间轴如图7-66所示。

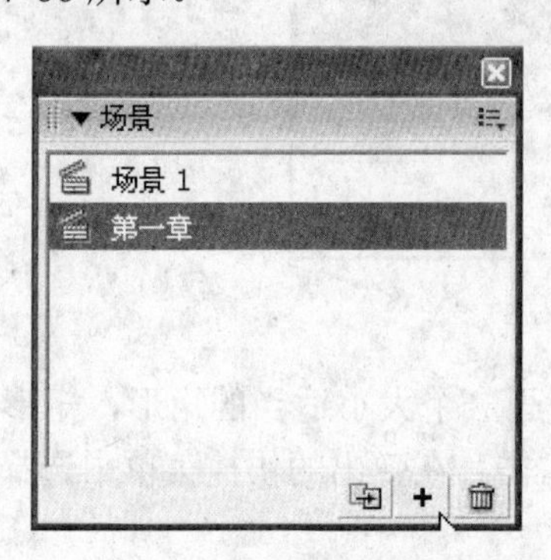

图7-65　场景面板

图7-66 “第一章”场景

（11）将步骤1中的素材图片二（此图片在步骤1已导入到库中）拖入到舞台中（注意此时的场景是名为“第一章”的场景）并适当调整图的大小使其充满整个舞台，如图7-67所示。

（12）将图7-67所示的图层1改名为“内容背景”，并新增三个图层，分别命名为“章内容”、“动作脚本”、“翻页按钮”，如图7-68所示。

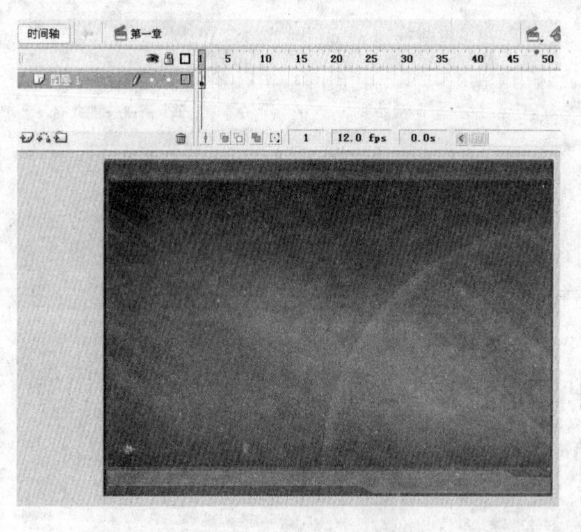

图7-67　图片二设置

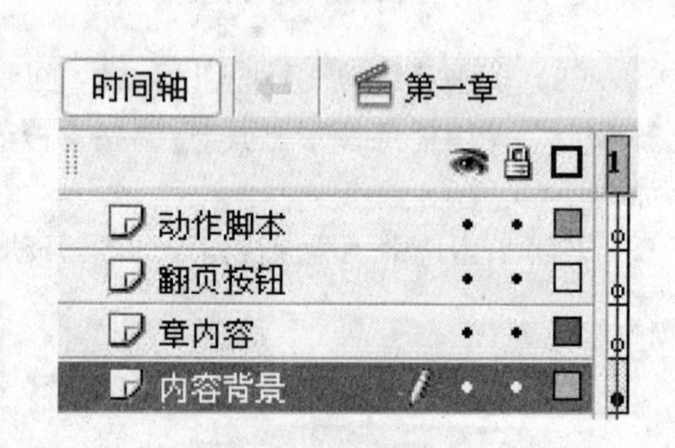

图7-68　层设置

（13）在“内容背景”图层的第5帧处插入帧。在“章内容”层的第1帧处输入第一页相应的内容到舞台，在第2帧插入关键帧，并在该帧处输入第二页相应的内容到舞台，同理在“章内容”层上做好第3帧、第4帧、第5帧的相应内容（注：本例子作为实例只做5帧并且在各页中不写入具体内容），如图7-69所示。

（14）单击选中“翻页按钮”图层的第1帧，选择【窗口】→【公用库】→【按钮】命令调出公用库面板，找到公用库中的classic buttons文件夹下的Playback子文件夹，如

图 7-70 所示。将 Playback 文件夹下的 gel Left、 gel Right 和 playback - loop 按钮拖入到该帧的舞台中，位置如图 7-71 所示，选中其中的按钮，在属性中将其实例名称设为 retu，如图 7-72 所示。

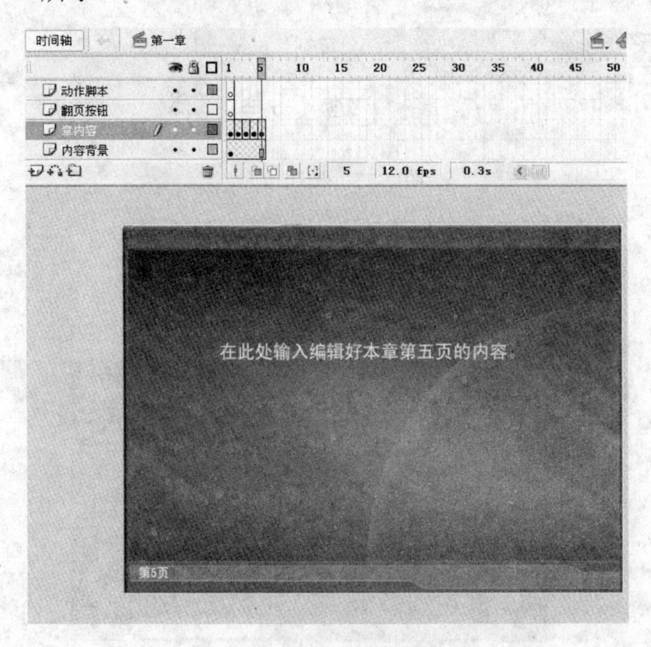

图 7-69　时间轴设置

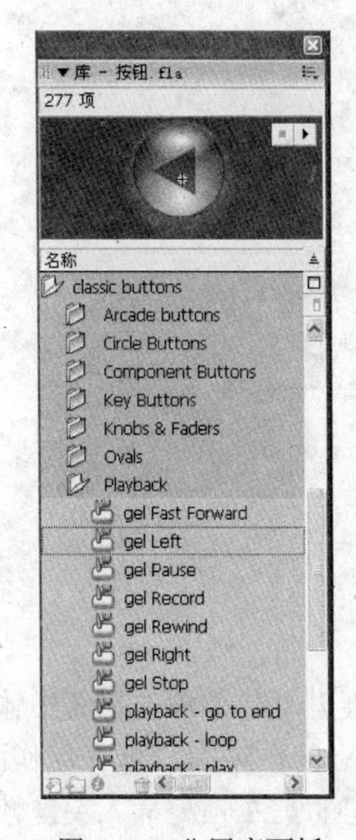

图 7-70　公用库面板

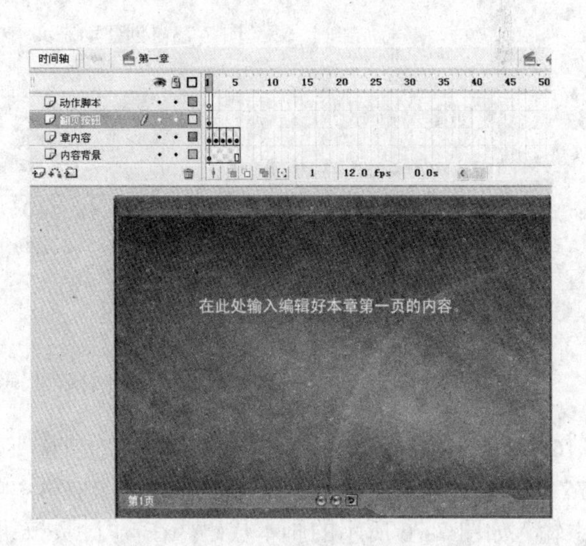

图 7-71　按钮位置设置

（15）选择文本工具 A，在文本属性面板中选择动态文本，居中对齐，字号为 22，实例名称设为 tishi，如图 7-73 所示。在“翻页按钮”层的第 1 帧舞台适当位置创建文本框（位置如图7-73所示)，在按钮处于选中状态时，调出动作面板并在其中输入脚本，如图7-74所示。

图7-72　按钮改名

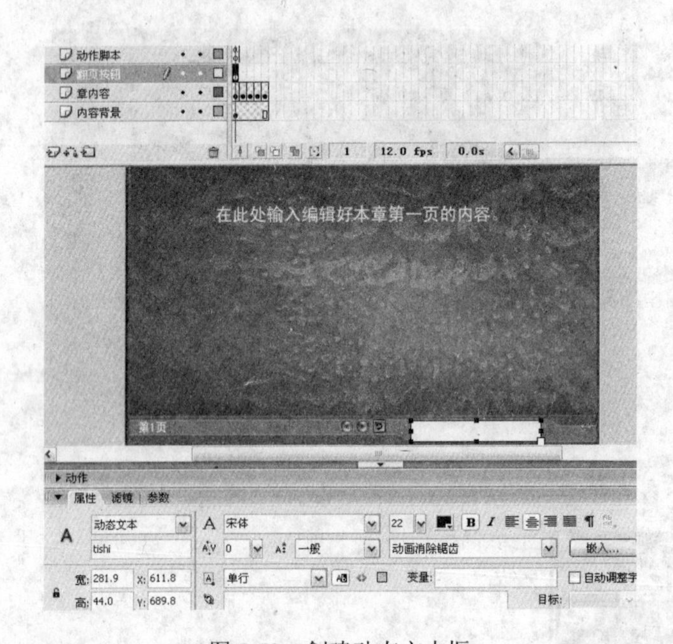

图7-73　创建动态文本框

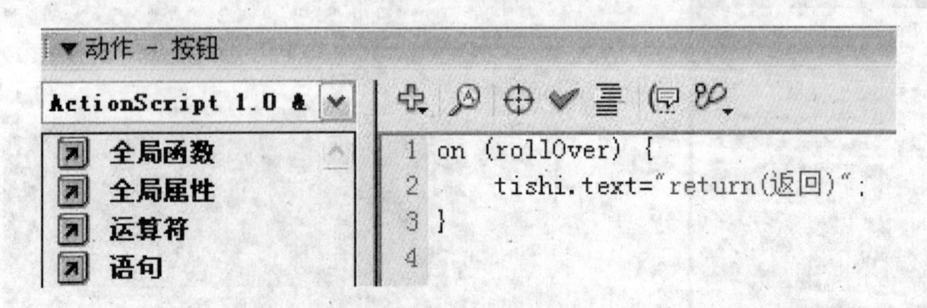

图7-74　返回按钮代码

(16) 选中“翻页按钮”图层第1帧舞台上的按钮，展开动作面板，在其中输入如图7-75所示的脚本代码；选中“翻页按钮”图层第1帧舞台上的按钮，展开动作面板，在其中输入如图7-76所示的脚本代码。在“翻页按钮”图层的第2帧处插入关键帧，在第4帧处插入帧，第5帧处插入关键帧，此时的时间轴如图7-77所示。选中该图层的第1帧，将舞台上的按钮删除(注：因为第一页不需要向上翻页，所以在第1帧处删除此按钮)，同理在第五帧处将按钮删除。

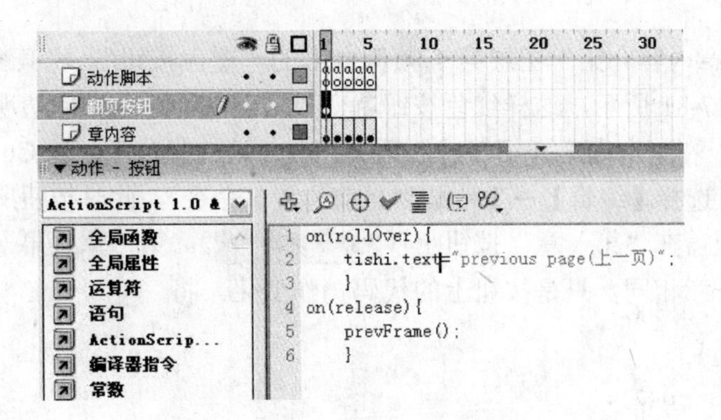

图 7-75 “上一页”按钮代码

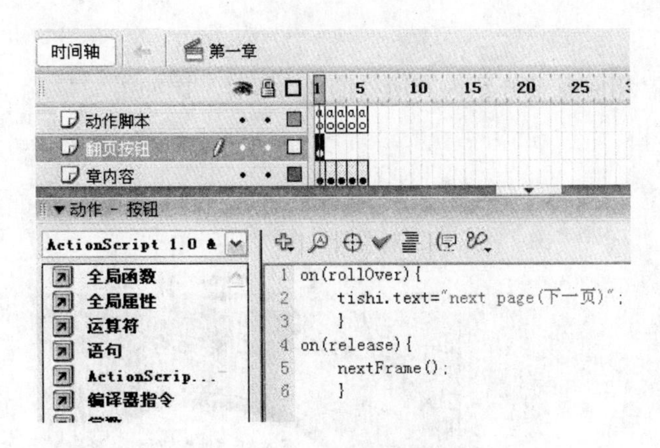

图 7-76 “下一页”按钮代码

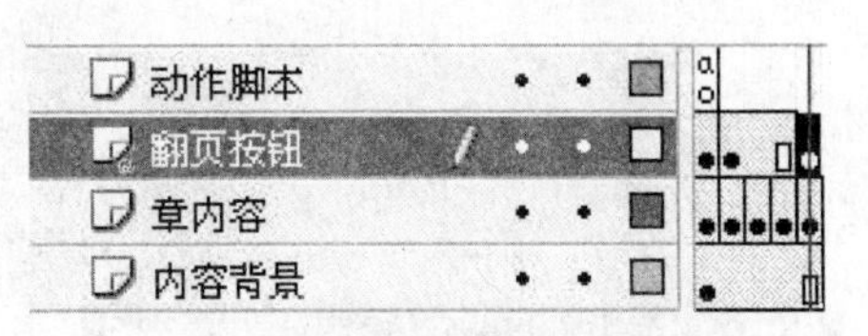

图 7-77 时间轴状态

（17）选择“动作脚本”层，在第 1 帧处输入如图 7-78 所示的脚本代码。在第 1 帧处右击，在弹出的快捷菜单中选择【复制帧】按钮，分别在第 2～5 帧处右击，在弹出的快捷菜单中选择【粘贴帧】按钮，如图 7-79 所示。

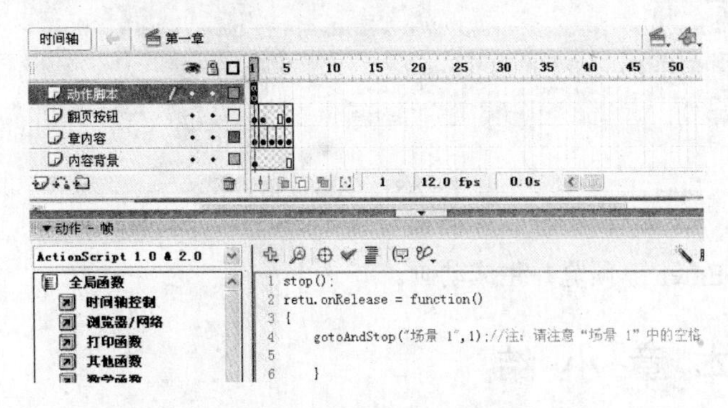

图 7-78 “动作脚本”层第 1 帧代码

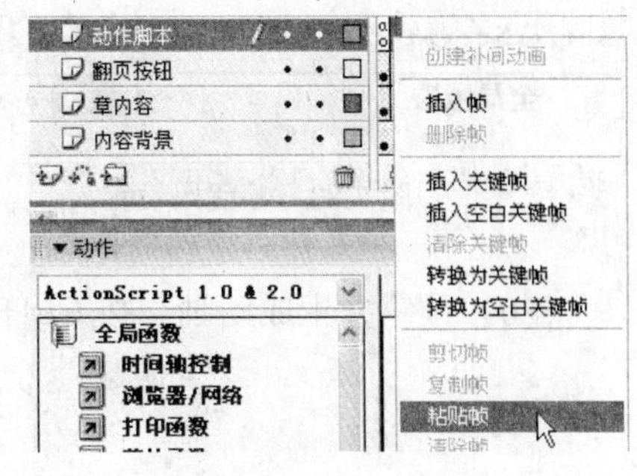

图 7-79 粘贴帧

（18）按 Ctrl+Enter 键预览并生成动画，发现动画并没有停留在场景 1 等待交互，而是从场景 1 直接运行到“第一章”的场景，这是因为场景 1 中没有设置 stop 命令，这样 Flash 动画就会直接从上一个场景运行到下一个场景，因此需要做一些修改。回到场景 1 中，分别在图层“章内容介绍”的第 1～4 帧的动作面板中输入“stop();”命令，如图 7-80 所示。

（19）选中“章内容介绍”图层第1帧舞台上的“覆盖按钮”，将其颜色alpha属性设置成100%，如图7-81所示，这样红色按钮就变成透明的了。选中此透明“覆盖按钮”并按Ctrl+C键复制，在“章内容介绍”层的第2、3、4帧的舞台中，按Ctrl+Shift+V键粘贴到当前位置（也可选择【编辑】→【粘贴到当前位置】命令），此时按钮所处的位置与第一帧相同，即也是覆盖在“第一章”按钮上（第一章）。第二章、第三章、第四章的内容制作方法和第一章相同，只是按钮上的代码稍作变化。将

```
on (rollOver) {
    gotoAndStop(1);
}
on (press) {gotoAndPlay("第一章",1);
}
```

中的gotoAndStop(1)改为gotoAndStop("相应章节介绍内容所处的帧")即可，比如第二章就改为gotoAndStop(2)，本实例不再赘述。

图7-80　帧代码设置

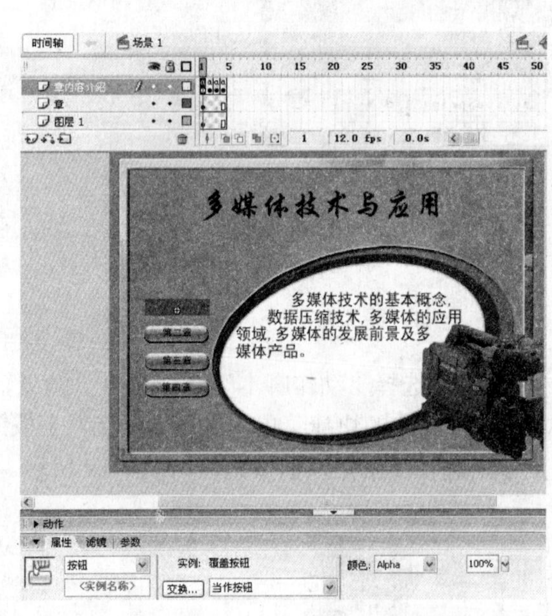

图7-81　Alpha值设置

（20）预览并生成动画。按Ctrl+Enter键预览并生成动画。

本 章 小 结

本章主要介绍了Flash CS3的操作界面和使用方法，以实例分别讲述了逐帧动画、补间形状动画、引导路径动画、遮罩动画、动态按钮的操作方法，并给出了网页制作的综合范例。Flash具有优秀的媒体素材整合能力和强大的互动编程能力，需要在实际操练中强化各种交互多媒体开发应用。

思考与习题

1．单选题

（1）Flash CS3 是由（　　）公司开发的。

A．Adobe　　B．Macromedia　　C．Microsoft

（2）下面的哪一个工具不属于线条工具？（　　）

A．“钢笔”工具　　B．“铅笔”工具　　C．“刷子”工具

（3）创建文本时，在“文本属性”面板中（　　）属性不能设置。

A．字体　　B．段落　　C．首行缩进

（4）要对文本进行矢量编辑操作，首先应将其文本（　　）。

A．变形　　B．打散　　C．选择

（5）在 Flash 的时间轴面板中，要快捷建立关键帧，其快捷键是（　　）。

A．F5　　B．F6　　C．F7

（6）滤镜效果只适用文本、影片剪辑和（　　）。

A．图片　　B．按钮　　C．首行缩进

（7）一般默认的动画速度为（　　）。

A．12fps　　B．24fps　　C．30fps

（8）构成动作动画的元素是元件，但不能是（　　）。

A．位图　　B．形状　　C．对象

（9）要输入 ActionScript 脚本语句，应在（　　）面板中输入。

A．“属性”　　B．“动画”　　C．“行为”

（10）在使用 Flash CS3 进行影片发布时，下面哪种格式是错误的？（　　）

A．HTML　　B．SWF　　C．FLA

（11）要对影片进行测试，下面哪种方法是错误的？（　　）

A．Enter　　B．Ctrl+Enter　　C．Ctrl+Shift+Enter

2．填空题

（1）在对 Flash CS3 文档进行保存时，可按__________组合键进行保存。

（2）在 Flash CS3 中有 3 种文本类型，即__________、__________和__________。

（3）所导入的声音文件与位图、元件等一起保存在______________面板中。

（4）在 Flash CS3 中，图层可分为普通图层、遮罩层和________3 种。

（5）在 Flash 中清除帧后，则该帧就会自动变为__________帧。

（6）在 Flash CS3 中有 3 种元件类型，即影片剪辑元件、图形元件和__________。

（7）在 Flash CS3 中有 3 种公用库，即学习交互、按钮和________。

（8）在进行影片控制过程中，播放影片的语句是________，停止影片的语句是________。

（9）在 ActionScript 结构语句中主要包括 3 种结构语句，即顺序执行、______和循环

控制。

（10）通过__________和__________命令可以生成.swf文件，它们将放置在与编辑文件相同的目录中。

3．问答题

（1）试简述动画的基本原理，并列举常见的计算机动画文件格式。

（2）试述Flash的几种常见动画方式。

（3）参考相关书籍，利用Flash设计制作一个动画网页。

第 8 章　Photoshop CS3 使用方法

Photoshop 软件是由 Adobe 公司开发的具有强大图像处理功能的平面设计软件。使用 Photoshop 可以将任何图片修改成人们所需要的效果。Photoshop 的强大功能不仅仅体现在对现成图像的处理，通过它还可以徒手绘制出各式各样的图片效果。本章从熟悉开发环境开始，一步步介绍了 Photoshop 中各个图像处理工具的使用方法，并结合通常制作多媒体素材的基本需要，通过典型应用实例讲解了 Photoshop 的综合应用技巧和构图设计方法。

本章学习重点

- 了解 Photoshop CS3 的工作环境；
- 掌握 Photoshop CS3 的基本操作；
- 掌握 Photoshop CS3 的图像处理技术；
- 掌握 Photoshop CS3 特效处理技巧。

8.1　Photoshop CS3 简介

Adobe 公司的 Photoshop 作为图形图像处理领域的顶级专业软件，功能强大，适用于印刷、网页设计、封面制作、广告设计等，成为艺术家、广告设计人员和网站制作人员处理图像的首选工具。Photoshop 是目前市面上最流行的图像软件，也是 Adobe 公司最著名的平面图像设计、处理软件，它的强大功能和易用性得到了广大用户的喜爱。

Photoshop 是 Adobe 公司于 1990 年推出的图像处理软件，它被广大的设计师称为图像处理的“魔法师”，Photoshop 发展到现在已经有好几个不同的版本，比较早的有 Photoshop 4.0、Photoshop 5.0、Photoshop 5.5、Photoshop 6.0、Photoshop 7.0 等。

8.1.1　Photoshop CS3 的特点

Photoshop CS3 是 Adobe 公司最新推出的更新换代产品，它在保留原有版本的基础上，功能更加完善，特别是在网页动画设计方面，该版本为用户营造了一个充满生气和活力的想象空间，使用户能充分展现自己的创意，无论处理哪种图形图像，都能得到满意的效果。

Photoshop CS3 的功能十分强大，其特点如下。

1．界面友好风格独特

具有典型的 Windows 应用程序窗口界面，界面风格统一，用户容易上手，也可以根据需要定制和优化其工作环境。

2．支持大量图像格式

可以在 Photoshop 文件中输入输出 20 多种格式的文件，也可以直接导出到 Flash（SWF），同时保留矢量和动态文本（包括嵌入的字体）。

3．支持多种颜色模式

可以灵活地转换各种颜色模式，包括黑白、灰度、RGB、CMYK、H5B、双色调、索引色等。

4．软硬件兼容性强

对于不同软件生成的图像文件兼容性很强，能够设计和处理 Web 图形以及 GIF 动画，同时也能兼容多种外围设备如数码相机、视频摄像机、打印机、扫描机等。

5．协作使用 Web 画廊

使用专业设计的 Web 照片画廊模板(包括对客户反馈的支持)，而不需要额外的 Web 编码。

6．将图层轻松地导出为文件

可以更高效地将分层的 Photoshop CS 与不同的编辑和构图系统集成。

7．使用变量和数组快速创建动态内容

直接定义和编辑变量及数组，轻松地导入数据库和电子表格内容并自动生成图表。

8.1.2 Photoshop CS3 的工作界面

Photoshop 软件是由 Adobe 公司开发的具有强大图像处理功能的平面设计软件。使用 Photoshop 可以将任何图片修改得面目全非，也可以将人们所想象到的效果制作出来。例如，可以将图像由彩色变为灰度、黑白效果，改变图像的亮度、对比度，以及图像的颜色、饱和度；也可以运用强大的滤镜改变图像，处理成各种各样的效果；还可以将若干图像加以合成，制作成一幅天衣无缝、以假乱真的作品。Photoshop 的强大功能不仅仅体现在对现成图像的处理，通过它还可以徒手绘制出各式各样的图片效果。因此，Photoshop 为图像素材制作提供了强有力的支持。下面就以 Photoshop CS3 为例介绍一下图像素材的基本制作方法。

启动 Photoshop CS3 程序，打开一幅图像后的 Photoshop CS3 工作界面如图 8-1 所示。Photoshop CS3 的工作界面主要由标题栏、菜单栏、工具箱、工具属性栏、浮动面板、状态栏和工作区组成，下面将分别进行介绍。

图 8-1　Photoshop CS3 的工作界面

1．标题栏

标题栏是所有 Windows 应用程序所共有的，它位于应用程序窗口的顶端，用于显示当前应用程序的名称、文件的名称、所使用的颜色模式以及显示模式等一些基本的信息。

2．菜单栏

Photoshop CS3 菜单包含 9 个菜单选项，分别是文件、编辑、图像、图层、选择、滤镜、视图、窗口、帮助。通过单击每一个菜单项，可以看到它所包含的下拉菜单，通过这些菜单来使用 Photoshop 所有的功能。

菜单命令分为 4 种类型，分别如下：

（1）普通菜单命令。菜单上没有任何标记，单击菜单即可执行相应的操作。

（2）子菜单命令。在菜单后带有一个三角符号，表示它还有下一级子菜单，当鼠标指针指向该选项时，就会自动弹出下一级子菜单。

（3）对话框菜单命令。在菜单命令名称之后带有一个省略号，选择这种菜单选项，就会弹出一个相应的对话框，要求输入某种信息，然后才能实现此命令的功能。

（4）开关命令。该菜单选项可以在两种或多种状态之间切换，如果没有“√”记号表示该选项被关闭。

3．工具属性栏

工具属性栏位于菜单栏的下面，为了方便操作，工具属性栏中列出了一些常用的命令，如图 8-2 所示。虽然这些命令也可以通过菜单找到，但是在工具属性栏中操作会更加直接、方便。用户可以将工具属性栏拖动到窗口的任意位置。

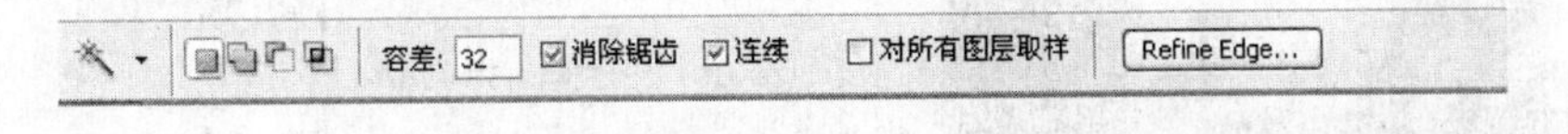

图 8-2　工具属性栏

4．工具箱

在 Photoshop 的工具箱中包含了 40 多种工具，用户需要什么样的工具只要在工具箱中单击工具图标或按下工具快捷键即可。工具图标的右下角有一个三角符号，这表明工具箱中有些工具被隐藏起来了，右击某个三角符号会弹出一个菜单，如图 8-3 所示。

5．图像窗口

在图像窗口区域可以显示、编辑和处理图像，也可以改变窗口大小、对窗口进行缩放等多种操作。图像窗口的组成如图 8-4 所示。

在图像标题栏中，从左到右分别表示控制图像图标、图像文件名称、图像格式、窗口显示比例、显示颜色模式、最小化、最大化以及关闭按钮。

6．控制面板

控制面板是非常重要的辅助工具，通过控制面板可以完成工具参数设置和图像处理操作，它们总是浮动在活动窗口的最上方，供用户随时访问，下面介绍几个常用面板的基本功能。

（1）【导航器】面板：用于显示图像的缩览图，通过它可以快速查看图像中的任意区域，如图 8-5 所示。

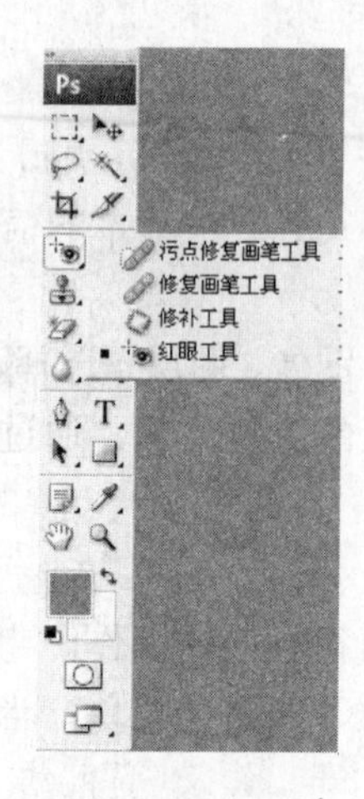

图 8-3 工具箱

图 8-4 图像窗口

（2）【信息】面板：主要用来显示当前图像中鼠标指针所在区域、大小、颜色信息以及旋转角度信息等，如图 8-6 所示。

图 8-5 【导航器】面板

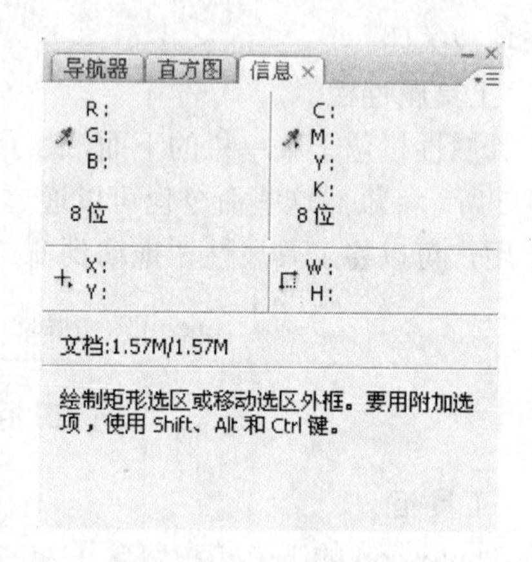

图 8-6 【信息】面板

（3）【颜色】面板：主要用来选择和设置颜色，如图 8-7 所示。

（4）【色板】面板：主要用来对已有颜色进行操作和管理，如图 8-8 所示。

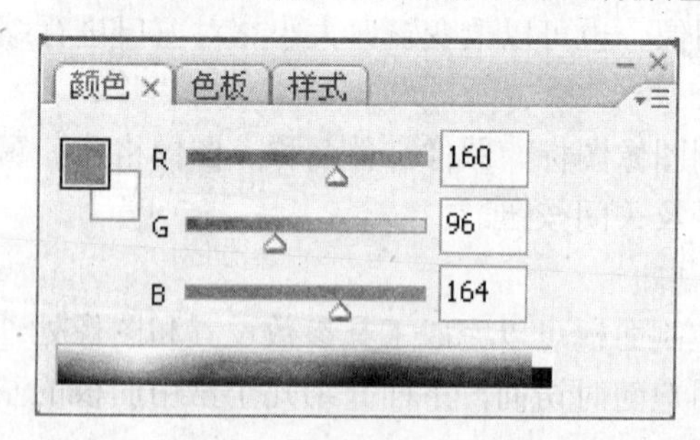

图 8-7 【导航器】面板

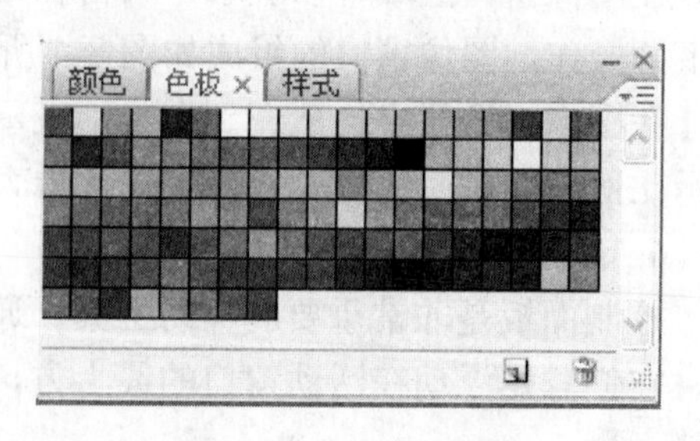

图 8-8 【色板】面板

（5）【样式】面板：主要用来将预设的效果应用到图像中，如图 8-9 所示。

（6）【图层】面板：主要用来对图层进行操作和管理，如图 8-10 所示。

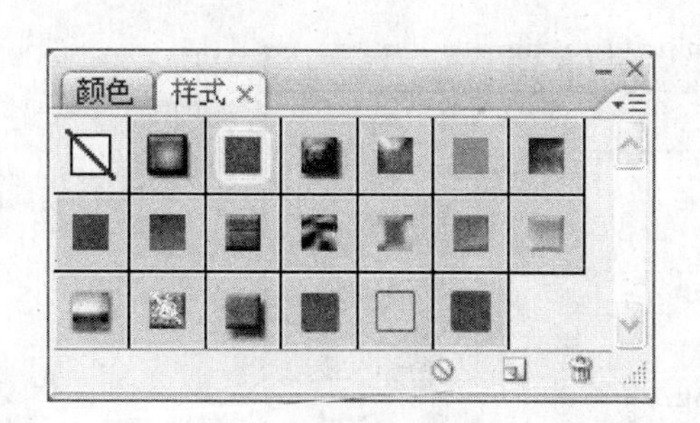

图 8-9 【样式】面板

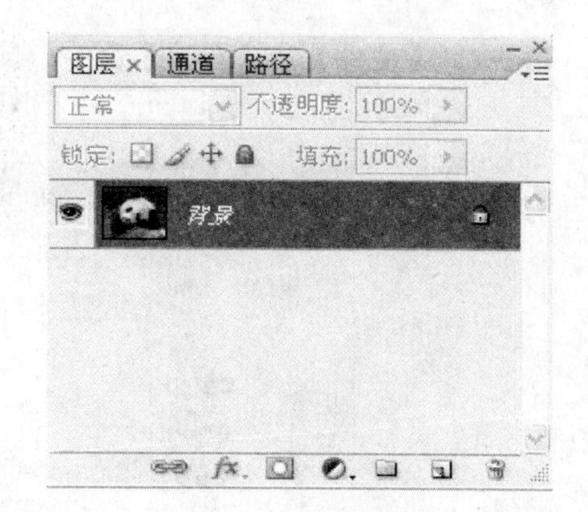

图 8-10 【图层】面板

（7）【通道】面板：主要用来查看通道以及复制、删除、切换通道内容等操作，如图 8-11 所示。

（8）【路径】面板：主要用来创建、编辑矢量式的图像路径，如图 8-12 所示。

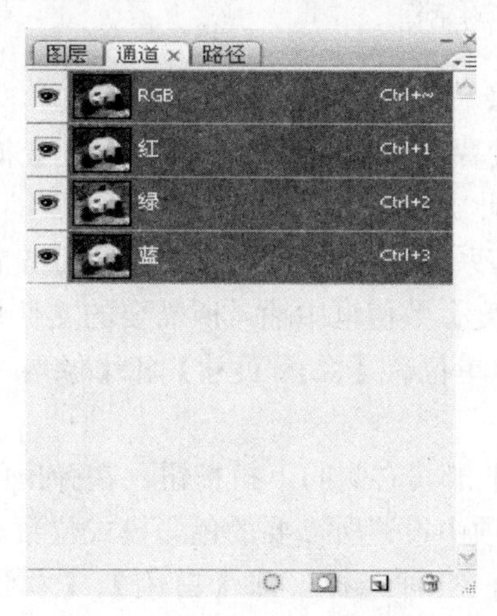

图 8-11 【通道】面板

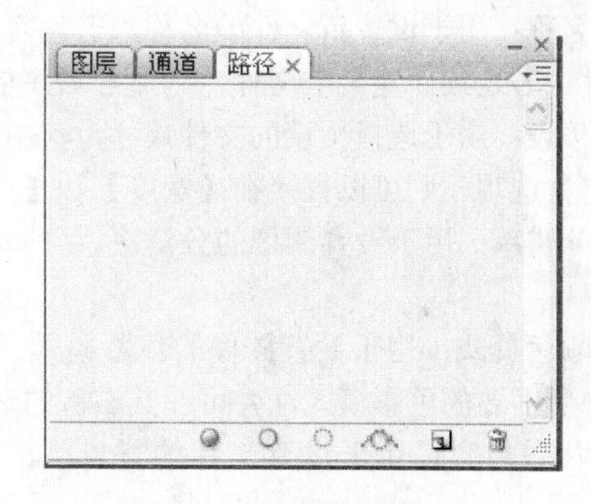

图 8-12 【路径】面板

7．状态栏

状态栏位于窗口的最底部，它能够提供当前图像的显示比例、当前图像的大小以及当前工具使用提示或工作状态等帮助信息。

8.2 Photoshop CS3 操作环境设定

8.2.1 图像窗口基本操作

图像窗口的基本操作包括新建文件、打开已有的文件、保存修改过的文件和关闭文件。

1．新建文件

新建文件具体步骤如下：

（1）执行【文件】→【新建】命令，或按Ctrl+N键，弹出【新建】对话框，如图8-13所示。

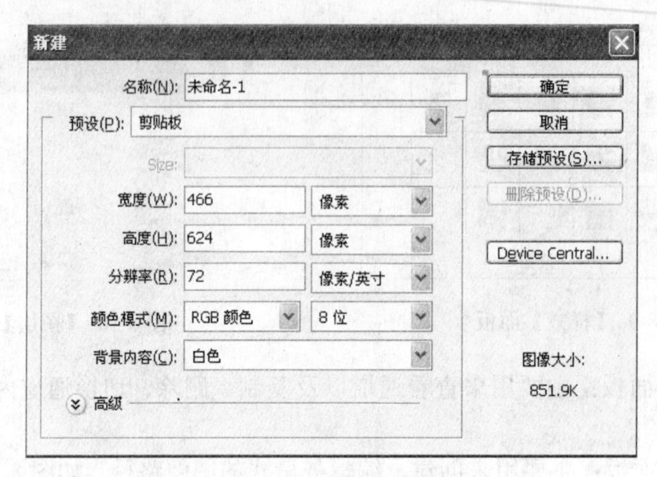

图8-13 【新建】对话框

该对话框中主要选项含义如下：

① 名称：用于设置新文件的名称。若没有设置其名称，系统则以默认的【未命名-1】命名文件。若连续新建多个文件，则命名顺序依此类推。

② 预设：用于选择预设的文件尺寸，其中有系统自带的20多种文件尺寸设置。若选择【自定】选项，则可以直接在【宽度】和【高度】数值框中输入所需要的文件尺寸。

③ 分辨率：用于设置图像的分辨率。分辨率单位有【像素/英寸】和【像素/厘米】两个选项。

④ 颜色模式：用于设置图像的色彩模式。单击其右侧的下拉按钮，在弹出的下拉列表中选择所需要的色彩模式，并可在其右侧的选项中设置所需要的色彩模式位数。

⑤ 背景内容：用于设置文件的背景色。有3种选择，即【白色】、【背景色】和【透明】。

（2）在【新建】对话框中设置好各种参数后，单击【确定】按钮，或按Enter键，即可新建一个文件。

2．打开文件

执行【文件】→【打开】命令，或按Ctrl+O键，将弹出【打开】对话框，用来打开已有的图形。可打开的扩展名（格式）有PSD（自身格式）、JPEG（压缩格式）、TIFF（印刷格式）、BMP、PNG、GIF等。

3．保存文件

执行【文件】→【存储】命令，或按Ctrl+S键，将弹出【存储为】对话框，默认为PSD格式，即Photoshop的文件格式。

4．关闭文件

关闭文件操作有以下几种：

- 执行【文件】→【关闭】命令。
- 或按Alt+F4键。

- 单击图像窗口标题栏左侧图标。
- 单击图像窗口标题栏右侧☒按钮。

8.2.2 操作环境优化

1．调整图像尺寸

执行【图像】→【图像大小】命令，在弹出的【图像大小】对话框中可以设置图像大小，如图 8-14 所示。该对话框主要选项含义如下：

像素大小：用于设置图像的宽度和高度的像素值。

文档大小：用于设置图像的宽度、高度和分辨率。

缩放样式：选中该复选框，调整图像大小时，将按比例显示缩放效果。

约束比例：选中该复选框，可以约束图像高度和宽度的比例。

重定图像像素：取消选中该复选框，图像的像素数目固定不变，可以改变尺寸和分辨率；选中该复选框，改变图像尺寸和分辨率时，图像的像素数目会随之改变。

2．调整画布大小

执行【图像】→【画布大小】命令，在弹出的【画布大小】对话框中可以设置画布的大小，如图 8-15 所示。

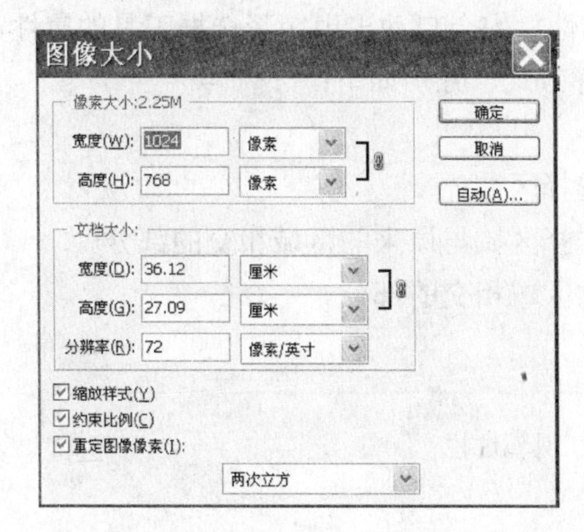

图 8-14 【图像大小】对话框

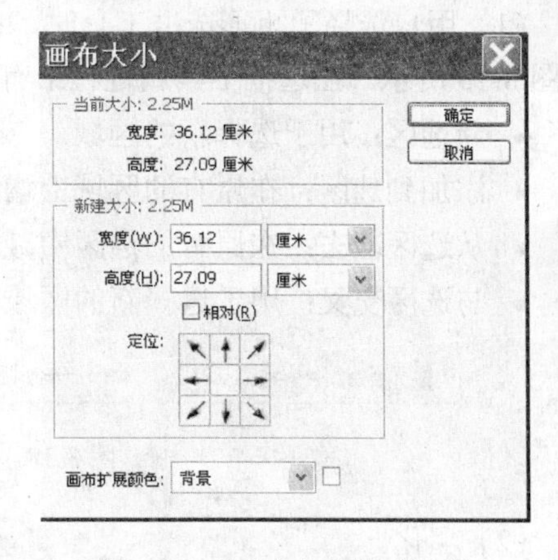

图 8-15 【画布大小】对话框

3．设置前景色和背景色

使用 Photoshop CS3 编辑和处理图像时，不管是进行颜色填充还是使用绘图工具在图像上绘画、使用文字工具在图像窗口中输入文字，其颜色效果全部取决于当前工具箱中的前景色和背景色，如图 8-16 所示。前景色和背景色可以通过工具箱中的颜色工具等进行选取。

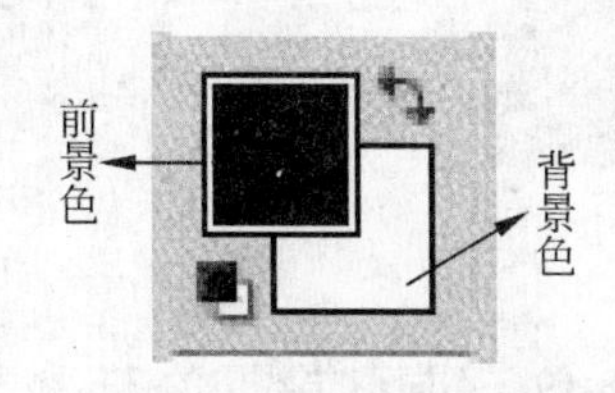

图 8-16 当前设置的前景色

8.3 Photoshop CS3选区的创建与编辑

8.3.1 创建简单规则选区

要进行规则的范围选取，首先在工具箱中选定合适的选框工具，这些工具包括矩形选框工具、椭圆选框工具、单行选框工具、单列选框工具，如图8-17所示。

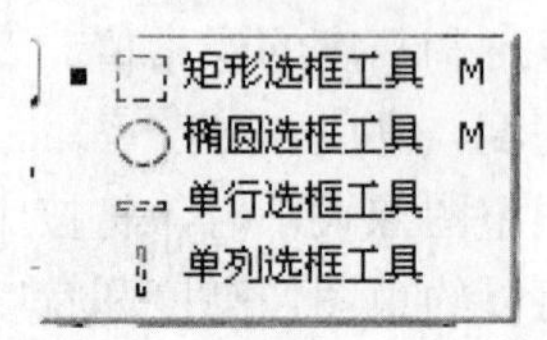

图8-17 选框工具组

1. 矩形选框工具

矩形选框工具用于选取矩形或正方形区域，在工具箱中选择矩形选框工具，然后在图像窗口中拖动鼠标即可，按下Shift键同时拖动鼠标可以得到正方形选区。

（1）用户选择了矩形选框工具时，在工具属性栏中会自动出现矩形选框工具的属性，如图8-18所示。在选框工具属性栏中有4种选择方式，分别如下：

- 新选区：用于选择新的区域。
- 添加到选区：在原有的区域上增加新的选择区域。
- 从选区减去：在原有的选区中减去新的选择区域与原来的区域相交的部分。
- 与选区交叉：用于选择新的区域与原有的区域相交的部分。

图8-18 矩形选框工具属性栏

（2）羽化。

设置羽化选项可以对其进行柔化，使边界产生过渡。其数值的有效范围在0～250之间，图8-19所示分别为没有进行羽化和进行了羽化的图像。

（a）羽化为0像素

（b）羽化为50像素

图8-19 不同羽化数值的选区效果

（3）样式。

样式选项用来设置拉出选框的形状，在工具栏中有 3 种不同的样式，分别是正常、固定长宽比和固定大小。

- 正常：这种状态最为常用，可以选择任意大小、形状的长方形和椭圆形区域。
- 固定长宽比：在这种状态下可以设定选取范围的宽和高的比例，默认状态下为 1:1，用户可以自己设置。
- 固定大小：在这种状态下，选取范围的大小由宽度和高度输入框的数值决定，数值设置后单击就能得到大小一定的选区。

2．椭圆选框工具

椭圆选框工具可以建立椭圆或圆形选区，在工具箱中选择椭圆选框工具，然后拖动鼠标指针至图像窗口中拖动鼠标即可。如果按下 Shift 键同时拖动鼠标可以得到圆形选区。椭圆选框工具的具体操作和属性与矩形选框工具相似，在这里就不多介绍了。

3．单行选框工具和单列选框工具

单行和单列选框工具的使用不是很频繁，它们只能建立高为 1 像素或宽为 1 像素的选区，用户在工具箱中选择单行选框工具按钮或单列选框工具按钮，然后在窗口中单击即可。

8.3.2 创建复杂不规则选区

建立不规则选区可以使用套索工具、魔棒工具和色彩范围命令，下面分别介绍。

1．套索工具

套索工具是一种比较常用的范围选取工具，利用套索工具可以选取一些不规则形状。套索工具有以下 3 种类型。

1）套索工具

利用套索工具可以选择不规则图形，使用套索工具时移动鼠标指针到图像窗口中，然后拖动鼠标选取需要选定的范围，当鼠标指针回到选取的起点位置时释放鼠标键即可。在用套索工具拖动选取时，若按下 Alt 键同时拖动鼠标，也能形成任意曲线，一旦释放鼠标键和 Alt 键时，选取的起点和终点就会以直线相连，从而形成任意形状的封闭选区，如图 8-20 所示。

图 8-20　套索工具选择

2）多边形套索工具

使用多边形套索工具可以选择不规则形状的多边形，在使用该工具时将鼠标指针移动到图像窗口中单击确定起点，然后移动鼠标指针到想改变选取范围方向的转折点单击。当确定好全部的选取范围回到起点时单击，即可完成选取操作。

3）磁性套索工具

磁性套索工具可以方便、快速、准确地选取范围区域，在使用该工具时，将鼠标指针移动到图像窗口中单击确定起点，然后沿着需要选取的物体边缘移动鼠标指针，当选取点回到起点时，单击即可完成选取。

在工具箱中选择磁性套索工具后，其工具栏如图8-21所示，用户可以在工具属性栏中设置各个选项。其中：

【羽化】：用于设置图像边缘的羽化程度。

【消除锯齿】：该项可以方便有效地去除锯齿状边缘。

【宽度】：该项用于设置检测范围，以鼠标指针所在的点为标准，在设置范围内查找反差最大的边缘。

【对比宽度】：该项用于设置选取时的边缘反差，数值越大反差越大，选取的范围越精确。

【频率】：用于设置选取时的节点数，数值在0～100之间。数值越大标记的节点越多。

【钢笔压力】：该选项用于设置绘图板的钢笔压力。

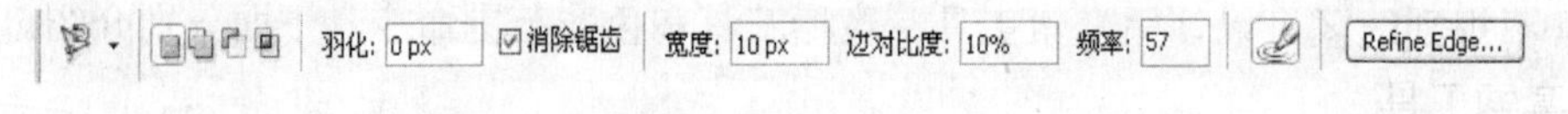

图8-21　磁性套索工具的工具属性栏

2．魔棒工具

魔棒工具是以图像中相近的色素来建立选取范围的。因此可以利用该工具选择出颜色相同或相近的区域。其中：

容差：该选项用于控制选定颜色的范围，数值的有效范围在0～255之间，数值越大颜色区域越广。

消除锯齿：用于设置选取范围区域是否具备消除锯齿的功能。

连续的：该选项用于设置是选中单击处邻近区域中相同的像素，还是选中符合像素要求的所有区域。如果选中该复选框，表示只能选中单击处邻近区域中的相同像素，取消复选框表示能够选中符合该像素要求的所有区域。

用于所有图层：用于设置是否将所有图层中颜色相似范围内的颜色选入选区。

3．选取颜色范围

利用魔棒工具可以选取相同或相似的颜色的图像，但它不够灵活，Photoshop还提供了另一种范围选取的方法，就是特定颜色范围的选取。该方法可以通过指定其他颜色来增加或减少活动选区。具体操作方法如下：执行【选择】→【色彩范围】命令，打开【色彩范围】对话框，如图8-22所示。在该对话框中可以指定一个标准色彩或使用吸管吸取一种颜色，然后设置【颜色容差】数值与允许的范围，此时图像中所在色彩范围内的色彩区域都将成为选择区域。

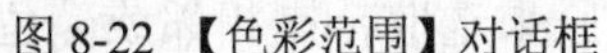

图 8-22 【色彩范围】对话框

图 8-23 增加选取范围

8.3.3 编辑选区

当在图像中选取区域后，用户可以根据需要进行一些修改和编辑，比如增加或删除选区范围、羽化、修改选区以及变换选区等操作。

1．移动选区

在 Photoshop 中用户可以任意移动选取范围。移动选区时只需要将鼠标指针移动到选取范围内，按下鼠标键拖动即可。

2．增加选区

如果用户需要在图像中选择多个选取范围，可以先用选框工具、套索工具、魔棒工具或其他工具选取一个范围，然后按下 Shift 键，当鼠标指针变为一个带“+”号的十字光标时，拖动鼠标即可选择多个选取范围。若还需要增加其他的选区，按下 Shift 键不放，继续用选区工具逐个选取需要增加的区域，如图 8-23 所示。

3．减少选区

如果选取的图像范围不准确，可以删除多余的选区，方法也很简单，按下 Alt 键不放，此时选区工具的右下角出现“–”号。然后使用选区工具框选中需要减去的范围即可。

4．选区的编辑

1）全选

当用户需要将当前图层中的全部图像选中时，可以执行【选择】→【全选】命令或按下 Ctrl+A 键来完成。

2）取消选取

当用户需要将当前选中的图像取消选取时，可以执行【选择】→【取消选择】命令或按下 Ctrl+D 键来完成。

3）反选

该命令可以将当前选取范围反转，执行【选择】→【反选】命令或按下 Shift+Ctrl+I 键完成。

4）修改

修改操作可以将选取范围放大或缩小，主要用于修改选区的边缘效果，包括边界、平滑、扩展、收缩。

边界：可将原来的选区范围变成带状的边框，边框以原来选定范围的边缘向外延伸，延伸的宽度由【边界选区】对话框中的【宽度】数值决定，范围在1～200之间，数值越大，宽度就越宽。

平滑：该操作可以通过在选区边缘增减像素来改变边缘的粗糙程度，以达到平滑的效果，该操作用于修正使用魔棒工具选择的区域。

扩展：该操作可以将当前选择区域按设定的数目向外扩充。

收缩：该操作与扩展相反，用于将当前选择区域按设定的数目向内收缩。

5．扩大选取

该操作可以将原来的选取范围扩大，扩大的范围是原来选取范围相邻或颜色相近的区域。

6．选择相似

该操作也可以将原来的选取范围扩大，但是它所扩大的范围不只限于相邻的区域，只要是图像中有近似颜色的区域都会被选取。

7．变换选区

该操作必须在当前有选区时才能使用，执行【选择】→【变换选区】命令，可以将选取范围自由变换，用户可以任意改变选取范围的大小、位置以及角度等。

8.4　使用 Photoshop CS3 处理图像

在 Photoshop 中绘图工具很多，包括画笔工具、铅笔工具、历史记录画笔工具、图案图章工具、橡皮擦工具、模糊工具、海绵工具等。每个工具都有自己独特的作用与功能。

8.4.1　画笔的设定

画笔工具可以绘制一些比较柔和的线条，效果类似于毛笔画出的线条。在工具箱中单击画笔工具按钮，在绘图区域拖动鼠标即可绘制图案。若要选择画笔类型，可在选取画笔工具的情况下，单击工具属性栏中的【画笔】选项右侧的下拉按钮，弹出【画笔】面板，如图8-24所示。在该面板中可选择合适的画笔类型。

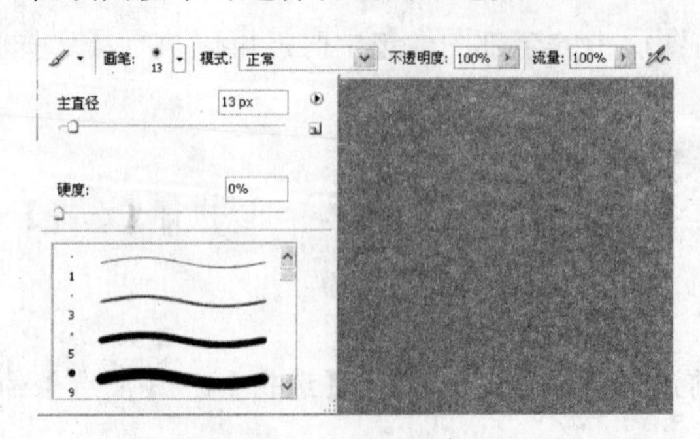

图8-24　【画笔】面板

在默认情况下，画笔下拉列表中提供的画笔分为两大类，即硬边画笔和软边画笔，并且它们都是以【描边缩览图】的形式显示的。如单击画笔面板右侧的三角形按钮，在弹出的面板菜单中进行选择，可以更改【画笔】面板中画笔的显示方式。

1．设置画笔属性

如果用户需要绘制多种效果，可以在画笔工具的工具属性栏中设置画笔模式、不透明度、流量等参数。

模式：选中画笔后，可以在其工具属性栏中的【模式】下拉列表中设置颜色，其中一共提供了 25 种色彩混合模式。

不透明度：用于设置工具的不透明度，其数值范围在 1～100 之间，数值越小其透明度越大。

流量：用于设置绘图颜色的浓度比率，其数值范围在 1～100 之间，数值越小其颜色越浅。

2．设置画笔笔尖形状

用户可以自定义画笔的笔尖形状。在选择画笔工具之后，在【画笔】面板的左侧选择【画笔笔尖形状】选项，然后选择使用下列一个或多个选项来自定义画笔笔尖。

（1）直径：控制画笔大小。输入以像素为单位的值，或拖移滑块。

（2）角度：指定椭圆画笔或样本画笔的长轴从水平方向旋转的角度。输入度数，或在预览框中拖动滑块。

（3）圆度：指定画笔短轴和长轴的比率。输入百分比值，或在预览框中拖动滑块。100%表示圆形画笔，0%表示线性画笔，介于两者之间的值表示椭圆画笔。

（4）硬度：控制画笔硬度中心的大小。输入数字，或者使用滑块输入画笔直径的百分比值。要注意的是不能更改样本画笔的硬度。

（5）间距：控制描边中两个画笔笔迹之间的距离。如果要更改间距，请输入数字，或使用滑块输入画笔直径的百分比值。当取消选择此选项时，光标的速度决定间距。

8.4.2 运用画笔和铅笔工具绘制图像

画笔和铅笔工具是最常用的工具之一。灵活地使用该工具，能达到不同的视觉效果。

1．画笔工具可以模拟毛笔、水彩笔等效果在图像或选区中进行绘制

选取工具箱中的画笔工具，其工具属性栏如图 8-25 所示。

图 8-25　画笔工具属性栏

2．运用铅笔工具绘制图像

铅笔工具主要绘制一些棱角比较突出且无边缘发散效果的线条，该工具的运用方法与画笔工具基本相同。铅笔工具属性栏如图 8-26 所示。

该工具栏与画笔工具栏不同的是，多了一个【自动抹除】复选框。若选中该复选框，则铅笔工具会模拟橡皮擦的功能。当前景色和背景色有相互接触的情况时，系统会自动将前景色和背景色交替运用。

图 8-26　铅笔工具属性栏

8.4.3　运用图章工具处理图像

仿制图章 用于对图像的全部或部分内容进行复制，既可以在同一幅图像内部进行复制，也可以在不同图像之间进行复制。

该工具属性栏如图 8-27 所示。其主要选项的含义如下：

对齐：选中该复选框，在复制图像时，每次复制都会以上次取样点的最终移动位置为起始，进行图像复制，以保持图像的连续性。

对所有图层取样：选中该复选框，在取样时，会作用于所有显示的图层，否则只对当前图层生效。

图 8-27　仿制图章工具属性栏

下面举例如下：

（1）执行【文件】→【打开】命令，打开一幅图像。单击【图层】面板底部的【创建新图层】按钮，新建【图层 1】，如图 8-28 所示。

（2）选取工具箱中的仿制图章工具，在属性栏中，设置各选项参数，如图 8-29 所示。

（3）移动鼠标指针至图像所在图层，在窗口的人物处按住 Alt 键的同时单击，进行取样，此时鼠标指针呈 形状，如图 8-29 所示。

（4）释放 Alt 键，移动鼠标指针至【图层 1】窗口的中间空白区域，单击并涂抹，即可将取样的图像复制到涂抹的位置上，如图 8-30 所示，并涂抹到如图 8-31 所示的图像效果为止。

（5）执行【编辑】→【变换】命令。

图 8-28　新建图层

图 8-29　图像采样

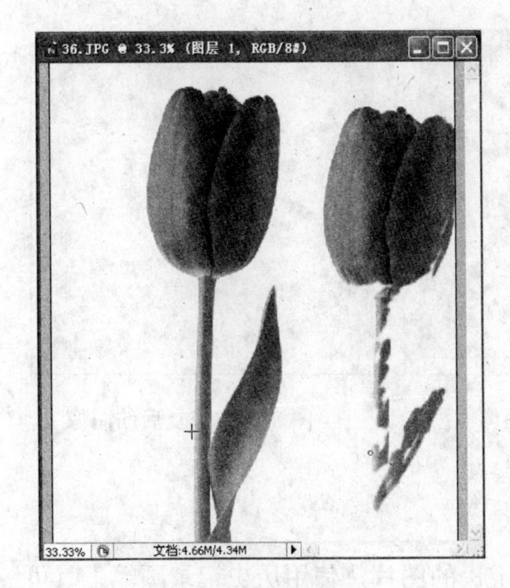

图 8-30　复制的图像

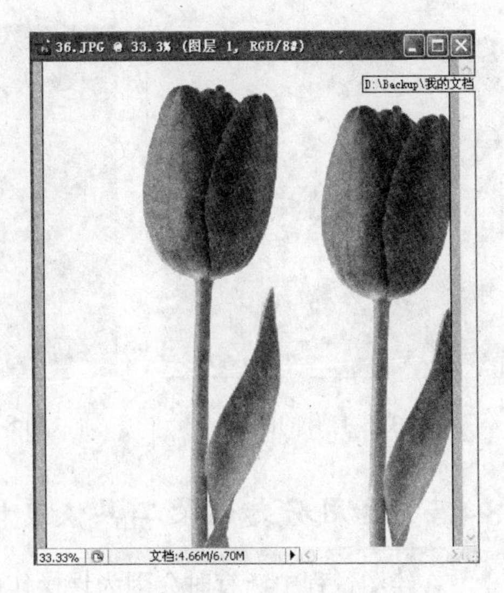

图 8-31　图像效果

8.4.4　运用修饰工具修饰图像

1．修复画笔工具

修复画笔工具的工作原理是通过样本图像和原图像的形状、光照和纹理，使样本像素和周围像素融合，从而达到无缝、自然的修复效果。选取工具箱中的修复画笔工具属性栏，如图 8-32 所示。

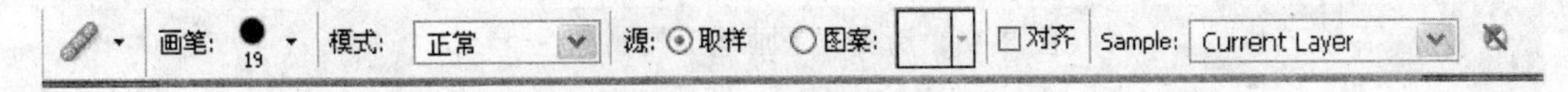

图 8-32　修复画笔工具属性栏

该工具栏属性主要选项含义如下：

（1）画笔：用于设置选择的画笔。

（2）模式：用于设置色彩模式。

（3）源：用于设置修复画笔工具复制图像的来源。

（4）对所有图层取样：选中该复选框，修复画笔工具将对当前所有可见图层生效；若取消选中该复选框，则只对当前工作图层生效。

2．污点修复画笔工具

污点修复画笔工具可以快速地除去图像中的瑕疵和刮痕。在使用该工具之前不需要对图像取样，直接在需要修复的图像上单击并拖曳鼠标，即可完成修复。

举例如下：

（1）执行【文件】→【打开】命令，打开一幅图像，如图 8-33 所示。

（2）选取工具箱中污点修复画笔工具，设置工具属性栏中各选项参数，如图 8-34 所示。

（3）移动鼠标指针至图像窗口，在小猫处单击并拖曳鼠标，如图 8-35 所示。

（4）释放鼠标键，步骤（3）和步骤（4）可反复操作，直到获得满意的清除效果。

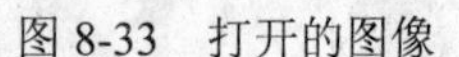

图 8-33 打开的图像　　图 8-34 涂抹的图像　　图 8-35 修复后的图像

8.4.5 运用历史记录工具恢复图像

在绘图过程中，有时会因为误操作而破坏一幅宝贵的图片，使用历史记录画笔工具可以随意地将图像的某一部分或全部恢复至初始状态或指定状态。

1．历史记录画笔工具

历史记录画笔工具的主要作用是恢复图像，使用该工具时，需要配合使用【历史记录】面板。

选取工具箱中的历史记录画笔工具，其属性如图 8-36 所示。

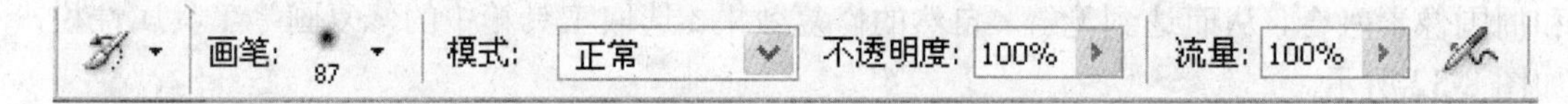

图 8-36 历史记录画笔工具属性栏

2．历史记录艺术画笔工具

历史记录艺术画笔工具的主要作用与历史记录画笔工具基本相同，只是在恢复图像的过程中，还可以选择艺术性笔刷工具对图像进行技术处理。

选取工具箱中的历史记录艺术画笔工具，其属性如图 8-37 所示。

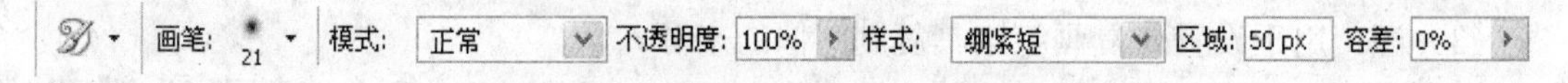

图 8-37 历史记录艺术画笔工具属性栏

8.4.6 运用橡皮擦工具擦除图像

在 Photoshop CS3 中，使用擦除工具可以除去图像的颜色或背景色。擦除工具包括 3 个，即橡皮擦工具、背景橡皮擦工具和魔术橡皮擦工具。

（1）选取工具箱中的橡皮擦工具，其属性如图 8-38 所示。

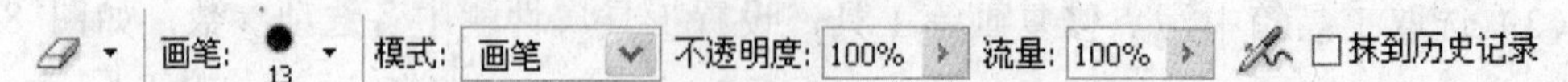

图 8-38 橡皮擦工具属性栏

该工具属性栏主要选项含义如下：

- 模式：用于选择橡皮擦工具的笔触类型，可选择【画笔】、【铅笔】和【块】3 种模式来擦除图像。
- 抹到历史记录：选中该复选框，橡皮擦工具就具有了历史记录画笔工具的功能，能够有选择性地恢复图像至某一历史状态，其操作方法与历史记录画笔工具相同。

（2）运用背景橡皮擦工具擦除图像。

选取工具箱中的背景橡皮擦工具，其属性如图 8-39 所示。

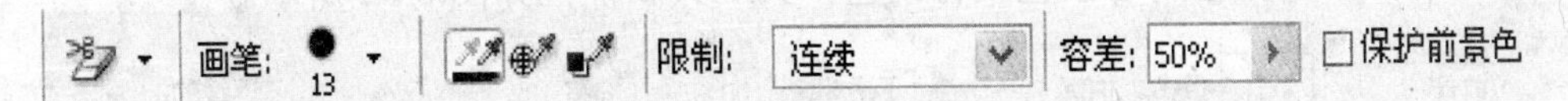

图 8-39　橡皮擦工具属性栏

该工具属性栏主要选项含义如下：

取样：用于指定背景橡皮擦工具的背景色样的取样方式。

限制：用于设置背景橡皮擦工具的擦除方式。若选择【不连续】选项，可以擦除当前图像中与背景色相似的像素；若选择【连续】选项，则可以擦除与当前图像中背景色相邻的像素；若选择【查找边缘】选项，则可以擦除背景色区域。

容差：用于设置背景橡皮擦工具的擦除范围。

保护前景色：选中该复选框，在擦除图像时，与前景色颜色相近的像素不会被擦除。

（3）运用魔术橡皮擦工具擦除图像。

选取工具箱中的魔术橡皮擦工具，其工具属性如图 8-40 所示。

图 8-40　魔术橡皮擦工具属性栏

使用魔术橡皮擦工具擦除效果前后对比，如图 8-41 所示。

图 8-41　使用魔术橡皮擦工具擦除图像的前后效果对比

8.4.7 运用渐变工具和油漆桶工具填充图像

油漆桶工具和渐变工具都可以给对象填充颜色，油漆桶工具只对图像中相近的区域进行填充，此工具与魔棒工具有点相似，在填充时会先对单击处的颜色取样；渐变工具可以创建多种颜色间的混合。下面分别介绍。

1．油漆桶工具

油漆桶工具用于给单击处色彩相近并相连的区域填充颜色或图案。在使用油漆桶工具填充颜色之前，需要先选定前景色或背景色。其工具属性栏如图8-42所示。

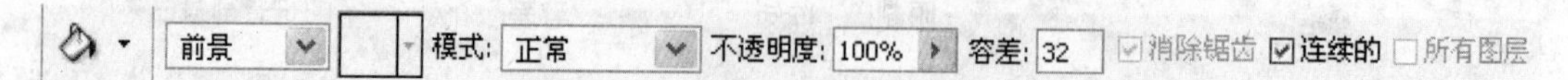

图8-42　油漆桶工具属性栏

该工具属性栏中主要选项的含义如下：

- 设置填充区域源：在下拉列表中可选择【前景】或【图案】进行填充。
- 模式：用于设置油漆桶工具在填充颜色时的混合模式。
- 不透明度：用于设置填充时色彩的不透明度。
- 容差：用于设置色彩的容差范围，容差越小，可填充的区域越小。
- 消除锯齿：选中该复选框，在填充颜色时会在边缘处进行柔化处理。
- 连续的：选中该复选框，会在相邻的像素上填充颜色。
- 所有图层：选中该复选框，填充会作用于所有图层。

2．渐变工具

渐变工具可以创建多种颜色间的逐渐混合。可以从预设渐变填充中选取或创建自己的渐变，这种渐变可以是前景色到背景色的过渡，也可以是前景色到透明背景之间的相互过渡。

1）渐变填充设置方法

使用渐变工具可以快速制作出特殊渐变效果，在使用渐变工具时，先在工具栏中设置渐变工具参数，如图8-43所示。

接下来需要先在图像中选定插入点，然后用鼠标在图像窗口中从渐变的起点拖动到终点，即可在图像中填入渐变颜色。

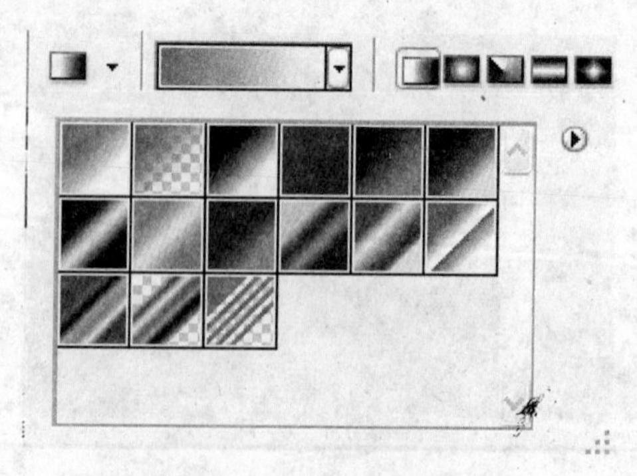

图8-43　渐变下拉面板

2）渐变类型

在渐变工具的工具属性栏上设置了 5 种不同的渐变工具，分别是【线性渐变】、【径向渐变】、【角度渐变】、【对称渐变】和【菱形渐变】，利用这些渐变工具可以在图像中填入层次连续变化的颜色，其中：

- 【线性渐变】：用于从起点到终点做线形渐变。
- 【径向渐变】：用于从起点到终点做放射形状渐变。
- 【角度渐变】：用于从起点到终点做逆时针渐变。
- 【对称渐变】：用于从起点到终点做对称直线渐变。
- 【菱形渐变】：用于从起点到终点做菱形渐变。

利用以上渐变工具可以完成不同的渐变效果，如图 8-44 所示。

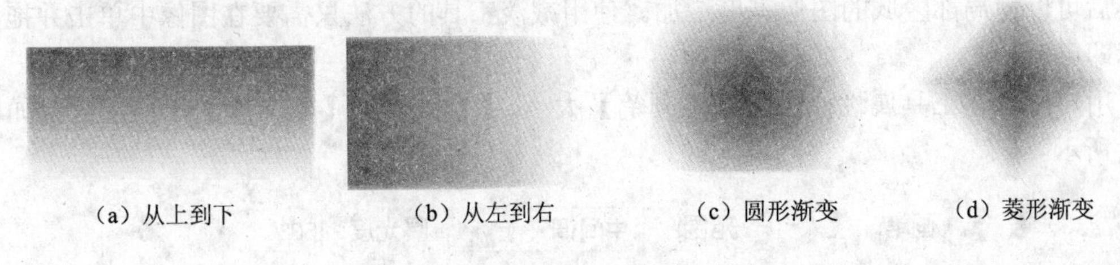

（a）从上到下　（b）从左到右　（c）圆形渐变　（d）菱形渐变

图 8-44　渐变效果

8.4.8　其他图像修饰工具

在 Photoshop CS3 中，可以使用模糊工具、锐化工具、涂抹工具、减淡工具、加深工具和海绵工具对图像的细节进行修饰，以弥补其他图像工具的不足。

1．模糊工具组

模糊工具组包括模糊工具、锐化工具与涂抹工具。

1）模糊工具

使用模糊工具可以降低图像相邻像素之间的反差。使图像变得模糊和柔和。

使用模糊工具的方法很简单，用户只需要在工具箱中选择模糊工具，然后移动鼠标指针在图像中来回拖动即可。用户可以根据需要在工具属性栏中设置画笔大小，如图 8-45 所示。在工具属性栏设置的数值越大模糊效果就越明显。

图 8-45　模糊工具参数设置

2）锐化工具

使用锐化工具可以增加相邻图像之间的像素反差，使图像变得更清晰。使用锐化工具的方法与模糊工具相同，在工具箱中选择锐化工具，然后移动鼠标指针在图像中来回拖动即可。用户可以根据需要在工具属性栏中设置画笔大小，画笔越大模糊的范围越广，设置的【强度】数值越大模糊效果就越明显。

提示： 在使用锐化工具时，如果按下 Alt 键则会变成模糊工具。

3）涂抹工具

使用涂抹工具可以产生类似手指在未干的画纸上涂抹的效果，使用涂抹工具的方法也很简单，只需在图像中单击并拖动鼠标即可。涂抹工具参数设置如图 8-46 所示。

画笔: 13 模式: 正常 强度: 50% □对所有图层取样 □手指绘画

图 8-46　涂抹工具参数设置

2．减淡工具组

减淡工具组包括减淡工具、加深工具与海绵工具，下面分别介绍。

1）减淡工具

使用减淡工具可以改变图像的曝光程度。对于图像中局部曝光不足的区域，使用减淡工具后可以使局部区域的图像亮度增加。使用减淡工具的方法只需要在图像中单击并拖动鼠标即可。

用户可以在工具属性栏中设置【画笔】大小、【范围】和【曝光度】工作参数，如图 8-47 所示。

图 8-47　减淡工具参数设置

【曝光度】越大减淡的效果越明显，在【范围】下拉列表中有【暗调】、【中间调】与【高光】3 个选项。

【暗调】：用于更改图像暗色区域的像素。

【中间调】：用于更改灰色调区域的像素。

【高光】：用于更改图像亮部区域的像素。

2）加深工具

使用加深工具可以改变图像的曝光程度，对于图像中局部曝光过度的区域，使用加深工具可以使该区域的图像变暗。

加深工具与减淡工具的工具栏设置是一样的，【曝光度】越大加深的效果越明显。

3）海绵工具

使用海绵工具用于改变图像的饱和度。当需要增加颜色饱和度时，应在海绵工具属性栏中选择【加色】；当需要减少颜色饱和度时，应在海绵工具属性栏中选择【去色】。但是加深工具、减淡工具以及海绵工具不能在位图和索引颜色模式的图像中使用。

8.5　Photoshop CS3 图像处理的高级操作

8.5.1　图层的创建

图层的目的是使创作者在编辑过程中处理部分图像元素而不影响整体。本小节介绍图层的概念及其相关操作。

1．图层的基础知识

图层允许用户在不影响图像中其他图像内容的情况下处理某一层图像元素。可以将图层想象成是一张张叠起来的醋酸纸，用户可以透过图层的透明区域看到下面的图层。通过更改图层的顺序和属性，可以改变图像的合成效果。另外，调整图层、填充图层和图层样式这样的特殊功能可用于创建复杂效果。

Photoshop 或 ImageReady 中的新图像只有一个图层。【图层】面板中最下面的图像为背景，一幅图像只能有一个背景，用户无法更改背景的堆叠顺序、混合模式或不透明度，但可以将背景转换为常规图层，也可以复制图层或添加新的图层。可以添加到图像中的附加图层、图层效果和图层组的数目只受计算机内存的限制。

另外，也可以创建图层组，图层组可以帮助用户组织和管理图层。用户可以使用组来按逻辑顺序排列图层，并减轻【图层】面板中的杂乱情况。可以将组嵌套在其他组内，还可以使用组将属性和蒙版同时应用到多个图层。

需要注意的是，魔棒工具、涂抹工具、模糊工具、锐化工具、油漆桶工具、仿制图章工具和修复画笔工具的默认行为是仅从当前图层上的像素的颜色取样，这意味着用户可以在单个图层中涂抹或取样。如果要使用这些工具从所有可视图层中对像素涂抹或取样，请在工具属性栏中选择【对所有图层取样】复选框，如图 8.2 所示。

2．图层的基本操作

在图层面板中，用户可以对图层执行各种基本的操作。

（1）选择适当的图层作为当前用于编辑的图层，然后可以对图层执行移动、复制、锁定、旋转、应用图层样式等操作。

（2）新建图层或图层组，以添加新的内容。

（3）删除图层或组：在待删除的图层上右击，在弹出的快捷菜单中选择【删除】命令。

（4）重新命名图层或组：在待重新命名的图层上右击，在弹出的快捷菜单中选择【图层属性】命令，在属性对话框中修改名字，或双击图层面板上图层的名字，即可重新命名图层或组。

（5）设置当前图层的透明度和混合选项：图层的不透明度确定它遮蔽或显示其下方图层的程度。不透明度为 1%的图层看起来几乎是透明的，而不透明度为 100%的图层则显得完全不透明。图层的混合模式则确定了其像素如何与图像中的下层像素进行混合，使用混合模式可以创建各种特殊效果。

（6）导出图层：选择【文件】→【脚本】→【将图层导出到文件】命令可导出图层。

（7）栅格化图层或组：有些图层（如文字图层）属于矢量图层，在对这些图层进行一些滤镜操作之前，必须将其栅格化（转换为位图图像）。

（8）对图层进行编组，以方便对图层的管理；链接多个图层或图层组，用户可以从链接的图层进行移动、应用变换以及创建剪贴蒙版等操作。

（9）更改图层或图层组的顺序，以改变图像最终叠加的效果。

（10）合并和盖印图层：最终确定了图层的内容后，用户可以合并图层以缩小图像文件的大小，盖印图层既可以将多个图层的内容合并为一个目标图层，同时使其他图层保持完好。注意，图层的合并是永久行为，将无法从存储合并的文档中恢复到未合并时的状态。

3．图层的混合模式

图层的混合模式用来在多个图层合并时，设置同一位置的多个像素的合并方式，常用的混合模式有正常（默认模式）、溶解、变暗、正片叠底、颜色加深、线性加深、变亮、滤色、颜色减淡、线性减淡、叠加、柔光、强光、亮光、线性光、点光、差值、排除、色相、饱和度、颜色、亮度，它们将按不同的方式计算合并后像素的颜色。

4．调整图层和填充图层

调整图层可将颜色和色调调整应用于图像，而不会永久更改像素值。例如，用户可以创建色阶或曲线调整图层，而不是直接在图层上调整色阶或曲线。颜色和色调调整存储在调整图层中，并应用于它下面的所有图层。关闭或删除调整图层将恢复图像原始的颜色显示。

填充图层使用户可以用纯色、渐变或图案填充图层。与调整图层不同，填充图层不影响它下面的图层。

调整图层具有以下优点：

（1）编辑不会造成破坏。用户可以尝试不同的设置并随时重新编辑调整图层，也可以通过降低调整图层的不透明度来减轻调整的效果。

（2）通过合并多个调整图层的方法，减少图像数据的损失。每次直接调整像素时，都会损失一些图像数据，用户可以使用多个调整图层并进行很少的调整。在将调整应用于图像之前，Photoshop 会合并所有调整。

（3）编辑具有选择性。在调整图层的图像蒙版上绘画可将调整应用于图像的一部分。通过重新编辑图层蒙版，可以控制调整图像的哪些部分。

（4）能够将调整应用于多个图像。在图像之间复制和粘贴调整图层，以便应用相同的颜色和色调调整。

（5）使用“调整图层”会增大图像文件，用户可以通过将“调整图层”合并到“像素内容图层”来缩小文件。

5．蒙版图层

用户可以使用蒙版来显示或隐藏图层的部分，或保护区域以免被编辑。用户可以创建两种类型的蒙版：

（1）图层蒙版是与分辨率相关的位图图像，它们是由绘画或选择工具创建的。

（2）矢量蒙版与分辨率无关，并且由钢笔或形状工具创建。

在【图层】面板中，图层蒙版和矢量蒙版都显示为图层缩览图右边的附加缩览图。对于图层蒙版，此缩览图代表添加图层蒙版时创建的灰度通道。矢量蒙版缩览图代表从图层内容中剪下来的路径。用户可以编辑图层蒙版，以便向蒙版区域中添加内容或从中减去内容。图层蒙版是一种灰度图像，黑色绘制的区域将被隐藏，白色绘制的区域是可见的，而灰度梯度的区域则会出现在不同层次的透明区域中。

矢量蒙版可在图层上创建锐边形状，无论何时当用户想要添加边缘清晰分明的设计元素时，矢量蒙版都非常有用。使用矢量蒙版创建图层之后，用户可以向该图层应用一个或多个图层样式，如果需要，还可以编辑这些图层样式，并且立即会有可用的按钮、面板或其他 Web 设计元素。

6．快速蒙版模式和 Alpha 通道

快速蒙版模式允许用户以蒙版形式编辑任何选区。将选区作为蒙版来编辑的优点是几乎可以使用任何 Photoshop 工具或滤镜修改蒙版。例如，如果用选框工具创建了一个矩形选区，用户可以进入快速蒙版模式并使用画笔工具来扩展或收缩选区，也可以使用滤镜来扭曲选区边缘，也可以使用选区工具，因为快速蒙版不是选区。用户还可以存储和载入在 Alpha 通道中使用快速蒙版模式建立的选区。

Alpha 通道允许用户存储和载入选区。可以使用任何编辑工具来编辑 Alpha 通道。当在【通道】面板中选中通道时，前景色和背景色以灰度值显示。相对于快速蒙版模式的临时蒙版，将选区存储为 Alpha 通道可以创建更永久的蒙版，可以重新使用存储的选区，甚至可以将它们载入到另一个图像中。

Photoshop 的图层处理功能是它的一大特色。Photoshop 将图像的每一部分置于不同的图层中，这些图层放在一起组成一个完整的作品。整个作品中的所有对象，在【图层】面板中都可一目了然，可以任意对某一图层进行编辑操作，而不会影响到其他图层。

【图层】面板（如图 8-48 所示）可以通过执行【窗口】→【图层】命令打开。【图层】面板中各个组成元素的功能如下：

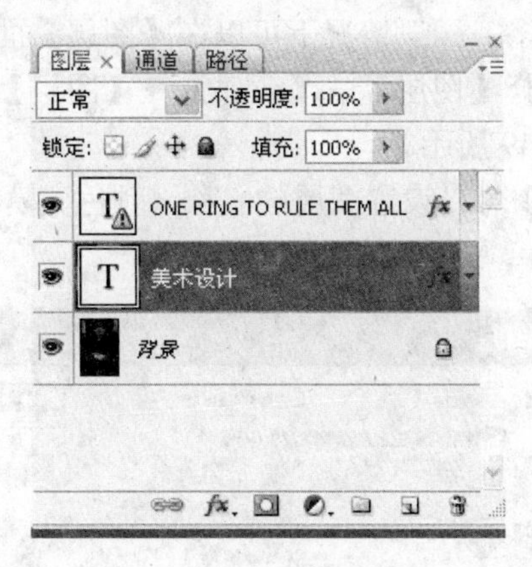

图 8-48 【图层】面板

图层混合模式：用于设置当前图层与其下面的图层叠合在一起时的效果，默认状态下为【正常】，选择不同的混合模式将得到不同的效果。

（1）不透明度：用于设置图层的不透明度，数值越大透明度越小。在默认状态下不透明度为 100％。

（2）锁定：用于图层的锁定，通过该操作可以避免对特定图层的误操作，包括【锁定透明像素】、【锁定图像像素】、【锁定位置】和【锁定全部】4 种锁定方式。

（3）填充：用于设置图层的内部不透明度，数值越大透明度越小。在默认状态下不透明度为 100％。

（4）添加图层样式：给一个图层添加图层样式。

（5）文本图层：当一个图层为文字图层，双击该图层标志即可对文本进行编辑处理。

（6）眼睛图标：用于显示或隐藏图层。

（7）图层名称：指定图层的名称，在创建图层时如果没有指定名称，则系统会自动按顺序将其命名为【图层 1】、【图层 2】，依此类推。

（8）锁定标记：表示该图层被全部锁定，即禁止对该图层的一切操作。

（9）图层缩览图：用于显示本图层缩小后的图像，通过它可以迅速辨别每一个图层。

（10）当前图层：表示正在被用户修改编辑的图层，在【图层】面板中以蓝色显示，若需要切换当前图层，只要在【图层】面板中单击所选定的图层即可。

（11）链接图层：当图层左侧有一个链条形图标时，表示这一层与当前图层链接在一起。两个图层可以同时移动、变换等。

（12）背景图层：该图层是一种不透明的图层，用于图像背景。背景图层始终是被锁定的。

（13）图层功能按钮：使用这些功能按钮可以巧妙地实现很多功能。它包括添加图层样式、添加图层蒙版、创建新组、创建新的填充或调整图层与删除图层。

7. 图层类型

图层的类型包括很多，比如普通图层、文本图层、背景图层、调整图层、填充图层等。不同类型的图层其功能也各不相同，下面分别介绍图层的创建方法。

1）普通图层

普通图层的创建方法很多，一般情况下可以在【图层】面板中单击【创建新的图层】按钮创建新的图层，也可选择【图层】→【新建】→【图层】命令，打开【新建图层】对话框来创建新图层，如图 8-49 所示。

在【新建图层】对话框中可以设置图层的名称、颜色、模式、不透明度。设置完毕后，单击【确定】按钮即可。

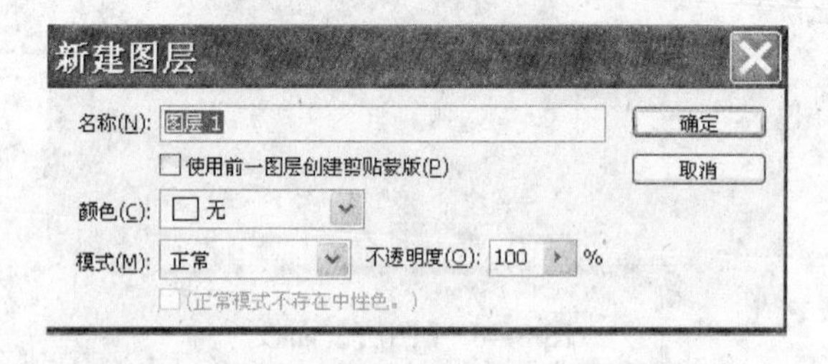

图 8-49 【新建图层】对话框

2）背景图层

背景图层位于图层面板的最底层，它被用作图像的背景。通常情况下背景图层是被锁定的，用户不能对其用任何类型的混色模式与不透明度设置。

3）调整图层

调整图层主要用来控制色调和色彩的调整，它是一个特殊的图层。建立调整图层的命令为【图层】→【新建】→【新调整图层】命令。

4）文本图层

文本图层就是利用文字工具建立的图层。

5）填充图层

填充图层可以在当前图层中填入一种颜色或图案，建立填充图层的方法与建立调整图层的方法相似。

8.5.2 图层的特效

下面通过一个具体的实例说明图层在图像合成中的特效。

（1）执行【文件】→【打开】命令，打开两幅图像，如图 8-50 所示。

（2）确认图 8-50（a）所示的图为当前工作图像，选取工具箱中移动工具，单击将其拖曳至图 8-50（b）中。

（3）释放图标后，调整好背景图大小后，效果如图 8-51 所示。

（a）第一幅图像

（b）第二幅图像

图 8-50 打开的图像

图 8-51 合成的图像

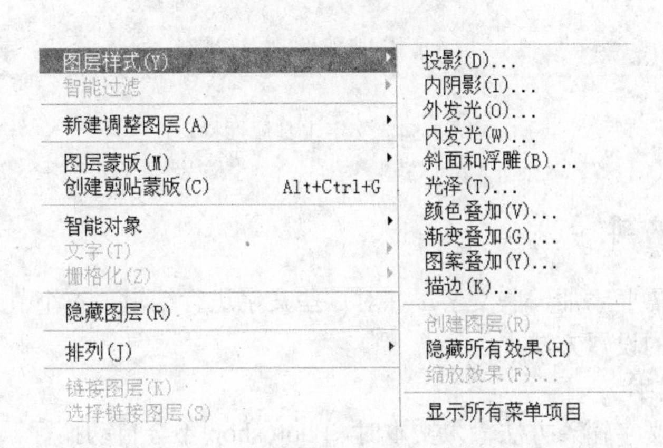

图 8-52 【图层样式】子菜单

Photoshop 还具有图层样式的特色功能。利用该功能可以制作很多图层特效，比如阴影、发光、浮雕等。

图层样式设置可以作用于除了背景图层之外的所有图层，图层样式的使用很简单，方法是：选中需要设置图层样式的图层，然后选择【图层】→【图层样式】命令，在弹出的子菜单中选择一种图层样式，如图 8-52 所示。

8.6 使用 Photoshop 创建特效文字

8.6.1 文字的输入

Photoshop CS3 中文字的输入主要是通过文字工具来实现的。文字工具组中有 4 个工具，分别为横排文字工具、直排文字工具、横排文字蒙版工具和直排文字蒙版工具，如图 8-53 所示。

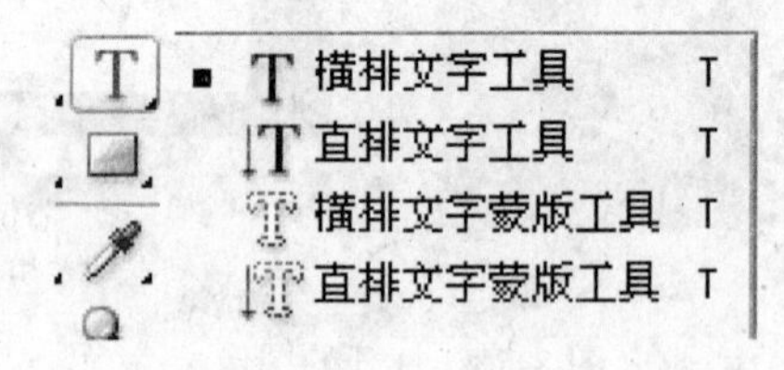

图 8-53 文字工具

- 横排文字工具：用于添加水平方向的文字。
- 直排文字工具：用于添加垂直方向的文字。
- 横排文字蒙版工具：用于添加水平文字，并将文字区域转化为蒙版或选区。
- 直排文字蒙版工具：用于添加垂直文字，并将文字区域转化为蒙版或选区。

输入文字的方法很简单，比如在工具箱中选择横排文字工具，然后在工具属性栏中设置如图 8-54 所示的各项参数。移动鼠标指针到图像窗口中单击确定输入文字的位置，进入文本编辑状态，接着输入文本内容，文本输入完毕后按 Ctrl+Enter 键确认输入。

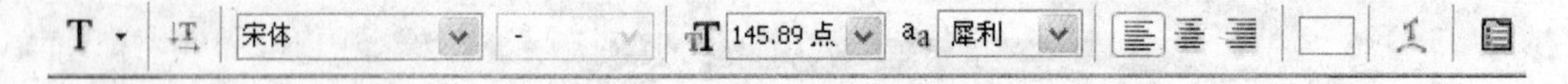

图 8-54 文字工具属性栏

8.6.2 文字的编辑

在图像中经常需要添加一些文字，并对这些文字进行编辑，本小节介绍文字的输入方法，以及文字属性的设置方法。

1. 输入段落文字

用前面介绍的文字输入方法输入文本时，Photoshop 不会自动换行。若需要输入多行文字，必须按下 Enter 键换行，但如果使用段落文本，则可以在一个指定范围内输入一段文字，而且在输入过程中会自动换行。

段落文本的输入方法是先在工具箱中选择一个文字工具，比如选择横排文字工具，然后在工具属性栏中设置各项参数，接下来移动鼠标指针到图像窗口中，按下鼠标键拖出一个矩形框，在矩形框中输入文本即可。

2．字符和段落面板

在文字工具属性栏中单击【切换字符和段落调板】按钮，或选择【窗口】→【字符】命令，打开【字符】面板，如图 8-55 所示。可以在【字符】面板中进行各项参数的设置。选取【段落】面板，可以进行段落格式的设置，如图 8-56 所示。

图 8-55 【字符】面板

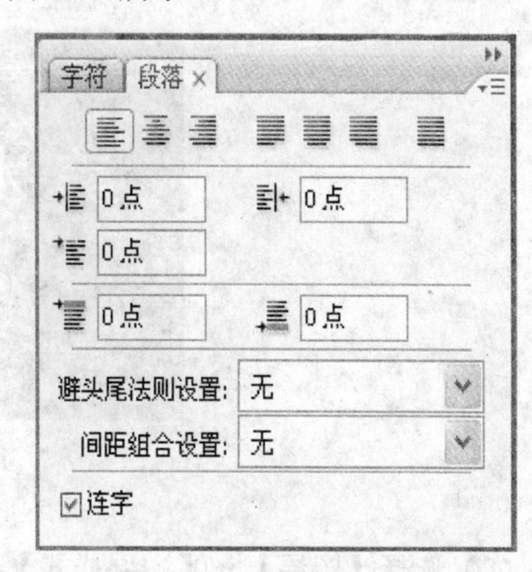

图 8-56 【段落】面板

8.6.3 文字的转换

在 Photoshop CS3 中，输入的文字可以进行不同的转换，如将文字转换为路径，将文字图层转换为普通图层等。

1．将文字转换为路径

将文字转换为路径有以下 4 种方法：

① 执行【图层】→【文字】→【创建工作路径】命令，即可将文字转换为路径。

② 在【图层】面板中，按 Ctrl 键的同时，单击该文字图层名称前面的缩略图，将其载入选区，然后在【路径】面板中，单击其底部的【从选区生成工作路径】按钮，即可将文字转换为路径。

③ 在该文字图层的名称处右击，在弹出的快捷菜单中选择【创建工具路径】命令，即可快速地将文字转换为路径。

④ 在【图层】面板中，按住 Ctrl 键的同时，单击该文字图层名称前面的缩略图，将其载入选区，然后在【路径】面板中，单击其右侧的三角形按钮，在弹出的下拉面板菜单中选择【建立工作路径】命令，在打开的对话框中，设置好【容差】后，单击【确定】按钮即可。

2．将文字图层转换为普通图层

在 Photoshop CS3 中，很多工具和命令不能应用于文字图层，这时，可以将文字图层转换为普通图层，即栅格化文字。

在【图层】面板中选择需要转换的文字图层，执行【图层】→【栅格化】→【文字】命令，即可将所选择的文字图层转换为普通图层。

8.6.4 文字的特效制作

设计一个简单特效字，操作步骤如下：

（1）新建一文档，大小自定，背景设置为黑色，输入文字"美术设计"，设置字体为较粗的字体，例如这里使用的是"黑体"，文字的颜色设置为白色，如图8-57所示。

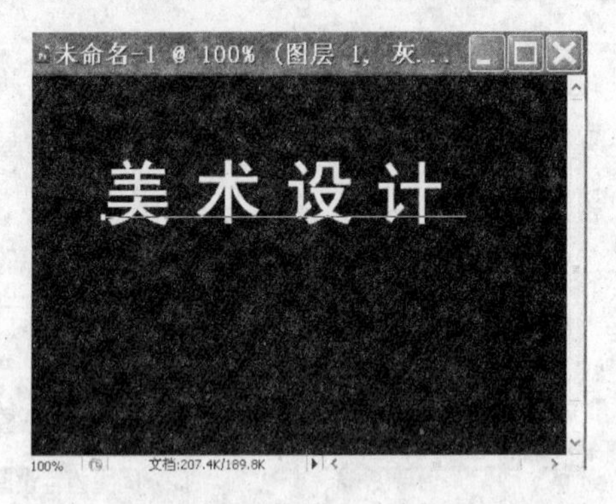

图8-57 输入文字

（2）选择【图层】→【图层样式】→【斜面和浮雕】（或者在图层面板中双击文本图层名称右侧空白处打开【图层样式】对话框，然后选择【斜面和浮雕】，按图8-58所示设置【斜面和浮雕】样式。

接着按图8-59所示设置【渐变叠加】样式。

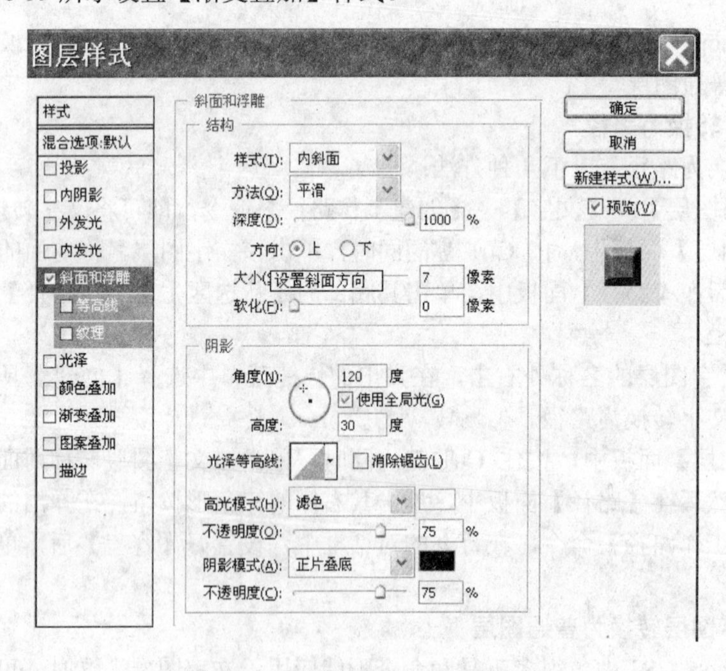

图8-58 设置【斜面和浮雕】样式

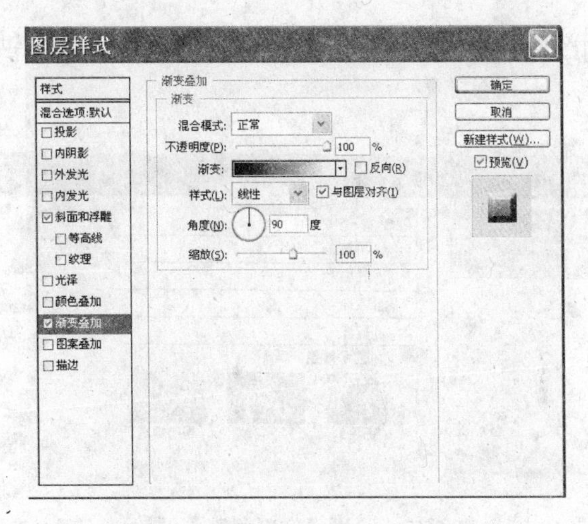

图 8-59 设置【渐变叠加】样式

设置完毕后单击【确定】按钮，得到如图 8-60 所示的效果。

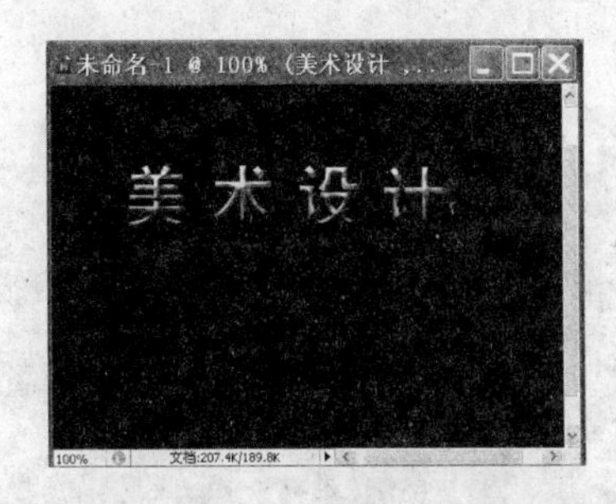

图 8-60 设置图层样式后的效果

（3）选择【图层】→【图层样式】→【创建图层】命令，则在图层面板中可以看到如图 8-61 所示的结果。

（4）选中图层面板中最上面的 3 个图层，即由图层样式得来的图层，按 Ctrl+E 键合并图层，如图 8-62 所示。

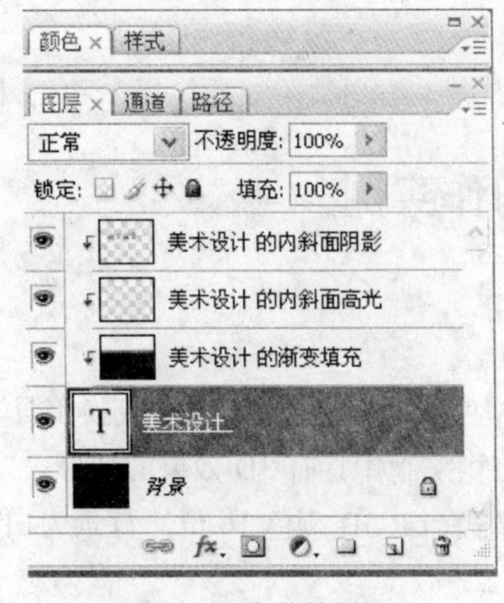

图 8-61 合并前图层

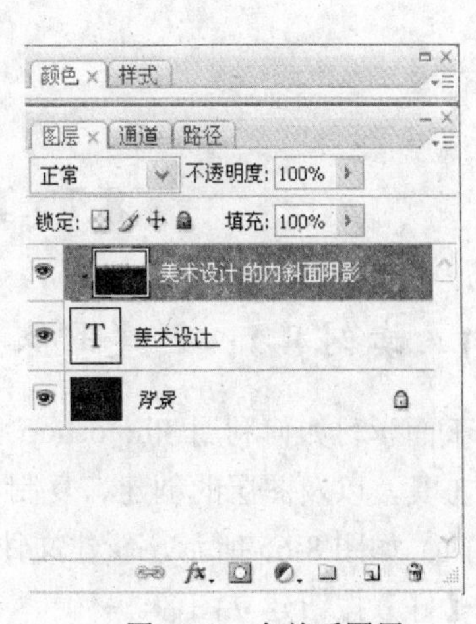

图 8-62 合并后图层

（5）选中合并后的图层，选择【滤镜】→【艺术效果】→【塑料包装】命令，按图 8-63 所示设置各选项。

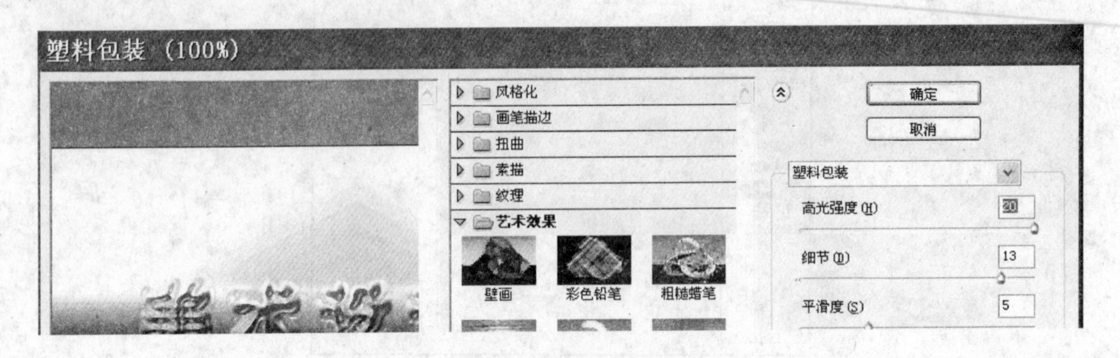

图 8-63　设置【塑料包装】滤镜

设置完毕单击【确定】按钮，按 Ctrl+F 键再应用一次塑料包装滤镜，结果如图 8-64 所示。

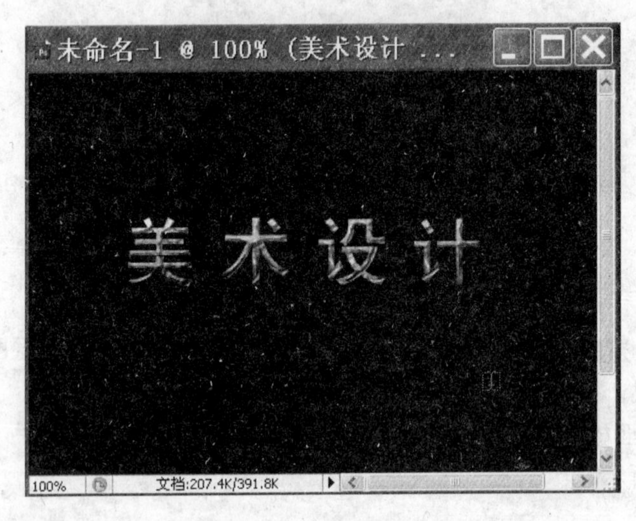

图 8-64　金属字

8.7　Photoshop 制作实例

8.7.1　实例 8-1：创建图像

下面学习如何利用 Photoshop 的选框工具、填充工具、渐变工具、自由变换工具、对比度工具，以及图层的创建、复制、移动、删除等功能来制作具有 3D 效果的图像。

（1）如图 8-65 所示，新建文件 ball，设置颜色模式为 RGB 颜色 16 位，背景为白色。单击【好】按钮建立图像。

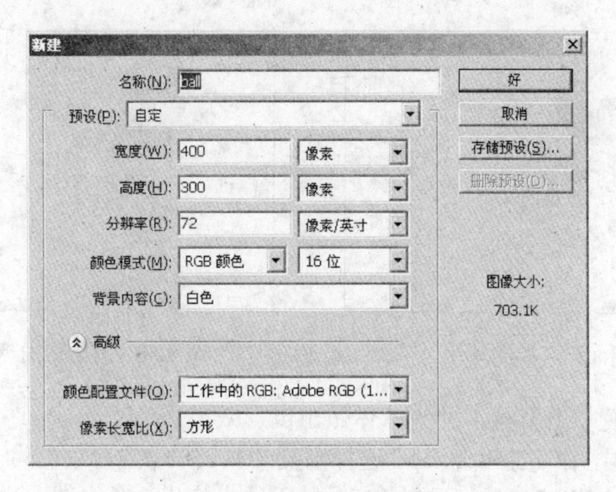

图 8-65　新建图像文件

（2）选择【图层】→【新建】→【图层】命令，创建一个新的图层，命名为 ball，并设置图层 ball 为当前图层。

（3）选择工具箱里的椭圆选框工具，在图层 ball 上拖出一个圆形选择区域，拖动鼠标的同时按住 Shift 键可以画出正圆形的选择区，如图 8-66 所示。

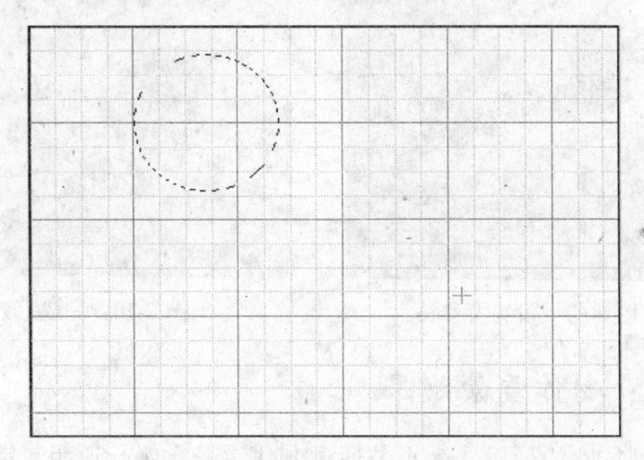

图 8-66　在图层 ball 上设置圆形选区

（4）单击工具箱里的默认前景色和背景色，再选择工具箱里的渐变工具，在正圆形选区上沿斜 135° 方向从下往上拖出一条直线，如图 8-67 所示，用渐变色填充圆。

（5）新建图层 shadow，在新图层中绘制一个比球体略小的长椭圆选区，并选择渐变工具，前景色设置为 RGB（60,60,60），背景色设置为 RGB（200,200,200），同步骤（4），斜拖一条直线，制作出渐变的阴影。

（6）选择【滤镜】→【模糊】→【盒子模糊】命令，将阴影的边缘模糊化。

（7）选择【图层】→【排列】→【后移一层】命令，将图层 shadow 移动到图层 ball 下面。

（8）选择移动工具，确定当前图层为 shadow，将阴影拖动到球体的斜下方，效果如图 8-68 所示。在移动时，可以使用 Ctrl+方向键微调阴影位置，使其更为逼真。

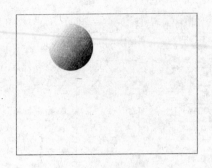

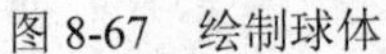

图 8-67 绘制球体

图 8-68 有阴影的球体

下面给球体设置一个背景，并为球体做出倒影效果。

（9）复制背景层，命名为 desktop。选择渐变工具，并设置前景色为 RGB（50,50,240），背景色为 RGB（240,240,240），沿斜 135° 从下往上拖出一条直线，效果如图 8-69 所示。

（10）复制图层 ball，并命名为 inverted；选择【编辑】→【变换】→【垂直翻转】命令；设置图层 inverted 的不透明度为 30%；选择【滤镜】→【模糊】→【形状模糊】命令，设置适当的模糊效果；选择移动工具，将图层 inverted 中的倒影拖动球体的正下方；最后，将图层 inverted 的层次调整到图层 shadow 的下面，效果如图 8-70 所示。

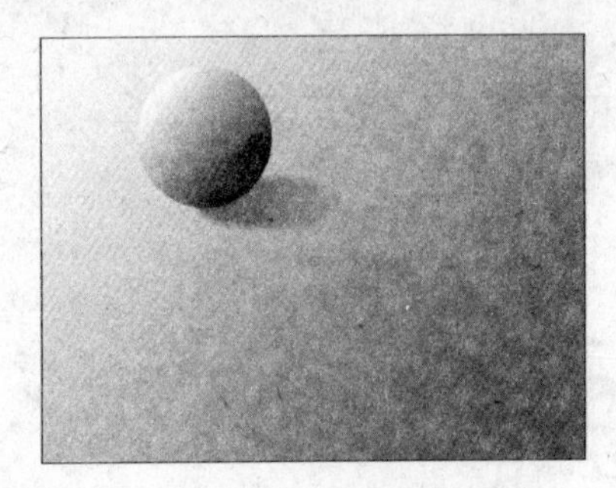

图 8-69 设置背景

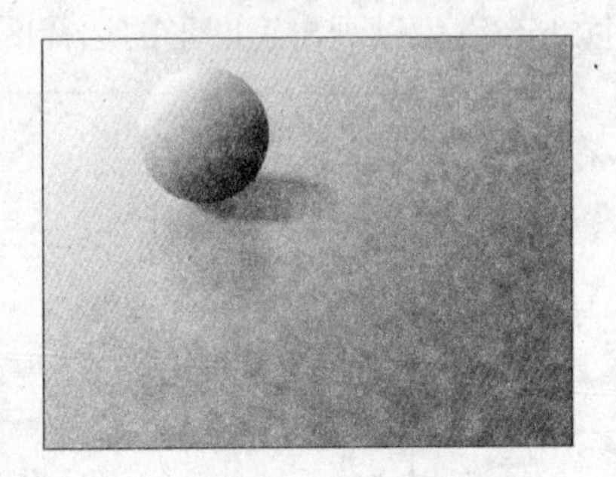

图 8-70 完成后效果

8.7.2 实例 8-2：制作雪景效果

滤镜能达到一种特殊的效果。本小节通过制作雪景实例，说明滤镜的用法。

（1）选择【文件】→【打开】命令，打开一幅图像，如图 8-71 所示。

图 8-71 打开的图像

（2）按 D 键，恢复默认的前景色和背景色，即前景色为黑色，背景色为白色。单击【图层】面板底部的【创建新图层】按钮，新建【图层 1】。

（3）选择油漆桶工具，设置其工具属性参数如图 8-72 所示。移动鼠标指针至【图层 1】的图像窗口，单击，填充前景色。

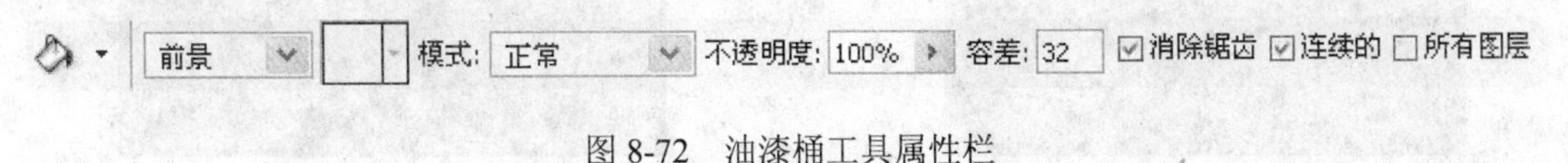

图 8-72　油漆桶工具属性栏

（4）选择【滤镜】→【杂色】→【添加杂色】命令，弹出【添加杂色】对话框，设置各选项参数如图 8-73 所示。单击【确定】按钮，图像应用滤镜后的效果如图 8-74 所示。

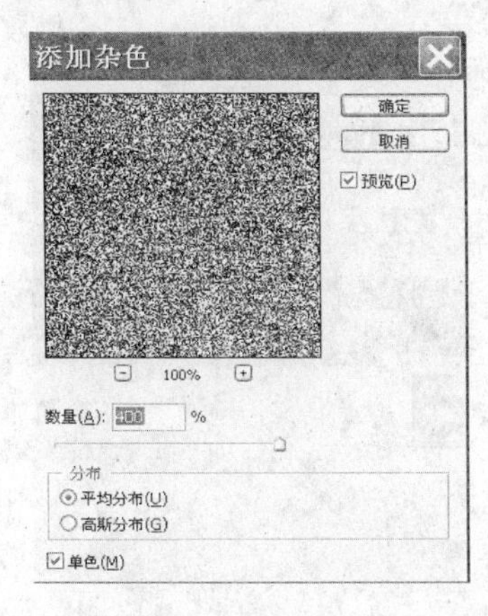

图 8-73　【添加杂色】对话框

图 8-74　图像添加杂色效果

（5）选择【滤镜】→【其他】→【自定】命令，弹出【自定】对话框，设置各项参数如图 8-75 所示。单击【确定】按钮，图像效果如图 8-76 所示。

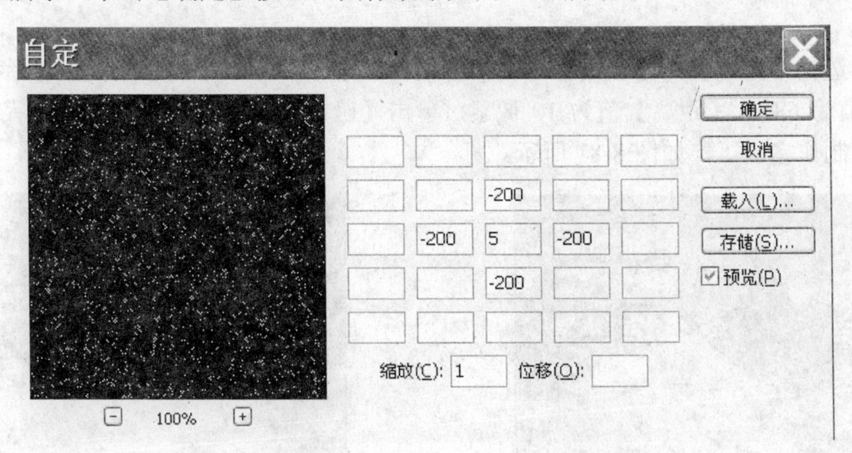

图 8-75　【自定】对话框

（6）选取工具箱中的矩形框工具，移动鼠标指针至图像窗口，单击并拖动鼠标，创建一个矩形选区，如图 8-77 所示。

图 8-76 图像效果

图 8-77 创建的选区

（7）在选区中右击，选择【自由变换】命令，拖动矩形框的边框，把矩形框扩大到整个图像区，效果如图 8-78 所示。

图 8-78 变换的图像

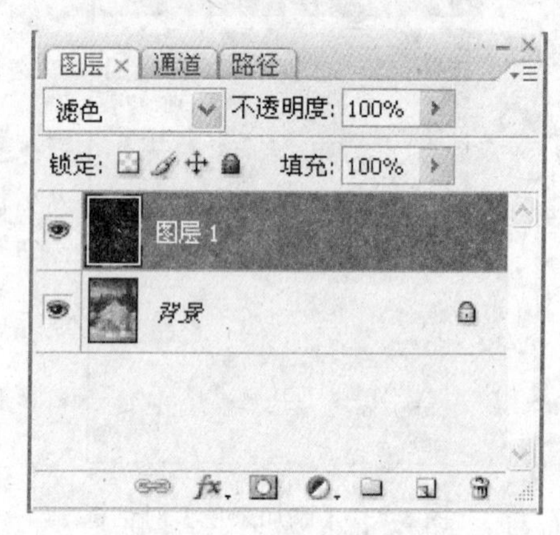

图 8-79 设置图像混合模式

（8）设置图层 1 的混合方式为【滤色】，如图 8-79 所示。观察图像窗口效果，如图 8-80 所示。

（9）选择【滤镜】→【模糊】→【动感模糊】命令，弹出【动感模糊】对话框，设置【角度】值为 68°，【距离】值为 10 像素，单击【确定】按钮，图像应用滤镜后飘动的雪景效果就制作完成了，如图 8-81 所示。

图 8-80 滤色混合效果

图 8-81 雪景效果

8.7.3 实例 8-3：制作熔炉特效字

（1）选择【文件】→【新建】命令，设置相关参数，如图 8-82 所示。把前景色和背景色分别设置为默认的黑色和白色，然后单击【确定】按钮。

（2）执行【滤镜】→【渲染】→【云彩】命令，获得滤镜中渲染云彩的效果。此操作可重复执行 3 次，以增强渲染效果，如图 8-83 所示。渲染后的效果如图 8-84 所示。

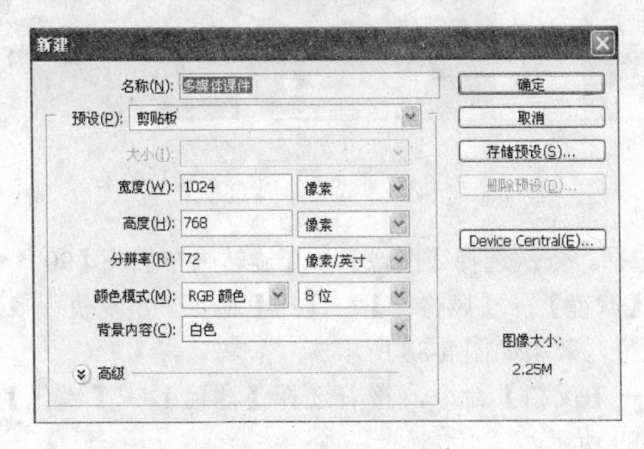

图 8-82 【新建】对话框

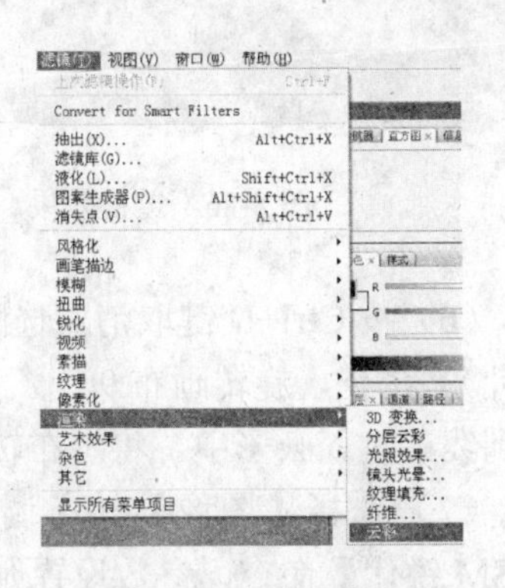

图 8-83 滤镜云彩渲染

（3）在工具箱中选择横排文字工具，然后在工具属性栏中设置字体字号等各项参数。移动鼠标指针到图像窗口中单击确定输入文字的位置，进入文本编辑状态，接着输入文本内容，文本输入完毕后按 Ctrl+Enter 键确认。在工具箱中选择移动工具，把文字移动到合适位置，如图 8-85 所示。

图 8-84 渲染后效果

图 8-85 显示定界框

（4）选择【图层】→【栅格化】→【文字】命令，此操作将文字区转换成图片，方便后面的添加效果。然后依次选择【编辑】→【变换】→【透视】命令，按住鼠标左键拖动矩形框的四角，使文字具有透视效果，如图 8-86 所示。

（5）按住 Ctrl 键单击文字图层，载入文字选区，单击背景图层，改变背景色为白色，前景颜色也为白色，再次选择【滤镜】→【渲染】→【云彩】命令，使文字变得透亮。隐藏文字图层后，效果如图 8-87 所示。

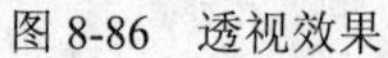

图 8-86　透视效果

图 8-87　云彩渲染后效果

（6）按 Ctrl+D 键取消对选区的选择。依次选择【图像】→【旋转画布】→【90°（顺时针）】命令，旋转画布 90°。执行【滤镜】→【风格化】→【风】命令，重复执行多次，直到线条没入云彩中。将画布转回原位，效果如图 8-88 所示。

（7）选择【图像】→【调整】→【反相】命令，接着选择【滤镜】→【锐化】→【USM 锐化】命令，参数设置如图 8-89 所示。

图 8-88 【风格化】后效果

图 8-89 【USM 锐化】对话框

（8）把背景复制一层作为背景副本。选择背景副本图层，选择【图像】→【调整】→【色相/饱和度】命令，选中【着色】复选框，拉动色相滑块将副本层调至偏黄色，注意如果着色不理想，就调低明度的值，如图 8-90 所示。同时设置背景层的色相/饱和度参数，如图 8-91 所示。

（9）切换到背景副本，将其混合模式改为线性光。操作如下：在背景副本空白处右击，在弹出的快捷菜单中选择【混合选项】命令。接着在打开的【图层样式】对话框的【混合模式】下拉菜单中，选择【线性光】命令，单击【确定】按钮关闭对话框。图像效果如图 8-92 所示。

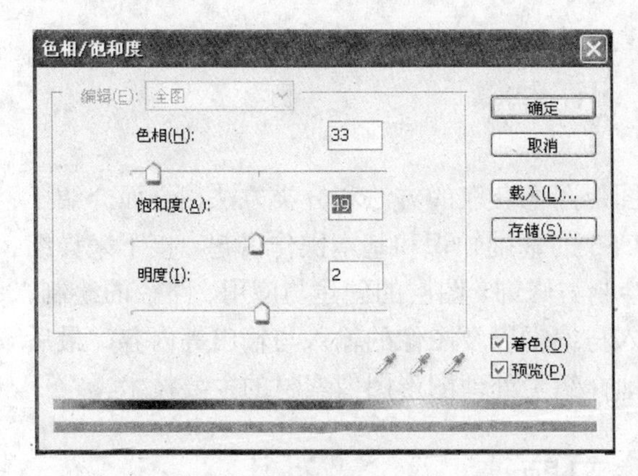

图 8-90　调整背景副本图像参数

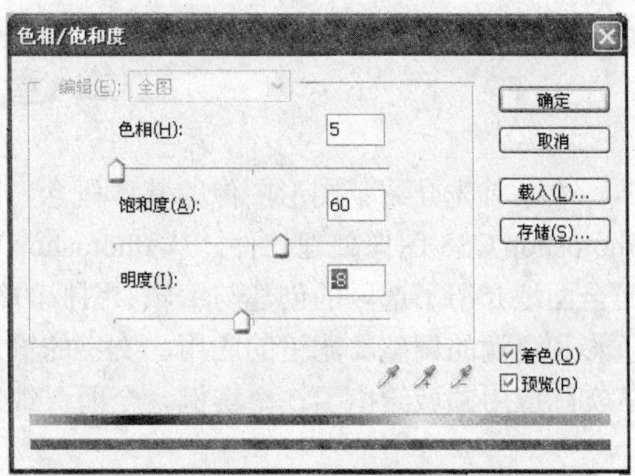

图 8-91　调整背景图像参数

图 8-92　设置【线性光】后效果

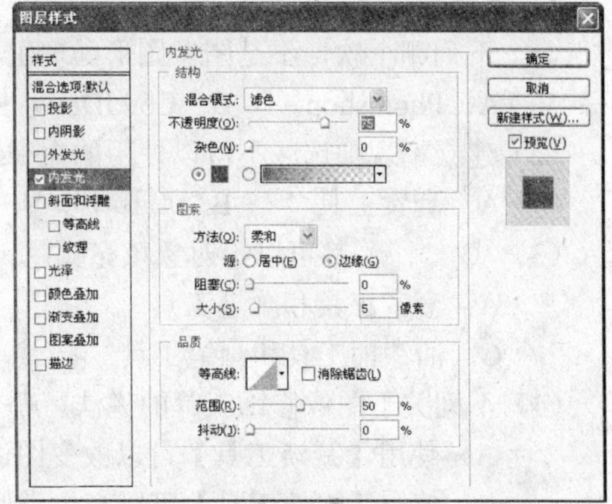

图 8-93　参数【内发光】设置

（10）切换到上面一直被忽略了的文字层，执行【图层】→【图层样式】→【内发光】命令，进行内发光设置。设置光为红色，如图 8-93 所示。设置好效果如图 8-94 所示。

图 8-94　图像效果

本章小结

本章首先介绍了图形图像的基本概念、图形图像获取的方法和分类方法，继而介绍了Photoshop CS3图像处理软件。从Photoshop CS3的基础知识和基本操作讲起，接下来详细而全面地介绍了选区的创建与编辑、图像的绘制与修饰、图层的创建与应用、路径的绘制、色彩和色调的调整、滤镜的应用、文字的输入与编辑以及图像的输入与输出等内容，最后从实际应用领域给出了3个实例，全面详细地介绍了处理图形图像素材的主要技术。

思考与习题

1．单选题

（1）下列哪个软件不是图像图形处理工具？（　　）

A．Photoshop　　B．CorelDraw　　C．Premiere　　D．Fireworks

（2）建立不规则选区不可以使用的命令选项是（　　　）。

A．套索工具　　B．魔棒工具　　C．色彩范围　　D．画笔工具

（3）（　　）都可以给对象填充颜色。

A．套索工具和画笔工具　　B．油漆桶工具和渐变工具

C．油漆桶工具和画笔工具　　D．魔棒工具和画笔工具

（4）下列关于图像修饰工具的说法中哪个是错误的？（　　）

A．使用【减淡工具】可以改变图像的色彩深度

B．使用【涂抹工具】可以产生类似手指在未干的画纸上涂抹的效果

C．使用【模糊工具】可以降低图像相邻像素之间的反差，使图像变得模糊和柔和

D．使用【锐化工具】可以增加图像相邻像素之间的反差，使图像变得更清晰

2．问答题

（1）图形图像有哪些常用格式？

（2）如何使用磁性套索工具创建选区？

（3）如何使用修复工具修复图像？

（4）图层的作用是什么？

（5）滤镜中有哪些样式？

（6）调整图像的色调的方法有哪些？

3．设计题

（1）使用Photoshop中的滤镜特效制作一幅图像。

（2）使用Photoshop制作一款特效文字。

第 9 章　Dreamweaver CS3 使用方法

Dreamweaver 是常用而且高效的网页设计工具，由它产生的网页文件简洁短小，网站设计工具齐全易用，被越来越多的网站设计人员所青睐。本章简要介绍使用 Dreamweaver 创建站点、设计网页、发布网站以及实例讲解等内容。在设计网页中详细介绍在网页中加入多种媒体对象的方法，并着重介绍 Dreamweaver 中极具特色的层、行为、时间轴等概念。

本章学习重点

- 建立站点的方法；
- 文字、图像、声音、Flash、视频等多媒体元素的插入；
- 不同类型超链接的设置；
- 用表格布局页面的方法；
- 布局对象的使用；
- 模板和库的应用；
- CSS 样式的使用；
- 网站发布的基本方法。

9.1　Dreamweaver CS3 简介

Dreamweaver 是美国 Adobe 公司开发的集网页制作和管理网站于一身的所见即所得网页编辑器，它是第一套针对专业网页设计师特别发展的视觉化网页开发工具，利用它可以轻而易举地制作出跨越平台浏览器的充满动感的网页。而且 Adobe 公司的另两件产品 Fireworks 和 Flash 分别能针对图像和动画进行设计，因此和 Dreamweaver 合称网页制作三剑客。

9.1.1　Dreamweaver CS3 界面简介

当 Dreamweaver CS3 正常启动后，显示的第一个界面是欢迎界面，在该界面上选择新建列表中的 HTML 选项，即可进入图 9-1 所示的 Dreamweaver CS3 的工作界面。

1．标题栏

标题栏位于 Dreamweaver CS3 操作窗口的顶部，主要显示了当前编辑文档的标题和文件名称。

2．菜单栏

菜单栏是 Dreamweaver CS3 全部操作命令的汇集地，即通过菜单栏中的命令可使用 Dreamweaver CS3 的任何功能。

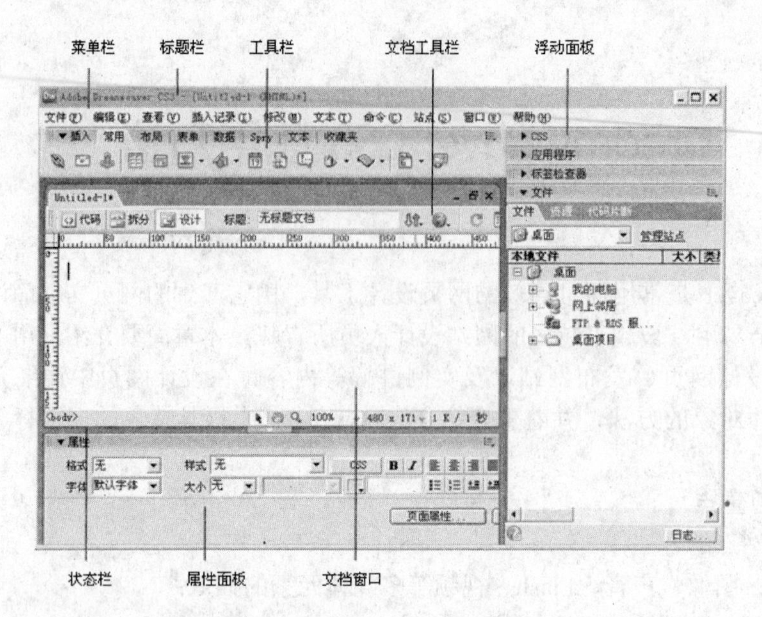

图 9-1　Dreamweaver 工作界面

3．插入栏

插入栏的作用是向当前鼠标指针所在位置插入对象，在其中选择不同的图标，就可插入不同类型的对象。

4．文档工具栏

文档工具栏主要进行文档的工作布局的切换、预览等操作。

5．文档窗口

文档窗口是编辑网页的区域，网页的设计和代码编辑都在文档窗口中进行。在 Dreamweaver CS3 中可在【代码】和【设计】两种模式下设计和编辑网页，用户可根据自己的需要选择编辑模式。

6．状态栏

状态栏主要显示标签、文档缩放大小、当前对象的大小等信息。

7．浮动面板组

浮动面板组是浮动面板的集合，是用于站点管理、事件添加等操作的场所，位于编辑窗口右侧。单击所需面板栏的▶按钮可展开该面板，面板展开后原来的▶按钮变成▼形状，单击▼按钮则关闭该面板，只显示浮动面板的名称。

8．属性面板

用于设置和查看所选对象的各种属性。不同对象的【属性】面板的参数设置项目也不同。单击面板右下方的▽按钮可打开其他设置项目，此时▽按钮将变成△ 按钮，单击它则可进行还原。

9.1.2　站点的应用与管理

站点是一系列文档的组合，这些文档之间通过各种链接联系在起来。Dreamweaver CS3 是站点创建和管理工具，使用它不仅可以创建单独的文档，还可以创建完整的站点。在

Dreamweaver 中提供了本地站点、远程站点和测试站点 3 类站点。

1．本地站点

本地站点相当于工作目录。Dreamweaver 将该文件夹称为“本地站点”。此文件夹可以位于本地计算机上，也可以位于网络服务器上。这就是为 Dreamweaver 站点所处理的文件的存储位置。

2．远程站点

远程站点存储用于测试、生产和协作等用途的文件。Dreamweaver 在【文件】面板中将此文件夹称为“远程站点”。远程文件夹通常位于运行 Web 服务器的计算机上。

3．测试站点

测试站点是 Dreamweaver 在其中处理动态页面的文件夹。Dreamweaver 使用此文件夹生成动态内容并在工作时连接到数据库。主要用于对动态页面进行测试。

Dreamweaver CS3 中的站点是文件和文件夹的集合，对于应用于网络服务器上的 Web 站点，它提供了一种组织所有 Web 站点相关资源的方法。在站点中管理和组织好文件后，可利用 Dreamweaver CS3 将站点上传到 Web 服务器，之后可以自动跟踪和维护链接、管理文件、共享文件等。因此，在 Dreamweaver CS3 中制作网页时，进行站点的创建是非常必要的。

4．创建站点

下面就讲解如何利用 Dreamweaver CS3 提供的针对初学者而设计的定义站点向导来创建一个本地站点并管理该站点。

创建站点一般分为编辑文件→测试文件→共享文件三个步骤，由于创建的是静态的本地站点所以不需要测试文件。

（1）启动 Dreamweaver 软件：选择【站点】→【新建站点】命令，打开【站点定义】对话框，如图 9-2 所示。

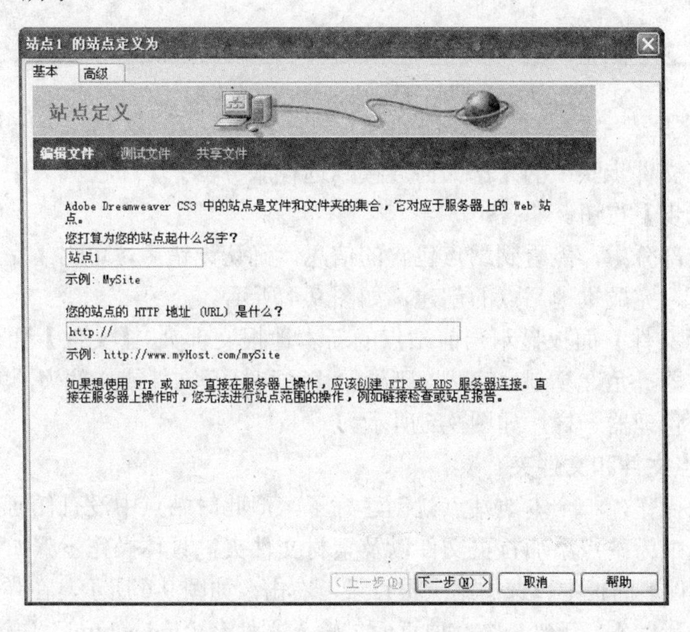

图 9-2 【站点定义】对话框

（2）在【您打算为您的站点起什么名字】文本框中将站点的名字命名为“站点 1”，由于创建的是一个本地站点，所以【您的站点的 HTTP 地址是什么？】暂时不填写，单击【下一步】按钮。

（3）在编辑文件第 2 部分【您是否打算使用服务器技术】中，选择【否】选项，指示目前该站点是一个静态站点，单击【下一步】按钮。

（4）在编辑文件第 3 部分【开发过程中，您打算如何使用您的文件？】中选择第一项【编辑我的计算机上的本地副本，完成后再上传到服务器】，单击【您将把文件存储在计算机上的什么位置】文本框旁的文件浏览按钮，在本地磁盘上指定站点存放的文件夹，如“D:\whsczxx\”，单击【下一步】按钮，如图 9-3 所示。

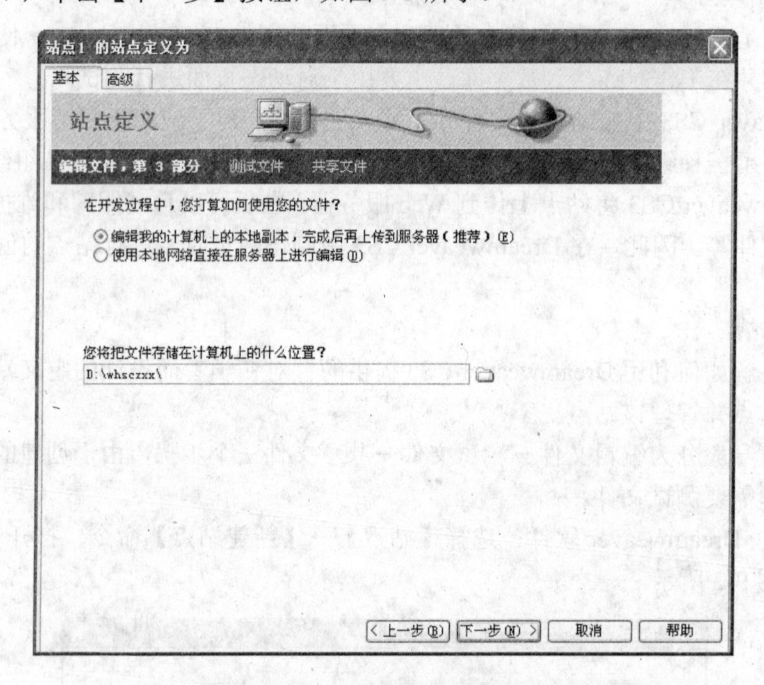

图 9-3　站点定义编辑文件第 3 部分

（5）在共享文件步骤中的【您如何连接到远程服务器？】下拉列表中，选择【无】选项，单击【下一步】按钮。

（6）在总结部分中，能看到站点包含的信息，确认无错后，单击【完成】按钮，关闭站点定义对话框，完成本地站点的创建，如图 9-4 所示。

（7）此时【文件】面板显示当前站点的新本地根文件夹。【文件】面板中的文件列表将充当文件管理器，允许复制、粘贴、删除、移动和打开文件或文件夹，就像 Windows 操作系统中的资源管理器一样，如图 9-5 所示。

5．创建站点文件和文件夹

通过上面的操作，一个本地站点就创建好了，但此时站点中没有任何文档。用户可以在【文件】面板中为站点添加首页文件以及素材文件夹，具体操作步骤如下：

（1）在【文件】面板中，选中站点根目录，右击，如图 9-6 所示，在弹出的快捷菜单中选择【新建文件】命令，新建一个空白页面，输入文件名“index.html”作为本站点的首页。

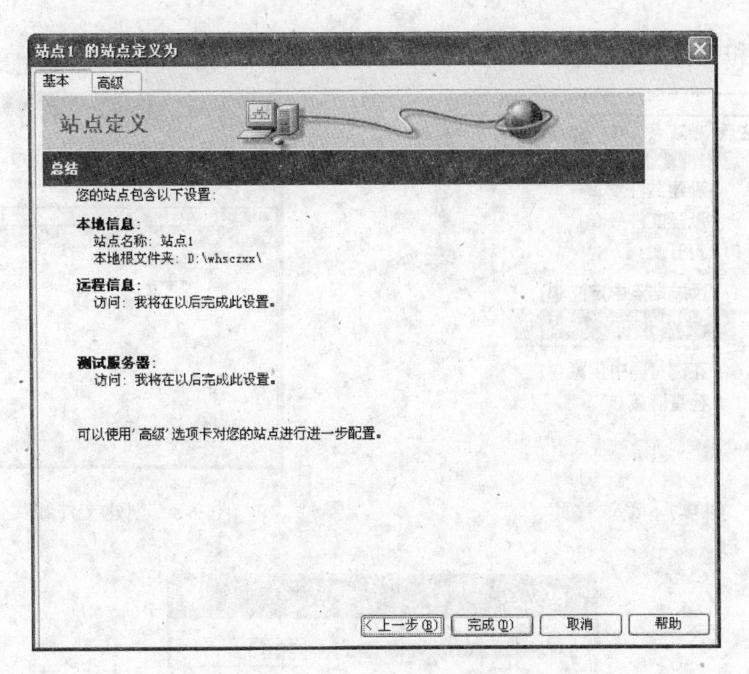

图 9-4　站点定义总结部分

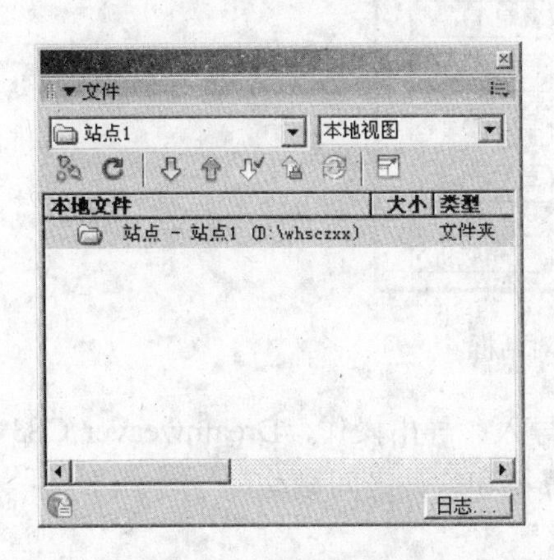

图 9-5 【文件】面板

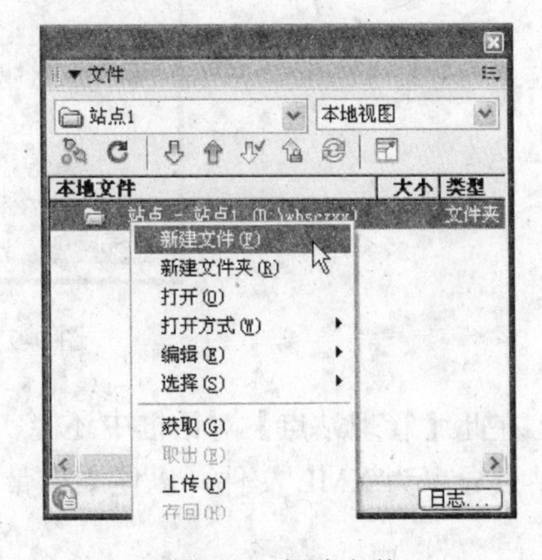

图 9-6　新建文件

(2) 在建立好的 index.html 文件上右击，如图 9-7 所示，在弹出的快捷菜单中选择【设为首页】命令即可将该页面设置为本站点的首页。

(3) 用步骤（1）的方法再新建一个空白文件夹，命名为 images，作为本站点用来存放图像等素材的文件夹，如图 9-8 所示。

6. 管理站点

当站点创建好后，可能会根据实际需要对站点进行编辑、删除、导入、导出等操作。

选择【站点】→【管理站点】命令，打开如图 9-9 所示的【管理站点】对话框，选中需要编辑的站点，单击【编辑】按钮，即可打开【站点定义】对话框，进行同创建站点一样的操作，编辑此站点；单击【完成】按钮可打开此选中站点；单击【删除】按钮，可删除此选中站点，但 Dreamweaver 中删除站点只是将站点信息移除，并不会删除硬盘上存放的源网页文件和文件夹。

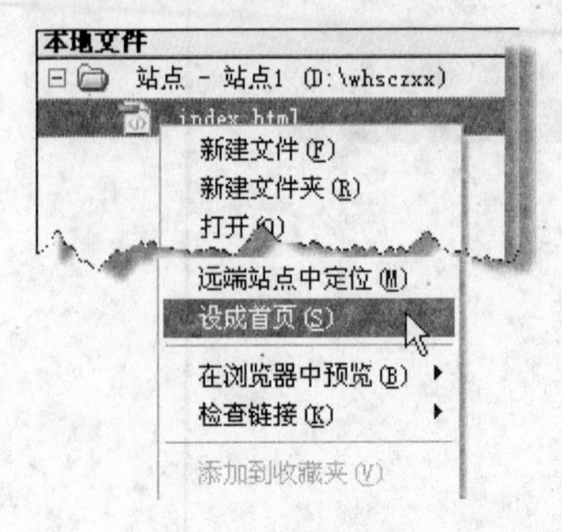

图 9-7 设置首页

图 9-8 创建文件和文件夹

图 9-9 【管理站点】对话框

在此【管理站点】对话框中还能实现对站点的导入、导出操作，Dreamweaver CS3 可将站点导出为 XML 文件，以便于携带或在不同计算机和软件之间移动。

9.2 Dreamweaver CS3 基本操作

9.2.1 页面属性设置

建立站点以及创建好网页后，通过设置页面属性可对网页的外观、标题以及超链接等属性进行设置。

1．设置页面外观

（1）在【文件】面板已经建立好的站点中，双击需要打开的文件。选中的网页将出现在【文档】窗口中。

（2）选择【修改】→【页面属性】命令，打开如图 9-10 所示的【页面属性】对话框。

（3）在【页面属性】对话框中可以设置页面字体、大小、文本颜色、页面背景以及边距等属性。例如，如图 9-10 所示，设置页面字体为“宋体”，大小为“12 像素”网页标准字体，文本颜色为深灰色，背景颜色为浅灰色，左右上下边距均为 0 像素。

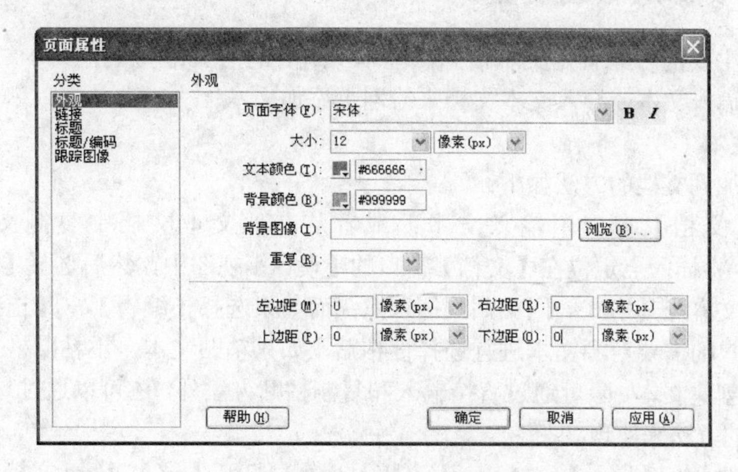

图 9-10 【页面属性】对话框

2．设置页面标题

（1）在【页面属性】对话框的【分类】列表框中选择【标题/编码】选项。

（2）在其右侧的网页文档标题及编码属性的详细设置中，可更改显示在浏览器标题栏中的网页标题，如图 9-11 所示改为“欢迎来到武汉市财政学校”。

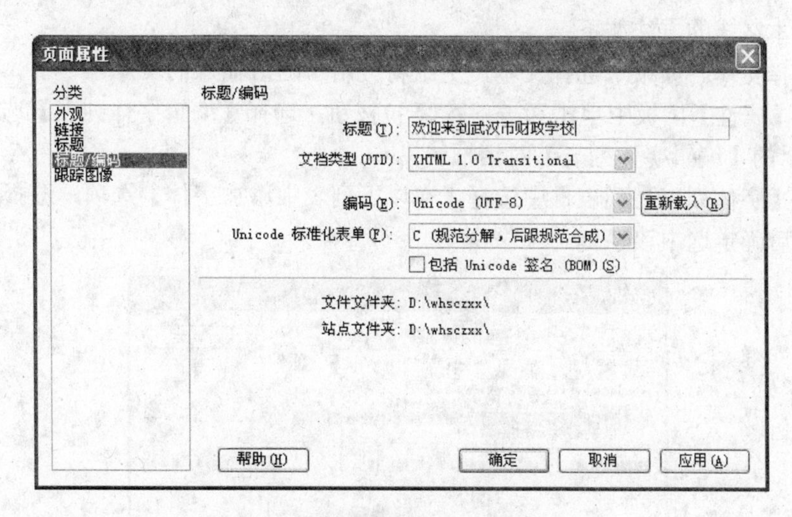

图 9-11 设置页面标题和编码属性

3．设置超链接属性

（1）在【页面属性】对话框中，在【分类】列表框里选择【链接】选项。

（2）在其右侧的超链接详细设置中，可更改网页超链接文本的链接字体、链接颜色、有无下划线等属性。

4．页面的保存和预览

选择【文件】→【保存】或【另存为】命令可保存修改后的页面，单击文档工具栏中的预览按钮，可在浏览器中预览该页面。

9.2.2 添加文本及格式设置

网页中最主要的对象就是文本信息，基本上所有的网页都离不开文本。Dreamweaver允许通过直接输入文本或导入文本文档来给网页添加文本。

1．添加文本

将文本添加到文档的方法如下：

直接在【文档】窗口中输入文本；或者从其他文本文档中复制文本，切换到Dreamweaver，将插入点定位在【文档】窗口的【设计】视图中，然后选择【编辑】→【粘贴】命令将源文本及其格式一同粘贴到插入点；而如果选择【编辑】→【选择性粘贴】命令则可根据用户的需要对源文本进行选择性粘贴，如只粘贴文本，不粘贴格式。

在网页中创建文本，除可通过直接输入和复制粘贴方法外，还可以通过导入外部Word或Excel文件的方法来实现。

选择【文件】→【导入】→【Word 文档】命令，打开【导入Word文档】对话框，选择源文件所在的文件夹，并选择需导入的文件，选择一种导入内容的格式，单击【打开】按钮即可将外部文件中的文档内容导入到页面中。

2．编辑文本格式

在网页中添加文本后，用户可通过【属性】面板设置其属性，包括文本样式、字体、字号和颜色等。

编辑文本格式的方法如下：

（1）选择文本。如果未选择文本，更改将应用于随后输入的文本。

（2）在【属性】面板中单击 默认字体 下拉按钮，选择【编辑字体列表】选项，打开如图9-12所示的【编辑字体列表】对话框。

（3）在【字体列表】列表框中选择【在以下列表中添加字体】选项，选择需要添加的字体，添加后确定选中该字体。

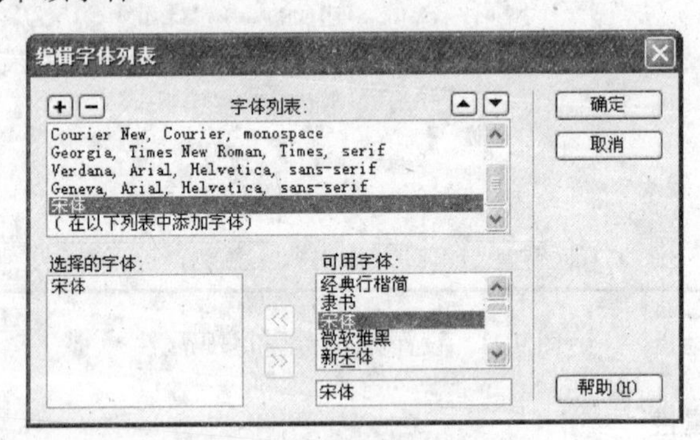

图9-12 编辑字体列表

（4）再在如图9-13所示的文本【属性】面板中设置文本字体、大小和颜色等属性。

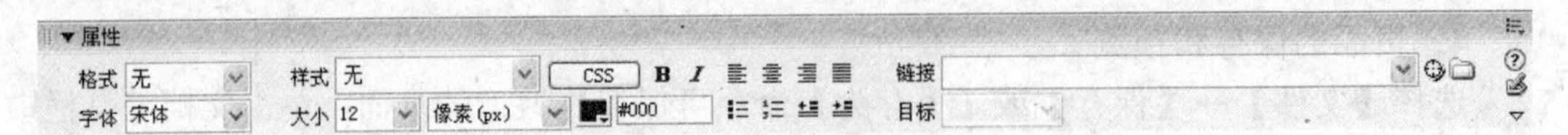

图9-13 【属性】面板

9.2.3 插入图像

制作网页时，为使网页的内容丰富，表现更生动形象，就需要在适当的位置插入一些图像。Web 页中通常使用的图形文件格式只有三种，即 GIF、JPEG 和 PNG。目前，GIF 和 JPEG 文件格式的支持情况最好，大多数浏览器都可以查看它们。这三种文件的特点如下：

（1）GIF（图形交换格式）文件最多使用 256 种颜色，最适合显示色调不连续或具有大面积单一颜色的图像，例如导航条、按钮、图标、徽标或其他具有统一色彩和色调的图像。

（2）JPEG（联合图像专家组标准）文件格式是用于摄影或连续色调图像的高级格式，这是因为 JPEG 文件可以包含数百万种颜色。随着 JPEG 文件品质的提高，文件的大小和下载时间也会随之增加。通常可以通过压缩 JPEG 文件在图像品质和文件大小之间达到良好的平衡。

（3）PNG（可移植网络图形）文件格式是一种替代 GIF 格式的无专利权限制的格式，它包括对索引色、灰度、真彩色图像以及 Alpha 通道透明的支持。PNG 是 Fireworks 固有的文件格式。PNG 文件可保留所有原始层、矢量、颜色和效果信息（例如阴影），并且在任何时候所有元素都是可以完全编辑的。文件必须具有文件扩展名 png 才是能被 Dreamweaver 识别的 PNG 文件。

（4）插入图像

① 使用图像占位符。

在制作网页的过程中，如果还没有想好要使用哪幅图像，或者所需要的图像还没有制作出来，那就可以使用占位符来添加图像。它可为不确定的图像在网页中占一个位置，不影响整个页面的布局。

② 插入图像。

用户可以直接从【常用】工具栏中，单击插入图像的按钮，在弹出的【选择图像源文件】对话框中选取事先准备好的图像素材，插入到页面中。

通常一个图像的大小是由像素值决定的，在 Dreamweaver 当中，也可以在【属性】面板中通过更改图片的宽高值来改变图像大小以适应网页。但是一般不建议这样做，图像如果太小，放大后，会失真，同样，太大的图像放在网页里面，影响网页的下载速度，可以先在图像编辑软件中，将图片编辑成合适的大小再放到网页中。

③ 调整图像。

调整图像常常是对图像进行重新取样、裁剪、调整亮度/对比度、锐化等，这些操作都可以通过如图 9-14 所示的图像的【属性】面板来设置。

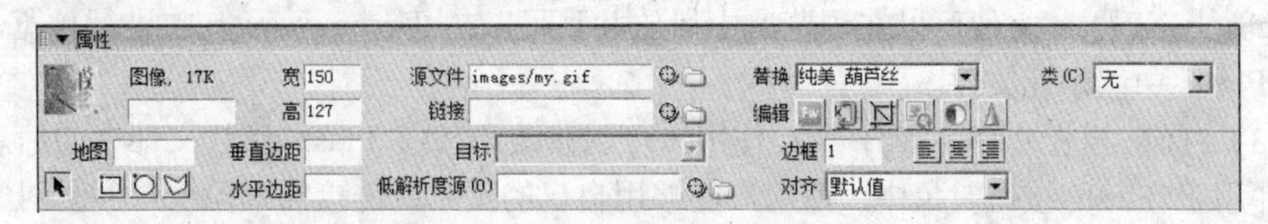

图 9-14 【属性】面板

在 Dreamweaver 中重新调整图像大小时，用户可以对图像进行重新取样，以容纳其新尺寸。重新取样位图对象时，会在图像中添加或删除像素，以使其变大或变小。重新取样图像以取得更高的分辨率一般不会导致品质下降。但重新取样以取得较低的分辨率总会导致数据丢失，并且通常会使品质下降。

裁剪：可让用户通过减小图像区域编辑图像。通常，使用者可能需要裁剪图像以强调图像的主题，并删除图像中强调部分周围不需要的部分。

亮度/对比度：修改图像中像素的亮度或对比度。这将影响图像的高亮显示、阴影和中间色调。修正过暗或过亮的图像时通常使用【亮度/对比度】。

锐化：可通过增加图像中边缘的对比度来调整图像的焦点。扫描图像或拍摄数码照片时，大多数图像捕获软件的默认操作是柔化图像中各对象的边缘。这可以防止特别精细的细节从组成数码图像的像素中丢失。不过，要显示数码图像文件中的细节，经常需要锐化图像，从而提高边缘的对比度，使图像更清晰。

（5）图像和内容间的对齐方式。

左/右对齐：指将图像放置在左/右边，右/左边可以绕排文本。

绝对底部：指将绝对底部和图像对象对齐。

绝对居中：指将图像的中间和文本的中间对齐。

文本上方：指将文本行中最高字符和图像的上端对齐。

底部：指底端对齐。

居中：指将文本基准线和对象的中部对齐。

顶端：指将本行中最高字符的顶端和图像的顶端对齐。一般和“文本上方”对齐相似。

基线：指将文本基准线对齐图像底端，这是默认的对齐方式。

9.2.4 插入其他对象

在使用 Dreamweaver CS3 制作网页时，除了可以插入文本和图像这些常规元素外，还可以插入其他的多媒体元素，例如 Flash 动画、音乐、视频等。

1．插入 Flash 动画

Flash 动画是网页中最常见的动态元素，在网页中添加 Flash 动画可使网页更加生动。它是一种矢量动画，具有生成的动画文件较小的优点，目前已经成为 Internet 上矢量动画的标准。

1）Flash 文件的文件类型

（1）Flash 源文件 (.fla)：是所有项目的源文件，在 Flash 程序中创建。此类型的文件只能在 Flash 中打开（而不是在 Dreamweaver 或浏览器中打开）。

（2）Flash 电影文件 (.swf)：是 Flash (.fla) 文件的压缩版本，已进行了优化以便于在 Web 上查看。此文件可以在浏览器中播放并且可以在 Dreamweaver 中进行预览，但不能在 Flash 中编辑此文件。

（3）Flash 模板文件 (.swt)：使用户可以修改和替换 Flash 影片文件中的信息。这些文件用于 Flash 按钮对象中，使用户能够用自己的文本或链接修改模板，以便创建要插入在用户的文档中的自定义 SWF。

（4）Flash 视频文件 (.flv)：是一种视频文件，它包含经过编码的音频和视频数据，通过 Flash 播放器传送。如果有 QuickTime 或 Windows Media 视频文件，可以使用编码器将视频文件转换为 FLV 文件。

2）添加 Flash 动画

在【常用】工具栏中，单击插入 Flash 文件的按钮，在弹出的【选择文件】对话框中选择需插入的 Flash 文件，单击【确定】按钮即可。插入后的 Flash 动画可以在其相应的【属性】面板中设置其循环、自动播放、边距、品质、比例以及对齐方式等属性，并且单击【播放】按钮可以在编辑窗口中预览该动画。

2．添加背景音乐

Dreamweaver CS3 中支持的声音文件有多种格式，如 MP3、WAV、MIDI、AIF、RA 和 RAM 等。其中 MP3、RA 和 RAM 文件为压缩格式的音乐文件；MIDI 是通过计算机软硬件合成的音乐，其文件较小，不能被录制；WAV 和 AIF 文件可以进行录制，播放 WAV、AIF 和 MIDI 文件不需要插件。

添加背景音乐只需要切换到页面的【代码】视图，在 HTML 文档中<body>与</body>之间添加一行代码“<bgsound src="*需要添加的音乐文件"loop="–1"/>”即可。

3．嵌入视频文件

在网页中添加媒体文件，可直接使用 Windows 系统中的 ActiveX 控件，但该控件在 MaOS 或 Netscape Navigation 浏览器中无法运行。

（1）在【常用】工具栏中，单击插入 ActiveX 控件的按钮，在打开的对话框中可不填写控件名称，直接单击【确定】按钮。

（2）选中所插入的 ActiveX 控件，在其【属性】面板里设置好合适大小的宽和高，在 ClassID 文本框中输入 clsid:6BF52A52-394A-11D3-B153-00C04F79FAA6。

（3）在页面的【代码】视图里删除<script>和<noscript>标签的内容，以免视频无法正常播放。

（4）将下面这段代码粘贴在 HTML 代码中<object>和</object>标签之间，更改 value 后视频所在位置的路径即可完成视频文件的嵌入：

```
<param name="URL" value="视频所在位置">
<param name="rate" value="-1">
<param name="balance" value="0">
<param name="currentPosition" value="0">
<param name="defaultFrame" value>
<param name="playCount" value="1">
<param name="autoStart" value="false">
<param name="currentMarker" value="10">
<param name="invokeURLs" value="-1">
<param name="baseURL" value>
<param name="volume" value="50">
<param name="mute" value="0">
<param name="uiMode" value="full">
<param name="stretchToFit" value="0">
<param name="windowlessVideo" value="0">
```

```
<param name="enabled" value="1">
<param name="enableContextMenu" value="1">
<param name="fullScreen" value="0">
<param name="SAMIStyle" value>
<param name="SAMILang" value>
<param name="SAMIFilename" value>
<param name="captioningID" value>
<param name="enableErrorDialogs" value="0">
```

9.2.5 用表格布局页面

表格是网页中用途非常广泛的工具，除了放置图片和文本之外，更多地运用于网页布局。Dreamweaver CS3 提供了强大的表格编辑功能，利用表格可以实现各种不同的布局方式。掌握好这些方法，就可以随心所欲地在网页中应用表格，制作出美观实用的个性网页。

1．插入表格

在 Dreamweaver 中，只要在【常用】工具栏中，单击插入表格的按钮，弹出如图 9-15 所示的【表格】对话框，设置行和列的个数、边框、表格位置等参数，就可以简单地插入表格。

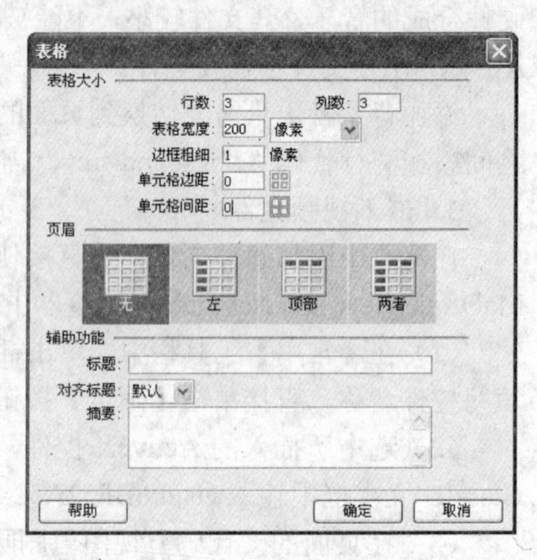

图 9-15 【表格】对话框

2．表格属性

如图 9-16 所示，表格由行和列组成，行和列的交叉形成的矩形形状称之为单元格。单元格中的内容和边框之间的距离为边距。单元格和单元格之间的距离为间距。表格的边线称为边框。

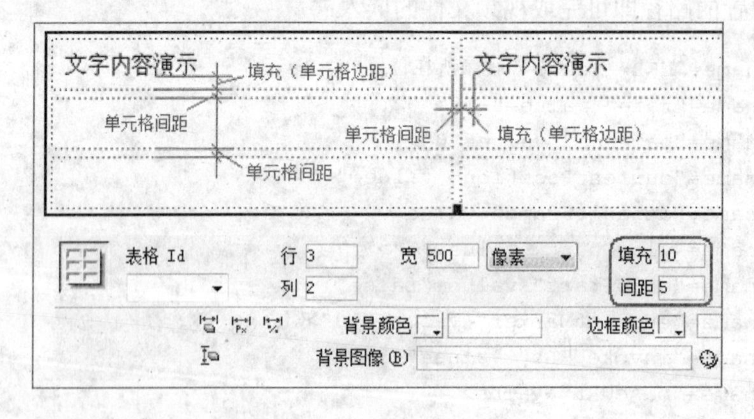

图 9-16 表格属性

3．单元格的操作

表格的组成元素是单元格。除了可以对表格整体设置属性外，还可以对表格内各个单元格属性进行单独设置。

将光标位于表格中的单元格内，在如图 9-17 所示的单元格【属性】面板中设置各项属性，其含义如下：

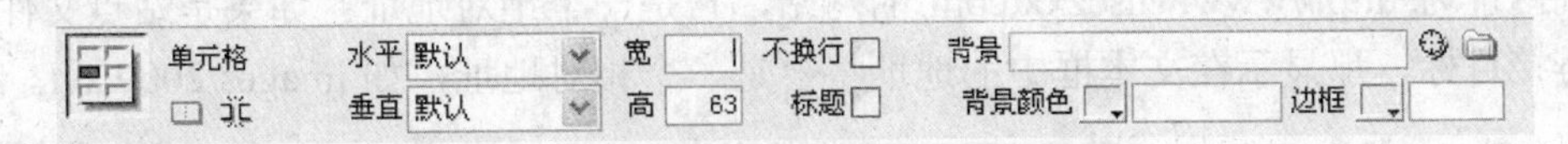

图 9-17　单元格属性

（1）拆分按钮：单击该按钮将打开【拆分单元格】对话框，在该对话框中可设置单元格的拆分数量。

（2）合并按钮：若同时选中了相邻的多个单元格，单击该按钮可将当前选中的相邻单元格合并为一个单元格。

（3）水平/垂直下拉列表框：在该下拉列表框中可选择一种对齐方式，用于设置单元格中内容的水平/垂直对齐方式。

（4）宽/高文本框：在该文本框中输入一个数字，表示单元格的宽/高度，其单位与表格的单位相同。

（5）背景/边框颜色：单击按钮可选择单元格的填充/边框颜色，用户也可在其文本框中输入颜色的十六进制数值或颜色名称，该颜色不会影响到表格的整体背景/边框。

（6）背景图像文本框：在文本框中可以指定单元格的填充图像，即设置单元格的背景填充为图像，若同时设置了单元格的背景颜色，则只会显示背景图像。

4．布局表格的介绍

前面是在页面中使用表格的办法。利用表格虽然很容易制作出各种布局，但在图像和文本的布置当中难免会插入多个表格，而且还要进行单元格的合并与拆分操作，因此在操作当中表格的相关操作变得有些繁琐。此时可以使用表格的布局模式进行布局。

使用布局模式，可以根据 Photoshop 或 Fireworks 等绘图软件预先设计好的切割图像来适当构成界面。即使不直接插入表格，也可以通过指定图像区域来自动地形成表格，这种指定图像区域时使用的表格和单元格称为布局表格和布局单元格。

9.2.6　超链接的设置

超链接是指站点内不同网页之间、站点与 Web 之间的连接关系，它可以使站点内的网页成为有机的整体，还能够在不同站点之间建立联系。可以简单地把它看成是一种“跳跃”。超链接由源端点和目标端点两部分组成，超链接中有链接的一端称为链接的源端点，跳转到的页面称为链接的目标端点。

按链接路径不同，网页中超链接一般分为 3 种类型：内部链接、锚点链接和外部链接。

按使用对象不同，网页中的超链接又可以分为：文本超链接、图像超链接、电子邮件链接、锚点链接、文件链接和空链接等。

1．文本超链接

文本超链接是最常见的链接，在浏览器中通过使用鼠标在链接文本上单击后，即可从一个网页跳转到另外一个网页。

具体操作方法是：选中需要链接的文本，在【属性】面板的【链接】文本框中直接填写链接地址或单击【链接】文本框后的文件夹按钮在站点中浏览并选取链接目标，链接目标可以是任何其他文档，如图像、影片、压缩包等文件。图 9-18 所示创建的为外部链接，链接到网址为 http://www.whsczxx.com 的网站，它是一个绝对地址；如果是站点文件夹内部的链接目标，那显示在文本框中的地址将会是一个相对地址，如 images/2009.avi。

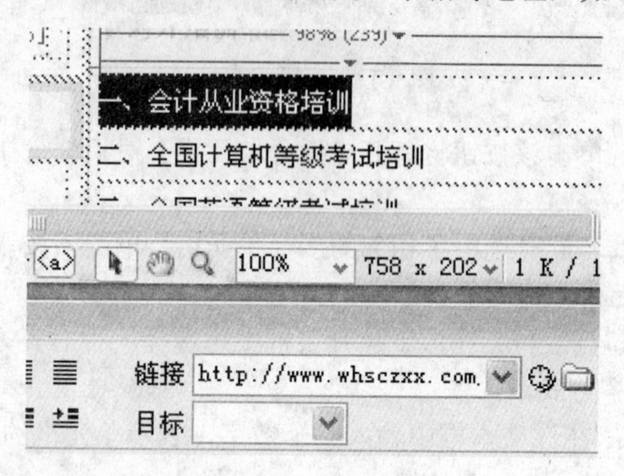

图 9-18 文本超链接

2．图像超链接

图像不仅可以作为网页的装饰，还可以作为超链接的源端点，图像链接分为一般图像链接和图像热点链接。

（1）一般图像链接：方法和文本超链接的方法相同，只是选中的对象不是文本而是页面中的图像。

（2）图像热点链接：可以为一幅图像创建多个热点区域，热点的形状可以是矩形、圆形或多边形，不同热点区域跳转到不同的链接对象。

创建方法是：选中图像，在其【属性】面板左下角的热点按钮□○▽中选择任意一种按钮来绘制热点区域，其中箭头↖按钮用于调整热点区域的范围和位置；然后在【属性】面板中给热点区域添加链接目标即可，如图 9-19 所示。

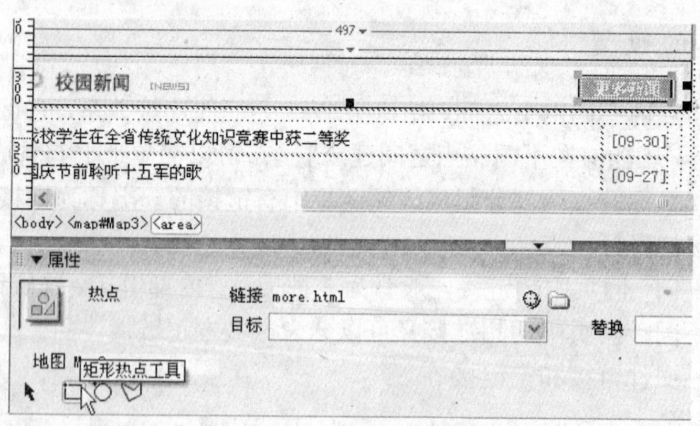

图 9-19 图像热点链接

3．锚点超链接

通常的超链接都是为了能够从一个网页跳转到另一个网页，而当需要跳转到另一个网页中的指定位置或跳转到当前页面的指定位置时就要用到锚点超链接。

创建锚点链接的过程分为两个步骤：

（1）将光标置于链接的目标端点处，也就是最后要跳转的位置。单击【常用】工具栏中的锚记按钮，弹出如图 9-20 所示的【命令锚记】对话框，自定义一个锚记名称如 top，给此处添加一个描点标记。

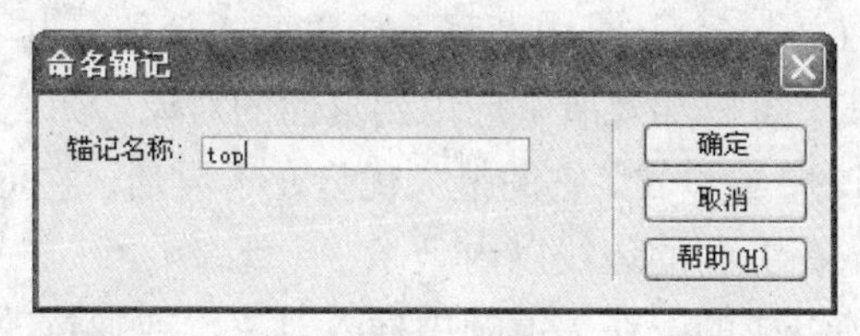

图 9-20　命名锚记

（2）再选中需要单击跳转的源端点处文本或图像，如果是跳转到当前页面的指定位置，则在【属性】面板的【链接】文本框中输入“#锚记名称”（如“#top”），创建跳转到命名锚记的链接，也就是锚点链接；如果跳转到另一个网页中的指定位置，则应输入网页名和“#锚点名”（如 more.html#top）。

（3）在链接处直接输入“#”则为网页中的空链接。

4．电子邮件链接

单击【常用】工具栏中的电子邮件按钮，弹出如图 9-21 所示的【电子邮件】对话框，其文本框内会自动显示选中的文本，在 E-mail 文本框中输入要链接的邮箱地址，如 admin@hepsh.com，单击【确定】按钮关闭对话框完成设置。

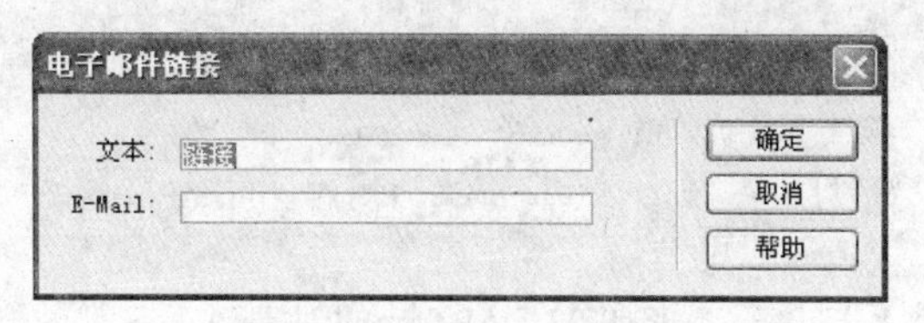

图 9-21　创建电子邮件链接

5．链接的目标窗口

设置超链接时如果不设置【属性】面板中【目标】网页的方式，就为默认设置，在当前页面打开，图 9-22 所示链接的各种目标窗口含义如下：

图 9-22　设置目标窗口

_blank：在弹出的新窗口中打开所链接的文档。

_parent：如果是嵌套的框架，会在父框架或窗口中打开链接的文档；如果不是嵌套的框架，则与选择 top 选项的效果相同，在整个浏览器窗口中打开所连接的文档。

_self：浏览器默认的设置，在当前网页所在的窗口中打开链接的网页。

_top：在完整的浏览器窗口中打开网页。

9.2.7 布局对象的使用

1．创建AP Div时间轴动画

AP Div与时间轴是Dreamweaver中两种比较重要的功能。其中Ap Div可以看做是网页内容的一个容器，在其中可以加入所有应用到页面的对象，如文本、图像、动画、表格、插件等，也可以对AP Div单独设置。它的最大优势在于灵活，它可以放置在页面上的任何一个位置，甚至可以隐藏在页面的边线以内。

时间轴是由一个个帧组成的。在关键帧中插入对象，或通过改变两个关键帧中对象的状态来控制对象的运动及变化。时间轴可以通过改变AP Div的位置、大小、可见性和重叠顺序来创建动画效果。

创建AP Div时间轴动画的步骤如下：

（1）选择【插入记录】→【布局对象】→AP Div命令。

（2）选中刚创建的层，在【属性】面板中设置一下它的宽高以及位置等属性。

（3）在层中插入图像文件完成AP Div的创建，如图9-23所示。

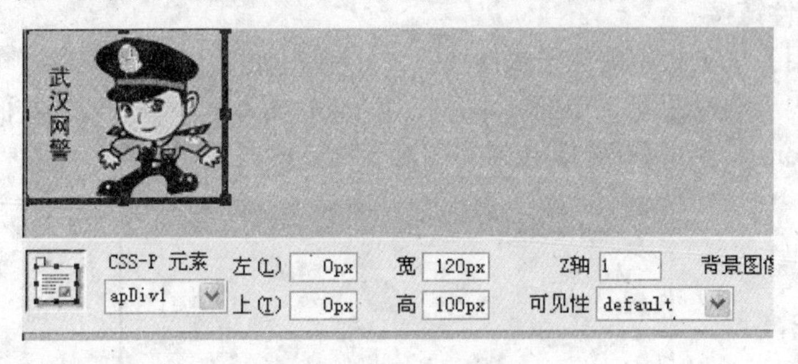

图9-23 AP Div的创建

（4）选择【窗口】→【时间轴】命令，打开【时间轴】面板。

（5）将层用鼠标拖到【时间轴】面板内，这时层apDiv1已经放置在名为Timeline1的时间轴之中。

（6）为了让动画播放得慢一点，在【时间轴】面板中将层动画最后一帧往后拖，并将fps的值改小一些，选中【自动播放】和【循环】复选框，在弹出的对话框中单击【确定】按钮。

（7）在层动画的时间线中间位置，右击，选择【增加关键帧】命令，并相应地将该关键帧处的层位置拖动改变。拖动后，层会显示一条移动的线，这条线便是动画路径了，如图9-24所示。

2．Spry在网页中的运用

Dreamweaver CS3的新功能中集成了轻量级的AJAX框架Spry，Spry框架是一个可用来构建更加丰富的Web页的JavaScript和CSS库。它可以将大量内容存储在一个紧凑的空间中。以前需要直接增加JavaScript代码来实现这些功能，现在只需要插入相对应的组件即可。在 Dreamweaver CS3 的【插入】栏中就有专门的 Spry 工具栏，其中主要功能如下：

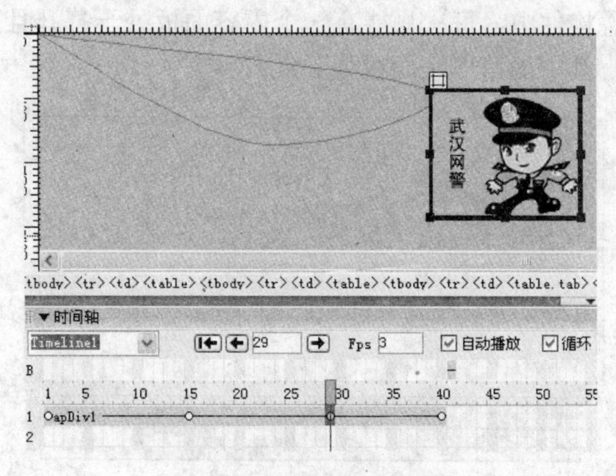

图 9-24　创建时间轴动画

1）Spry 菜单栏构件

菜单栏构件是一组可导航的菜单按钮，当浏览者将鼠标指针悬停在其中的某个按钮上时，将显示相应的子菜单。Dreamweaver 中有两种菜单栏构件：垂直构件和水平构件。图 9-25 所示为一个水平菜单栏构件，其中的第三个菜单项处于展开状态。

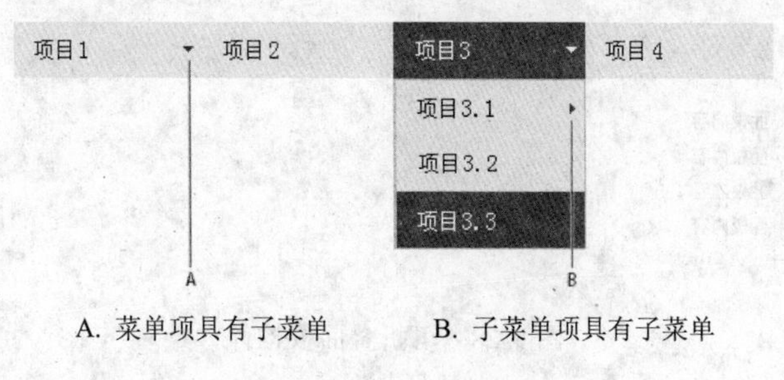

A. 菜单项具有子菜单　　B. 子菜单项具有子菜单

图 9-25　水平菜单栏构件

2）Spry 选项卡式面板构件

选项卡式面板构件是一组面板，浏览者可通过选择要访问的面板上的选项卡来隐藏或显示存储在选项卡式面板中的内容，但每次只有一个内容面板处于打开状态。图 9-26 所示为一个选项卡式面板构件，第三个面板处于打开状态。

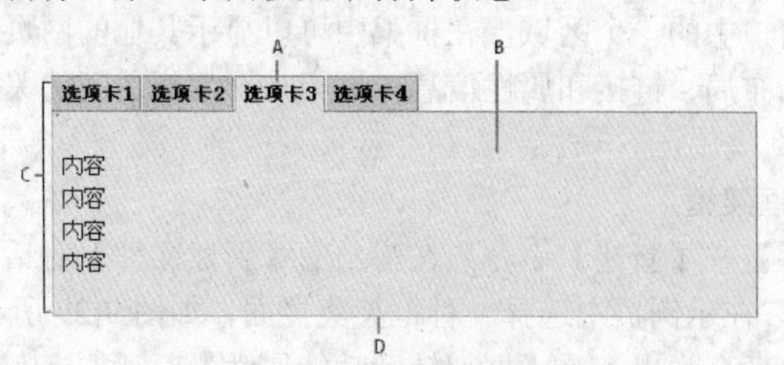

A. Tab　B. 内容　C. 选项卡式面板构件　D. 选项卡式面板

图 9-26　选项卡式面板构件

3）折叠构件

折叠构件是一组可折叠的面板，访问者选择不同的选项卡时，折叠构件的面板会相应地展开或收缩。在折叠构件中，每次只能有一个内容面板处于打开且可见的状态。图9-27所示为一个折叠构件，其中的第一个面板处于展开状态。

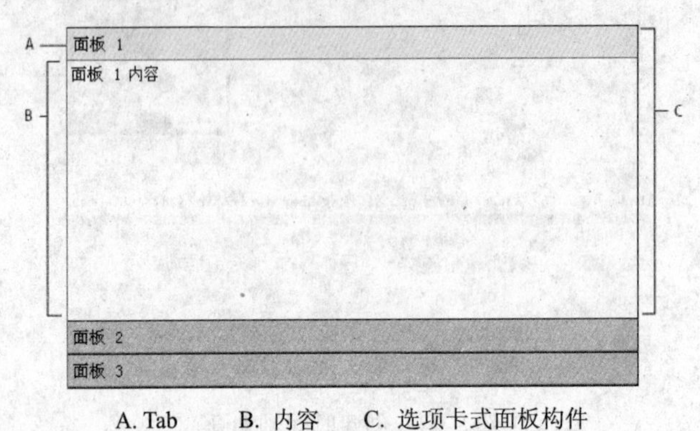

A. Tab　　B. 内容　　C. 选项卡式面板构件

图9-27　折叠构件

4）可折叠面板构件

可折叠面板构件是一个面板，浏览者选择构件的选项卡即可隐藏或显示存储在可折叠面板中的内容。图9-28所示为一个处于展开和折叠状态的可折叠面板构件。

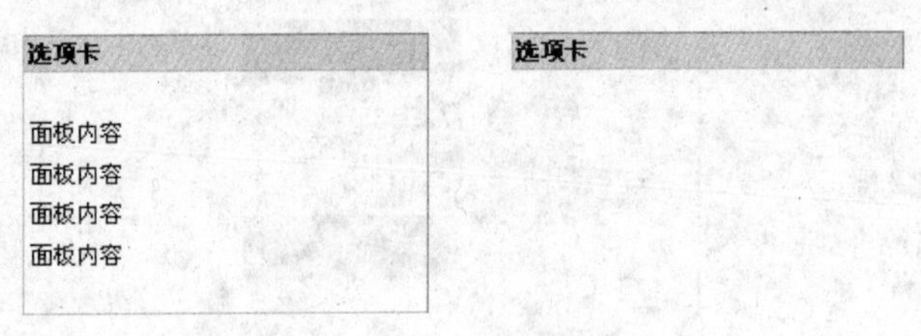

图9-28　可折叠面板构件

9.2.8　创建框架和框架集

框架是Dreamweaver的布局工具之一，它能够把网页分割成几个独立的区域。当人们浏览页面拖动滚动条或单击导航按钮时，一部分区域文档会固定不动，而另外一部分区域文档会随之滚动或跳转到其他文档。

框架是浏览器窗口中的一个区域，在框架中可以显示其他的网页；而框架集则记录同一网页上多个框架的布局、链接和属性信息。框架与框架集之间的关系其实就是包含与被包含的关系。

1．创建并保存框架集

（1）选择【文件】→【新建】命令，在弹出的【新建文件】对话框中选择【示例中的页】下的【框架集】，在示例页中选择一种框架集页面，如图9-29所示。

（2）框架集创建后会弹出一个【框架辅助功能属性】对话框，在对话框中的【框架】下拉列表框中可以选择各个不同的框架，用户可以在【标题】文本框中为框架集中的各个框架指定框架名或默认标题名。

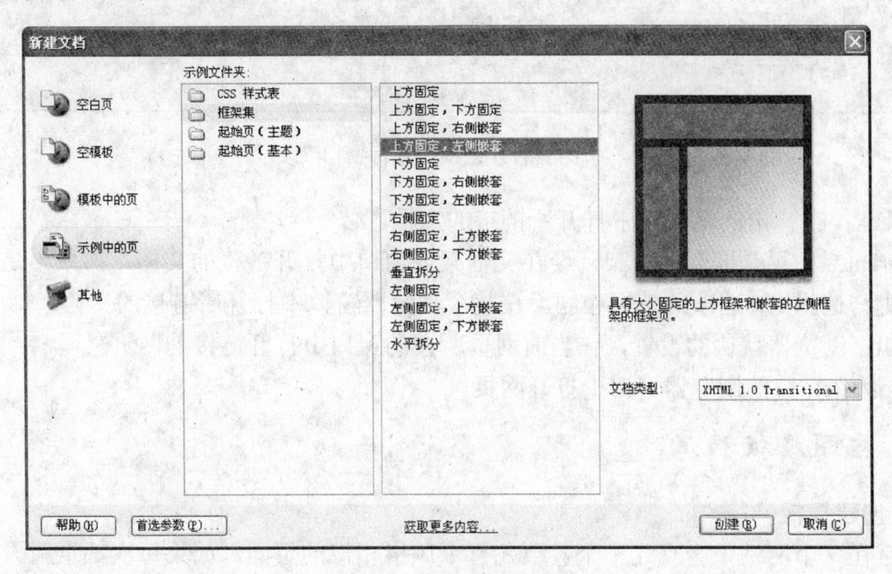

图 9-29　框架集的创建

（3）框架集建立好后，单击框架的任意边框，即可选中整个框架集，执行【文件】菜单中的【框架集另存为】命令，给框架集命名并保存。

2．设置框架属性

（1）选择【窗口】→【框架】命令，打开【框架】面板。

（2）【框架】面板中会显示当前正在编辑的框架结构，单击【框架】面板中各部分框架，可分别显示对应的框架页面【属性】面板。

（3）在框架【属性】面板中，单击【源文件】按钮，可设置相应显示在框架中的页面，如图 9-30 所示。

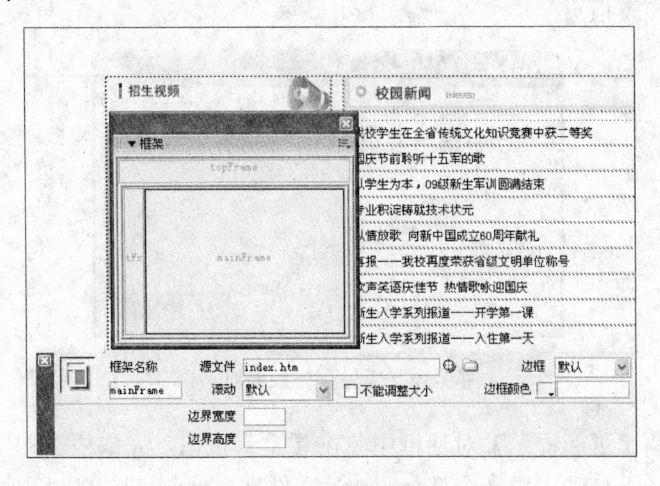

图 9-30　设置框架属性

3．框架中链接的目标窗口

在一个框架中使用链接打开另一个框架中的页面，必须设置链接目标，如图 9-31 所示。

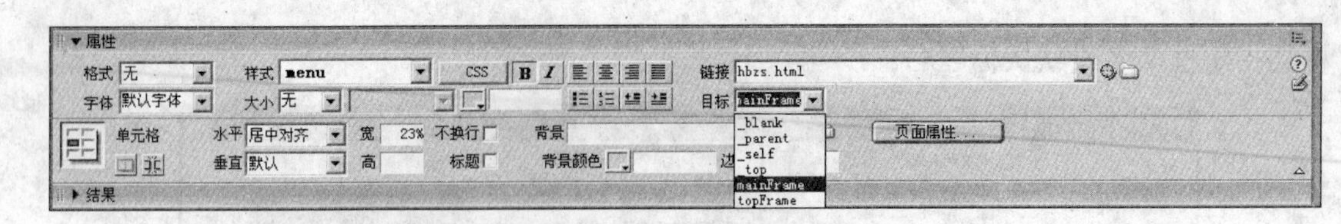

图 9-31　链接的目标窗口

_blank：在弹出的新窗口中打开所链接的文档。

_parent：如果是嵌套的框架，会在父框架或窗口中打开链接的文档；如果不是嵌套的框架，则与选择 top 选项的效果相同，在整个浏览器窗口中打开所链接的文档。

_self：浏览器默认的设置，在当前网页所在的窗口中打开链接的网页。

_top：在完整的浏览器窗口中打开网页。

9.2.9　应用模板和库

1．创建模板

通常在一个网站中会有几十个甚至几百个风格相似的页面，如果每次都重新设定网页结构以及相同栏目下的导航条、各类图标就显得非常麻烦，这时用户可以利用网页模板功能来简化操作。其实模板的功能就是把网页布局和网页内容分离，在布局设计好之后将其存储为模板，这样相同布局的页面可以通过模板创建，因此能够极大提高工作效率。在网页的后期维护中，网页模板也发挥着同样巨大的作用，让网页更新变得不再困难。

创建模板的方法有三种：将现有网页另存为模板、直接创建空白模板和在【资源】面板中创建模板。一般常用的是将现有的网页另存为模板，具体操作步骤如下：

（1）打开现有的网页，选择【文件】→【另存为模板】命令，打开【另存模板】对话框。

（2）填写【另存为】文本框中的模板名（如图 9-32 所示，模板命名为 nr），单击【保存】按钮，保存该模板页面。

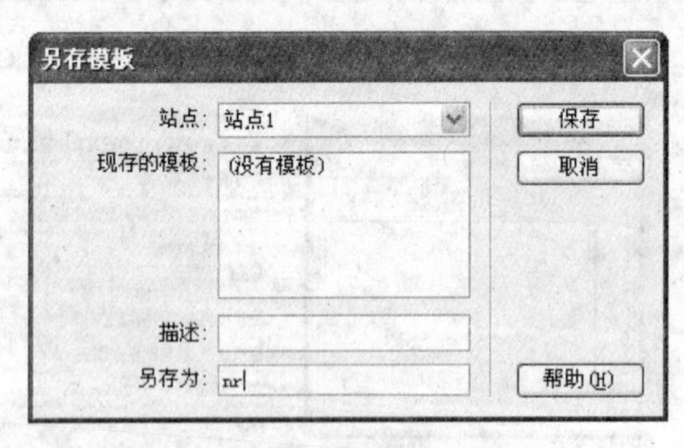

图 9-32　【另存模板】对话框

（3）在弹出的【更新提示】对话框中单击【是】按钮，完成模板的保存操作。这时系统会在站点根目录下自动生成一个 Templates 文件夹，而刚创建的 nr.dwt 模板文件就保存在该文件夹中。

2．使用模板

模板由可编辑区和不可编辑区两部分组成。不可编辑区包含了在所有页面中共有的元素，即构成页面的基本框架，而可编辑区是为了添加相应的内容而设置的。在后期维护中通过改变模板的不可编辑区，可以快速地更新整个站点中所有使用了模板的页面布局。

（1）在刚才创建的模板页中，Dreamweaver CS3 会自动锁定页面的全部区域。选中需要编辑的区域，选择【插入记录】→【模板对象】→【可编辑区域】命令，在打开的【新建可编辑区域】对话框中给该可编辑区命名后即可保存并关闭模板页。

（2）选择【文件】→【新建】命令，打开【新建文档】对话框。选择【模板中的页】选项卡，在【站点】列表中选择当前站点，在站点的模板列表中选择刚创建的模板 nr，单击【创建】按钮即可创建一个基于模板的页面。

（3）该页面仅可编辑区域能单独修改，其他不可编辑区域均处于锁定状态。

（4）如果需要修改不可编辑区域，则要打开模板页，在模板中修改保存后，将弹出如图 9-33 所示的【更新模板文件】对话框，单击【更新】按钮，才能一次性更新所有基于模板页面的不可编辑区域的修改。

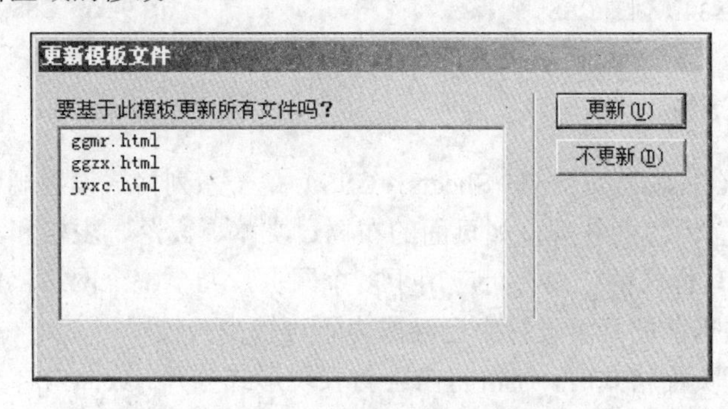

图 9-33 【更新模板文件】对话框

3．使用库项目

在 Dreamweaver CS3 中除了模板外，还有一种网页快速编辑工具，那就是库。库是一种用来存储想要在整个网站上经常重复使用或更新的页面元素（如图像、文本、表格和其他页面元素）的方法，这些页面元素成为库项目。

利用库项目同样可以实现对文件风格的维护，很多网页带有相同的内容，可以将这些文档中的共同内容定义为库项目，然后放置到文档中。具体操作方法如下：

（1）在打开的页面中选定需要应用于其他页面的元素。

（2）打开【资源】面板，在左边的类别选项按钮中，选择最后一项【库】类别，如图 9-34 所示。

（3）单击右下角的【新建库项目】按钮，在弹出的警告对话框中单击【确定】按钮。为新的库项目输入名称如 left，完成库项目的创建。这时系统会在站点根目录下创建一个文件夹 Library，库项目 left.lbi 就保存在此文件夹中。

（4）新建一个页面，将光标处于需要放置库项目的插入点，在【资源】面板中，选择刚创建的库项目，并单击左下角的【插入】按钮，如图 9-35 所示。

（5）插入库项目后，可以看到库项目被完整地插入到页面内，但在此页面中同样处于锁定状态无法修改，修改库项目的方法和修改模板的方法相同，也是在源文件中修改后统一更新。

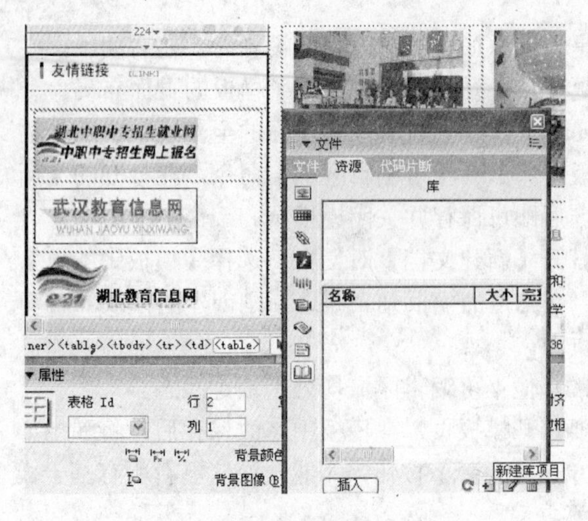

图 9-34　创建 CSS

图 9-35　CSS 样式规则

9.2.10　使用 CSS

层叠样式表（Cascading Style Sheets，CSS）是一系列格式设置规则。它可以精确有效地控制 Web 页面内容的外观，如页面的布局、文本、段落、表格和其他效果等；并且它实现了网页内容与样式的分离，可应用于多个网页，乃至整个网站，便于网站的维护和管理。因此 CSS 在当前的网页设计中已经成为不可缺少的技术。

使用 CSS 设置页面格式时，通常将内容与表现形式分开。页面内容（即 HTML 代码）驻留在页面本身，而用于定义代码表现形式的 CSS 规则驻留在另一个文件（外部样式表）或 HTML 文档的开始部分（内部样式表）中。

1．创建 CSS 的方法

（1）如图 9-36 所示，在【CSS 样式】面板的右下角单击【新建 CSS 规则】按钮，打开【新建 CSS 规则】对话框。

（2）在 Dreamweaver CS3 中可以定义如图 9-37 所示的样式规则类型。

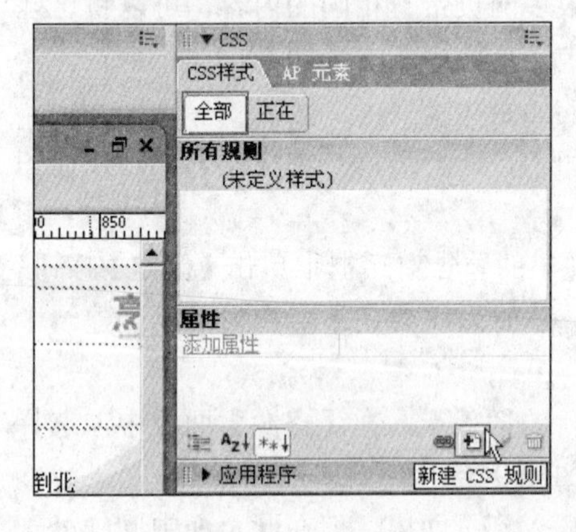

图 9-36　创建 CSS

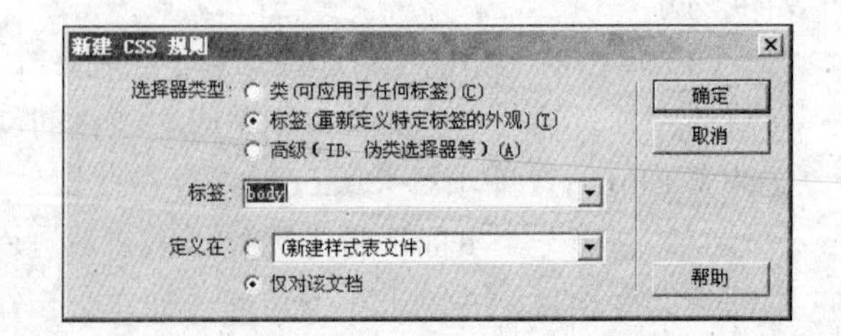

图 9-37　CSS 样式规则

- 自定义 CSS 样式（类样式）：由用户命名，一般都是由符号“.”表示，可以应用于任何标签；

- 重定义 HTML 标签（标签样式）：将原有的 HTML 标签重新定义，给原有的标签赋予新的样式；
- ID、伪类选择器（高级样式）：允许用户创建用于指定标签组合的样式，常用于设置超链接，也可创建 ID，但 ID 在网页中只能使用一次，由于具有唯一的特性，常用于脚本，由符号“#”表示。

（3）CSS 样式可以定义为：外部样式和内部样式。【新建样式表文件】创建的是外部样式，也就是将一系列 CSS 样式存放在一个扩展名为 css 的外部文件中。它实现了内容与形式的分离，作用范围是整个站点。其他页面要用这些样式，通过链接或导入该样式表文件即可。【仅对该文档】是仅定义在本页面内的样式表。

（4）如果定义一个外部样式表，单击【确定】按钮，会弹出【保存样式表文件为】对话框，选择站点中一个保存位置，输入文件名即可保存样式表。

（5）这时在【CSS 样式】面板中会出现刚创建的样式表，并会自动打开【CSS 规则定义】对话框。

（6）在对话框中设置好不同类别样式的各种属性，单击【确定】按钮完成样式创建。

2．CSS 样式分类属性

利用 CSS 样式可定义字体、颜色、边距和字间距等网页元素的属性，用户可以利用 Dreamweaver CS3 设置所有的 CSS 属性。CSS 中可定义的规则很多，主要有以下 8 种类型：

（1）类型：定义 CSS 样式的基本字体和类型设置，如图 9-38 所示。

（2）背景：可以对 Web 页面中的任何元素应用背景属性，如图 9-39 所示。

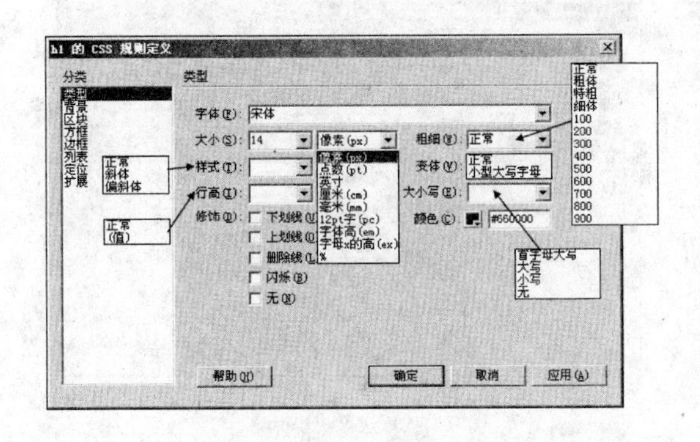

图 9-38　类型

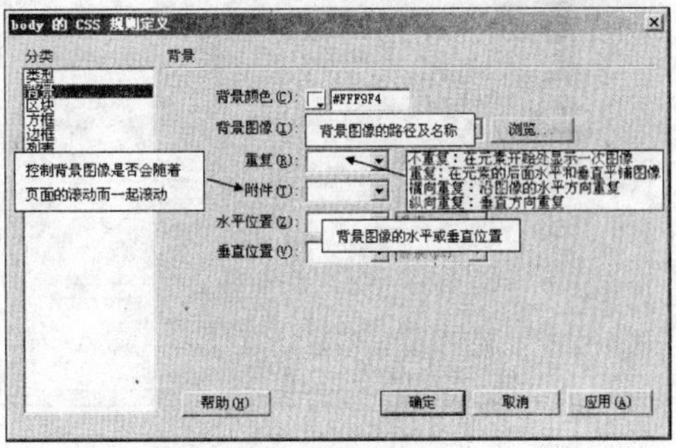

图 9-39　背景

（3）区块：可以定义标签和属性的间距和对齐设置，如图 9-40 所示。

（4）方框：可以对控制元素在页面放置方式的标签和属性进行设置，如图 9-41 所示。

（5）边框：可以定义元素周围的边框的设置，如宽度、颜色和样式等，如图 9-42 所示。

（6）列表：为列表标签定义列表设置，如项目符号大小和类型等，如图 9-43 所示。

（7）定位：使用“层”首选参数中定义层的默认标签，将标签或所选文本块更改为新层，如图 9-44 所示。

（8）扩展：可以为控制元素在页面上的放置方式的标签和属性定义设置，如图 9-45 所示。

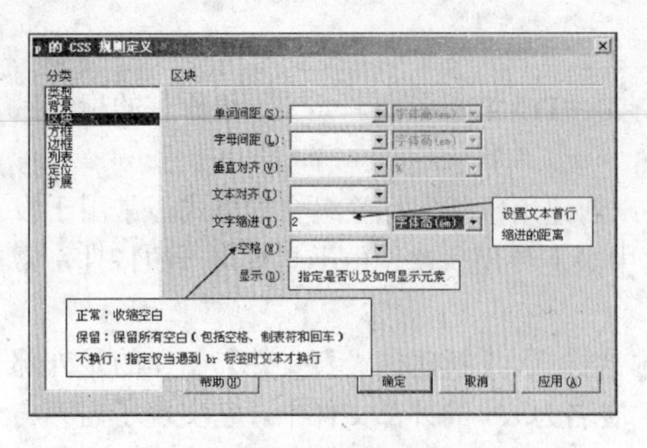

图 9-40　区块

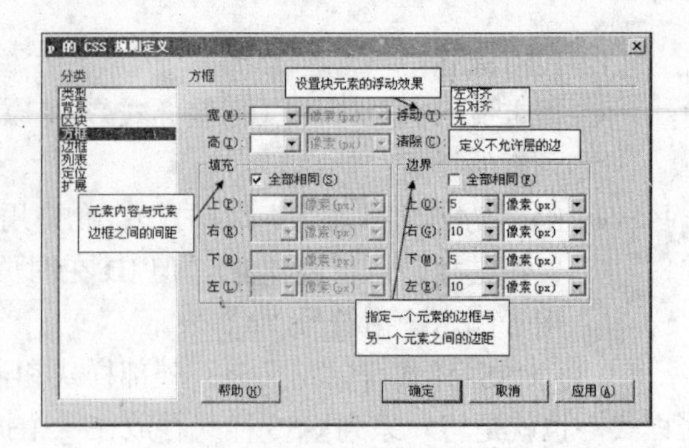

图 9-41　方框

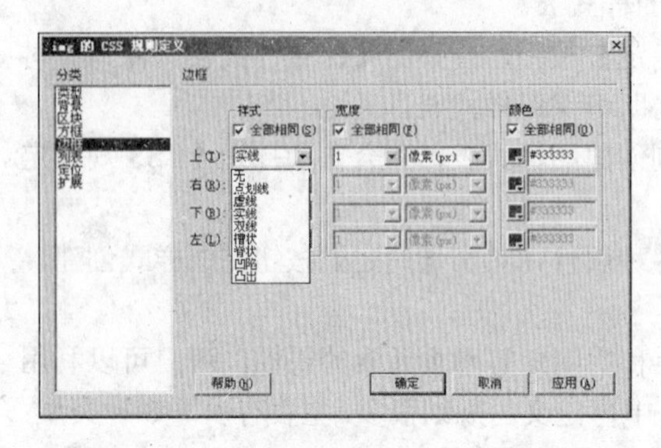

图 9-42　边框

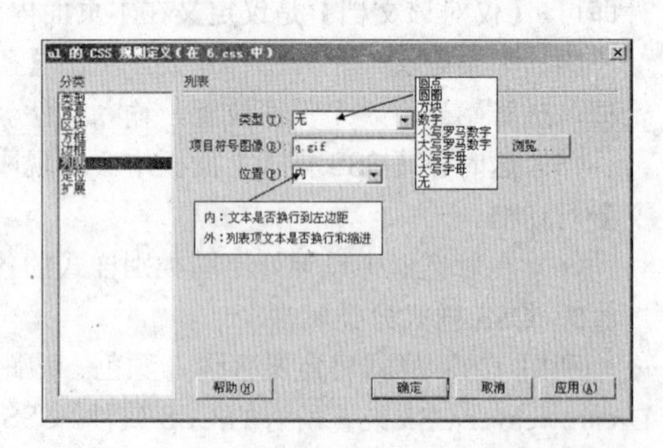

图 9-43　列表

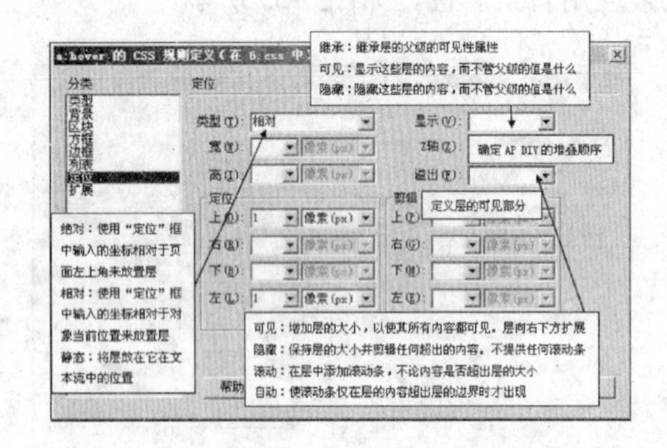

图 9-44　定位

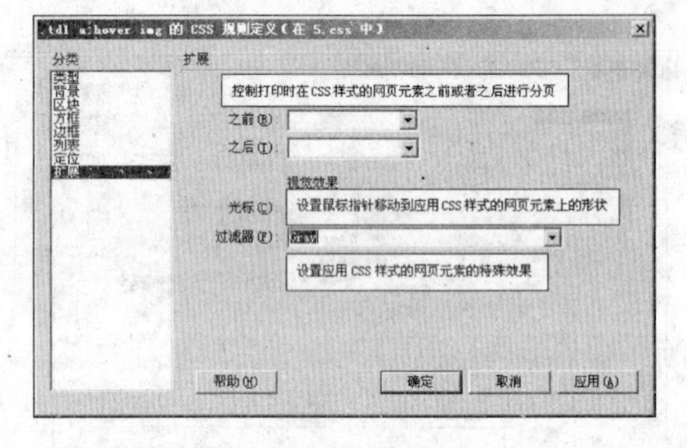

图 9-45　扩展

9.2.11　网页特效

网页的特效是基于网页中的事件（Event）和动作（Action）实现，亦可理解为响应某一事件而采取的一个动作的过程。

1．使用行为制作网页特效

行为是 Dreamweaver 中自带的标准的 JavaScript 特效，它由事件和动作两部分组成。事件是由用户或浏览器触发的操作。动作是一段程序，用于完成某一组特定的操作，如打开一个窗口，弹出提示等，Dreamweaver 中有 20 多种行为，如图 9-46 所示。下面就以“打开浏览器窗口”特效为例了解一下使用行为的具体步骤：

（1）选中页面中需要添加特效的图像或者文本对象，在【属性】面板中给该对象加一个空的超链接“#”。

（2）在【行为】面板中单击[+]按钮，选择下拉列表中的【打开浏览器窗口】命令，如图 9-47 所示。

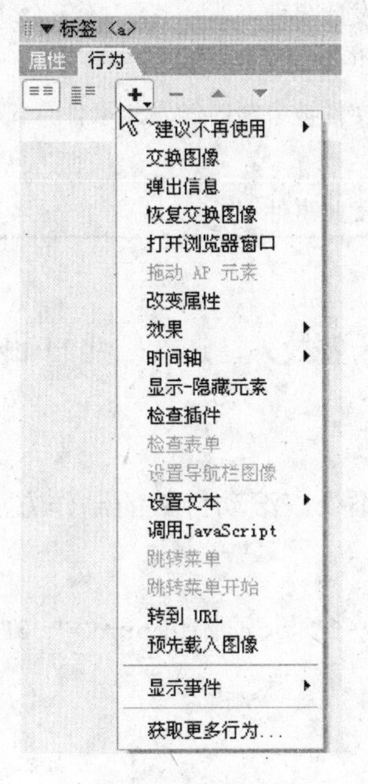

图 9-46　行为

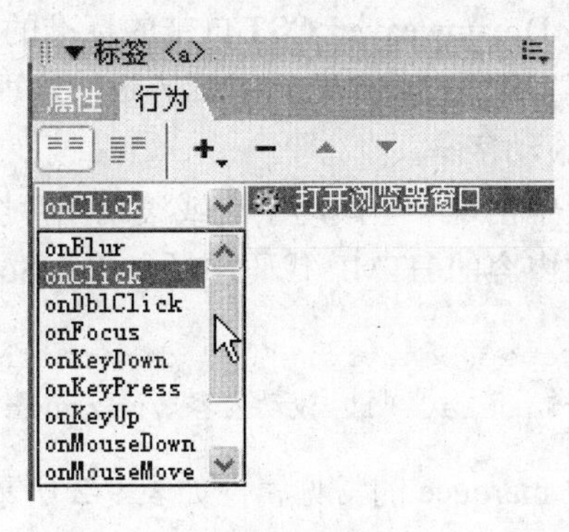

图 9-47　事件

（3）在【打开浏览器窗口】对话框中，单击【浏览】按钮选中要在浏览器窗口中打开的文件，设置窗口的大小以及选中需要的属性，完成后单击【确定】按钮。

（4）这时在如图 9-47 所示的【行为】面板中，出现了刚才添加的行为，并且事件默认为 onClick，保存文件并预览网页，当单击链接对象时，会打开用户设定的新浏览器窗口。

网页中可能出现的事件根据对象不同，分为一般事件、页面相关事件、表单相关事件、滚动字幕事件、编辑事件、数据绑定和外部事件，表 9-1 列出了常用事件及其说明。

表 9-1　常用事件及其说明

事件	说明
onClick	鼠标单击时触发此事件
onDblClick	鼠标双击时触发此事件
onMouseOver	鼠标移动到某对象范围的上方时触发此事件
onMouseOut	鼠标离开某对象范围时触发此事件
onMouseMove	鼠标移动时触发此事件
onMouseUp	鼠标键按下后再松开鼠标键时触发此事件
onMouseDown	鼠标键按下时触发此事件
onKeyPress	当键盘上的某个键被按下并且释放时触发此事件
onKeyDown	当键盘上某个键被按下时触发此事件
onKeyUp	当键盘上某个键被放开时触发此事件

续表

事件	说明
onLoad	页面内容完成时触发此事件
onMove	浏览器的窗口被移动时触发此事件
onScroll	浏览器的滚动条位置发生变化时触发此事件
onResize	浏览器的窗口大小被改变时触发此事件
onStop	浏览器的停止按钮被按下或下载的文件被中断时触发此事件
onUnload	当前页面将被改变时触发此事件
onAbort	图像在下载过程中被用户中断时触发此事件

2．常见的 JavaScript 网页特效

除了 Dreamweaver CS3 自带的标准的 JavaScript 行为特效外，还有一些制作网页时需要用代码实现的 JavaScript 网页特效，这里简单列举两个。

1）滚动字幕

网页中出现一些滚动字幕或滚动图片会使网页增色不少。滚动特效的制作方法是在需要滚动的内容的 HTML 代码中插入 JavaScript 代码：

```
<marquee behavior="up" direction="up" loop="-1" scrollamount="-3"
scrolldelay="1">滚动内容</marquee>
```

其中 marquee 的常见属性如表 9-2 所示。

表 9-2　marquee 常见属性

属性名	属性说明	取值及说明
behavior	字幕内容的运动方式	alternate：内容在相反的两个方向来回滚动
		scroll：内容向同一个方向滚动
		slide：内容接触到字幕边框时停止滚动
direction	字幕内容的滚动方向	up：向上运动
		down：向下运动
		left：向左运动
		right：向右运动
scrollamount	字幕内容的滚动速度	正整数，数值越小滚动越慢，数值越大滚动越快
scrolldelay	字幕内容滚动时停顿时间	正整数，通常不宜设置过大的数值
width	滚动字幕的宽度	正整数
style	字幕内容的样式	参见 CSS 代码
loop	字幕内容的滚动次数	正整数，默认为无限，–1 也表示无限

2）关闭窗口

当单击某一网页元素时关闭窗口的方法是选中需要关闭页面的文本，在【属性】面板中添加一个“#”号的空链接，然后在超链接对应的 HTML 代码中添加代码<a href="#" onclick="'window.close()">关闭文本</a>即可。

9.2.12 表单的使用

表单是一种可以使用用户将本身的信息交给 Web 服务器的一种页面元素。加入表单后，访问者可以使用诸如文本域、列表框、复选框以及单选按钮之类的表单对象输入信息，然后单击【确认】或【提交】按钮提交这些信息。在 Dreamweaver CS3 中，用户可以创建带有文本域、密码域、单选按钮、复选框、弹出菜单、按钮以及其他表单对象的表单。

Dreamweaver 中除了可以较为方便地创建表单外，还可以使用行为来检查表单，检查表单只作用于表单对象，用以检查浏览者在表单中输入的数据类型是否正确，以防表单提交到服务器后指定的文本域或所有文本域中包含无效的数据。

1．表单对象介绍

在 Dreamweaver 中，表单输入类型称为表单对象。表单对象是允许用户输入数据的机制，如图 9-48 所示。用户可以在表单中添加以下表单对象：

1）文本字段

文本字段接受任何类型的字母、数字文本输入内容。文本可以单行或多行显示，也可以以密码域的方式显示。在密码域方式下，输入文本将被替换为星号或项目符号，以免他人看到这些文本。

但是使用密码域发送到服务器的密码及其他信息并未进行加密处理。所传输的数据可能会以字母数字文本形式被截获并被读取。

2）隐藏域

隐藏域是存储用户输入的信息，如姓名、电子邮件地址或偏爱的查看方式，并在该用户下次访问此站点时使用这些数据。

3）按钮

在单击时执行操作。通常，这些操作包括提交或重置表单。用户可以为按钮添加自定义名称或标签，也可以使用预定义的【提交】或【重置】标签之一。

4）复选框

复选框允许在一组选项中选择多个选项。用户可以选择任意多个适用的选项。例如用户可以拥有多个兴趣爱好，可以选中多个复选框。

5）单选按钮

单选按钮代表互相排斥的选择。在某单选按钮组（由两个或多个共享同一名称的按钮组成）中选择一个按钮，就会取消选择该组中的所有其他按钮。例如，性别栏中仅能够选择男或者女。

6）列表/菜单

“列表”在一个滚动列表中显示选项值，用户可以从该滚动列表中选择多个选项。

“菜单”选项在一个菜单中显示选项值，用户只能从中选择单个选项。

7）跳转菜单

跳转菜单是可以导航的列表或弹出菜单，它使用户可以插入一种菜单，这种菜单中的每个选项都链接到某个文档或文件。

8）文件域

使用户可以浏览到其计算机上的某个文件并将该文件作为表单数据上传。

9）图像域

使用用户可以在表单中插入一个图像。图像域可用于生成图形化按钮。

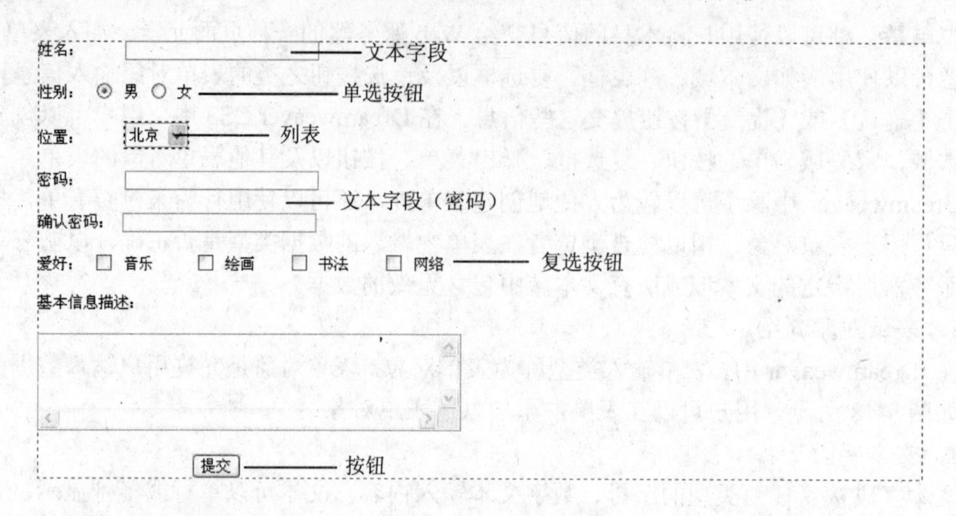

图 9-48　表单域实例

2．插入表单对象

通过 Dreamweaver 的【表单】工具栏，用户可以方便地插入多种表单对象。下面就以文本字段类型为例，简单介绍插入表单对象的具体操作步骤。

1）插入表单区域

在插入各种表单对象之前，需要插入表单区域。将光标定位在插入点，单击【表单】工具栏中表单按钮。在插入点处出现红色的虚线矩形框，完成表单区域插入操作。

2）插入文本字段

将插入点放在表单线内，单击【表单】工具栏中文本字段按钮。此时在插入点处会出现蓝色虚线框，表明已经插入文本字段对象。同时在如图 9-49 所示的【属性】面板中，用户可以根据需要设置文本字段的属性。

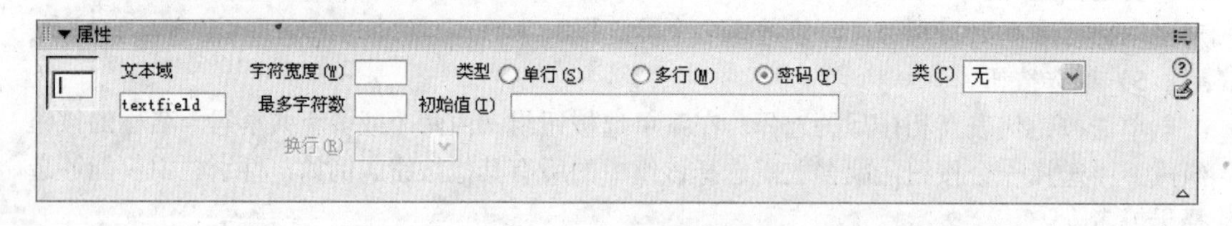

图 9-49　文本字段属性

3．验证表单

在 Dreamweaver 中设计者可以约束文本框仅能输入满足要求的内容，否则将显示输入内容不符合要求的提示框。例如用户仅能在文本字段表单域中输入数字信息、必填信息或者电子邮件格式的信息等，如果错误将有提示对话框显示，如图 9-50 所示。

下面就以验证表单数据的文本字段表单域为例，简单介绍操作步骤：

（1）创建一个文本字段和一个【提交】按钮，并为文本字段表单域设定一个名称。

图 9-50　要求输入电子邮件格式的提示信息

（2）单击【提交】按钮。在【行为】面板中，单击加号（+）按钮，然后从下拉列表中选择【检查表单】选项。

（3）在如图 9-51 所示的【检查表单】对话框中，选中文本字段表单域的值是必需的，并可以设置信息的内容是数字或文本等。单击【确定】按钮即可完成检验表单的操作。

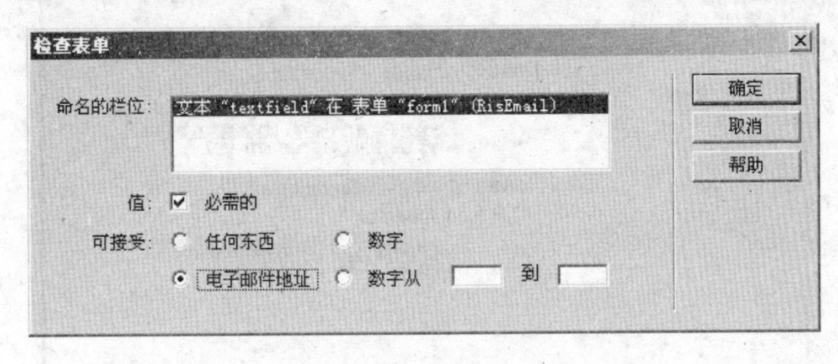

图 9-51　检查表单

9.3　实例网页制作

使用 Dreamweaver CS3 创建网页是非常方便快捷的，它可以非常方便地布局页面，加入各种多媒体元素，使网页的表现更加生动，引人入胜。本节以某学校的首页为例（实例演示网址 http://www.whsczxx.com/），实际演练一下如何制作一个图文并茂的网页（如图 9-52 所示）。

图 9-52　武汉市财政学校首页

9.3.1 建立站点

在开始制作网页前应先建立站点，这是为了更好地利用站点对文件进行管理，也可以尽量避免各种错误，如路径错误、链接错误等，还便于后期上传站点。

新建一个站点，站点名为whsczxx，设置本地根文件夹为D:\whsczxx\，默认的图像文件夹为D:\whsczxx\images\，如图9-53所示。

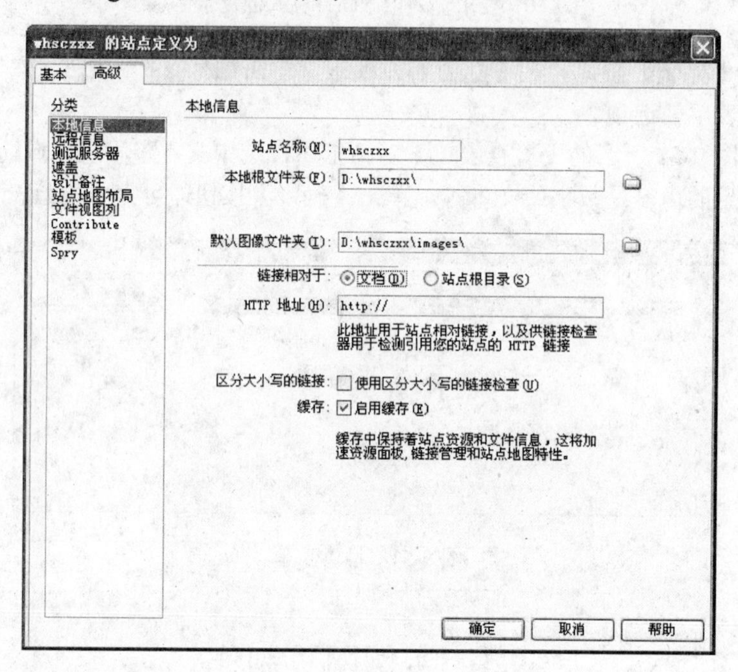

图9-53 建立站点

新建一个空白页面index.html作为站点的首页，再新建一个images文件夹作为存放图像等素材文件的文件夹，并复制事先准备好的图像等素材到images文件夹中备用。

9.3.2 制作图文页面

网页设计和制作是一个复杂而细致的过程，一定要按照先大后小、先简单后复杂的原则来进行。也就是说在制作网页时，要先把大的结构设计好，用表格布局出整个页面来，然后再来添加所需要的各种元素，最后再对各元素的样式、属性等进行设置。

1．设置页面属性

设置页面属性：页面字体为宋体 12 像素、文本颜色为黑色、背景颜色为深灰色、上下左右边距均为0，如图9-54所示。

2．布局表格

页面的表格布局如图9-55所示（下面的步骤按照图中的单元格标号讲解，并且插入的所有表格边框、间距和边距均为0像素）。

（1）插入一个4行1列的背景色为白色的表格，居中对齐，将其中第2行和第4行拆分成两列。

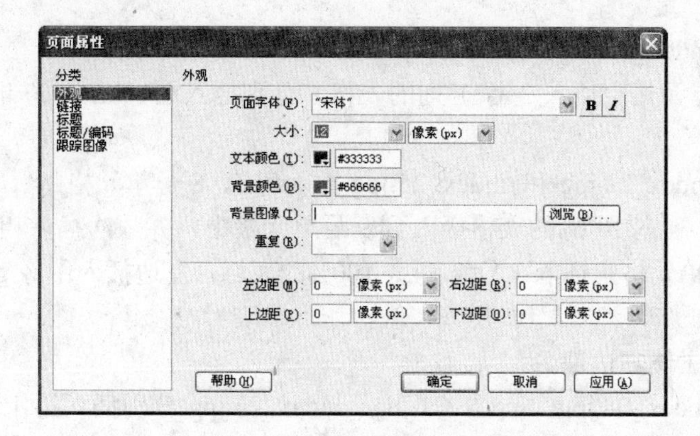

图 9-54 【页面属性】对话框

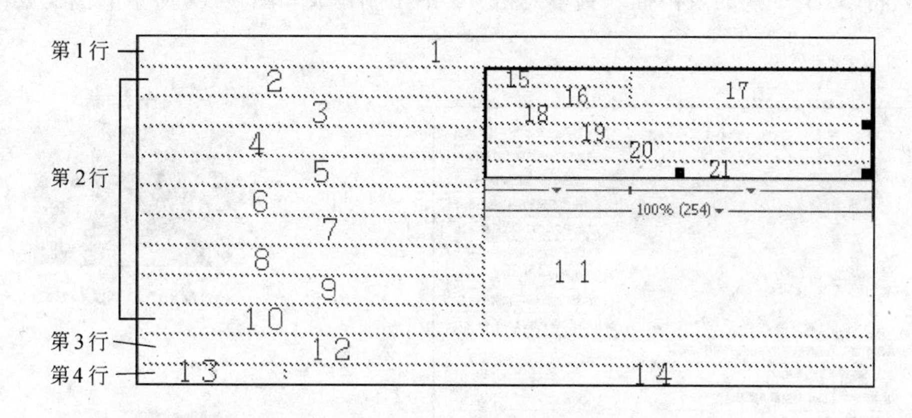

图 9-55 页面表格布局

（2）第 2 行的左边拆分成 9 行，右边为了不与左边的单元格发生牵制，故将 11 号单元格设置为顶端对齐后，单独插入一个宽度为 100%的 5 行 1 列的表格。

（3）将此 5 行 1 列的表格其中最上面一行分为左右两列，其中左边又分为两行。

3．制作页面顶部和底部

（1）将顶部 1 号单元格的背景颜色设置为#0681AD，插入 Flash 动画素材 menu.swf，并设置为居中对齐。

（2）将底部 12 号单元格设置背景为图像 index_33.jpg。

（3）将底部 13 号单元格设置水平居中对齐，并插入图像 foot_61.jpg。

（4）将底部 14 号单元格中插入 2 行 1 列的表格居中对齐，按图 9-56 所示填入相应的版权信息内容。

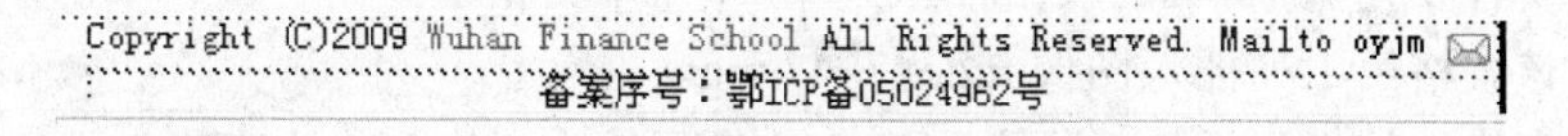

图 9-56 页面底部版权信息

4．制作页面主体左边部分

（1）将图像 index_07.jpg 插入 2 号单元格。

（2）设置 3 号单元格高度为 169 像素，并设置其背景图像为 index_12.jpg。

（3）将图像 index_15.jpg、index_19.jpg 插入到 4、5 号单元格中。

（4）在 6 号单元格中插入 3 行 1 列的表格，分别插入图像 new_27.jpg、new_28.jpg、new_32.jpg。

（5）将图像 index_22.jpg 和 index_25.jpg 插入到 7、8 号单元格中。

（6）将 5 行 1 列宽 100%的表格插入到 9 号单元格中，并依次插入相应的 logo 图像。

（7）在 10 号单元格中插入 1 行 2 列宽 100%的表格，左边插入图像 gangting.gif，右边插入图像 icp.gif。

5．制作页面主体右边部分

（1）将图像 index_08.jpg、index_21.jpg、index_23.jpg 分别插入第 15、18、19 号单元格中。

（2）将 3 行 3 列的表格插入到单元格 16 中，制作成如图 9-57 所示的图文表格最终效果。

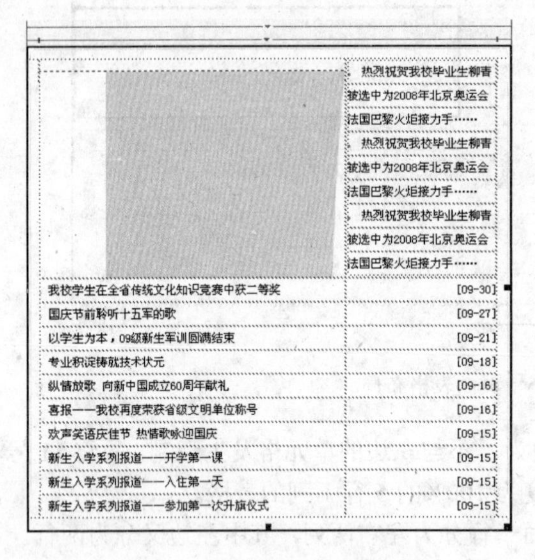

图 9-57　单元格 16 的最终效果

图 9-58　单元格 17 的最终效果

（3）将 3 行 1 列宽 100%的表格插入到第 17 号单元格中，第 1 行插入图像 index_10.jpg，第 2 行插入图像 index7_22.jpg，第 3 行设置高度为 191 像素，背景图像为 index_18.jpg，并且插入 7 行 1 列宽 98%的表格，填入相应的文字，如图 9-58 所示。

（4）将 1 行 13 列宽 100%的表格插入到第 20 号单元格中，依次插入 gd 文件夹中的图像 1～7.jpg。

（5）将 1 行 3 列宽 100%的表格插入到第 21 号单元格中。

（6）在该表格第 1 列插入图像 index7_47.jpg。

（7）该表格中间 1 列插入 2 行 1 列宽 315 像素的小表格，将小表格上面一行的高度设置为 33 像素，下面一行的背景为 divk_18.gif，插入 18 行 2 列宽 95%的表格，为了制作出文字下方的虚线分隔效果，奇数行单元格的高度都设置为 25 像素，第 1 列宽为 5%，填入相应文字；偶数行合并为 1 列，背景图片设置为 divk_14.gif，高度设置为 1，删除单元格源代码中的空格“ ”，如图 9-59 所示。

（8）在第 3 列插入 5 行 1 列宽 100%的表格，单元格图文填充成如图 9-60 所示的样式。

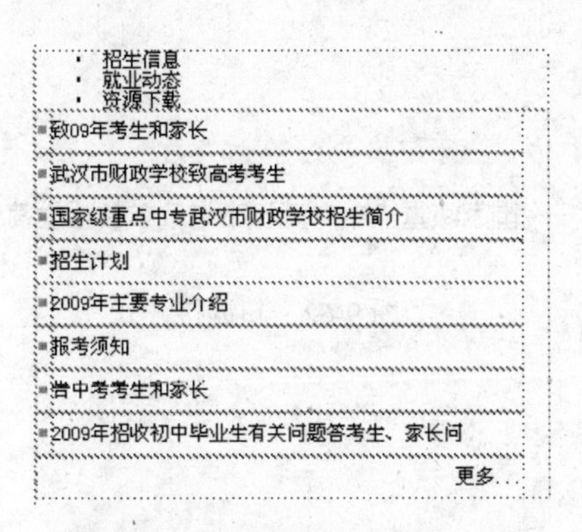

图 9-59　第 21 号单元格中间 1 列

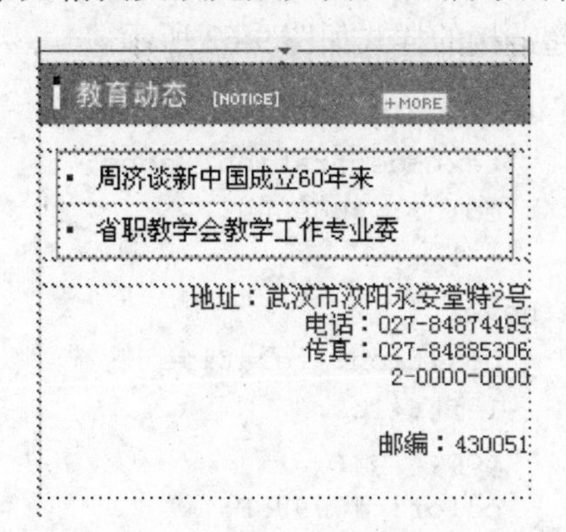

图 9-60　第 21 号单元格右边列

6．加入页面超链接

给页面的文字都加上相应的超链接，包括图像、文本、电子邮件等的相应超链接。

9.3.3　创建 CSS 样式

页面及其链接创建完毕后，有些页面元素的效果还不尽如人意，为了更好地美化页面，还需要给该页面创建并应用一个外部的 CSS 样式表，具体设置的样式代码如下：

1．单元格内字体样式

```
td {
    font-family: "宋体";
    font-size: 12px;
    color: #333333;
}
```

2．自定义的单元格以及图像样式

自定义的图像样式如图 9-61 所示。

```
.td {
    background-image: url(pic_bg.gif);
    text-align: center;
    position: fixed;
    height: 166px;
    width: 172px;
}
.img {
    height: 145px;
    width: 155px;
    margin-top: 4px;
    margin-bottom: 5px;
}
```

图 9-61　滚动图像样式

定义两个样式后，要选中图像所在的单元格，应用样式.td，选中图像应用样式.img。

3．超链接的样式

超链接的样式如图 9-62 所示。

```
a {
    text-decoration: none;
    color: #000000;
}
a:hover {
    position: relative;
    left: 1px;
    top: 1px;
    color: #0099FF;
}
```

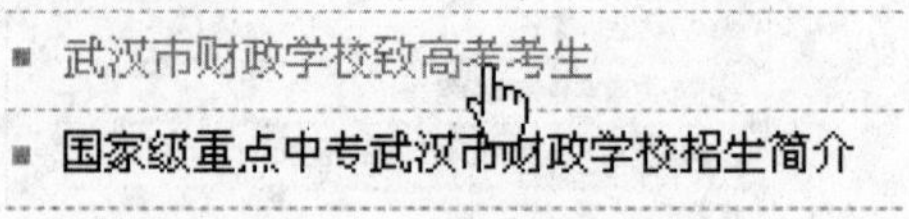

■ 武汉市财政学校致高考考生

■ 国家级重点中专武汉市财政学校招生简介

图 9-62　超链接样式

9.3.4　加入页面特效

已经制作出一个比较完整的网页了，但是网页并不精彩，这时可以添加一些滚动文本、滚动图像、广告轮换、选项卡菜单等丰富页面的效果。

1．滚动文本公告栏

在第 3 号单元格内插入一个 1 行 1 列，宽 90%居中对齐的无边框表格，表格内输入需要滚动的公告文本，然后加上代码：

```
<marquee width="200" height="160" direction="up" scrollamount="2"onMouse-
Over="this.stop();" onMouseOut="this.start();">  滚动文本 </marquee>
```

2．滚动图像

在第 20 号单元格中是已经插入了 7 张图像的表格，下面给该表格添加滚动代码：

```
<marquee direction="left" width="750" height="180" onMouseOver="this.
stop();"onMouseOut="this.start();" scrollamount="3">滚动图像表格</marquee>
```

3．选项卡菜单

将第 21 号单元格中间一列的文本改为选项卡菜单代码（如图 9-63 所示）。

- 招生信息
- 就业动态
- 资源下载

招生信息　　就业动态　　资源下载

图 9-63　选项卡菜单

```
<DIV id=searchT>
<LI class=wei_Click id=wei_node1>
<SPAN onmousemove="javascript:wei_click(document.getElementById ('wei_
node1'),1,'1,2,3');">招生信息</SPAN> </LI>
<LI class=wei_ntab id=wei_node2>
<SPAN onmousemove="javascript:wei_click(document.getElementById('wei_
node2'),2,'1,2,3');">就业动态</SPAN> </LI>
<LI class=wei_ntab id=wei_node3>
```

```
<SPAN onmousemove="javascript:wei_click(document.getElementById('wei_
node3');3,'1,2,3');">资源下载</SPAN> </LI> </DIV>
```

然后将下面对应的招生信息内容表格、就业动态内容表格、资源下载内容表格分别插入代码：

```
<DIV id=wei_sform_1 style="CLEAR: both; DISPLAY: block">表格 1</DIV>
<DIV id=wei_sform_2 style="CLEAR: both; DISPLAY: none">表格 2</DIV>
<DIV id=wei_sform_3 style="CLEAR: both; DISPLAY: none">表格 3</DIV>
```

最后在页面源代码的<head></head>之间加入代码：

```
<SCRIPT language=javascript>
var searchActivedItem=1;
//function wei_Beginning(num){                  //默认值函数
//  wei_click(document.getElementById("wei_node"+num),num,searchIDS);
//}
function wei_click(srcObj,searchID,searchIDS){
    var tabList = srcObj.parentNode.getElementsByTagName("li");
                                                //获取 li 的总数
        SS=searchIDS.split(",");                //循环改变按钮的样式
    for(var i=0;i<tabList.length;i++){
if(tabList[i].className.indexOf("wei_Click")!=-1)
              //如果 li 的样式名称没有 activedtab 就执行下面，有就等于-1
      {            tabList[i].className="wei_ntab";    //没有单击的样式
      }                                         //下面页面的隐藏和显示
      if(tabList[i]==srcObj){                   //如果是当前的 li 就执行
      for(var x=0;x<SS.length;x++){
     document.getElementById("wei_sform_"+SS[x]).style.display="none";
      }
    }
        var searchdivobj = document.getElementById("wei_sform_"
        +searchID);                             //单击当前参数 searchID 的值
        searchdivobj.style.display="block";
    }
    searchActivedItem = searchID;               //本参数值
    srcObj.className = "wei_Click";             //单击的样式改变成 activedtab
 }</SCRIPT>
 <style type="text/css"><!--
 .wei_Click {    DISPLAY: block; FONT-WEIGHT: bold; BACKGROUND: url(images/
 bg11.jpg) no-repeat center 50%; FLOAT: left; WIDTH: 105px; CURSOR: hand;
 COLOR: #fd8006; LINE-HEIGHT: 33px; HEIGHT: 33px; TEXT-ALIGN: center;
 TEXT-DECORATION: none
 }
 .wei_ntab { DISPLAY: block; FONT-WEIGHT: bold; BACKGROUND: url(images/
 bg22.gif) no-repeat center 50%; FLOAT: left; WIDTH: 105px; CURSOR: hand;
```

```
COLOR: #28adf9; LINE-HEIGHT: 33px; HEIGHT: 33px; TEXT-ALIGN: center;
TEXT-DECORATION: none
}--></style>
```


至此一个完整效果丰富的多媒体网页就全部制作完毕了。

9.4 Web 网站设置

9.4.1 在本机上设置站点

很多读者并没有远程的网站，或者希望在本地建站后上传到目标网站上，因此本节将介绍利用 Windows 自带的工具 IIS（Internet Information Server）设置本地的网站的方法。

1．安装 IIS

用户可以依次单击【开始】→【控制面板】→【添加删除程序】，并选择【添加删除 Windows 组件】，将会弹出如图 9-64 所示的对话框。

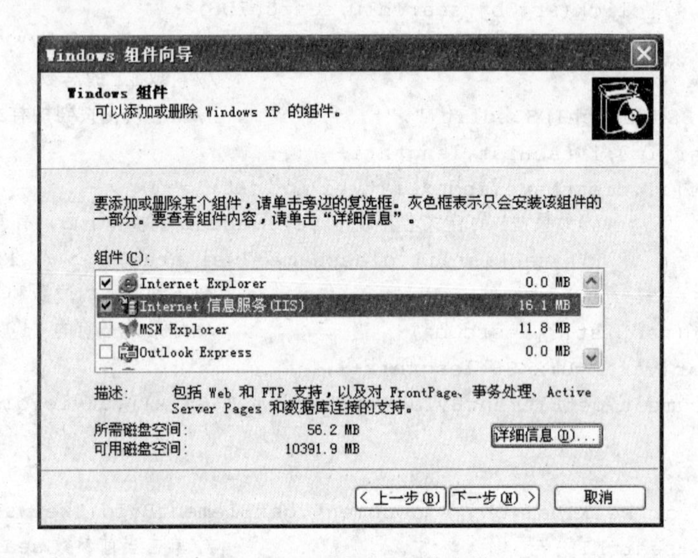

图 9-64 Windows 组件向导

选中【Internet 信息服务（IIS）】复选框，单击【确定】按钮，依据弹出的向导进行安装。

2．设置 Web 服务器

（1）依次单击【开始】→【控制面板】→【管理工具】，选择【Internet 服务管理器】，在弹出的如图 9-65 所示的【Internet 信息服务】对话框中，选择【网站】→【默认的 Web 服务器】，右击并选择【属性】命令。

（2）在弹出的设置 Web 服务器属性的对话框中（如图 9-66 所示），选择【网站】选项卡，设置 IP 地址和端口号。读者可以设置 IP 地址为【全部未分配】，或者选择下拉列表框中本机的 IP 地址信息。端口号如果没有冲突，推荐使用默认的 80 端口。

（3）选择【主目录】选项卡，设置 Web 站点所处的位置。例如本例中设置主目录为

D:\whsczxx\文件夹，保持默认的选项，如图 9-67 所示。

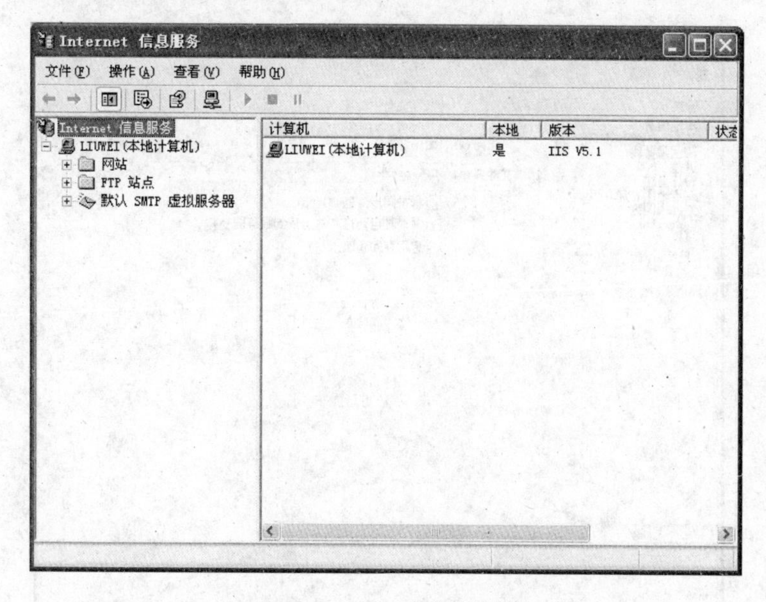

图 9-65　Internet 信息服务

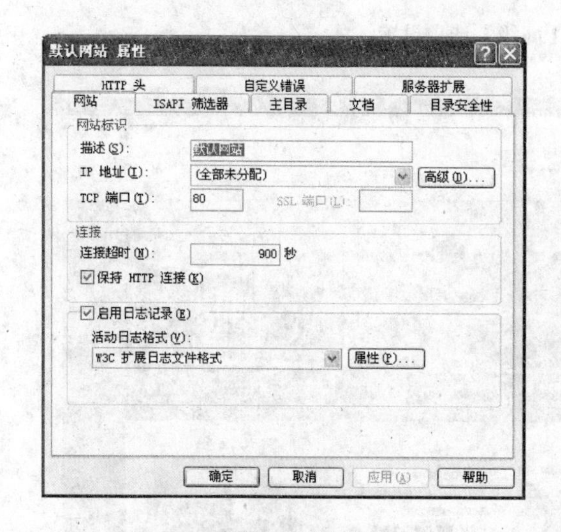

图 9-66　设置【网站】选项卡

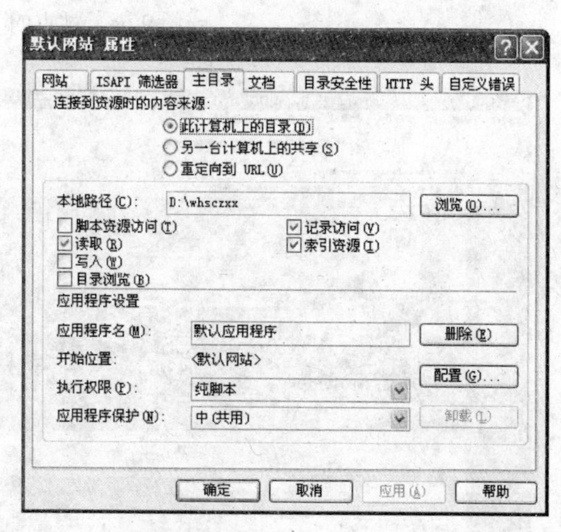

图 9-67　设置【主目录】选项卡

（4）选择【文档】选项卡，读者可以在此设置自己主页的默认名称。

3．设置站点并浏览

9.3 节已经建立了一个站点并制作了武汉市财政学校的首页，这里选择【站点】→【管理站点】命令，在弹出的对话框中选择站点“whsczxx”，单击【编辑】按钮。在弹出的如图 9-68 所示的站点定义对话框中选择【高级】选项卡，在【分类】栏中选择【远程信息】项，设置【远端文件夹】的地址。

再选中【测试服务器】项，选择【访问】为【本地/网络】，依次单击【确定】和【完成】按钮关闭对话框。这时可以打开浏览器并在地址栏中输入“http://127.0.0.1”或者

“http://localhost” 进行查看，如图 9-69 所示。

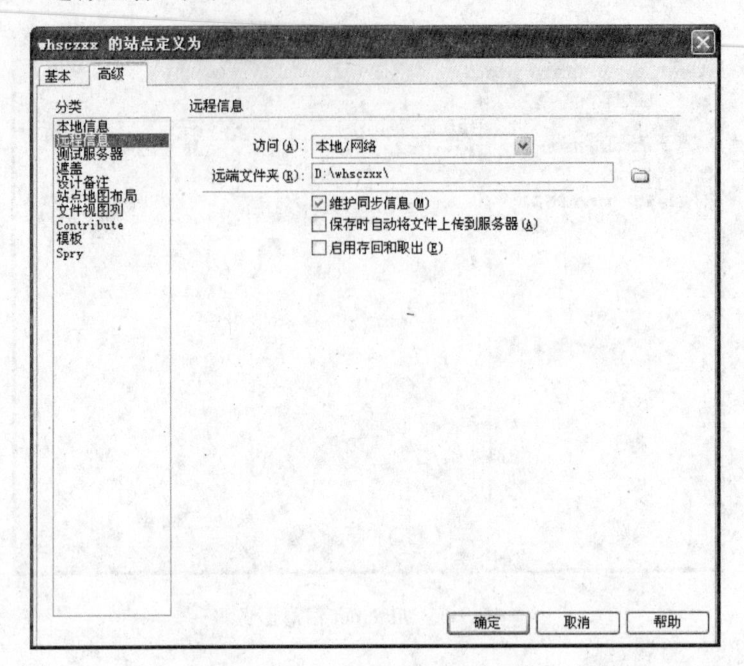

图 9-68　站点的【高级】选项设置

图 9-69　浏览上传文件

9.4.2　将网页上传发布

在本地创建的网站也可以使用 Dreamweaver 上传至远程的服务器，用户可以使用相同的方法创建站点，并在【管理站点】的【高级】选项卡上选择【远程信息】，在【远程信息】栏中单击【访问】下拉列表，并选择 FTP 选项。

在如图 9-70 所示的站点的【高级】选项卡对话框中设置 FTP 主机、主机目录、登录名称和密码等信息(用户上传前必须申请网站资源,可以在相应的网站资源中获得此信息)。

文件上传的方法和本地网站的方式基本相同，在此不再赘述。

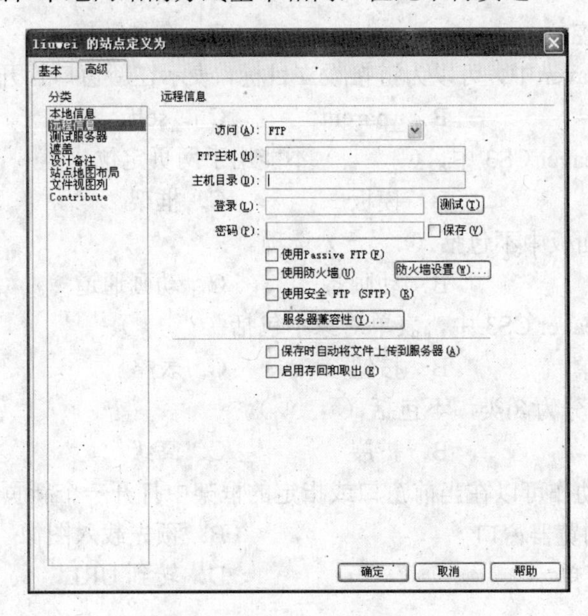

图 9-70　站点的【高级】选项设置

本 章 小 结

本章介绍了使用 Dreamweaver 的基本操作方法，包括安装、网站的建立、各种多媒体网页元素的添加等，并以武汉市财政学校的首页为例简要地介绍了一个图文并茂的网页的设计制作方法。最后介绍了上传网站的方法。

希望通过本章的学习能够使读者对 Dreamweaver 的使用有一定的了解，并能够自行设计页面并实现网站的创建工作。

思考与习题

1．选择题

（1）静态的网页文件是以（　　）为扩展名。

A．JSP　　B．ASP　　C．HTML　　D．PHP

（2）在“页面属性”对话框的“分类”列表框中选择（　　）选项，可以设置字体、文本颜色和背景图像等内容，同时也可以指定网页的页面边距。

A．链接　　B．外观　　C．类型　　D．定位

（3）单击表格的外边框，可以选中（　　），此时右边、下边和右下角会出现正方形

黑色控制柄。

A．整个表格　　B．单元格　　C．行　　D．列

（4）使用（　　）不仅可以跳转到其他网页中的指定位置，还可以跳转到当前网页中指定的位置。

A．热点链接　　B．锚点链接

C．文本链接　　D．图像链接

（5）在 Dreamweaver 中，可以为链接设立目标，表示在新窗口打开网页的是（　　）。

A．_blank　　B．_parent　　C．_self　　D．_top

（6）在 Dreamweaver CS3 中，（　　）不能用于网页定位。

A．表格　　B．模板　　C．框架　　D．AP Div

（7）“时间轴”面板中不包括（　　）选项。

A．播放头　　B．动画条　　C．动画通道　　D．链接

（8）在 Dreamweaver CS3 中，表单对象不包括（　　）。

A．跳转菜单　　B．按钮　　C．表格　　D．图像域

（9）CSS 属性被分为 8 类，不包括（　　）。

A．类型　　B．扩展　　C．高级　　D．区块

（10）（　　）动作可以在当前窗口或指定的框架中打开一个新页。

A．打开浏览器窗口　　B．预先载入图像

C．跳转菜单　　D．转到 URL

2．多项选择题

（1）下面哪些网页背景属性可以设置的？（　　）

A．背景图片　　B．背景颜色

C．背景的透明度　　D．以上都可以

（2）下面是音频格式文件的是（　　）。

A．扩展名为.au 的文件　　B．扩展名为.aif 的文件

C．扩展名为.mp3 的文件　　D．扩展名为.wma 的文件

（3）在 Dreamweaver 中下面哪些文件类型是可以进行编辑的？（　　）

A．HTML 文件　　B．文本文件（.txt）

C．脚本文件（.js）　　D．样式文件（.css）

（4）在 Dreamweaver 中，下面是 HTML 可以支持的格式的是（　　）。

A．GIF　　B．JPEG　　C．PNG　　D．JPG

（5）在模板编辑时可以定义而在网页编辑时不可以定义的是（　　）。

A．可编辑区　　B．可选择区　　C．可重复区　　D．设置框架

3．问答题

（1）网页中图像的常见格式有哪几种？各有什么用途？

（2）在 Dreamweaver 中有几种超链接？请简要介绍创建跳转到其他页面指定位置的锚点链接方法。

（3）CSS 样式属性分为 8 类，分别是什么？各有什么作用？

（4）Dreamweaver CS3 的 Spry 工具主要有哪些功能？

（5）简要说明模板与库的作用及其操作方法。

4．设计题

（1）创建“站点 1”，以班级文化建设为主题。网站中应该包含文字和图片。本网站要求内容丰富，多个网页之间可以自由跳转。

（2）创建“站点 2”，主题不限，要求使用表格布局网站网页中的内容，要求内容紧凑丰富，单元格中加入文字、图片和 Flash 动画等媒体。

（3）使用 IIS 创建本地站点，将站点 2 中的网站上传至站点中，并能够在浏览器中输入地址访问此网站。

第10章 多媒体CAI课件设计实例

在课堂教学中利用CAI与利用黑板、粉笔、挂图等传统教学方法有本质的区别，CAI技术具有集成性、交互性、可控性、非线性等特点。CAI课件特有的优点使它不仅改变了教学手段，而且对传统的教学模式、教学内容、教学方法等产生了深远的影响。本章以“多媒体CAI课件制作”这门课程的多媒体课件开发为例，说明课件从设计到制作的整个过程，重点介绍该课件的背景、教学设计、课件软件设计、脚本的撰写以及实现步骤。

本章学习重点

- 多媒体课件的教学设计方法；
- 多媒体课件的软件设计方法；
- 多媒体课件脚本的撰写方法；
- 多媒体课件的制作流程。

10.1 课件的教学设计

课件的教学设计是一个非常重要的环节，要将教学思想融入其中。教学设计的好坏直接影响到课件的质量。“多媒体CAI课件制作”这门课程综合性较强，其目的是让学生掌握创造教育性、科学性、艺术性于一体的高质量CAI课件的方法。

制作“多媒体CAI课件制作”课程的课件可达到两个方面的目的。首先，可以为教师的教学环境提供一个可靠的、优秀的教育信息管理平台，为教师教授“多媒体CAI课件制作”课程提供良好的教学环境。其次，为学生提供学习条件。该课件注重培养学生的探索、反思与创造能力，让学生在教师的指导和帮助下，创造性地着手解决问题，使其协作能力、探索能力、创造能力得到提高，个性得以发展。

1．教学设计原则

以辅助教学为中心的CAI课件设计原则可概括如下：

（1）确定教学目标。

（2）分析学习者的特征，包括学习者是否具有学习当前内容所需的预备知识，以及具有哪些认知特点和个性特征等。

（3）根据教学目标确定教学内容和教学顺序。

（4）根据教学内容和学习者特征的分析确定教学的起点。

（5）制定教学策略，包括教学活动进程的设计和教学方法的选择。

（6）根据教学目标和教学内容的要求选择并设计教学媒体。

（7）进行教学评价，以确定学生达到教学目标的程度，并根据评价所得到的反馈信息对上述教学设计中的某一个或某几个环节做出修改或调整。

2．课件内容的组成形式

“多媒体CAI课件制作”课件结构采用超媒体结构。该课件内容的组织采用完整的单元课件的组织形式。

（1）完整的单元课件按课堂教学的课时单元（用于辅助 45 分钟课堂教学）组织内容，辅助教师的课堂教学。

（2）课件素材库是整个课件所用到的多媒体素材。形式主要有文本素材、声音素材、图形素材、动画素材、视频素材。

3．课件内容组成部分

1）总体课件结构

- 课程教学目标与要求。
- 教学进度计划安排。
- 课程知识结构。
- 学习方法。
- 参考资料。
- 教师简介。

2）单元课件结构

- 教学目标，以条目形式列出。
- 知识点，以条目列出。
- 教学重点、难点。
- 课堂教学过程中需要展示的各种媒体，及其必要的逻辑联系。
- 练习、思考题。

4．教学内容知识结构的建立

在教学设计阶段，要建立教学内容知识结构。将教学内容划分成若干个知识单元，并确定每个知识单元知识点的构成及所达到的教学目标。图 10-1 所示的是“多媒体 CAI 课件制作”课件中某一章的教学内容按知识点的划分情况。

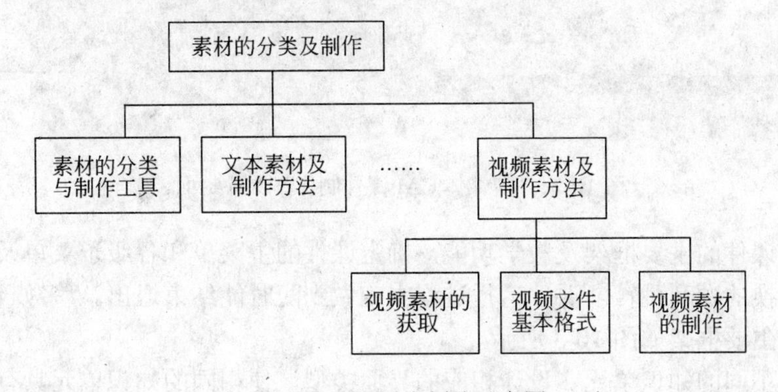

图 10-1　知识点划分示意图

10.2　课件系统设计

1．CAI 课件的开发及运行环境

在确定课件开发工具时应考虑如下两个方面：

（1）考虑工具的编程环境、超链接能力、媒体集成能力、动画创作能力等方面的问题，同时注重与媒体素材制作工具（如PhotoShop、3D MAX、Premiere、Fireworks等软件）的结合，以实现美观、友好、互动的效果。

（2）CAI课件最终要由用户使用，为方便用户使用，课件必须可以脱离开发平台运行，即不应要求在用户的机器上也安装用于开发的系统。本项目要求开发出的CAI课件在普通的软硬件环境下运行流畅，兼容性强，并能支持网络运行。

根据上述的原则，该课件采用比较成熟的CAI开发工具Authorware 7.0进行开发。

2．CAI课件的呈现方式

CAI课件采用超媒体结构，由类似人类联想记忆结构的非线性网状结构来组织教育信息，没有固定的顺序，也不要求人们按照一定的顺序来提取信息。锚、节点、链、网络是超媒体结构4个基本要素。设计该课件的呈现方式考虑了以下几个方面：

（1）设计课件的封面要形象生动，标题要简练，能引起学生兴趣，导言要阐明教学目标与要求，能呈现课件基本结构。“多媒体CAI课件制作”课件的封面如图10-2所示。

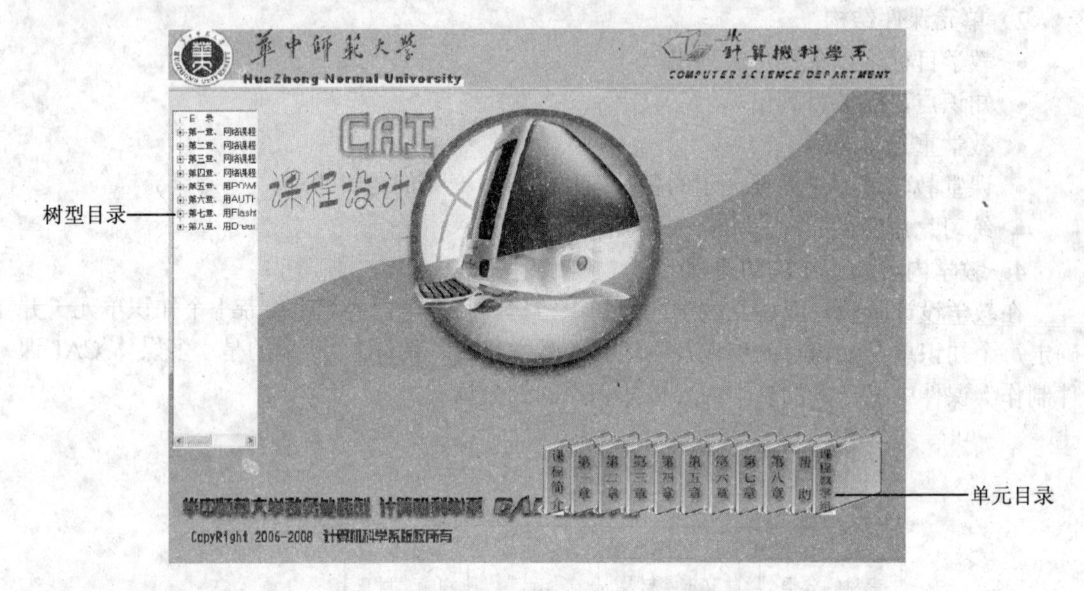

图10-2 “多媒体CAI课件制作”课件封面

（2）根据课件的主要框架及教学功能，确定课件的主菜单和各级子菜单及按钮，实现所表达内容转换的顺利跳转。课件运行过程中应做到随时能结束退出。“多媒体CAI课件制作”课件的主要框架如图10-3所示。

（3）根据不同的知识单元，设计相应的界面类型，使相同的知识单元具有相对稳定的界面风格，并考虑每类界面的基本组成要素。界面设计内容既要集中，又要排列有规律，相互联系融为一体。设计要注重感知效果，用背景把知觉对象衬托出来的方法可提高感知效果。界面上显示的内容要符合记忆策略，显示出的文字句子要短，语言要精练，意义要明确，重点要突出，界面提示或操作项目不超过5项为宜。

（4）应充分发挥交互作用，使用超文本结构能根据不同的反馈内容来设计反馈呈现形式。充分利用多媒体技术提供的多种输入输出功能，使多媒体CAI课件具有较强的交互性。

适当加入人机交互方式下的练习，既可请同学上台操作，也可在上课时由教师操作演示。

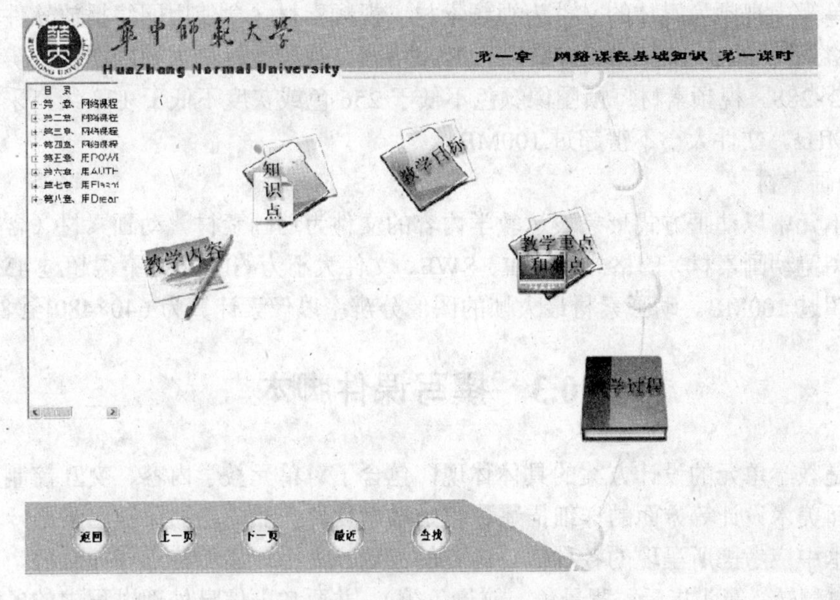

图 10-3 “多媒体 CAI 课件制作”课件框架

（5）注意声、图、文的混合。例如，对于一些动画，由于其自身不带声音，设计时，应为动画配上适当的音乐或音响效果，这样可以同时调动学生的视听觉功能，有利于学生记忆，提高教学质量。

3．确定课件素材的制作标准

在课件系统设计阶段要确定课件素材的制作标准。下面是“多媒体 CAI 课件制作”课件素材的制作标准。

1）文本素材

教学单元中以文字为媒体的文件为文本素材。文本素材用于表达课堂教学需要板书的内容。文本的基本单位为段落。内容组织的逻辑结构通过标题体现。标题与子标题采用点分层次结构，第一级为 1.，其标题下的子标题为 1.1，依此类推，不超过四级。文本素材中的汉字采用 GB 码统一编码和存储，英文字母和符号使用 ASCII 编码和存储。文本素材通用的主要文件格式为 TXT 和 DOC 格式。

2）图形（图像）素材

教学单元中以图形（图像）为媒体的文件为图形（图像）素材。图形（图像）素材的格式为 JPG、GIF。在 800×600 的分辨率下，以像素为单位，图形（图像）的大小一般设为 200×200 至 800×800。彩色图像的颜色数不低于 8 位色数，灰度级不低于 128 级，图形可以为单色，扫描图像的扫描分辨率不低于 300dpi。文件大小不得大于 5MB，以清晰为原则，视觉效果较好。

3）音频素材

教学单元中以数字化音频为媒体的文件为音频素材。音频素材（含使用网络播放软件浏览音频材）的格式为 MP3。数字化音频的采样频率为 22～44kHz，量化位数不低于 16 位，声道建议用双声道，文件大小不得超过 50MB。背景噪音以不影响聆听内容为准。

4）视频素材

教学单元中视频为媒体的文件为视频素材。视频素材（含使用网络播放软件浏览视频素材）的格式为 AVI(MPEG4)、WMV 和 RM 格式。视频素材最大帧的图像分辨率以像素计算为 352×288。视频素材每帧图像颜色不低于 256 色或灰度不低于 128 级，采样基准频率为 13.5MHz。文件大小不得超过 100MB。

5）动画素材

教学单元中以动画方式形象表达教学内容的文件为动画素材。动画素材（含使用网络播放软件浏览动画素材）的格式为 GIF、SWF。文件大小为 GIF 文件不得超过 4MB，SWF 文件不得超过 100MB。动画素材最大帧的图像分辨率以像素计算为 640×480 至 800×600。

10.3 撰写课件脚本

脚本是教学单元的设计方案的具体体现，包含了对单元教学内容、交互控制方式、声音以及界面美术设计等方面的详细描述，它是教学软件产品成功的关键因素之一。

在脚本中应考虑所呈现的各种信息内容的位置、大小、显示特点（如颜色、闪烁、下划线、黑白翻转、箭头指示、背景色、前景色等），并要考虑信息处理过程中的各种编程方法和技巧。通常，多媒体课件脚本应包含软件系统的结构说明、知识单元分析、界面设计、链接关系的描述等。“多媒体 CAI 课件制作”课件中首页的文字脚本如图 10-4 所示。

“多媒体 CAI 课件制作”文字脚本

课程名称：多媒体 CAI 课件制作　　页　数：1

脚本设计：李　海　　完成日期：2006.8

序号	内　容	媒体类型	呈现方式
1	CAI 课件设计 目录 第一章　基础知识导论 第二章　教学课件的设计方法 第三章　网络教学环境设计方法 第四章　素材的分类及制作 第五章　PowerPoint 应用基础 第六章　Authorware 应用基础 第七章　Flash 制作动画方法 第八章　Dreamweaver 4.0 制作网页方法 华中师范大学教务处监制 计算机科学系	文　本	文本＋图像＋音乐
	标志图片	图　像	
	可旋转的计算机	动　画	
	背景音乐	声　音	动画显示

说明：序号：按教学过程的先后顺序编号。

内容：呈现具体知识内容、练习题或答案。

媒体类型：按文本、图形、动画、视频和声音分类。

呈现方式：指各种媒体信息出现的前后次序。

图 10-4 “多媒体 CAI 课件制作”文字脚本

由文字脚本卡片的内容可以很方便地设计出对应的制作脚本卡片。“多媒体 CAI 课件制作”的制作脚本如图 10-5 所示。

“多媒体 CAI 课件制作”制作脚本

课程名称：多媒体 CAI 课件制作　　　　页　　数：1

脚本设计：李 海　　　　完成日期：2006.8

本页画面

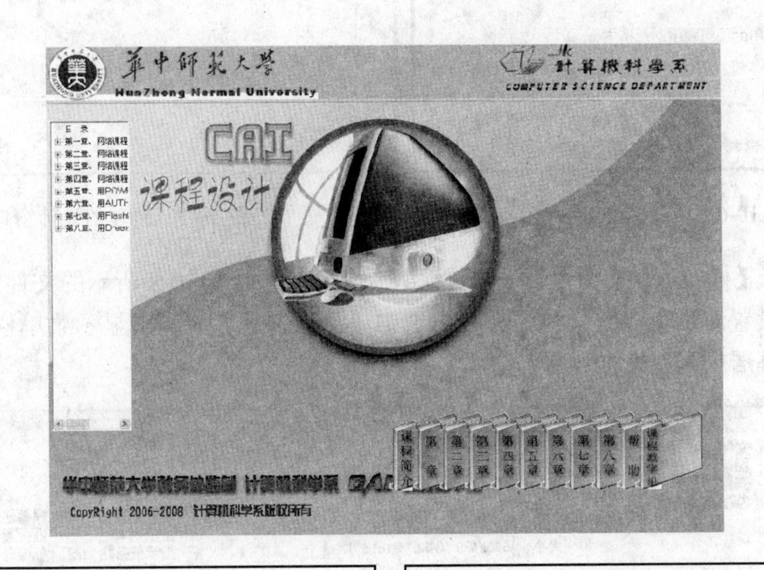

1. 出现方式 文字、图像均以“出现”的方式显示出来。 2. 出现顺序 先呈现文本和图像，当单击动画按钮时，计算机开始旋转。	本页流程图 启动该课件进入本页 流程图说明 1. 单击“第*章”书形按钮时至第*章画面。 2. 单击树型菜单，可进入相应的画面。

图 10-5 “多媒体 CAI 课件制作”制作脚本

10.4 课 件 制 作

编写好课件脚本后要准备文字、图形、声音、视频等多种素材，之后可根据脚本的内容进行课件制作。

10.4.1 新建文件夹

在制作 CAI 课件时首先要为课件创建一个新的文件夹，以后课件制作过程中相关文件都放入其中，以便于管理和打包发布。

（1）启动 Authorware 7.0 应用程序，单击界面上出现的欢迎画面。

（2）在弹出如图 10-6 所示的【新建文件】对话框中单击【取消】或者【不选】按钮，创建一个无对象的空文件，如图 10-7 所示。

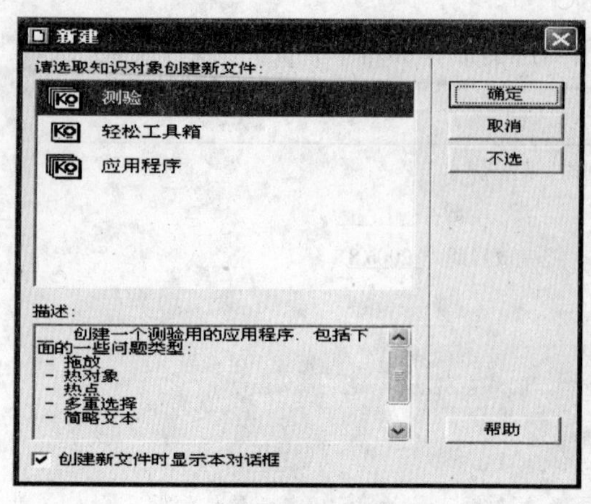

图 10-6　新建文件对话框

图 10-7　新建的设计窗口

（3）选择【修改】→【文件】→【属性】命令，打开如图 10-8 所示的文件属性对话框，在对话框中设置演示窗口的分辨率，取消选中【显示标题栏】和【显示菜单栏】复选框，并选中【屏幕居中】复选框。

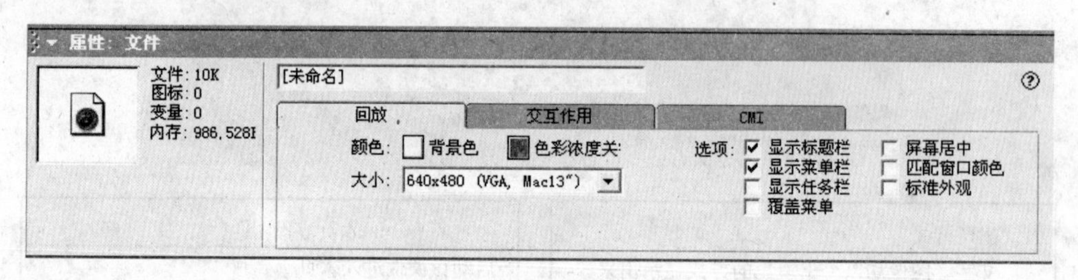

图 10-8　文件属性对话框

10.4.2　搭建总体框架

搭建课件的总体框架时要根据总体流程的设计完成，总体流程框架如图 10-9 所示。在课件中，通过树型目录和单元目录两种途径都可进入课程内容。

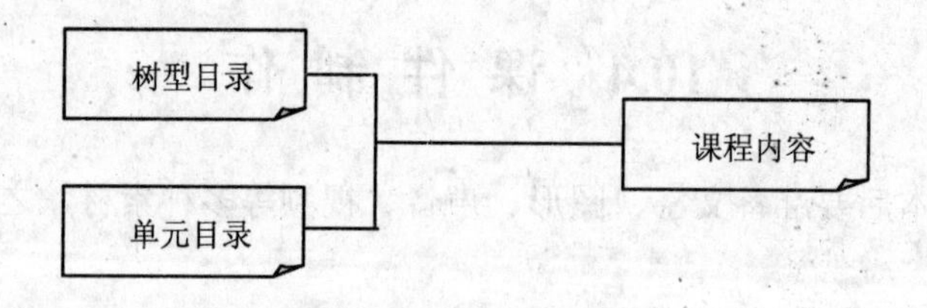

图 10-9　总体流程框架

搭建课件的总体框架操作步骤为：连续拖三个群组图标到主设计窗口的流程线上，依次命名为“树型目录”、“单元目录”和“课件内容”，如图 10-10 所示。

10.4.3　制作树型目录

课件中将课程内容按章节组成树型目录结构，如图 10-11 所示，用户通过该树型目录可以直接进入所需的内容。

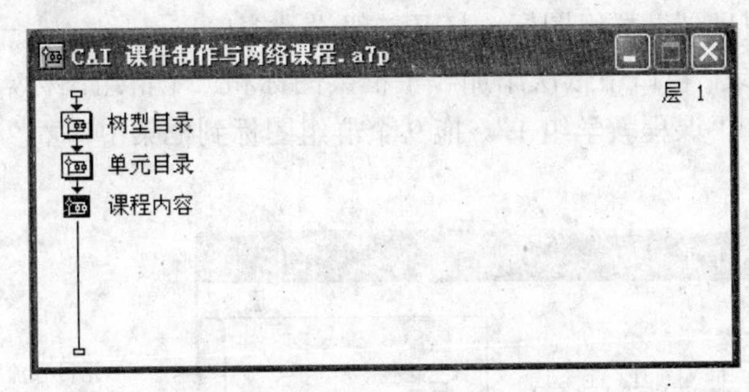

图 10-10　课件的总体流程框架

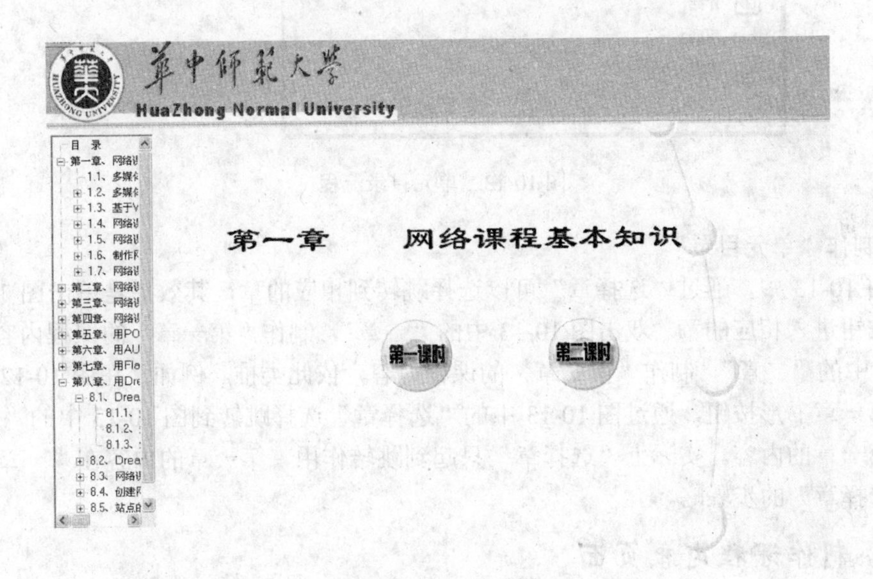

图 10-11　树型目录

树型目录需要编程实现，也可将树型目录改为其他形式。

10.4.4　制作单元目录页面

在课件中通过“单元目录”也可以进入相应的章节，单元目录如图 10-12 所示。具体实现步骤如下：

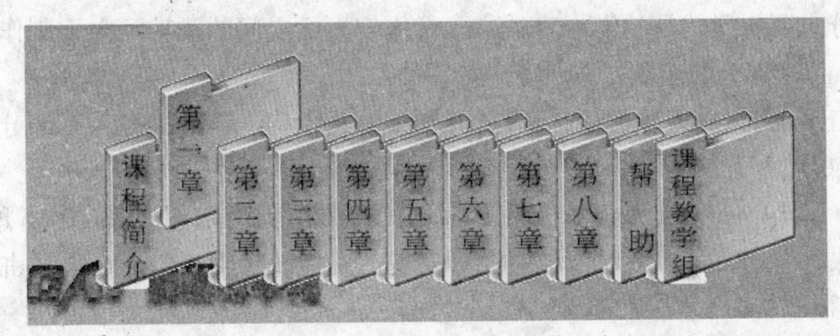

图 10-12　单元目录

1．在“单元目录”窗口中设置图标

（1）双击“树型目录”群组图标，打开二级设计窗口。

（2）在“单元目录”窗口中依次添加一个框架图标和三个群组图标，分别命名为“章”、“介绍”、“帮助 1”和“课程教学组 1”。拖 9 个群组图标到框架中“章”的右边，命名如图 10-13 所示。

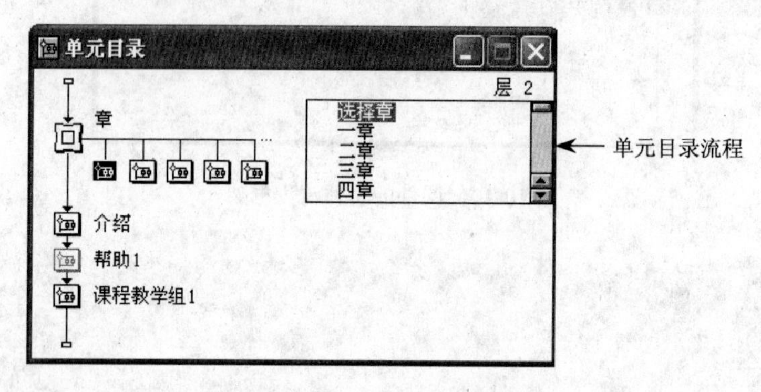

图 10-13　单元目录流程

2．制作“单元目录”

在图 10-13 中，通过“选择章”可以选择跳转到相应的章，其效果是单击图 10-12 中的书形按钮进入相应的章。双击图 10-13 中的“一章”，制作“第一章”的课程内容，双击图 10-13 中的“二章”，制作“第二章”的课程内容，依此类推。例如，在图 10-12 的界面上单击第一章书形按钮，通过图 10-13 中的“选择章”选择跳转到图 10-13 中的“一章”，显示出第一章的内容。实际上“选择章”只起到跳转作用，第一章的内容在“一章”中。实现“选择章”的步骤略。

10.4.5　制作课程内容页面

完成以上各操作后，便完成了框架的构建，下面开始制作课件中的具体内容。

1．制作“课程内容”群图标

（1）在图 10-10 中，双击“课程内容”群组图标，打开“课程内容”设计窗口。

（2）在“课程内容”窗口中添加一个框架图标，命名为“全书内容”，并在其右边放置 20 个群组图标，如图 10-14 所示。

2．制作“课程内容”

在该部分主要实现的是教学内容的录入及内容页面之间的跳转，由于制作相似，在此仅介绍实现 unit 1 部分的步骤。

（1）双击“全书内容”框架图标，打开框架默认机构，删除“进入”部分所有图标，修改后如图 10-15 所示。

（2）在图 10-14 中，双击 unit 1 群组图标并添加群组图标，打开如图 10-16 所示的窗口，其中“第一课时”和“第二课时”群组图标实现的功能及步骤相似，这里只讲解“第一课时”群组图标。

（3）双击“第一课时”群组图标，打开“第一课时”窗口并添加一个框架图标和两个群组图标，如图 10-17 所示。

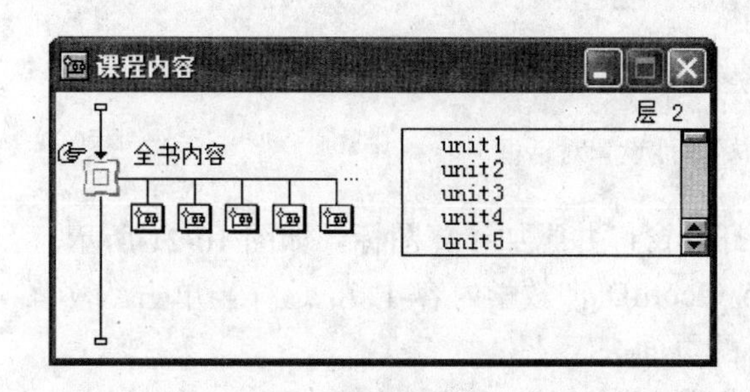

图 10-14 “课程内容”设计流程

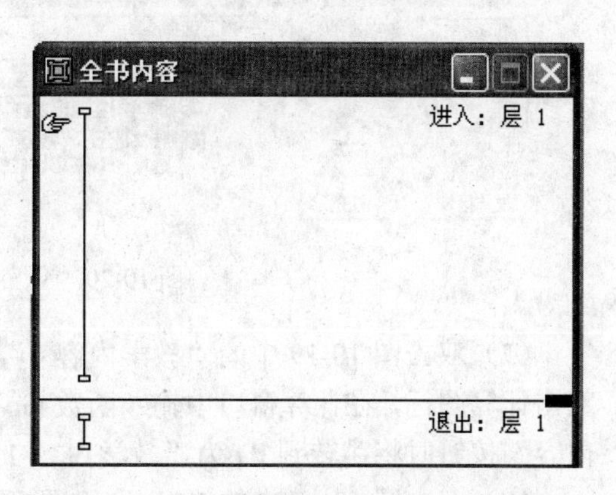

图 10-15 “全书内容”框架结构设置

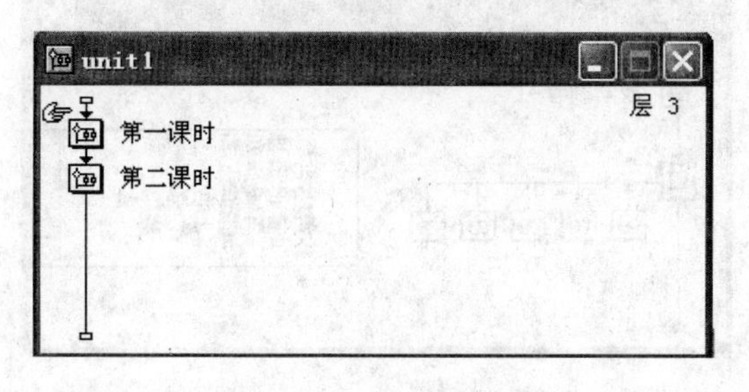

图 10-16 unit1 设计流程

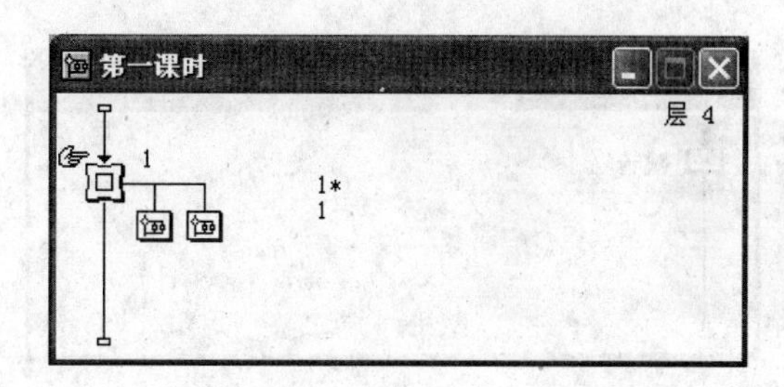

图 10-17 “第一课时”流程设计

（4）双击“1”框架图标，打开“1”框架窗口并添加一个显示图标，如图 10-18 所示。因为在“第一课时”的所有页面里都将显示该课时所讲的章节及标题，所以在框架图标里添加了“章标题”显示图标，如图 10-18 所示。

（5）双击图 10-17 中“1*”群组图标，打开“1*”窗口并添加若干个图标，如图 10-19 所示。

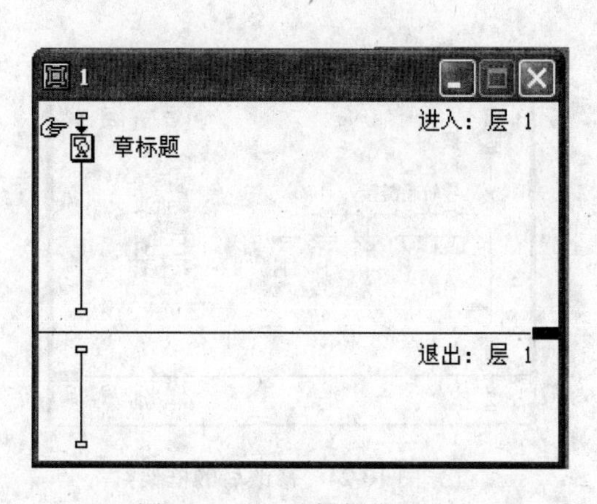

图 10-18 “1”框架流程设计

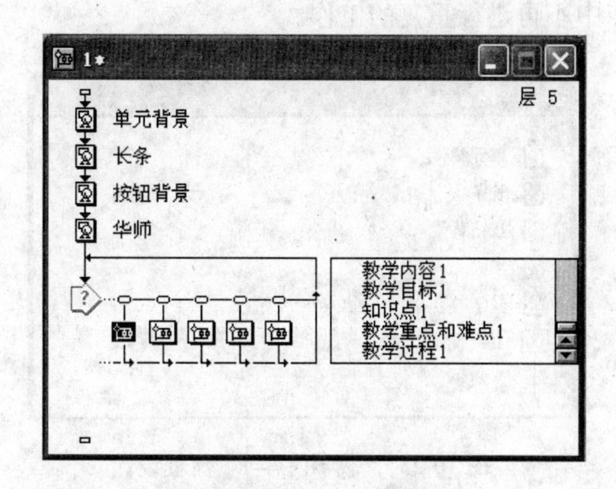

图 10-19 “1*”流程设计

（6）设置图 10-19 中交互图标的属性，如图 10-20 所示。

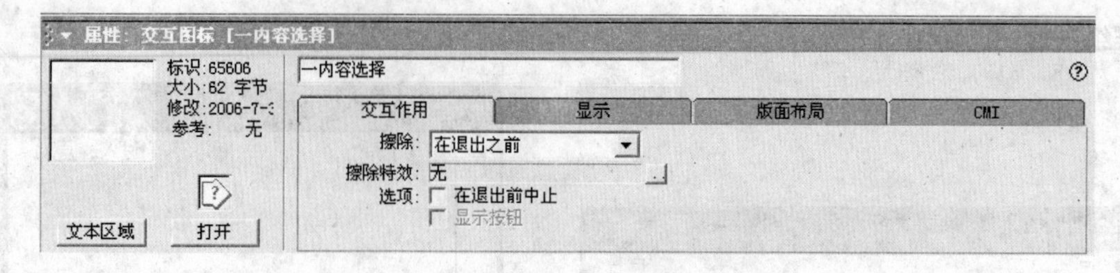

图 10-20 交互图标属性设置对话框

（7）双击图 10-19 中的"教学内容 1"，打开窗口并添加计算图标，如图 10-21 所示，双击计算图标，在计算窗口中输入函数 GoTo（IconID@"教学内容-1"），这样当单击"教学内容"按钮时将跳转到 ID 为"教学内容-1"的页面去。

（8）双击图 10-17 中的"1"群组图标，打开如图 10-22 所示的对话框。

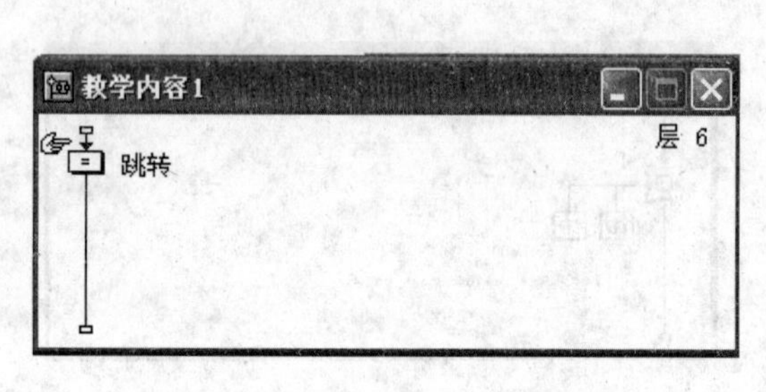

图 10-21 "教学内容 1"流程设计

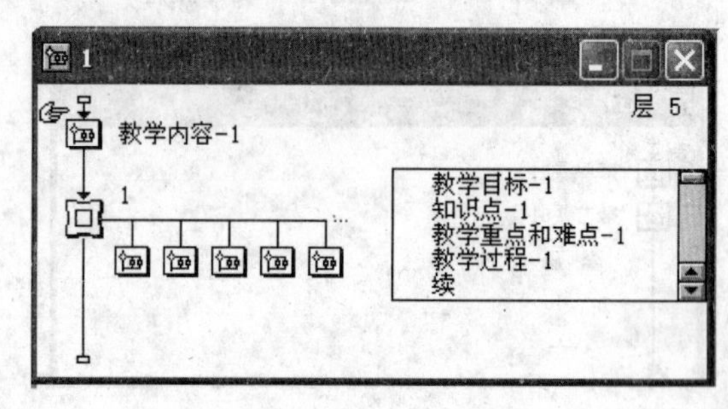

图 10-22 "1"群组的流程设计

（9）双击图 10-22 中的"教学内容-1 "群组图标，打开窗口并添加图标，如图 10-23 所示。该窗口中实现第一章第一课时教学内容的首页。

（10）双击图 10-22 中的"1"的框架图标，打开框架默认机构并修改为如图 10-24 所示的内容。其功能是擦除前面页面中的内容，由于后面每页中都有"返回"、"下一页"、"上一页"、"最近页"、"查找"按钮，所以在框架图标中一次性实现，这样可以在后面的页面中不再进行重复的工作。

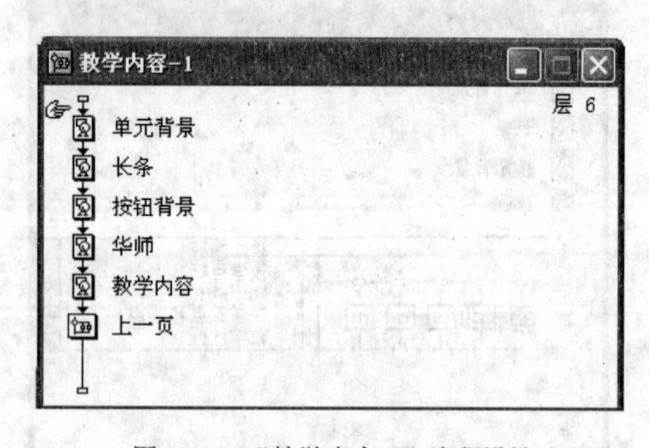

图 10-23 "教学内容-1"流程设计

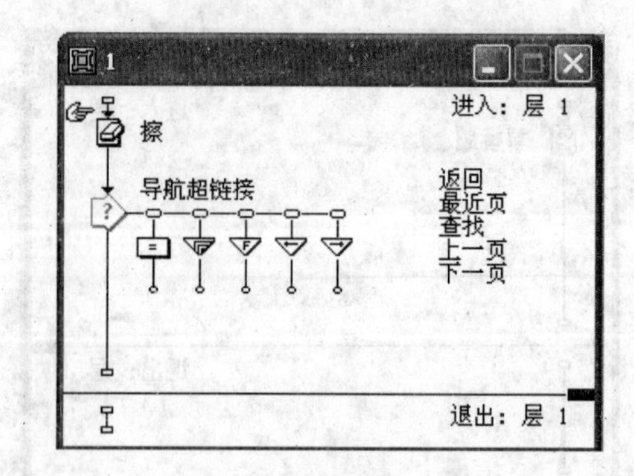

图 10-24 修改后的框架

在图 10-22 中的"1"框架图标添加的一系列群组图标中，可实现第一章中的其他教学内容。

本 章 小 结

本章以“多媒体 CAI 课件制作”这门课程的 CAI 制作为例，说明 CAI 课件制作的主要过程和实现步骤。制作 CAI 课件首先要进行需求分析，然后进行教学设计和软件设计，教学设计时要将教学思想和教学方法体现在教学设计方案中，软件设计时要将课件的功能及实现方法体现在软件设计中，根据这些设计写出课件脚本，最后进行 CAI 制作。

思考与习题

1．单选题

（1）CAI 课件可以为（　　）提供一个良好的教学平台，也可以为学生提供一个自主的学习环境。

A．学生　　B．教师　　C．用户　　D．职工

（2）课件教学设计是 CAI 课件设计中的一个非常重要的环节，要将（　　）融入其中。

A．教学目的　　B．教学内容　　C．教学过程　　D．教学思想

（3）在教学设计阶段，要建立教学内容知识结构。将教学内容划分成若干个知识单元，并确定每个知识单元的（　　）构成及所达到的教学目标。

A．知识结构　　B．知识点式　　C．知识内容　　D．知识理论

（4）设计课件的封面要（　　），标题要简练，能引起学生兴趣。

A．严肃大方　　B．形象生动　　C．色彩丰富　　D．文字华丽

（5）课件运行过程中应做到随时能（　　）。

A．结束退出　　B．进入　　C．播放音乐　　D．演示动画

2．多选题

（1）要创造出集教育性、科学性、艺术性于一体的高质量的 CAI 课件，不但要掌握一定的多媒体制作技术，具有扎实的学科功底，还必须掌握相关的（　　）理论知识。

A．教育学　　B．教育心理学理

C．操作系统　　D．数据库技术

（2）（　　）是超媒体结构三个基本要素。

A．节点　　B．链　　C．多媒体　　D．网络

（3）在课件系统设计阶段要确定课件素材的制作标准，其中包括（　　）标准。

A．文字　　B．图形　　C．声音　　D．视频

（4）多媒体课件脚本应包含软件系统的（　　）的描述等。

A．结构说明　　B．知识单元分析

C．界面设计　　D．链接关系

（5）在脚本中应考虑所呈现的各种信息内容的（　　）。

A．位置　　B．大小　　C．显示特点　　D．颜色

3．判断题

（1）屏幕上显示的内容要符合记忆策略，文字输出句子要长。（　　）

（2）编写好课件脚本后不需要准备文字、图形、声音、视频等多种素材，便要根据脚本的内容进行课件制作。（　　）

（3）制作课件首先要制作课件封面。（　　）

（4）图形（图像）素材在 Internet 上通用的格式为 BMP。（　　）

（5）课件不需要交互性。（　　）

4．问答题

（1）简述教学设计原则。

（2）简述课件制作的过程。

（3）简述在进行课件制作前要准备哪些素材。

5．设计题

请以自己专业中的某个知识点为题，设计并制作 CAI 课件。

参考文献

[1] 杨青，郑世珏. 多媒体技术及应用. 北京：清华大学出版社，2008.
[2] 陈怡，张连发，张猛. 多媒体技术及应用实训教程. 北京：清华大学出版社，2009.
[3] 阮芸星，蔡霞. 多媒体技术及应用学习教程. 北京：清华大学出版社，2009.
[4] 杨青，阮芸星，郑世珏. 多媒体 CAI 课件制作技术与应用. 北京：人民邮电出版社，2006.
[5] 郑世珏，刘建清，刘蓉. CAI 课件制作与网络课程的设计. 武汉：华中师范大学出版社，2003.
[6] 赵子江. 多媒体技术基础. 北京：机械工业出版社，2004.
[7] 赵国志，赵璐. 色彩构成与绘画设计艺术. 北京：美术出版社，2004.

21 世纪高等学校数字媒体专业规划教材

ISBN	书　名	定价（元）
9787302222651	数字图像处理技术	35.00
9787302218562	动态网页设计与制作	35.00
9787302222644	J2ME 手机游戏开发技术与实践	36.00
9787302217343	Flash 多媒体课件制作教程	29.5
9787302208037	Photoshop CS4 中文版上机必做练习	99.00
9787302210399	数字音视频资源的设计与制作	25.00
9787302201076	Flash 动画设计与制作	29.50
9787302174530	网页设计与制作	29.50
9787302185406	网页设计与制作实践教程	35.00
9787302180319	非线性编辑原理与技术	25.00
9787302168119	数字媒体技术导论	32.00
9787302155188	多媒体技术与应用	25.00
9787302224877	数字动画编导制作	29.50

以上教材样书可以免费赠送给授课教师，如果需要，请发电子邮件与我们联系。

教学资源支持

敬爱的教师：

感谢您一直以来对清华版计算机教材的支持和爱护。为了配合本课程的教学需要，本教材配有配套的电子教案（素材），有需求的教师可以与我们联系，我们将向使用本教材进行教学的教师免费赠送电子教案（素材），希望有助于教学活动的开展。

相关信息请拨打电话 010-62776969 或发送电子邮件至 weijj@tup.tsinghua.edu.cn 咨询，也可以到清华大学出版社主页（http://www.tup.com.cn 或 http://www.tup.tsinghua.edu.cn）上查询和下载。

如果您在使用本教材的过程中遇到了什么问题，或者有相关教材出版计划，也请您发邮件或来信告诉我们，以便我们更好地为您服务。

地址：北京市海淀区双清路学研大厦 A 座 708　　计算机与信息分社魏江江 收

邮编：100084　　电子邮件：weijj@tup.tsinghua.edu.cn

电话：010-62770175-4604　　邮购电话：010-62786544

《网页设计与制作》目录

ISBN 978-7-302-17453-0　蔡立燕　梁　芳　主编

图书简介：

Dreamweaver 8、Fireworks 8 和 Flash 8 是 Macromedia 公司为网页制作人员研制的新一代网页设计软件，被称为网页制作"三剑客"。它们在专业网页制作、网页图形处理、矢量动画以及 Web 编程等领域中占有十分重要的地位。

本书共 11 章，从基础网络知识出发，从网站规划开始，重点介绍了使用"网页三剑客"制作网页的方法。内容包括了网页设计基础、HTML 语言基础、使用 Dreamweaver 8 管理站点和制作网页、使用 Fireworks 8 处理网页图像、使用 Flash 8 制作动画、动态交互式网页的制作，以及网站制作的综合应用。

本书遵循循序渐进的原则，通过实例结合基础知识讲解的方法介绍了网页设计与制作的基础知识和基本操作技能，在每章的后面都提供了配套的习题。

为了方便教学和读者上机操作练习，作者还编写了《网页设计与制作实践教程》一书，作为与本书配套的实验教材。另外，还有与本书配套的电子课件，供教师教学参考。

本书适合应用型本科院校、高职高专院校作为教材使用，也可作为自学网页制作技术的教材使用。

目　　录：